Mykologie

D1721994

Mykologie

Grundriß für Naturwissenschaftler
und Mediziner

Emil Müller · Wolfgang Loeffler

5., durchgesehene Auflage
188 Abbildungen, 31 Tabellen

1992
Georg Thieme Verlag Stuttgart · New York

Prof. Dr. E. MÜLLER
Wieslerstraße 15
CH-8702 Zollikon

Prof. Dr. W. LOEFFLER
Gellertstraße 11 a
CH-4052 Basel

Die Deutsche Bibliothek – CIP-Einheitsaufnahme

Müller, Emil:
Mykologie : Grundriß für Naturwissenschaftler u.
Mediziner /
Emil Müller ; Wolfgang Loeffler. – 5., durchgesehene Aufl. –
Stuttgart ; New York : Thieme, 1992
NE: Loeffler, Wolfgang:

Wichtiger Hinweis:

Wie jede Wissenschaft ist die Medizin ständigen Entwicklungen unterworfen. Forschung und klinische Erfahrung erweitern unsere Erkenntnisse, insbesondere was Behandlung und medikamentöse Therapie anbelangt. Soweit in diesem Werk eine Dosierung oder eine Applikation erwähnt wird, darf der Leser zwar darauf vertrauen, daß Autoren, Herausgeber und Verlag große Sorgfalt darauf verwandt haben, daß diese Angabe dem Wissensstand bei Fertigstellung des Werkes entspricht.

Für Angaben über Dosierungsanweisungen und Applikationsformen kann vom Verlag jedoch keine Gewähr übernommen werden. Jeder Benutzer ist angehalten, durch sorgfältige Prüfung des Beipackzettel der verwendeten Präparate und gegebenenfalls nach Konsultation eines Spezialisten festzustellen, ob die dort gegebene Empfehlung für Dosierungen oder die Beachtung von Kontraindikationen gegenüber der Angabe in diesem Buch abweicht. Eine solche Prüfung ist besonders wichtig bei selten verwendeten Präparaten oder solchen, die neu auf den Markt gebracht worden sind. Jede Dosierung oder Applikation erfolgt auf eigene Gefahr des Benutzers. Autoren und Verlag appellieren an jeden Benutzer, ihm etwa auffallende Ungenauigkeiten dem Verlag mitzuteilen.

1. Auflage 1968
2. Auflage 1971
3. Auflage 1977
4. Auflage 1982

1. polnische Auflage 1972
1. englische Auflage 1976
1. spanische Auflage 1976
2. polnische Auflage 1987

© 1968, 1992 Georg Thieme Verlag, Rüdigerstraße 14, D-7000 Stuttgart 30
Printed in Germany
Satz: Tutte Druckerei GmbH, 8391 Salzweg/Passau (System Linotype VIP)
Druck: Druckhaus Götz GmbH, D-7140 Ludwigsburg

ISBN 3-13-436805-6   1 2 3 4 5 6

Vorwort zur 4. Auflage

Die Zielsetzung der ersten Auflage blieb auch für den nun vorliegenden, in nahezu allen Teilen überarbeiteten Text wegleitend. Wir bemühten uns, neuere Kenntnisse und Erkenntnisse, aber ebenso veränderte Gewichtungen von Teilaspekten der Mykologie angemessen zu berücksichtigen. Obwohl Grobeinteilung und Gesamtumfang des Büchleins etwa beibehalten werden konnten, erfuhren die Kapitel über Morphologie, Chemismen, Genetik und Anwendungen tiefgreifende Änderungen. Von neuen Informationen besonders betroffen ist jedoch die systematische Anordnung der Pilze, wobei wir in früheren Auflagen noch enthaltene Inkonsequenzen zu vermeiden versuchten, ältere, uns vertraute, aber nicht mehr überzeugende Konzepte durch das Fünf-Reiche-System Whittackers ersetzten und hoffen, die Darstellung sei dadurch plausibler geworden und führe zu einem besseren Überblick. Allerdings werden wir uns weiterhin ständig mit vorher unbekannten Tatsachen auseinandersetzen und häufig neu orientieren müssen, eben auch im Bereich der Pilzkunde.

Zürich und Basel, im Januar 1982
EMIL MÜLLER
WOLFGANG LOEFFLER

Vorwort zur 1. Auflage

Pilze wachsen meist versteckt und werden wegen ihrer geringen Größe kaum beachtet. Bei den in der Natur ständig stattfindenden Umsetzungen und in vielen Prozessen der menschlichen Zivilisation nehmen sie jedoch einen bedeutenden Platz ein. Wir benutzen sie, um Penicillin herzustellen und um Bier zu brauen; sie mindern die Erträge unserer Äcker und bedrohen uns als Krankheitserreger. Ein erheblicher Widerspruch besteht zur Zeit zwischen der ständig zunehmenden Bedeutung der Mykologie und der ungenügenden Verbreitung von Kenntnissen über die Pilze.

Deshalb versuchen wir, in dem vorliegenden Büchlein die Grundkenntnisse und wichtigsten Anwendungen der Mykologie darzulegen, und hoffen, damit möglichst viele Interessenten und besonders den Personenkreis zu erreichen, dem veraltete oder fragmentarische Vorstellungen über die Pilze heute kaum noch nützen können, vor allem die Studierenden der Naturwissenschaften und der Medizin, Ärzte und Lehrer sowie unsere Kollegen aus den verschiedenen Bereichen der angewandten Mykologie.

Bei unserem Vorhaben erfreuten wir uns wirksamer Unterstützung von vielen Seiten. Für alle empfangenen Anregungen sagen wir herzlichen Dank. Besonders dankbar sind wir den Herren Professoren KERN, NULTSCH und ZÄHNER für die Förderung dieser Arbeit. Herrn Dr. med. h. c. G. HAUFF und dem Georg Thieme Verlag danken wir für die Großzügigkeit in der Konzeption und für die rasche Fertigstellung.

Juni 1968   EMIL MÜLLER
                                  WOLFGANG LOEFFLER

Inhaltsverzeichnis

Allgemeine Aspekte der Mykologie

Die Mykologie oder wissenschaftliche Pilzkunde beschäftigt sich mit eukaryotischen, kohlenstoffheterotrophen Lebewesen, die wenig differenzierte Gewebe, in mindestens einem Lebensabschnitt Zellwände sowie Sporen als Dauer- und Verbreitungsorgane aufweisen. Die so charakterisierbaren Organismen, die Pilze, absorbieren ihre Nahrung in gelöster Form aus der Umgebung; einige Schleimpilze nehmen stattdessen oder zusätzlich feste Nahrungspartikel auf.

Nach der Lebensweise lassen sich zwei Gruppen von Pilzen unterscheiden. Saprobische Organismen beziehen die notwendigen Kohlenstoffverbindungen aus organischen Rückständen, während biotrophe Pilze, Symbionten und Parasiten, als Partner oder Wirte Pflanzen, Tiere, Algen, Protozoen, Bakterien oder andere Pilze benötigen.

Durch ihre heterotrophe Lebensweise unterscheiden sich die Pilze von Pflanzen, Algen und Cyanobakterien (Blaualgen), die mit Kohlendioxid als einziger Kohlenstoff-Verbindung und Sonnenlicht als Energiequelle auskommen, durch ihre Zellwände von den in der Regel zellwandlosen Tieren und Protozoen und durch den Besitz echter Zellkerne von den prokaryotischen Bakterien.

Obwohl die Pilze durch morphologische und ökologische Charakteristika von anderen Lebewesen abgegrenzt werden können, handelt es sich bei ihnen keineswegs um eine homogene Verwandtschaftsgruppe (Abb. 1 u. 2). Sprachlich, zumindest im Deutschen, ist der Ausdruck „Pilze" eindeutig. Er kann als Oberbegriff für „echte Pilze" (Fungi) und „pilzähnliche Protisten" (oder „Protoctista") gelten. Dem heutigen Kenntnisstand entspricht auch die sprachliche Unterscheidung von Pilzen (Eukaryota) und Bakterien (Spaltpilze, Prokaryota; Abb. 1).

Das Regnum („Reich") „Fungi" (echte Pilze) setzt sich als wahrscheinliche Abstammungsgemeinschaft aus den früheren Eumycota (Eumycotina, Eumycophytina, höhere Pilze) und den Zygomycota (Jochpilze, früher eine Abteilung der niederen Pilze) zusammen, während die pilzähnlichen Protisten die übrigen, phylogenetisch vermutlich voneinander weitgehend unabhängigen Abteilungen der niederen Pilze und der Schleimpilze (Myxomycota, Myxomycotina, Myxomycophytina, Mycetozoa, Pilztierchen) umfassen (Abb. 2).

Das Regnum **Fungi** besteht aus annähernd 120 000 in der Literatur beschriebenen Pilzarten, deren Keime keinerlei Einrichtungen zur Eigenbewegung besitzen. Auf Grund der wichtigsten Merkmale ihrer geschlechtlichen Entwicklung (Teleomorphe) werden die Fungi in die drei

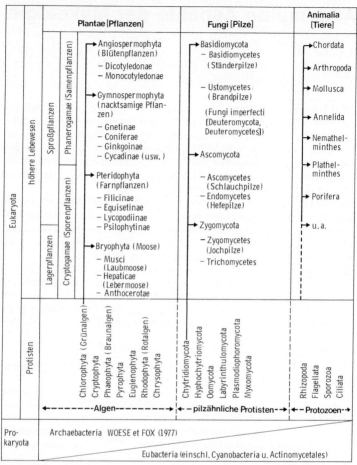

Abb. 1 Beziehungen der Pilze (Fungi) und pilzähnlichen Protisten zu den übrigen Lebewesen (Pilztaxa mit Endung -mycota = Abteilung, Divisio; -mycotina = Unterabteilung, Subdivisio; -mycetes = Klasse, Classis)

Abteilungen (Divisiones) Zygomycota (Jochpilzartige), Ascomycota (Schlauchpilzartige) und Basidiomycota (Ständerpilzartige) gegliedert; echte Pilze, die nur nach ihren asexuellen Zuständen (Anamorphe) beurteilt werden können, deren Entwicklung unvollständig oder unvollständig bekannt ist, gehören zur Formabteilung Deuteromycota. Vieles spricht dafür, daß bereits die ältesten Fungi auf dem Festland gelebt haben und daß die Entfaltung des Stammes gleichzeitig und im

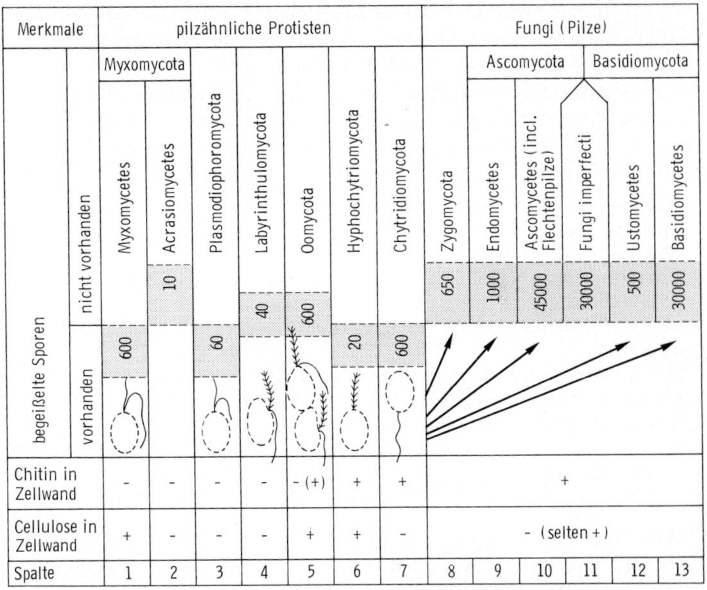

Merkmale	pilzähnliche Protisten							Fungi (Pilze)					
	Myxomycota									Ascomycota			Basidiomycota
	Myxomycetes	Acrasiomycetes	Plasmodiophoromycota	Labyrinthulomycota	Oomycota	Hyphochytriomycota	Chytridiomycota	Zygomycota	Endomycetes	Ascomycetes (incl. Flechtenpilze)	Fungi imperfecti	Ustomycetes	Basidiomycetes
begeißelte Sporen — nicht vorhanden		10		40	600			650	1000	45000	30000	500	30000
begeißelte Sporen — vorhanden	600		60			20	600						
Chitin in Zellwand	–	–	–	–	–	(+)	+	+	+	+	+	+	+
Cellulose in Zellwand	+	–	–	–	+	+	–	– (selten +)					
Spalte	1	2	3	4	5	6	7	8	9	10	11	12	13

Abb. 2 Die höheren Taxa der pilzähnlichen Protisten und der Pilze (Fungi). – Aufgeführt sind Abteilungen, Unterabteilungen und Klassen; vgl. Legende zu Abb. 1. Bei monotypischen Abteilungen (Abteilungen mit nur einer Klasse) ist der Name der Klasse jeweils weggelassen. Die Zahlen beziehen sich auf Schätzungen beschriebener Arten. „Schleimpilze" = Spalten (Pilzklassen) 1–3(4), „niedere Pilze" = früher 5–8, heute 4–7, „höhere Pilze" = Fungi.

ständigen wechselseitigen Einfluß mit den Landpflanzen geschah. Wasserbewohnende echte Pilze dürften diese Lebensweise sekundär angenommen haben. Die Bindungen an andere Lebewesen, besonders die engen Beziehungen zu den Landpflanzen, erleichtern unser Verständnis für die eindrucksvolle Vielfalt und die große Bedeutung der echten Pilze, die nach unseren Vorstellungen von wasserbewohnenden, pilzähnlichen Protisten, vielleicht von Vorfahren heute lebender Chytridiomycota, abstammen.

Als **pilzähnliche Protisten** werden die sechs phylogenetisch voneinander unabhängigen Abteilungen Myxomycota, Plasmodiophoromycota, Labyrinthulomycota, Oomycota, Hyphochytriomycota und Chytridiomycota zusammengefaßt (vgl. Abb. 1 u. 2). In jeder Abteilung kommen aktiv bewegliche Keime vor, am häufigsten Zoosporen, manchmal amöboide Zellen oder beides. Teile der meisten Abteilungen haben sich, wie die echten Pilze als Ganzes, zu Festlandbewohnern entwickelt.

Das gesamte Agglomerat der pilzähnlichen Protisten macht mit etwa 2000 bekannten Arten nur etwa 2% der Pilze aus, umspannt aber eine beachtenswerte Vielfalt an Lebensformen.

In der wissenschaftlichen Pilzkunde, die auf eine knapp zweihundertjährige Tradition zurückblickt, sind Erkenntnisse keineswegs immer in gerader Linie erworben worden. Um- und Irrwege sind an hinterlassenen Spuren („Begriffe") heute noch teilweise zu erkennen.

- Archimycetes: einst Name einer Klasse mit zellwandlosen, nackten Pilzformen; das Merkmal gilt heute als polyphyletisch, es kommt bei Schleimpilzen und niederen Pilzen vor.
- Blastomycetes: Sproßpilze, hefeartig wachsende Organismen ohne geschlechtliche Vermehrung sind eine Formklasse der Deuteromycota; *Blastomyces,* illegitimer Name einer Gattung (*Zymonema;* vgl. S. 154) gehört nicht dazu.
- Phycomycetes oder Algenpilze, dem Umfang nach identisch mit den „niederen Pilzen" (s. Abb. 2), sind keine Abstammungsgemeinschaft; da der Name ein Taxon vortäuscht, wird er vermieden.
- Schizomycetes (Spaltpilze = Bakterien), Streptomycetes (aerobe Actinomycetales oder Strahlenpilze) und Actinomycetes (statt „Actinomycetales" mit falscher Endung benutzt). Die Bezeichnungen beziehen sich nicht auf Pilze.

Phylogenie. Über die Herkunft der pilzähnlichen Protisten existieren viele Hypothesen. Als Ahnen einzelner Abteilungen sind pflanzen- und tierähnliche Flagellaten, Amöben und Braunalgen im Gespräch.

Spekulativ wird teilweise auch damit gerechnet, daß die Eukaryota durch Endosymbiosen prokaryotischer Partner mehrfach entstanden und dabei unter anderem direkt zu Vorläufern von Pilzen geworden sein könnten.

Erst in neuerer Zeit wurde mit umfangreicheren Untersuchungen zur Unterscheidung und Charakterisierung der verschiedenen Protistentaxa begonnen. In den kommenden Jahren dürften hier wesentliche Resultate zu erwarten sein, darunter auch solche, die phylogenetische Rückschlüsse ermöglichen. Zur Zeit sieht man jedoch bei Eukaryotenzellen unterschiedlicher verwandtschaftlicher Zugehörigkeit noch vorwiegend die Gemeinsamkeiten und Ähnlichkeiten, aber nur wenige differenzierende Merkmale (vgl. Abb. 2).

Bei den phylogenetischen Betrachtungen sind die chlorophyllosen Abkömmlinge grüner Algen zu berücksichtigen. Sie benötigen, wie die Pilze und pilzähnlichen Protisten, organischen Kohlenstoff, sind ihrer Morphologie und Entwicklung nach jedoch Algen geblieben. Die Grenzen lassen sich in solchen Fällen nicht durch Anwendung eines allgemeinen Kriteriums (C-Heterotrophie), sondern nur auf Grund von Kenntnissen über die nähere Verwandtschaft festlegen.

Als Krankheitserreger von Mensch und Tieren werden nicht nur heterotrophe Bakterien, Pilze und Protozoen, sondern gelegentlich auch nichtgrüne Algen (z.B. *Prototheca*) und sogar Cyanobakterien nachgewiesen.

In der Stammesgeschichte der höheren Pflanzen und Tiere trugen Fossilienfunde und Reliktformen wesentlich zur Klärung der Zusammen-

hänge bei. Wie die Saurier, die Siegel- und Schuppenbäume (Sigillaria-
ceae und Lepidodendraceae) ganze erdgeschichtliche Epochen prägten,
später jedoch vom Erdboden verschwanden, so wird es auch unter den
Pilzen Gruppen gegeben haben, deren frühere Existenz wir heute bestenfalls ahnen können, die aber in verflossenen Zeitabschnitten bedeu-
tungsvoll gewesen sein mögen. Daran ist gelegentlich bei der Beurteilung kleiner, heute artenarmer Taxa zu denken.

Fossile Pilze sind selten. Das ist auf Grund ihrer Beschaffenheit nicht
anders zu erwarten. So ist unser Wissen über ausgestorbene Formen
recht lückenhaft, und wir sind höchstens in der Lage, einen kleinen
Bruchteil der phylogenetischen Realitäten mit ihrer Hilfe zu rekonstru-
ieren. Chytridiomycetes in Schalenfragmenten von Meerestieren lassen
sich bis ins Kambrium (mindestens 600 Millionen Jahre) zurückdatie-
ren. Farnparasiten, mutmaßlich Rostpilze, wurden an Fossilien aus dem
Karbon (ca. 300 Millionen Jahre alt) nachgewiesen; in überraschender
Übereinstimmung damit finden sich von den lebenden Rostpilzen
(Uredinales, Basidiomycetes) die aus morphologischen Gründen als
ursprünglich (primitiv) betrachteten Formen noch immer auf Farnen
und Nadelgehölzen.

In der Juraformation des Erdmittelalters, vor etwa 200 Millionen Jahren, gab es vermutlich schon Ascomycetes mit hochentwickelten Asci,
die sich bald danach in bi- und unitunicate Typen differenzierten
(s. S. 234 ff.). Zeitlich fällt diese Periode mit der Abtrennung der süd-
hemisphärischen Landteile vom nördlichen Riesenkontinent und dem
Auftreten der ersten Angiospermen zusammen. Die Beziehungen
spiegeln sich unter anderem in der Verbreitung der Ascomycetes
wider. Beispielsweise sind die Parmulariaceae (Dothideales) rein süd-
hemisphärisch. Ähnliche Erkenntnisse solcher Art sind mit der Weiterentwicklung und Verfeinerung der Pilzsystematik und der Paläontolo-
gie in näherer Zukunft zu erwarten.

Lebensansprüche und Lebensäußerungen der Pilze – ökologische Aspekte der Mykologie

Minimalansprüche

Pilze gedeihen in wäßrigen Medien oder in feuchter Umgebung, besonders die höher entwickelten Formen auch in relativ trockenem Milieu.
Die notwendigen organischen Kohlenstoffverbindungen müssen vorher
von grünen Pflanzen synthetisiert worden sein. Sie werden unter Rück-
gewinnung der in ihnen festgelegten Energie durch Tiere und Mikroorganismen wieder abgebaut, und die Pilze greifen an verschiedenen Stellen dieses Weges in die Umsetzungen ein. Dabei werden gewöhnlich die
übrigen unentbehrlichen Nährstoffe verfügbar. Stickstoff, Schwefel,

Phosphor, Magnesium- und weitere Metallionen können meist in anorganischer Form aufgenommen und verwertet werden. Die Intensität des Pilzwachstums hängt unter anderem von der Nährstoffkonzentration ab; häufig wirkt die C-Quelle begrenzend. Besonders hohe Temperaturen (bis 60°C) und extreme Kälte schließen die Anwesenheit von Pilzen nicht aus. In der Natur überwiegen Pilze gegenüber Bakterien oft in Medien mit höherer Wasserstoffionenkonzentration, beispielsweise in den meist leicht sauren Waldböden und pflanzlichen Geweben (pH 6,5–3,5). Das ist nicht in jedem Falle auf eine Eigenart der Pilze selbst zurückzuführen; nicht wenige von ihnen entwickeln sich als Reinkulturen auf Nährböden von pH 6,5–8,5 ebenso gut und manche sogar besser als in saurem Medium. Neutrale bis leicht alkalische Reaktion fördert jedoch in der Regel die Konkurrenten der Pilze, vor allem die Bakterien einschließlich der Actinomycetales. Einzige Voraussetzung für Pilzwachstum in der Natur ist somit die vorausgegangene oder gleichzeitige Besiedlung durch andere Organismen. Deshalb sind Pilze praktisch überall anzutreffen, nicht einmal die Gewebe im Innern gesunder Pflanzen sind zuverlässig pilzfrei. Gerade aus solchen Proben wurden in jüngerer Zeit Pilze mit großer Regelmäßigkeit isoliert; Gesetzmäßigkeiten lassen sich noch nicht erkennen (vgl. S. 7 ,,Mykorrhiza").

Im und am menschlichen Körper können Pilze ebenfalls vorkommen. Das darf aber in keinem Falle toleriert werden, sondern ist als krankhaft anzusehen und zu behandeln.

Biozönosen (Lebensgemeinschaften)

Die Mehrzahl der für Pilze in Frage kommenden Lebensräume (Biotope) ist durch alle möglichen Pflanzen, Tiere und Kleinstlebewesen besiedelt. Nur ausnahmsweise leben Pilze ohne ökologische Beziehungen neben jenen; irgendwelche gegenseitige Einflüsse wirken sich stets aus (Parabiose), besonders im Sinne der Nährstoffkonkurrenz. Manchmal bildet einer der Partner Hemmstoffe und schädigt dadurch andere Bewohner des gemeinsamen Milieus (Antibiose). Fördernde Einflüsse kommen ebenfalls zustande, beispielsweise dann, wenn durch Partner in der Biozönose Nährstoffe enzymatisch erschlossen oder diffundierende Wuchsstoffe bereitgestellt werden. Solche und weitere, darunter die als Minimalansprüche oben erwähnten Faktoren bestimmen die quantitative und qualitative Zusammensetzung und deren Verschiebungen in jeder Lebensgemeinschaft.

Symbiose und Parasitismus. Die ökologischen Beziehungen zwischen Pilzen und anderen Lebewesen, gelegentlich auch die zwischen verschiedenen Pilzarten, können sich so eng gestalten, daß sich daraus morphologische Einheiten höherer Ordnung ergeben.

Flechten (Lichenes) sind stabile symbiotische Assoziationen von Pilzen mit Algen; manchmal sind Blaualgen und gelegentlich mehr als zwei

Partner beteiligt. Durch die Symbiose stehen Syntheseprodukte (z. B. Vitamine) und Organe (z. B. solche mit Schutz- und Verbreitungsfunktion) des einen Partners auch dem anderen zur Verfügung. Die Aufnahme von Wasser und gelösten Substanzen aus der Umgebung erfolgt vorwiegend durch den Pilz, Photosynthese durch die Alge und die Versorgung mit essentiellen organischen Verbindungen oft wechselseitig. Bisweilen übersteigen die synthetischen Fähigkeiten der Flechte die der Einzelkomponenten, vor allem aber ermöglicht die symbiotische Assoziation eine Pionierbesiedlung unwirtlicher Biotope wie Felsen oder Baumrinden, die oft nur Spuren von Nährstoffen bieten. An solchen Orten siedeln sich auch weniger streng organisierte (primitivere) Lebensgemeinschaften von (nichtlichenisierten) Algen und Pilzen an. Für die taxonomische Einordnung der Flechten ist die Pilzkomponente und als Ordnungsprinzip das Pilzsystem maßgebend. Schwerpunkte von Flechtenpilzen bestehen in den Ordnungen Lecanorales, Caliciales, Ostropales und Arthoniales, doch finden sich Pilzpartner von Flechten in vielen weiteren Verwandtschaftsbereichen der Ascomycota, einige unter den Basidiomycota und an anderen Stellen des Systems der Pilze und pilzähnlichen Protisten; ein Teil ist nicht näher bestimmt. Für Einzelheiten und Literaturzitate empfehlen wir HALE (1974) sowie HENSSEN u. JAHNS (1974).

Mykorrhiza bezeichnet Wurzelsymbiosen höherer Pflanzen mit Pilzen. Ohne Pilzpartner gedeihen Waldbäume nur kümmerlich, doch auch der Mikrobiont profitiert. In Modellversuchen erhielt der Pilz zwischen 50 % und 75 % der von der Mykorrhiza-Wurzel insgesamt aufgenommenen Nährstoffe.

Im Falle der **ektotrophen Mykorrhiza** hüllen Pilzhyphen die Pflanzenwurzel ein und dringen bis in die äußeren Zellschichten des Wirtes vor. Solche Assoziationen sind **obligat** bei vielen Nadelgehölzen, Eiche, Buche, Hainbuche, und **fakultativ** für weitere Baumarten wie Weide, Birke, Ulme, aber auch Wacholder. Häufigste Pilzpartner der Waldbäume sind fruchtkörperbildende Basidiomycota.

Kennzeichen der **endotrophen Mykorrhiza** sind die tiefer eindringenden Pilzhyphen und das Fehlen einer die Wurzel umgebenden Hyphenhülle. Infektion, interzelluläre Ausbreitung und intrazelluläre Ansiedlung in Wirtswurzeln, Verdautwerden und Fruktifikation sind wichtige Stadien ihrer Entwicklung. Seit längerer Zeit kennt man die Symbiosen der Orchideen mit *Rhizoctonia*-Arten, die endotrophen Mykorrhiza-Typen mit septierten Hyphen, und andererseits den vesikulär-arbuskulären Typ mit Endogonaceae (Mucorales, Zygomycetes) als obligat-biotrophen mikrobiellen Partnern, wobei die Hyphen in der Regel unseptiert sind. Viele unserer Kulturpflanzen, beispielsweise Baumwolle, Citrus, Mais, Sojabohne, Tabak und Tomate, besitzen, vom Wirt her wohl fakultativ, solche Mykorrhiza. Die Bezeichnung „arbuskulär-vesikulär" bezieht sich auf die intrazellulären Pilzformen. Ernährung, Wasserhaushalt, Resistenz gegen pathogene Pilze und andere Krankheitserreger, auch die Fungizid-Empfindlichkeit der Wirte werden beeinflußt, wodurch sich Vergleiche mit dem Parasitismus und dem endosymbiotischen Vorkommen von Pilzen in Pflanzengeweben aufdrängen. Unvollständig untersucht sind die Symbionten der niederen Tiere; die der Insekten scheinen besonders wichtig zu sein. Es dürfte sich vorwiegend um Bakterien handeln, doch kommen auch Pilze, vor allem Hefen, vor. Die Kultur solcher Endosymbionten bereitet oft Schwierigkeiten (BATRA 1979). Bakterielle Ursachen haben auch die Wurzelknöllchen der Leguminosen (Schmetterlingsblütler) sowie die Wurzelsymbiosen der Erlen (im letzteren Falle sind es Actinomycetales).

Der **Parasitismus** der Pilze ist ebenso bedeutend und ähnlich weit verbreitet wie die Symbiosen. Auch ihm liegt die Fähigkeit vieler Pilze, in enger Gemeinschaft mit anderen Organismen zu leben, zugrunde. Hier überwiegt der Vorteil des Pilzes, und der Einfluß auf den Wirt ist als „schädlich" zu qualifizieren. Symbiose und Parasitismus gehen unter Umständen innerhalb der gleichen Assoziation ineinander über; dazu genügt bisweilen eine geringfügige Änderung der Außenbedingungen. Manche Pilze können, andere müssen mit anderen Organismen vergesellschaftet sein, und entsprechend gelten Symbionten und Parasiten als fakultativ bzw. obligat biotrophe Lebewesen.

Saprobiose. Die übrigen Pilze, die weder symbiontisch noch parasitisch mit anderen Pflanzen oder Tieren leben, beziehen ihre Nährstoffe aus pflanzlichen oder tierischen Rückständen, sie sind Saprobien („Fäulnisbewohner"). In dieser Eigenschaft machen sie vor Produkten wie Marmelade, Textilien, Leder, Fleisch, gelagerten Früchten und verbautem Holz nicht halt. Aus den hierbei erkennbaren Eigenschaften der Pilze leiten sich jedoch nicht nur deren Schadwirkungen, sondern auch wichtige Nutzanwendungen ab.

Spezifische Ansprüche

Obwohl Pilze weltweit verbreitet sind, gedeiht nicht jeder Pilz an jedem Ort. Einzelne Arten, auch mehr oder weniger umfangreiche Gruppen von ihnen, stellen besondere Ansprüche an ihre Umgebung.

Nährstoffe. Während manche Pilze jede Sorte Rückstände und Abfälle ausnutzen (Ubiquisten), bevorzugen andere ganz bestimmte Substrate, ein Teil der Dothideaceae beispielsweise Nährpflanzen einer einzigen Gattung oder Art (spezialisierte Saprobionten). Teilweise hängt die Spezialisierung davon ab, ob dem Pilz Enzyme zum Aufschluß unlöslicher **Kohlenstoffquellen** (z. B. Stärke, Cellulose, Lignin) zur Verfügung stehen, oder ob er nur lösliche C-haltige Substanzen zu verwerten vermag. Ebenso kann die **Stickstoffquelle** selektiv wirken. Nitrat-N assimilieren zu können, bedeutet einen höheren Grad ernährungsmäßiger

Unabhängigkeit (Autotrophie), als Verwertungsmöglichkeiten lediglich für Ammonium- oder gar für Amino-N aus organischer Bindung zu besitzen. Noch stärkere Abhängigkeit (Heterotrophie) besteht, sofern ganz bestimmte N-Verbindungen (z. B. eine Aminosäure) erforderlich sind. Andererseits setzt die Assimilation hochmolekularer Stickstoffverbindungen (z. B. Proteine eigenartiger Struktur wie Keratine) besondere Fähigkeiten auf seiten des Pilzes voraus. Weitere Abhängigkeiten bestehen in bezug auf die Assimilierbarkeit von **Schwefel,** der zwar fast immer als Sulfat aufgenommen wird, ausnahmsweise jedoch in Form SH-haltiger Aminosäuren zur Verfügung stehen muß. **Vitamine** werden von allen Lebewesen benötigt; viele Pilze verhalten sich in dieser Hinsicht wie grüne Pflanzen und synthetisieren sie, im Gegensatz zu den Tieren, selbst (Prototrophie). Den übrigen müssen einzelne oder mehrere Vitamine oder auch nur vorsynthetisierte Molekülteile von außen zugeführt werden (Auxotrophie).

Temperatur. Sehr viele Pilze ertragen Temperaturen eines weiten Bereiches (Eurythermie) und entwickeln sich vor allem auch bei höheren Wärmegraden (Thermotoleranz), andere **benötigen** Wärme. (*Rhizomucor miehei* und *Rhizomucor pusillus* wachsen bei Temperaturen oberhalb $+ 24\,°C$, *Talaromyces emersonii* sogar erst ab $33\,°C$, bis über $55\,°C$ – obligate **Thermophilie.**) Wieder andere überleben höhere Temperaturen selbst im „physiologischen Bereich" nicht. (*Herpotrichia juniperi,* der schwarze Schneeschimmel auf Koniferen in den Alpen, und Dothideaceae sind Beispiele für Wärmeempfindlichkeit, gepaart mit niedrigem Temperaturoptimum – **Psychrophilie.**) Pilze mit engen Temperaturansprüchen wie *Herpotrichia juniperi* und *Rhizomucor miehei* (Bereich ca. $30\,°C$) sind **stenotherm,** *Aspergillus fumigatus* gedeiht in einem weiten Temperaturbereich (**Eurythermie**).
Das Verhalten einiger charakteristischer Pilze gegenüber der Temperatur ist in Abb. 3 wiedergegeben. Wichtig sind die Temperaturkardinalpunkte (Minimum, Optimum, Maximum). Daneben spielen die Tötungstemperaturen im unteren und oberen Bereich (in Abb. 3 nicht angegeben – *Dothidea*-Hyphen sterben nach 48stündigem Verweilen bei $+ 27\,°C$ ab) bisweilen eine Rolle; passiv, d. h. ohne zu wachsen, vermögen die meisten Pilze sehr tiefe und viele auch relativ hohe Temperaturen zu überstehen, meist jedoch nicht als vegetative Strukturen (z. B. Hyphen), sondern mit Dauerorganen (Sklerotien, Chlamydosporen, Konidien, andere Sporenformen).
Die Temperaturansprüche können sich mit der Änderung der übrigen Bedingungen (z. B. Ernährung, Anwesenheit von Wuchs- oder Hemmstoffen, osmotische Verhältnisse, Redoxpotential) verschieben.
Unterschiede bestehen auch hinsichtlich der Lebensäußerung, die man betrachtet. Das oben Mitgeteilte (einschl. Abb. 3) bezog sich ja nur auf das Wachstum. Konidienbildung, jede andere Fruktifikation, parasiti-

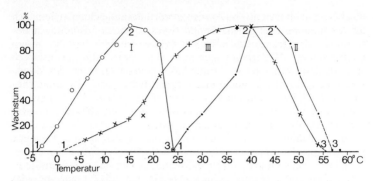

Abb. 3 Beziehungen zwischen Temperatur und Pilzwachstum.
Abszisse: Inkubationstemperatur; Ordinate: Zunahme des Koloniedurch-
messers pro Zeiteinheit in Prozent des Maximalwertes; Temperaturkardinalpunkte: 1 = Minimum, 2 = Optimum, 3 = Maximum.
Kurve I: *Dothidea*-Arten, ähnlich *Herpotrichia juniperi* (Beispiel für Psychrophilie); Kurve II: *Rhizomucor miehei*, fast übereinstimmend mit *Rhizomucor pusillus* (Beispiel für Thermophilie); Kurve III: *Aspergillus fumigatus* (Beispiel für Thermotoleranz oder fakultative Thermophilie)

sche Fähigkeiten und bestimmte Umsetzungen im Substrat haben ihre
eigenen Kardinalpunkte; in der Regel sind die betreffenden Tempera-
turbereiche enger als der für das Wachstum maßgebende.

Licht. Man beobachtet, daß Licht, besonders im kurzwelligen Bereich,
die Fruktifikation von Pilzen beeinflussen kann. Je nach Pilzart wird die
Sporulation ausgelöst (induziert), gefördert, gehemmt, oder sie verläuft
lichtunabhängig.

Unter Lichteinfluß wurden im Modellversuch gleichzeitig mit der Konidienbildung auch Mycosporine (s. S. 105) synthetisiert; nur bei Zugabe der Substanz
sporulierte der gleiche Pilz auch im Dunkeln. Später fand man andere Mycosporine, deren Produktion von der Beleuchtung unabhängig ist, und der morphoge-
netische Einfluß der Substanzen erschien weniger klar, so daß der Zusammenhang zwischen Fruktifikation und Mycosporinen heute komplizierter erscheint,
zumal der molekulare Mechanismus der Reaktion(en) noch nicht aufgeklärt
werden konnte.

Licht kann nicht nur Reaktionen induzieren, sondern auch Wachstums-
vorgänge (Tropismen) steuern. Positiv phototropisch reagieren manche
Lufthyphen und Sporangienträger; beispielsweise zielen *Pilobolus*-Ar-
ten (Mucorales, Zyomycetes; s. S. 202 ff.) mit den Trägern, wenn diese
im Dunkeln gewachsen waren, vor dem Abschleudern nach einer winzigen Lichtquelle und treffen recht genau. Auch viele andere Fruktifikationsorgane von Pilzen, bei weitem nicht alle, zeigen eine Orientierung
nach dem Licht. Ein Teil der in Laboratoriumskulturen auf Agar zu be-

obachtenden Sporulationszonen entspricht dem Tageslichtrhythmus, in anderen Fällen mögen die verschiedensten sonstigen Einflüsse maßgebend sein. Für die vegetative Entwicklung scheint Licht weitgehend bedeutungslos zu sein. Daß Myzelien vieler Bovisten, Hut- und Keulenpilze und die Mehrzahl der übrigen Pilze in der Erde bzw. im Substrat wachsen, läßt sich wohl eher durch hygro-, hydro-, geo- und chemotropische Einflüsse als durch negativen Phototropismus erklären; die Induktion der Fruchtkörperbildung an der Substratoberfläche erfolgt dann allerdings wohl meist durch das Licht.

Andere Faktoren. Durch andere Gegebenheiten der Umwelt werden bestimmte Pilze in ebenso ausgeprägter Weise wie durch die Temperatur (Abb. 3) beeinflußt. So kennt man Minimal-, Optimal- und Maximalwerte für Konzentrationen und Kombinationen von Nährstoffen, für die osmotischen Bedingungen, für die Wasserstoffionenkonzentration, für das Redoxpotential und für die Entwicklung unter hemmenden oder fördernden stofflichen Einflüssen.

Allgemein werden Organismen, die von den Umweltbedingungen erheblich abhängig sind und auf deren Änderungen stark und deutlich reagieren, als **stenök**, weniger empfindliche als **euryök** bezeichnet.

Zur Beurteilung der natürlichen Lebensbedingungen (Ökologie) genügen einfache Ursache-Wirkung-Beziehungen bei weitem nicht. Beispielsweise würde die Produktion großer Konidienmassen durch einen Pilz wohl unökonomischen, nachteiligen Energieverschleiß bedeuten, solange dies nicht durch die Bedingungen für Keimung oder Verbreitung gerechtfertigt ist. Ob die Funktionen aufeinander abgestimmt sind, beeinflußt sicher die natürliche Auslese (Selektion) im Rahmen der phylogenetischen Entwicklung; in Einzelfällen verhalten sich Pilze jedoch nur zu oft nicht nach den Regeln einer mathematisch faßbaren Effektivität.

Geographische Verbreitung

Ein Pilz vergrößert sein Siedlungsgebiet 1. durch peripheres Wachstum seines Thallus (z.B. mit Laufhyphen oder Rhizomorphen, s.S. 47ff.)· und 2. durch Neuansiedlung, a) ausgehend von Zoosporen (in Wasser aktiv bewegliche Schwärmzellen) oder von Amöbenstadien (auf fester Unterlage bewegliche, ebenfalls nackte Zellen) oder b) nach dem Ausstreuen unbeweglicher Keime (Konidien, Sporen usw.).

An der Verbreitung beteiligen sich einesteils Faktoren, die Wachstum und Fruktifikation beeinflussen, und andererseits solche, die ausschließlich als Vehikel wirken, nämlich Luft (im Falle der Anemochorie), Wasser (Hydrochorie), Tiere (Zoochorie) und Menschen (Anthropochorie). Bei hydrochorer Verbreitung überwinden Schwärmer der niederen Pilze Entfernungen in der Größenordnung von Zentimetern je Generation, durch Wasserströmungen (passiver Transport) dehnt sich der Aktionsbereich auf Kilometer aus. Bewegte Luft disloziert Pilzkeime normalerweise nur über kürzere Strecken; ein kontinuierlich besiedeltes Gebiet mag sich dabei um durchschnittlich 50 Kilometer im Jahr ausweiten. Wirbelstürme und andere günstige vertikale und horizontale Luftströmungen verfrachten jedoch selbst größere Sporenmengen über Tausende von Kilometern. Die hierfür notwendigen klimatischen Ereignisse spielen sich zum Teil regelmäßig, wenn auch meist in größeren Zeitabständen, ab. Dadurch können an weit entfernten Orten neue Verbreitungszentren entstehen. Ständig und „erfolgreich" ist heute besonders die anthropochore Verbreitung wirksam, nicht zuletzt infolge des ununterbrochenen transkontinentalen Personen- und Gütertransportes. Pilze können sich in der neuen Umgebung temporär oder für dauernd ansiedeln. Die noch bestehenden Endemismen verdeutlichen, daß selbst die Kombination aller Verbreitungssysteme der Pilze nicht zur Überschreitung sämtlicher Grenzen geführt hat.

Endemismen. Zu den nur in begrenzten, über längere Zeit unverändert bleibenden Arealen lebenden Pilzen zählen die beiden amerikanischen Erreger tiefer Mykosen, *Coccidioides immitis* und *Paracoccidioides brasiliensis* (vgl. S. 154 f.), sowie zwei Dermatophyten, das afrikanische *Trichophyton soudanense* und das südpazifische *Trichophyton concentricum* (vgl. S. 154 f.) *Ophiostoma ulmi*, der Erreger des Ulmensterbens, ist unter unseren Augen erst in diesem Jahrhundert aus Kontinental-Europa nach Nordamerika verschleppt worden und hat seit etwa 1970, nach der Ankunft des Pilzes in Großbritannien, bereits die Hälfte des englischen Ulmenbestandes vernichtet.

Im Laboratorium lassen sich die genannten Pilze an jedem beliebigen Ort der Welt unter durchaus üblichen Bedingungen kultivieren, so daß ihre Ansprüche ans Milieu zur Erklärung der Endemismen nicht genügen.

Verschiebungen im Areal. Der Blasenrost *Cronartium ribicola* (Uredinales, Basidiomycetes) war in den Alpen und im Osten Rußlands endemisch. Er ist wirtswechselnd und perenniert (in der Haplophase) in fünfnadeligen Kiefern, infiziert aber im Sommer (in der Dikaryophase) Blätter von Johannisbeeren (*Ribes*). In keinem der beiden, geographisch ursprünglich getrennten (disjunkten) Areale hatte er größere wirtschaftliche Bedeutung. Doch wurden seit Beginn des 18. Jahrhunderts mit der Weymouthskiefer (*Pinus strobus*) aus Amerika hochanfällige Haplontenwirte eingeführt und in mehreren Gegenden Europas angepflanzt. Dadurch konnte der Blasenrost die ehemals freie Zone (frei von einem geeigneten Haplontenwirt und deshalb frei vom Blasenrost) überbrücken, richtete an Kultur-Johannisbeeren und an den neuangepflanzten Kiefern größere Schäden an und wurde außerdem 1909 mit jungen Weymouthskiefern nach Amerika verschleppt, wo ihm zahlreiche Wirte für beide Entwicklungsphasen zur Verfügung stehen. Schäden in Amerika kommen vor allem an waldbildenden fünfnadeligen Kiefern zustande, und man versucht dort, die wildwachsenden *Ribes*-Arten auszurotten, um die Infektkette des obligat wirtswechselnden Parasiten zu unterbrechen (nach GÄUMANN 1964).

Eindrucksvoll ist auch die von BLUMER (1967) geschilderte epidemiologische Situation bei manchen echten Mehltaupilzen (Erysiphales, Ascomycetes): ,,Von einem Ausgangspunkt, der nur selten sicher bekannt ist, breitet sich der Pilz mit großer Geschwindigkeit über Länder und Kontinente aus, wobei die Pathogenität meistens sehr stark ist. In relativ kurzer Zeit ist der Höhepunkt der Epidemie erreicht, die Befallsstärke steigt nicht mehr weiter an oder geht deutlich zurück, und nicht selten bleiben von dem großen kontinuierlichen Areal nur noch einzelne isolierte Herde übrig." Durch das Commonwealth Mycological Institute in Kew, England, werden periodisch sorgfältig erarbeitete Beispiele für die Verbreitung pflanzenpathogener Pilze publiziert (Distribution Maps of Plant Pathogens).

Kosmopolitismus. Als Kosmopoliten fallen besonders die ubiquitären Pilze auf. Allerdings begegnet man auch ihnen stets nur an bzw. auf den jeweils geeigneten Substraten und unter den für die betreffenden Arten günstigen Lokalbedingungen. Eine solche Verbreitung, bei der ein bestimmter Pilz an annähernd jedem Ort vorkommt, wo er erwartet werden darf, gilt als kontinuierlich oder homogen. Auf absterbenden Blättern vieler Pflanzen finden sich *Cladosporium*-Arten und *Botrytis cinerea*, letztere infiziert außerdem regelmäßig Weinbeeren. Wo für solche Pilze Optimalbedingungen herrschen, kann es zu Höhepunkten in ihrer Massenentwicklung kommen. Umgekehrt führen nachteilige Verhältnisse oft zu einer Verdünnung der Populationen in bestimmten Bereichen und sogar zum Verschwinden einer Art aus einem kleineren, nie aber aus einem großen Gebiet. Konidien von *Aspergillus niger* und von mehreren *Fusarium*-Arten überstehen feuchte Kälte ($-22\,°C$) nicht, wogegen viele andere Pilzkeime unter diesen Bedingungen am Leben bleiben. Mikroklimatisch bedingte Refugien, ökologische Nischen, ermöglichen das Überleben, unter Umständen sogar Wachstum und Vermehrung einer begrenzten Zahl von Keimen auch dann, wenn dies durch das Gesamtklima ausgeschlossen zu sein scheint.

Kosmopolitismus ist manchmal nur vorgetäuscht. *Polyporus abietinus* kommt sowohl im europäisch-asiatischen Raum als auch in Nordamerika vor. In morphologischen Einzelheiten und in der genetischen Beschaffenheit unterscheiden sich jedoch die Populationen. In ähnlicher Weise haben sich auch innerhalb zahlreicher anderer Pilzarten geographische Rassen differenziert. Das muß unbemerkt bleiben, solange nur grobe, beispielsweise artentrennende Merkmale berücksichtigt werden. Fortschritte in der Erkenntnis der genaueren Verhältnisse setzen jeweils eine Weiterentwicklung der Taxonomie voraus. Obwohl manche Pilze nur deshalb als Kosmopoliten gelten, weil sie noch nicht genügend genau untersucht wurden, darf nicht etwa die Herausbildung von Lokalrassen als Allgemeinerscheinung bei den Pilzen postuliert werden. An einigen Zygomycetes sowie Basidiomycetes wurde bewiesen, daß echter Kosmopolitismus existiert: Innerhalb vieler Arten bestehen je zwei Paarungstypen; kreuzbar (fertil) sind dann oft auch Stämme sehr verschiedener Herkunft. Da dort die sexuelle Kompatibilität erhalten geblieben ist, darf gefolgert werden, daß sich auch die übrigen wesentlichen Erbanlagen nicht verändert haben. Kosmopolitismus und Endemismen bestehen nebeneinander. Erst seit kurzem wagt man es, die Verbreitung von Pilzen auch historisch zu betrachten, wie dies oben angedeutet ist (Kap. Phylogenie, S. 4 f.; vgl. PIROZYNSKI u. WERESUB in KENDRICK 1979).

Lebensäußerungen der Pilze

Pilze können vollkommen unauffällig wachsen. Ohne Hilfsmittel läßt sich nicht feststellen, ob eine betrachtete Erdbodenprobe Pilzelemente enthält oder nicht. Zunächst unsichtbar erscheinen auch viele Pilzinfektionen von Pflanzen, Tieren und Menschen, und im Falle „endosymbiontischer Besiedlung" bleiben sie auch symptomlos. Als Anzeichen (endo-)parasitischen Pilzwachstums werden je nach Umständen gewisse Krankheitsäußerungen bemerkt: Wachstumsstörungen, Verfärbungen, Welkeerscheinungen oder lokale Nekrosen als Reaktionen von Pflanzen auf Pilzbefall; Hautausschläge, Fieber, Brustschmerzen, Juckreiz usw. bei pilzinfizierten Menschen; Abortus, anomale Lungenbefunde, Mastitis usw. bei Säugern; Bewegungsstörungen, Einflüsse auf die Vermehrungsfähigkeit und andere Veränderungen an niederen Tieren. Die Symptome sind oft allgemeiner Natur, lassen meist keinen Schluß auf einen bestimmten Erreger zu und führen nicht einmal regelmäßig zu einem stichhaltigen Verdacht auf eine Infektionskrankheit, da ähnliche Erscheinungen häufig auch ohne kausale Beteiligung von Mikroorganismen oder von Viren festgestellt werden.

Ebenso sind bei saprobischem Pilzwachstum manchmal die ersten deutlicheren Anzeichen nicht Elemente des Pilzes selbst, sondern die durch ihn hervorgerufene Umsetzungen (Alkoholbildung bei Hefen, Vermorschung von Holz, mehr oder weniger typische Gerüche bei Befall durch holzzerstörende Pilze usw.). Seltener fällt der Pilzthallus selbst frühzeitig auf (z. B. in klaren Lösungen, in Teichwasser, in Saftflüssen von Bäumen); gelegentlich bemerkt man zuerst Trübungen (z. B. in vorher klarer Bierwürze, in Most), die aber nicht nur von Hefepilzen, sondern ebensogut von Bakterien herrühren können. (Bei 1 bis 2 cm Flüssigkeitsschicht sind etwa 1 Million Partikel im Milliliter mit bloßem Auge gerade noch als Trübung wahrnehmbar.)

Sowohl von Parasiten als auch von Saprobionten sind selbstverständlich spezifischere Lebensäußerungen bekannt. Narrentaschen (in bestimmter Weise deformierte Zwetschgen, Abb. 103, S. 225) bzw. kräuselkranke Pfirsichblätter gelten als pathognomonisch für ihre Erreger, d. h. solche Symptome werden nur durch *Taphrina pruni* bzw. durch *Taphrina deformans* hervorgerufen (vgl. S. 224). Lange Inkubationszeiten des Myzels im Erdboden, in Holz usw. beobachtet man bei solchen Pilzen, die später große Hüte, Konsolen oder andere, durch ihre Ausmaße auffallende Fruchtkörper bilden. Hier kann die vegetative Periode Jahre, ausnahmsweise sogar Jahrzehnte andauern.

Eine beträchtliche Anzahl von Pilzen entwickelt sich zur Hauptsache an der Oberfläche des Substrats. *Rhizopus* bildet auf Agar schnellwüchsige Laufhyphen (Stolonen, vgl. Abb. 25, S. 48), während nur wenige, kleine Thallusteile, die Rhizoiden, in den Nährboden eindringen. Von den Parasiten wachsen unter anderem falscher Mehltau (Peronosporales, Oomycetes), echter Mehltau (Erysiphales, Ascomycetes) und Meliolales (Ascomycetes) vorwiegend oberflächlich.

Bei vielen sogenannten Schimmelpilzen ist die verborgene, vegetative Phase nach kurzer Zeit beendet und wird manchmal schon nach Stunden von den mit bloßem Auge sichtbaren, gelegentlich auffallend gefärbten Organen der Fruktifikations- oder Vermehrungsphase abgelöst. Ein Apfelkuchen „verschimmelt" im Sommer von einem Tage auf den anderen. Eine Vorstellung von der Geschwindigkeit, mit der solche Pilze sich entwickeln können, vermittelt auch eine Form der nicht häufigen Mucormykose der Warmblütler (Erreger sind verschiedene „Köpfchenschimmel" – Mucorales, Zygomycetes); diese Pilze durchwachsen z. B. von Nasennebenhöhlen her bei Patienten mit schweren Grundleiden die angrenzenden Gewebe so rasch, daß in vier bis zehn Tagen Hirnhaut und Hirn erreicht sind.

Quantitative Aspekte der Mykologie

Allgemein gelten die Pilze als außerordentlich artenreich. 110 000 bis 120 000 Species sind bis jetzt beschrieben und benannt worden (s. Abb. 2, S. 3), doch nimmt man an, es müssen mindestens ebenso viele Pilze wie Samenpflanzen, also zwischen 250 000 und 300 000 Arten, tatsächlich existieren. Im Durchschnitt werden jährlich mehr als 1000 Arten neu beschrieben. Jüngere Erhebungen in verschiedenen abgegrenzten Gebieten ergaben sogar drei- bis viermal soviel Pilzarten wie Blütenpflanzen.

Schätzungen der Biomasse aller auf der Erde lebenden Pilze sind noch schwieriger, sie dürften mit großen Fehlern behaftet sein und können höchstens als Anhaltspunkte gelten (Tab. 1).

Pilze sind auf die verschiedenen Bodentypen gewiß ungleichmäßig verteilt; so errechnete Satchell (1970) pro Hektar eines Waldbodens der

Tabelle 1 Anteil der Pilze am Kohlenstoffhaushalt der Erde (Angaben in Tonnen $\times 10^8$)

Kohlendioxid		Gewichtsangaben zum Vergleich	
Gehalt der Ozeane (gelöst und fest)	2 000 000	Erde	60 000 000 000 000
Gehalt der Erdatmosphäre	20 000	Erdatmosphäre	50 000 000
Freisetzung durch Vulkanismus, Erosion und Verbrennung jährlich	400		
in der Pflanzendecke fixiert	20 000		
Assimilatüberschuß der grünen Pflanzen jährlich	800	Kohlenlager	25 000
jährliche Produktion durch Tiere	250		
Menschen	7	Menschen	3
Bodenpilze	10	Bodenpilze	3
Pilze insgesamt	30	Pilze insgesamt	10
C-heterotrophe Mikroorganismen insgesamt	500	C-heterotrophe Mikroorganismen insgesamt	200

gemäßigten Zone einen Gehalt von 454 kg Pilz-, 7 kg Bakterien- und 36 kg Kleintier-Trockenmasse, was einer Gesamtjahresproduktion von 7,6 t Biomasse entsprechen sollte. Die Atmung (O_2-Verbrauch, CO_2-Bildung) müßte in der gleichen Größenordnung liegen. Es ist anzunehmen, daß der Boden des Beispiels überdurchschnittlich stark belebt war.

Auch innerhalb einer Probe ist die Verteilung der Pilzelemente inhomogen. Viele Pilze gelangen dorthin in Form nur zufällig verschleppter Keime (Konidien, Sporen, andere Dauerorgane, Hyphenfragmente, Sproßzellen), ohne daß sie sich im Boden weiterentwickeln würden. Reichlicheres Pilzwachstum findet sich vor allem in der Rhizosphäre (Wurzelzone) und in der Umgebung besonderer organischer Reste (Strohhalme, Wurzeln, Insektenkadaver usw.). Obligate Parasiten werden mit der zugrundeliegenden Methode nicht erfaßt. Die Pilzmasse über dem Erdboden (an Pflanzen und deren Resten, anderen organischen Abfällen, lebenden und toten Tieren) ist mit Sicherheit größer als die im Erdboden verborgene Anteil.

Die Werte für Gehalt, Jahresproduktion von Biomasse und Atmung bedürfen noch der Ergänzung durch qualitative Gesichtspunkte, um die Bedeutung der Pilze für den Naturhaushalt angemessen zu würdigen. *Penicillium*-Kulturen (z. B. Stämme von *Penicillium chrysogenum*) liefern unter günstigsten Bedingungen innerhalb weniger Tage ebensoviel oder mehr Penicillin (ein einziges, für das Leben der Pilzkolonie unwichtiges Stoffwechselprodukt) als Myzeltrockengewicht (5 – 10 g je Liter). Eine Hefekultur produziert, ebenfalls in kurzer Zeit, neben CO_2 Ethylalkohol bis zu 20 % des Nährlösungsvolumens unter nur geringfügiger

Zunahme der Zellzahl oder -masse. Unter anderen Umweltverhältnissen können sich die gleichen Mikroorganismen reichlich vermehren, ohne besondere zusätzliche Aktivitäten erkennen zu lassen.

Beim Abbau von Cellulose, Chitin, Lignin und anderen schwer zerstörbaren Stoffen wie Keratin, aber auch bei manchen Synthesen (z. B. Humusstoffe) sind Pilze nicht oder nur bedingt ersetzbar.

Morphologie und Ultrastruktur

Die Morphologie erfaßt Formen und Maße im makroskopischen und mikroskopischen Bereich; die untere Grenze der optischen Auflösung liegt hier bei 0,5 μm. Kleinere Bestandteile, Organelle und Einschlüsse der Zelle darzustellen, obliegt der Ultrastrukturforschung, die mit Hilfe des Elektronenmikroskops optisch den Anschluß an molekulare Dimensionen vermittelt. Um die Strukturen von Pilzen und pilzähnlichen Protisten verstehen zu können, müssen alle verfügbaren optischen Möglichkeiten genutzt werden, und um Einblick in die Funktionen zu gewinnen, sind darüber hinaus Physiologie und Biochemie zu berücksichtigen (vgl. Kap. Chemismen, S. 75 ff.). Für den mykologischen Alltag bevorzugt man allerdings Bestimmungsschlüssel, die nur einfache Untersuchungstechniken erfordern und beispielsweise in der Regel mit einem guten Lichtmikroskop auskommen. Deshalb ist es wichtig, zwischen mykologischer Erkenntnis und dem Erkennen von Pilzen (Bestimmung) zu unterscheiden.

Pilze und pilzähnliche Protisten besitzen teilweise ursprüngliche Gemeinsamkeiten – homologe Strukturen und Funktionen –, von denen sie die meisten mit anderen Eukaryota teilen. Ähnlichkeiten können aber auch in den Merkmalen nicht unmittelbar verwandter Taxa auftreten. Sie beruhen dann zumeist auf konvergenten Entwicklungen, etwa in Zusammenhang mit dem Leben auf dem Festland oder als Pflanzenparasiten. Das in Gestalt, Feinbau und Organisation Übereinstimmende und Typisierbare ist Gegenstand der „allgemeinen" Strukturforschung; hierbei lassen sich bestimmte Lebensabschnitte der Organismen wie Keimung, Infektion, Ausbreitung oder Fortpflanzung charakterisieren. Ebenso wichtig erscheint die vergleichende Bewertung homologer Strukturen unterschiedlicher Organismengruppen im Rahmen der „speziellen" Morphologie und Ultrastrukturforschung, bilden doch die dabei hervorzuhebenden, differenzierenden Merkmale und Eigenschaften die Grundlage der Taxonomie (Systematik) und tragen so zum Verständnis phylogenetischer Zusammenhänge bei, wie dies im Kapitel „System der Pilze und pilzähnlichen Protisten" (s. S. 161 ff.) zum Ausdruck kommt.

Zwei Hauptphasen der ontogenetischen Entwicklung. Unmittelbar nach der Keimung besteht der Vegetationskörper eines Pilzes oder pilzähnlichen Protisten (Thallus, Kolonie) aus einem ungegliederten Protoplasten oder einander ähnlichen, zellwandumgebenen Vegetationseinheiten (z. B. Hyphenzellen), die sich weitgehend unabhängig voneinander ernähren und vermehren (**vegetative Phase**). Später kommt es zur arbeitsteiligen Diversifizierung und zur Fortpflanzung, wobei die meisten taxonomisch maßgebenden Merkmale erkennbar werden (**fruktifikative Entwicklungsphase**).

Doch bereits der junge, undifferenzierte Thallus repräsentiert einen ganz bestimmten Organismus, dessen Stamm-, Rasse- und Artmerkmale zwar höchstens ausnahmsweise schon in der vegetativen Entwicklungsphase offenbar werden, die aber von Beginn an existieren.

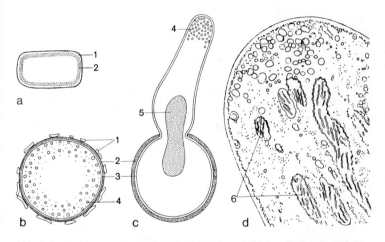

Abb. 4 Sporenkeimung; sphärisches (**a, b**) und polares Keimungswachstum (**c, d**). **a** Spore mit einer aus zwei Schichten (1, 2) bestehenden Zellwand vor der Keimung. **b** Keimkugel gegen Ende der sphärischen Wachstumsphase. Die ursprünglich äußere Sporenwand liegt in Form scholliger, unzusammenhängender Reste (1) auf der ehemals inneren, „plastischen", durch Intussuszeptionswachstum erheblich erweiterten Wandschicht (2). Innen ist inzwischen eine neue Schicht angelagert worden (3). Die Chitosomen (4) (größere Vesikel; die kleineren Vesikel mit lytischen Aktivitäten sind hier nicht eingezeichnet) sind im peripheren Cytoplasma etwa gleichmäßig verteilt. **c** Bildung eines Keimschlauches; nur Zellwand (Schichten 2, 3), Chitosomen (4) und Zellkern (5) sind angedeutet. Die ältere Lage der Sporenwand (2) ist durchstoßen, in der Keimhyphe setzt sich zunächst nur die innere Wandschicht (3) fort. **d** Wachsende Hyphenspitze von *Drechslera sorokiniana*. Die Vesikel sind (bereits in **c**) in der Spitzenregion angereichert, während die meisten Mitochondrien (6) in einem etwas weiter zurückliegenden Bereich der Hyphe ungefähr achsparallel angeordnet sind – (a–c: schematisch, ca. 4000fach, d: etwa 20 000 fach; c–d: nach *Cole* u. *Samson* 1979)

Strukturen der vegetativen Entwicklung

Der junge Thallus der Pilze (Fungi) besteht aus Hyphen oder Sproßzellen; bei pilzähnlichen Protisten kommen daneben andere Vegetationseinheiten vor, beispielsweise amöboide Zellen, Plasmodien, Thalli („Pflänzchen") mit nichtzelligen, kernlosen Rhizoiden (Würzelchen).

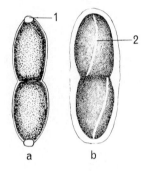

Abb. 5 Keimporen und Keimspalten. **a** *Trichodelitschia bisporula* (Dothideales, Ascomycetes), Ascospore mit zwei Keimporen (1); **b** *Delitschia auerswaldii* (gleiche Ordnung), Ascospore mit Keimspalten (2) – (a: 1400fach, b: 700fach) (nach *Müller* u. *von Arx*)

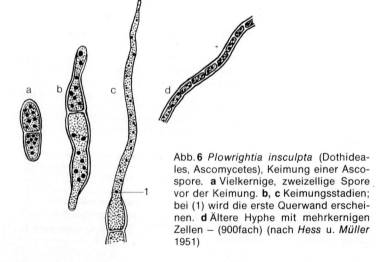

Abb. 6 *Plowrightia insculpta* (Dothideales, Ascomycetes), Keimung einer Ascospore. **a** Vielkernige, zweizellige Spore vor der Keimung. **b, c** Keimungsstadien; bei (1) wird die erste Querwand erscheinen. **d** Ältere Hyphe mit mehrkernigen Zellen – (900fach) (nach *Hess* u. *Müller* 1951)

Hyphenthallus

Die für die weitaus meisten Pilze und viele pilzähnliche Protisten charakteristischen **Hyphen** (fädige Vegetationsorgane) (vgl. Abb. **6**), deren Gesamtheit als **Myzel** (Pilzgeflecht) bezeichnet wird, lassen sich als Wuchsform von anderen Thallustypen schon kurz nach der Keimung unterscheiden. Die Hyphendurchmesser variieren je nach Taxon und Außenbedingungen zwischen knapp 2 μm (z. B. bei *Toxotrichum cancellatum* und einigen anderen Gymnoascaceae; Eurotiales, Ascomycetes) und mehr als 100 μm (z. B. bei den Sporangienträgern von *Phycomyces blakesleeanus*; Mucorales, Zygomycetes). In septierten Hyphen liegen die Zellen in einer einzigen Reihe hintereinander.

Keimung. Sporen, Konidien oder andere Keime nehmen bei Eintritt günstiger Bedingungen meist unter Abrundung an Volumen zu. Im Extremfalle führt das „sphärische Keimungswachstum" zunächst zu einer „Keimkugel" unter Neubildung der inneren Zellwand oder einer Wandschicht (Abb. **4a, b**, S. 19). Das Bild keimender Sporen kann erheblich variieren (vgl. z. B. Abb. **4** mit Abb. **6**), wird aber stets durch die Aufnahme von Wasser mitbestimmt; eine bloße Quellung, wie man früher teilweise meinte, ist kaum anzunehmen.

An der Keimkugel erscheint bald eine Ausstülpung, welche die Sporenwand lokal auflöst oder durchbricht, und verlängert sich zum Keimschlauch. Zellwandsynthetisierende Vesikel (vgl. S. 85) haben sich nun an der Hyphenspitze angereichert; die Keimhyphe ist auf die für Längenwachstum typische Art „polarisiert" (Abb. **4c, d**).

Sporen mit Keimporen oder Keimspalten (Abb. **5**) keimen an den vorgebildeten Stellen. Bei Pilzen gilt die Keimung mit dem Erscheinen der ersten Hyphenquerwand als abgeschlossen (Abb. **6**).

Saprobionten nehmen meist sehr frühzeitig Nährstoffe aus dem Medium auf und stellen sich unauffällig von der Keimung auf Hyphen- oder Sprossungswachstum um. Viele Pflanzenparasiten versorgen hingegen ihre ersten Entwicklungsstadien nach der Keimung im wesentlichen aus dem Nährstoffvorrat der Spore. Sehr oft bilden sie dabei an den jungen Hyphen auf der Pflanzenoberfläche (extramatrikal, außerhalb des Wirtes) besondere Haftorgane aus und dringen dann mit Hilfe von Infektionshyphen ins Wirtsinnere vor; nun erst, nach vollendeter Infektion, beginnt mit der Ausbildung von Haustorien (Abb. **21**, S. 46) die Nahrungsaufnahme aus der Umgebung und in manchen Fällen die Entwicklung eines ausgedehnten intramatrikalen Thallus, eines deutlichen Indikators der vegetativen Phase. Die fakultativen Parasiten zeigen auch bei der Ansiedlung auf dem Wirt intermediäre Verhältnisse und ähneln teils Saprobien, teils obligaten Parasiten.

Indirekte Keimung. Bei Organismen mit Zoosporen, beispielsweise Oomycetes, Chytridiomycetes und ähnliche Formen, ist die Keimung durch eine zwischengeschobene Schwärmphase gewissermaßen in zwei zeitlich und räumlich getrennte Vorgänge aufgegliedert. Diese „indirekte Keimung" besteht a) aus der aktiven Freisetzung der Zoosporen aus dem Zoosporangium (s. z. B. Abb. **83**, S. 190) und, nach dem Auffinden eines geeigneten Substrates, b) in der Ausbildung von Rhizoiden oder Haustorien, mit deren Hilfe die Nährstoffe dem Thallus einverleibt werden.

Hyphenwachstum. Die Hyphen verlängern sich hauptsächlich in einer Zone unmittelbar hinter der Spitze. In diesem Bereich ist die Zellwand besonders plastisch. Hier, nicht selten aber auch an weit zurückliegenden Stellen, erscheinen in wechselnden Abständen und mit unterschiedlicher Regelmäßigkeit seitliche Ausstülpungen, entwickeln sich nach Art der Hyphenspitze bzw. eines Keimschlauches (Abb. **4c, d**) und werden zu Seitenhyphen, die sich ebenfalls weiter verzweigen können. Bei unveränderten Ernährungsbedingungen bleibt der Durchmesser der Seitenhyphen oft hinter dem der Haupthyphe und der der Seitenhyphen zweiter Ordnung hinter dem der ersten Ordnung zurück. Übergipfelungen (stärkeres Wachstum der höheren Verzweigungsordnung) gehören im vegetativen Myzel zu den Ausnahmen, sind aber für viele Fruktifikationsorgane, beispielsweise Konidienträger, kennzeichnend.

Zellwandsynthese. Schon in den frühesten Stadien der Keimung, der Zellsprossung und des Hyphenwachstums erkennt man im Cytoplasma Vesikel, von denen die größeren (Abb. **4a–d**, 4) dem Transport von Enzymen und Oligosaccharid-Komplexen aus dem Zellinnern durch die Membran in die Zellwände dienen. Dort werden die vorgefertigten Wandbau-Elemente in die Micelle der Struktur-Polysaccharide eingefügt. Die neben den größeren Vesikeln vorhandenen ähnlichen, aber kleineren Organelle enthalten zum Teil zellwandlysierende Aktivität; für lokale Erweiterungen der Zellwand sind vermutlich lytische und synthetisierende Vorgänge notwendig. (Andere Forscher lehnen eine solche Erklärung des Wandwachstums ab, weil eine Verlängerung der Micelle jederzeit möglich erscheint, denn sie bilden ja nicht, wie etwa der Murein-Sacculus der Bakterien, ein Netzwerk, das ständig intakt bleiben muß.) Das neben den Struktur-Makromolekülen wichtige „Füllmaterial" der Zellwand, welches zwischen die Micelle eingelagert wird, sie verkittet, für Zusammenhalt und plastisches Verhalten Bedeutung hat oder auch in eigenen Wandschichten vorkommen kann, wird möglicherweise auf andere Art, nämlich durch membrangebundene Enzyme aus im Cytoplasma synthetisierten UDP-Zuckermonomeren aufgebaut. Sproßzellen verschiedener Pilze enthalten auf Kosten des Glucans oft einen höheren Mannan-Anteil als Hyphen der gleichen Species. Neben den Polysacchariden und verwandten Makromolekülen (Tab. **11**, S. 82) haben im Bauplan der Zellwände Proteine einen vielleicht texturdeterminierenden Anteil.

Hyphentypen. Durch die Fadenform ähneln sich alle Hyphen. Sie können sich im inneren Bau jedoch unterscheiden.

Septierung. Als „unseptiert" gelten die Hyphen vieler Zygomycetes und der pilzähnlichen Protisten, die deshalb gelegentlich als „coenocytische Pilze" zusammengefaßt werden. Das gesamte, aus einem Kern gewachsene Myzel stellt dann eine einzige, vielkernige (polyenergide) Zelle, ein **Coenocytium**, dar. Bei Beschädigung oder Hunger bilden auch coenocytische Pilze Septen in den Hyphen, und im Zuge der Fruktifikation werden Sporangien der Mucorales (Zygomycetes) durch Querwände abge-

Tabelle **2** Vorkommen bestimmter Septentypen
in den Hyphen der verschiedenen Pilztaxa

Pilztaxa (Die Namen stehen in Klammern, wenn verschiedene Repräsentanten des Taxons in ihren Septentypen **nicht** übereinstimmen)	**Septentypen** Bezeichnungen und Besonderheiten (mit Hinweis auf Abbildungen, welche den betreffenden oder einen ähnlichen Typ zeigen)
(Basidiomycota)	
Agaricales u. a. „Holobasidiomyceten" (s. Tab. **30**, S. 296); Tremellales, Auriculariales	Dolipor-Parenthesom-Septum (Abb. 9 d–e)
Septobasidiales, Uredinales	einfaches Septum mit Vesikeln (Abb. 9 c)
(Ustomycetes) *Rhodosporidium* (1 Beispiel)	einfaches Septum (Abb. 9 a)
(Ascomycota) **Ascomycetes** und zuzuordnende **Deuteromycetes**	einfaches Septum mit Woronin-Körperchen (Abb. 9 b)
Endomycetes	
(*Saccharomycopsis*, 2 Arten)	Dolipor-Septum (Abb. 8 c)
(*Saccharomycopsis*, 2 Arten)	Mikropor-Septum (Abb. 7)
Dipodascus (1 Art)	
(Zygomycota) (Mucorales) *Phycomyces* (1 Beispiel)	Mikropor-Septum (Abb. 7)
(Mucorales, andere Gattungen); Dimargaritales, Asellariales, Kickxellales, Harpellales, Eccrinales	Dolipor-Septum (Abb. 8 a–d)
(Chytridiomycota) *Entophlyctis* (1 Beispiel)	Mikropor-Septum (Abb. 7)

trennt. Höherentwickelte Chytridiomycetes und Zygomycetes zeigen eine Tendenz zu regelmäßigerer Septierung der vegetativen Hyphen, und bei Ascomycota, Deuteromycetes und Basidiomycota sind fast alle Hyphen mit Ausnahme der Keimschläuche **regelmäßig septiert.**

Septentypen. Die Hyphenquerwände der Pilze besitzen Poren, welche den direkten Kontakt der Protoplasten benachbarter Zellen gewährleisten. Entsprechend der unterschiedlichen Ausgestaltung von Septen und Poren lassen sich im Feinbau, meist nur mit Hilfe des Elektronen-

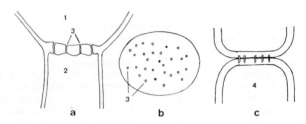

Abb. 7 Pilzsepten mit Mikroporen; **a** *Entophlyctis* spec. (Chytridiomycetes), Septum zwischen Sporangium (1) und Rhizoide (2) mit Mikroporen (3). **b, c** *Geotrichum candidum* (Anamorph zu *Dipodascus*, Endomycetes). **b** Aufsicht auf die Endplatte einer Konidie mit Mikroporen (3); **c** Zellwände zweier aneinanderstoßender Zellen mit bereits verschlossenen Mikroporen, Schnitt parallel zur Achse der Konidienkette – (ca. 300fach, schematisiert nach elektronenmikroskopischen Aufnahmen; a: nach *Powell*, b, c: nach *Hashimoto* u. Mitarb.)

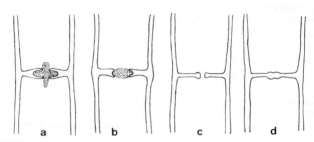

Abb. **8** Dolipor-Septen bei Zygomycota; schematisierte Längsschnitte. **a** *Dispira cornuta* (Dimargaritales) mit kreuzförmigem Porenstopfen. **b** *Kickxella alabastrina* (Kickxellales) mit einfachem Porenstopfen. **c, d** *Astreptonema gammari* (Eccrinales), **c** offener Porus in jungem Septum; **d** verschlossener Porus in einer Wand zwischen älteren Hyphenzellen – (a, b: 650fach, c, d: 1100fach) (a, b: nach *Benjamin*, c, d: nach *Moss*)

mikroskops, mehrere Septentypen erkennen und den verschiedenen Pilztaxa mit mehr oder weniger großer Zuverlässigkeit zuordnen (Tab. 2, S. 23).

Bei manchen Pilzen sind die Querwände durch zahlreiche Mikroporen perforiert (s. Abb. 7). Die Verbindungen der Protoplasten werden, wie in der Botanik, als „Plasmodesmata" bezeichnet. Die meisten Pilzsepten haben jedoch je einen einzigen Zentralporus (vgl. Abb. 8 u. 9). Die

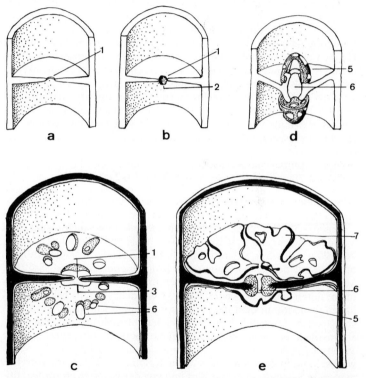

Abb. 9 Septentypen höherer Pilze, schematisiert. a–c Einfache Septen: a mit Porus (1) – (*Cephaloascus* spec., Endomycetes); b mit Porus (1) und Woroninschem Körperchen (2), typisch für Ascomycetes; c mit Porus (1), der durch optisch dichtes Cytoplasma (3) verschlossen und von einem Schwarm Vakuolen (6) umgeben ist (*Melampsora lini*, Uredinales, Basidiomycetes). d, e Dolipor-Septen, typisch für Homobasidiomycotidae, mit Doliporus (6) und porösem Parenthesom (Porenkappe; 5), das in e mit endoplasmatischem Reticulum (7) in Verbindung steht – (a,b,d: 4000fach, c,e: 8000fach; a,b,d: nach *Moore* u. *McAleer*, c: nach *Bracker* u. *Butler*, e: nach *Littlefield* u. *Bracker*)

fast stets irisblendenartig entstehenden Querwände sind dann nach dem Porus zu entweder verjüngt (einfache Septen, z. B. Abb. **9a, b**) oder verdickt (Dolipor-Septen, z. B. Abb. **8** u. **9 d, e**), seltener sind sie gleichmäßig dick. Die Septenporen können, beispielsweise vor der Abtrennung von Konidien (vgl. S. 59 ff.), verschlossen werden (vgl. Abb. **7c, 8a, b, d** u. **9b**), und manchmal fallen in ihrer Umgebung Parenthesom, Woronin-Körperchen, Vesikel- oder Membransysteme auf (vgl. Abb. **9b–e**).

Zellwandtextur. Viele Pilzzellwände sind mehrschichtig. In Hyphen von *Phytophthora* (Oomycetes) wurden äußere, knapp 100 nm dicke Lagen aus β-1,3-1,6-Glucan und innere, etwas stärkere Wandschichten aus Cellulose gefunden. Bei *Neurospora* (Ascomycetes) konnten in jungen Hyphen elektronenmikroskopisch drei Schichten von insgesamt etwas mehr als 100 nm Dicke nachgewiesen werden; nach partiellem enzymatischem Abbau ließen sich, von außen nach innen, Lagen aus β-1,3-1,6-Glucan, Glycoproteid mit Protein und Chitin mit Protein identifizieren. Im Elektronenmikroskop zeigen Schnitte nicht spezifisch vorbehandelter Wände von Sproßzellen oft zwei Schichten bei Ascomycota (Endomycetes, Ascomycetes), aber lamellären Aufbau bei Basidiomycota.

Weitere gruppencharakteristische Merkmale liefert die Analyse der Zellwand-Hauptbestandteile (vgl. Tab. **11** u. **12**, S. 82–83).

Abwandlungen vegetativer Hyphen. Substrat- oder Lufthyphen mancher Pilze wachsen gebündelt, d. h. parallel aneinandergelagert, als „Synnemata". Wie diese Hyphenbündel, so können auch Dauer- und Vermehrungsorgane, beispielsweise Chlamydosporen (Abb. **11**; Abb. **27** u. **28**, S. 51), Sklerotien (Abb. **29**, S. 52) oder Konidien frühzeitig während der Entwicklung einer Kolonie entstehen (vgl. S. 59 ff.). Meist erfolgt die Differenzierung aber nicht an den jungen Substrathyphen, deren sämtliche Zellen Kontakt mit dem (festen) Nährmedium haben, sondern an dem daraus hervorgehenden Luftmyzel (von Substrathyphen aufragende Seitenzweige, deren Ernährung durch die Substrathyphen erfolgen muß). Der makroskopisch oft sehr auffällige Wechsel der Wuchsform zeigt einen wesentlichen Einschnitt im Stoffwechsel und in der Ontogenese einer Kolonie an (Übergang vom Primär- zum Sekundärmetabolismus und von der vegetativen zur fruktifikativen Phase).

Sproßzellen

Die Zellsprossung als Wuchsform-, Vermehrungs- und Fortpflanzungstyp läßt sich makroskopisch an der meist schleimigen Konsistenz der betreffenden Pilzkolonien auf festem Substrat und mikroskopisch an der Form und Anordnung der Einzelzellen erkennen.

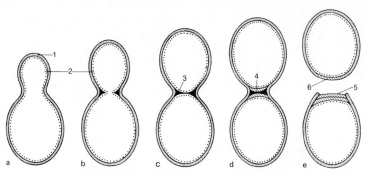

Abb. 10 Zellsprossung mit Septenbildung (holoblastischer Typ, charakteristisch für Endomycetes, z. B. *Saccharomyces*), fünf aufeinanderfolgende Stadien (**a–e**); schematisch. 1 = Zellwand, 2 = Plasmalemma, 3 = Primärseptum, 4 = Septum mit sekundär aufgelagerten Wandschichten, 5 = Sproßnarbe, 6 = „Nabelregion" der Tochterzelle – (nach E. *Cabib* u. Mitarb., in Yeast, Mould and Plant Protoplasts, hrsg. v. J. R. *Villanueva* u. Mitarb. 1973)

Der Sprossungsvorgang (Abb. 10) beginnt mit einer Ausstülpung der Zellwand oder der inneren Wandschicht(en), im letzteren Falle unter Auflösung oder Verdrängung der äußeren Lagen der Zellwand. Durch die Sproßpore quillt ein Teil des Protoplasten der Mutterzelle mit einem (Tochter-)Kern, selten mit mehreren Kernen. Die Tochterzelle wächst bis zur Größe der Mutterzelle heran. Dann wird der Isthmus unter Ausbildung einer Querwand durchschnürt. Im ausgereiften Zustand ähneln alle Sproßzellen der gleichen Art – Mutter-, Tochter-, Enkelzellen usw. – einander in Form, Größe, Färbung und Sprossungstyp (apikal – lateral; bipolar – multipolar; vgl. Abb. **100**, S. 219). Diese und weitere Einzelheiten des Sprossungsvorganges erlauben auch hier eine grobe, wenn auch nicht immer unproblematische Unterscheidung von Hefe- und Sproßzellen der Ascomycota und Basidiomycota (vgl. Abb. **188**, S. 329); zur Hauptsache werden sprossende Pilze nach wie vor allerdings physiologisch differenziert.

Auch bei nicht allzu präzisem Sprachgebrauch wird man („echte") Hefen stets den Saccharomycetaceae (Endomycetes, Ascomycota) gleichsetzen, „hefeartig" aber im Sinne von „sich vorwiegend durch Zellsprossung vermehrend" auffassen und nicht auf die systematische Verwandtschaft beziehen.

Bei den Saccharomycetaceae und deren unmittelbaren Verwandten, bei Ustomycetes und einigen anderen Gruppen der Basidiomycota (evtl. auch bei weiteren Ascomycota) überwiegt die Zellsprossung gegenüber dem Hyphenwachstum oder ist einzige Wuchsform; unter den Fungi imperfecti werden sprossende Pilze manchmal als „Blastomycetes" zusammengefaßt (vgl. S. 328 ff.; s. aber S. 4 u. 321). Den bei der Zell-

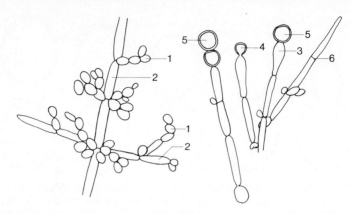

Abb. 11 *Candida albicans* in Maismehlagar (Stichkultur). 1 = Sproßzellen, 2 = Pseudohyphen, 3 = Prochlamydospore, 4 = junge Chlamydospore, 5 = reife Chlamydospore, 6 = echte Querwand – (600fach)

sprossung erkennbaren morphologischen Typen (vgl. Abb. **100**, S. 219) begegnet man auch als Varianten der Blastokonidienbildung wieder (Tab. **7**, S. 61).

Übergang vom Sprossungs- zum Hyphenwachstum. Manche normalerweise sprossenden Pilze vermögen auch mit Hyphen zu wachsen. Bei *Candida albicans* (Abb. **11**) vollzieht sich dieser Übergang unter mikroaerophilen Bedingungen über die Zwischenstufe der **Pseudohyphen**; das sind verlängerte Sproßzellen, die selbst wieder sprossen oder sich durch Bildung von Septen in echte Hyphen verwandeln und unter Umständen Seitenzweige ausbilden.

Sicherere morphologische Unterscheidungsmerkmale kommen, falls überhaupt, oft erst mit der Bildung von Lufthyphen, Konidien oder sexuellen Fruktifikationsorganen zum Ausdruck, doch sind selbst die Asci der Hefen merkmalsarm.

Bei Taphrinales (Ascomycota) und Brandpilzen (Basidiomycota) ist im natürlichen Entwicklungsgang die Wuchsform meist streng an die Kernphase gebunden: Auf das extramatrikale Sprossungswachstum haploider Zellen folgen Kopulationen, die zu paarkernigem (dikaryotischem), infektionstüchtigem Myzel führen. Dieses wächst im Wirtsgewebe und schließt später den Entwicklungszyklus mit Kernverschmelzung, Reduktionsteilung und Sporulation in der Hauptfruchtform ab. Viele hefeartige Pilze sind jedoch ausschließlich in ihrer vegetativen, asexuellen Phase bekannt.

Sprossungswachstums bei „Fadenpilzen". Außer den erwähnten Hefen und hefeartigen Mikroorganismen sind zahlreiche andere Pilze zum

Sprossen befähigt. Das geschieht entweder in bestimmten Entwicklungsphasen (wie im erwähnten haploiden Stadium von *Taphrina* oder *Ustilago*) oder ohne Wechsel der Kernphase als Reaktion auf Umwelteinflüsse.

Beispielsweise wächst *Mycotypha africana* (Mucorales, Zygomycetes) in einem Nährmedium mit 20% Glucose bei 37°C ausschließlich in Form von Sproßzellen („Kugelhefen"), bei normalem Zuckergehalt (z. B. 2%) oder niedrigeren Temperaturen (z. B. 27°C) jedoch mit Hyphen, die rasch fruktifizieren.

Bei *Ajellomyces, Emmonsiella* (Gymnoascaceae, Eurotiales, Ascomycetes) und *Paracoccidioides* (Hyphomycetes, Fungi imperfecti), den „klassischen" dimorphen Erregern von Humanmykosen, bedarf Sprossungswachstum einer besonderen Induktion (37°C, Cystein/Cystin oder Blut im Nähragar). (Die Sproßzellphase oder „Gewebeform" liegt meist auch in Organen des Patienten vor. – Im Laboratorium sind nicht sämtliche Stämme unter gleichen Bedingungen transformierbar.) Umgekehrt ändern alle (Sproß-)Zellen beim Wechsel auch nur eines maßgebenden Faktors ohne Verzug ihre Wuchsform und entwickeln sich in der Hyphenform weiter (welche der saprobischen Phase entspricht; hierbei entstehen die hochinfektiösen Konidien).

„Schwarze Hefen" sind sprossende Entwicklungszustände der Gattungen *Aureobasidium, Cladosporium, Exophiala* und anderer Moniliales (Deuteromycetes) sowie mancher Ascomycetes (z. B. Rußtaupilze, s. S. 275). Die Sproßzellen entstehen meist aus dunklen Mutterzellen; sie selbst sind in der Regel hell, dunkeln jedoch beim Reifen durch Melanineinlagerung in die Zellwände nach.

Die besondere Bedeutung der Zellsprossung besteht vor allem darin, daß mit dem Wachstum (Zunahme der Biomasse) eine starke Vermehrung (Zunahme der Anzahl selbständiger Vegetationseinheiten) einhergeht. Den Vorteilen der Zellsprossung in flüssigen Medien steht die sehr geringe Ausbreitung von Sproßkolonien auf festen Substraten gegenüber. Der Nachteil wird teilweise dadurch ausgeglichen, daß ein Teil der Sproßzellen das Eintrocknen überlebt, mit dem Staub oder als Staub verfrachtet wird und später an einem entfernten Ort wieder neue Kolonien bilden kann.

Andere Typen vegetativer Thalli

Viele Protisten und wenige Pilze setzen aus Dauersporen oder Zoosporangien nackte, bewegliche Zellen frei. **Amöboide Zellen** kommen beispielsweise bei *Amoebidium* (Zygomycota; Abb. **98c, d,** S. 215), hauptsächlich aber bei den Schleimpilzen (Myxomycota, s. S. 163 ff.) vor; im letzteren Falle werden sie oft als **Myxamöben** bezeichnet. **Begeißelte Zellen**, z. B. **Zoosporen**, können sich in wäßrigem Milieu aktiv bewegen. Nach einer Schwärmphase encystieren sich manche von ihnen auf einem geeigneten Substrat und bilden unter günstigen Umständen dort Hyphen oder unmittelbar wieder Sporangien, die mit Rhizoiden ausgestattet sein können. Bei dieser „indirekten Keimung" (s. S. 21) beginnt die Nahrungsaufnahme erst in der zweiten Phase, nach dem Festsetzen. **Myxoflagellaten,** die Zoosporen der Myxomycota, setzen sich nicht fest, encystieren sich nicht bei normaler Entwicklung, sondern nehmen Nahrung auf und werden oft durch Geißelverlust zu Myxamöben, welche unter Umständen paarweise kopulieren. Aus den Fusionszellen entwickeln sich nackte, diploid-mehrkernige Vegetationskörper (Plasmodien). Die Nahrungsaufnahme der Myxomycetes erfolgt somit sowohl in der Haplophase, durch Myxoflagellaten und/oder Myxamöben, und im diploiden Zustand, durch die Plasmodien. Einzelheiten sind bei den betreffenden Taxa beschrieben („Das System der Pilze und pilzähnlichen Protisten", S. 161 ff.; vgl. Tab. **8**, Zeile 12, S. 68).

Organelle der Pilzzelle

Pilzzellen können außerordentlich verschieden aussehen, sie stimmen aber miteinander in den wesentlichen Feinstrukturen, insbesondere auf dem Niveau der Zellorganelle, überein. Meist sind jedoch die betreffenden Merkmale nicht für „Pilze", sondern für größere Teile der Eukaryota charakteristisch. Im Rahmen der prinzipiell übereinstimmenden Zellorganisation lassen sich immerhin einige Besonderheiten charakterisieren und manchmal bestimmten Taxa zuordnen. Abb. **12** und Tab. **3** sollen einen Überblick über die hier zu diskutierenden Organelle vermitteln.

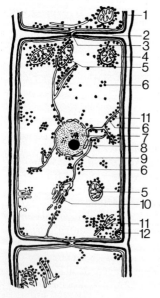

Abb. **12** Hyphenzelle eines Ascomyceten, schematischer Längsschnitt. 1 = Zellwand (Außenwand der Hyphe), 2 = Hyphenquerwand (Septum), 3 = Querwandporus, 4 = Plasmalemma, 5 = Mitochondrien, 6 = Ribosomen, 7 = Kern, 8 = Nucleolus, 9 = Kernmembran, 10 = Dictyosom (Golgi-Apparat), 11 = endoplasmatisches Reticulum, 12 = Lomasomen

Tabelle 3 Zellorganelle, Übersicht

Organelle	Charakteristika der		Besonderheiten von Pilzen und pilzähnlichen Protisten
	Prokaryota	Eukaryota	
Zellkern (S. 32 ff.) oder Homologon	Nucleoid (Kernäquivalent)	Nucleus (echter Zellkern, Mitosekern)	
Chromosomen (S. 33)	ein einziges Ringchromosom	stets mehrere	meist in geringerer Anzahl vorhanden, Einzelchromosom kürzer
Metaphasenplatte	– – –	deutlich ausgebildet	fehlt meist
Kernmembran (S. 33 f.)	fehlt	bei der Kernteilung aufgelöst	bleibt bei Kernteilungen meist erhalten
Nucleolus (S. 34) (Kernkörperchen)	fehlt	vorhanden	meist vorhanden, bei Zoosporen oft durch Kernkappe ersetzt
(Anzahl der Kerne je Zelle)	1 oder wenige	in der Regel 1	mehrere, seltener 1
Mitochondrien (S. 35)	fehlen	mehrere pro Zelle	mehrere, in manchen Zoosporen jedoch nur 1
Ribosomen (S. 35)	70 S	80 S	keine Besonderheiten
Spindelpolkörperchen (SPB; S. 33 f.)	fehlen	vorhanden	meist vorhanden
Geißeln (S. 37 ff.) (falls vorhanden)	nichtfibrillär gebaut oder mit wenig Fibrillen	1 bis viele, oft mit 9 + 2 Fibrillen	1 oder 2 je Zelle (ausnahmsweise 4), stets mit 9 + 2 Fibrillen
Zellwand (S. 39 ff.)			
Gerüstsubstanzen (Tab. 11 u. 12, S. 82 f.)	in der Regel Murein	bei Pflanzen: Cellulose	Chitin, Cellulose, andere Glucane oder Polysaccharide
(Zellteilung)	oft mit DNS-Gehalt korreliert	in der Regel mit der Kernteilung korreliert	meist unabhängig von Kernteilungen (vor allem im vegetativen Thallus)

Zellkern. Der Zellkern (Nucleus, Karyon) bewahrt die wichtigsten Erbanlagen und gibt sie weiter. Seinen hauptsächlichen Bestandteil stellen die stets in Mehrzahl vorhandenen Chromosomen dar (die Bakterienzelle hat eines), und darin ist die Desoxyribonucleinsäure (DNS, Kernsäure) die genetisch wichtigste Komponente. Daneben besitzt der Kern sogenanntes Kernplasma (proteinhaltigen Kernsaft) und meist einen Nucleolus (Kernkörperchen). Der Kern ist von einer submikroskopischen, porösen Doppelmembran, der Kernmembran (Kernhülle), umschlossen.

Bei allen Organismen erfolgt die Weitergabe der im Zellkern gespeicherten genetischen Informationen in doppeltem Sinne:

1. Der **Arbeitskern** (das ist der Zellkern in der Arbeitsphase, in den Zeiten zwischen den Kernteilungen; dieser Zustand wurde früher irreführend als „Ruhekern" bezeichnet) liefert alle wichtige Informationen an das Cytoplasma der zugehörenden Zelle (bei Coenocytien in seine Einflußsphäre, die Energide). Die im Kern benötigten Nucleotid-Bausteine entstehen im Cytoplasma, werden aber im Kerninnern, in den Chromosomen, in die vorhandenen DNS-Stränge eingebaut.

Die Chromosomen des Arbeitskernes haben vermutlich immer langfädige Form. Sie sind als unregelmäßig gewundene und verknäuelte Ge-

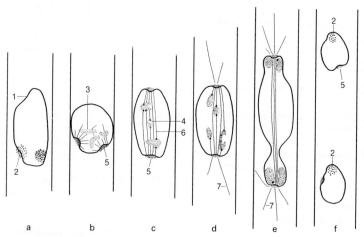

Abb. **13** Mitose in vegetativen Hyphen von *Fusarium oxysporum* (Fungi imperfecti). **a** Kern vor der Teilung (Interphase), **b** Prophase, **c** Metaphase, **d** Anaphase, **e** Telophase, **f** die beiden Tochterkerne (Interphase). 1 = Kernmembran, 2 = Nucleolus, 3 = Chromosomen, 4 = Kinetochor, 5 = Spindelpolkörperchen (SPB), 6 = intranucleäre, chromosomale Spindelfasern, 7 = extranucleäre, cytoplasmatische Mikrotubuli – (halbschematisch, nach *Beckett* u. Mitarb. 1974)

bilde in das Kernplasma eingebettet und lassen sich in dieser Phase durch Färbungen nicht befriedigend darstellen. Ihre Aktivität zeigt sich vor allem in den physiologischen Leistungen der Zelle.

2. In den **Teilungsphasen** erhält jedes Chromosom eine kompakte, individuelle, bei jeder Teilung wiedererkennbare und nach Färbungen deutlich hervortretende Form; auf diesen Zustand des Kernes beziehen sich die weitaus meisten karyologischen Untersuchungen.

Die **Mitose** (Abb. 13) ist die gewöhnliche, asexuelle, vegetative Kernteilung der Eukaryota. Ihr Fehlen bei den Prokaryota wird als wichtigster Unterschied zwischen den beiden Grundtypen von Lebewesen gewertet. Die Mitose setzt eine vorangehende Verdoppelung der DNS in den **Chromosomen** sowie die Vorbereitung der Chromosomen-Längsspaltung (Teilung in je zwei identische Chromatiden, die späteren Tochterchromosomen; vgl. Abb. 62, S. 114) voraus. Mit dem Mitose-Mechanismus verquickt ist auch das **Spindelpolkörperchen** (**SPB**; vgl. S. 34 u. Abb. 13,5). Falls das SPB nicht vorher schon halbiert war, teilt es sich vor Beginn der Mitose, und die beiden Teile wandern zu gegenüberliegenden oder um 90 Grad voneinander entfernten Stellen in der Regel außen an der Kernhülle, manchmal in Einbuchtungen der Membran.

Die beginnende Kernteilung erkennt man daran, daß die Chromosomen nachweisbar werden, sich verkürzen und verdicken (Prophase, Abb. 13b). Sie ordnen sich zwischen den beiden Spindelpolen an (Metaphase, Abb. 13c). Hierbei und an der folgenden Trennung der Tochterchromosomen (Anaphase, Abb. 13d) beteiligen sich **Mikrotubuli,** die als „Spindelfasern" entweder a) von Pol zu Pol oder b) von einem Pol zu je einem Chromosom reichen oder c) als kurze Strukturen von den Spindelpolen ausstrahlen. Die Tubuline, actinähnliche Proteine der Mikrotubuli, polymerisieren unter dem Einfluß der SPB (auch in vitro). Später bewegen sich die Tochterchromosomen zu den Spindelpolen hin (Anaphase-Telophase, Abb. 13d, e). Sie erhalten nach dem Erreichen der Endpunkte wieder langfädige (Arbeits-)Form, und es erscheint neuerdings ein Nucleolus in jedem Tochterkern (Telophase, Abb. 13,2).

Zeitlich benötigt eine Mitose zwischen 5–6 Min. (z. B. bei *Allomyces,* Chytridiomycetes; *Ascobolus,* Ascomycetes; *Aspergillus, Fusarium,* Deuteromycetes; bei mehreren Basidiomycetes) und wenigen Stunden (um 45 Min. bei *Ustilago* und etwa 2 Std. bei *Mucor*).

Einige an Pilzen und Protisten beobachtete Besonderheiten dürften hier Beachtung verdienen:

1. Die **Kernmembranen** werden im Gegensatz zu denen der Tiere und Pflanzen während der Mitose nicht aufgelöst (abgesehen von einem Teil der Myxomycetes und vereinzelten Vertretern aus anderen Gruppen), sondern bleiben bei der Mehrzahl der Pilze und bei vielen pilzähnlichen Protisten während der ganzen Kernteilung erhalten. Bei vielen Basidiomycetes wurden bis auf „Polfensterchen" intakte (d. h. nur in der

Gegend der extranucleären Spindelpole aufgelöste) Kernmembranen gesehen.
2. Der **Nucleolus** wird während der Prophase in der Regel aufgelöst und in der Telophase neu gebildet. Bei einigen Vertretern der Mucorales (Zygomycetes) persistiert er jedoch, und manchmal (z. B. bei einigen Chytridiomycetes, hefeartig wachsenden Basidiomycetes und Brandpilzen sowie wenigen Hefen) wird er – meist in Zusammenhang mit der Einschnürung der Kernmembran bei der Bildung von Tochterkernen – ins Cytoplasma ausgestoßen.

Manche Organismen besitzen keinen Nucleolus, und in Zoosporen auch nichtverwandter Pilze findet man statt der Nucleoli Kernkappen, die entweder, wie die Nucleoli, 50–70% RNS und 30–50% Protein, eventuell weitere Stoffe (DNS?) oder aber Ribosomen enthalten.

3. **Spindelpolkörperchen** (SPB) liegen meist dicht an der Kernmembran, manchmal in Membranausbuchtungen, entweder extranucleär oder, wesentlich seltener, innerhalb des Kernraumes (z. B. bei *Physarum,* Myxomycetes; einigen Oomycetes).

In einzelnen Fällen scheint die Funktion des SPB durch elektronenmikroskopisch nicht nachweisbare Organisationszentren übernommen worden zu sein. Die SPB enthalten RNS, vielleicht auch DNS, sie sind bei begeißelten Zellen stets mit Centriolen (Centrosomen; zylindrische Körperchen mit je 9 Mikrofibrillen-Triplets in peripherer Anordnung) und mit Kinetosomen bzw. Blepharoplasten vergesellschaftet.

Im Falle der sich entwickelnden Zoospore bewegt sich eine der Centriolen, bisweilen mitsamt dem Kern, zur Zellgrenze hin, und aus ihr oder in ihrer unmittelbaren Nachbarschaft entsteht rasch eine das Plasmalemma durchdringende Geißel. Die zweite Centriole bleibt in Kernnähe; ihre Funktion wird bei biflagellaten Formen deutlich, denn dann entsteht dort die zweite Geißel, entweder nach der ersten Geißel oder gleichzeitig mit jener. Die Centriole bildet oder assoziiert sich mit einem Blepharoplasten (Kinetosom). Im übrigen stehen die drei Organelle nicht nur miteinander, sondern auch mit dem Kern in enger funktioneller sowie räumlicher Beziehung. Vermutlich das Kinetosom bestimmt unter anderem über die Polymerisation und Aktivität der Tubuline, das heißt über Entstehung und Funktion der Mikrotubuli (vgl. Abb. 13 u. Abb. 33, S. 59). Mit den Reaktionen interferieren viele Mitosegifte, kanzerogene und tumorhemmende Substanzen wie Griseofulvin und Methylbenzimidazol-2-yl-carbamat (Wirkstoff des „Benomyls"). Ihre Wirkungsspektren sind teilweise inhomogen (Zygomycetes und/oder Oomycetes sind in den beiden genannten Fällen unempfindlich); an Tubuline binden ebenfalls die Pflanzenstoffe Vinblastin und Podophyllin, so wie auch von dem Pilzgift Phalloidin eine Anti-Actin-Wirkung bekannt ist.

Die Benennungen (SPB, NAO = Nucleus-associated organelle, Centriole, Centrosom, Kinetosom, Rhizoplast, Würzelchen, Blepharoplast usw.) überlappen sich teilweise, werden uneinheitlich benutzt und sind manchmal unklar. Der Leser wird mit Vorteil bei Originalarbeiten die jeweils maßgebenden, individuellen Definitionen beachten.

Mitochondrien. Mitochondrien (Chondriosomen) beherbergen Enzyme der Atmungskette, der oxidativen Phosphorylierung und des Citronensäure-Zyklus (vgl. S. 89 ff.); Defekte führen beispielsweise zu „petites"-Mutanten (vgl. S. 123). Mitochondrien besitzen eine eigene, als Ringchromosom vorliegende DNS und vermehren sich autonom, wenn auch in Abhängigkeit vom allgemeinen, kerngesteuerten Zustand der Zelle, und zwar nach Art der Bakterien durch Querteilung oder Sprossung. Mitochondrien in Einzahl finden sich in Zoosporen von Chytridiomycetes (vgl. Abb. **33**, 6); die übrigen Zellen der Pilze, pilzähnlichen Protisten und der übrigen Eukaryota enthalten jeweils mehrere Mitochondrien. Mit Durchmessern von meist $0,5-0,8\,\mu$m und Längen von μm-Bruchteilen bis zu einigen μm liegen diese Organelle an der Grenze der lichtmikroskopischen Auflösung. Die Strukturen im Innern der Mitochondrien sind bei Oomycetes und Hyphochytriomycetes röhrenförmig (tubulär), bei den übrigen Pilzen plattenförmig (lamellär); sie können zur Unterscheidung von Myxomycetes und Acrasiomycetes herangezogen werden (DYKSTRA, M. J.: Mycologia 69 [1977] 569−591).

Ribosomen. Ribosomen sind die bekannten Organelle der Proteinsynthese. Da sie nur 20−80 nm groß sind, eignet sich zum Nachweis ausschließlich das Elektronenmikroskop. Ihr Hauptbestandteil RNS wird an der Kern-DNS gebildet und zusammen mit Proteinen im Nucleolus bzw. in der Kernkappe gespeichert. Im Cytoplasma finden sich die Ribosomen zum Teil ohne erkennbare Ordnung vor, die Mehrzahl ist jedoch an Membranen des endoplasmatischen Reticulums, an Mitochondrien, andere Organelle oder Partikel angeheftet (s. Abb. 12), und in Kernkappen scheinen sie manchmal in dichter Packung vorzuliegen. Unterschiede zwischen den Ribosomen der Prokaryota und der Eukaryota bestehen nicht nur im Sedimentationsverhalten, sondern auch in den Strukturen oberflächlicher, etwa die Affinität für Hemmstoffe determinierender Proteine. Deshalb wird die Eiweißsynthese manchmal nur in prokaryotischen und manchmal nur in eukaryotischen Zellen gehemmt. Zu den Ausnahmen zählen die Aminoglykosid-Antibiotika Kasugamycin und Validamycin (vgl. Abb. **56**, S. 96), welche Pilze mit wirtschaftlicher Bedeutung beispielsweise im Reisbau zuverlässig unterdrücken, obwohl auf dem Ribosomen-Niveau eigentlich nur der molekulare Mechanismus der antibakteriellen Wirkung verständlich erscheint.

Elementarmembranen. Die Bezeichnung „Hyaloplasma" für optisch leere Bezirke des Zellinhaltes wurde auf Grund von Untersuchungen mit dem Lichtmikroskop geprägt und könnte darüber hinwegtäuschen, daß meist auch hier elektronenoptisch nachweisbare Strukturen vorhanden sind. Dazu zählt vor allem das endoplasmatische Reticulum (ER), ein Netzwerk von Doppellamellen (unit membranes), Tubuli und kugelförmigen Teilchen, die nach gleichen Prinzipien aufgebaut sind. Die Durchmesser der Einzelschichten betragen 2–3 nm, die der kontrastarmen Zwischenlagen 2–4 nm, die Gesamtdicke um 8 nm (80 Å). Hauptbestandteile sind Lipide, Proteine und Lipoproteide. Teile des ER entstehen und verschwinden ad hoc, die Zustandsformen (Lamellen, Tubuli, Kügelchen) gehen ineinander über. Ribosomen werden assoziiert („rauhes ER") und können sich vermutlich wieder aus dem Verband lösen; ER ohne anhaftende Ribosomen erscheint im Elektronenmikroskop „glatt". Das ER-System dient dem intrazellulären Stofftransport und bildet nahezu alle Grenzschichten des Cytoplasmas. In einigen Bezirken sind Elementarmembranen regelmäßig in bestimmten Formen und Anordnungen und mit bestimmten Funktionen vertreten; Beispiele sind: Plasmalemma (äußere Membran der Zelle), Kernmembran (s.S. 33), Parenthesom (Abb. 9d–e, 5, S. 25), Tonoplast (Vakuolenmembran), auch feste Einschlüsse sind oft von Doppellamellen umgeben, während an Woronin-Körperchen (Abb. 9b, 2) „halbe" (einschichtige) Membranen gesehen wurden. Dictyosomen oder Golgi-Körper, die bei Pflanzen wesentlich an der Zellwand-Synthese beteiligt sind, kommen bei pilzähnlichen Protisten ebenfalls vor, in größerer Zahl beispielsweise in sich differenzierenden Sporangien. Bei Fungi findet man statt dessen vorwiegend ER-Anhäufungen mit nur wenigen Lamellen.

Mikrosomen und vergleichbare Organelle. Verschiedene Aktivitäten des Cytoplasmas ließen sich bisher mit bestimmten Strukturen identifizieren. Beispiele sind Chitosomen und andere Vesikel mit Bedeutung für die Zellwandsynthese (Abb. 4, S. 19; vgl. S. 22), Peroxysomen und Glyoxysomen. Zellen hefeartiger Pilze, die C1-Verbindungen assimilieren, enthalten besondere „microbodies", die sich bei anders ernährten Zellen der gleichen Art nicht nachweisen lassen. Man nimmt generell an, in Microbodies kommen adaptive enzymatische Fähigkeiten von Pilzen zum Ausdruck. Volutinkörperchen (dancing bodies), assoziiert mit der großen Flüssigkeitsvakuole vieler Hefezellen, gelten als Speicherorganelle für Polyphosphate. Am auffallendsten im Lichtmikroskop sind die Fettvakuolen der Pilzzelle. Man erkennt an ihrem Vorhandensein in Hyphen die Kohlenhydrat-Überernährung („Verfettung"); in bestimmten Sporen und Sporangien gehört der Fettvorrat jedoch zur normalen Entwicklung. Während der Sporangiendifferenzierung (z. B. S. 53 ff., Abb. 31) wird das Fett zunächst in kleinen Tröpfchen akkumuliert, diese vereinigen sich zu größeren Vakuolen und – vor allem in Dauerzellen – zu einer großen Zentralvakuole. Bei der Keimung wird auch der Fettvorrat reaktiviert: Zunächst wird die große Vakuole wieder in kleinere Tröpfchen aufgelöst, und letztere verschwinden mit dem Wachstum des Vegetationskörpers.

Geißeln. Geißeln (Flagellen) sind die Bewegungsorganelle von Zoosporen, Planogameten und Planozygoten der pilzähnlichen Protisten. Sie unterscheiden sich im Feinbau von den entsprechenden Organellen der Bakterien (die nichtfibrillär, einfacher gebaut sind oder aus nur wenigen Fibrillen bestehen), ähneln aber den Geißeln der Protozoen und vieler beweglicher pflanzlicher und tierischer Gameten, mit denen auch in Einzelheiten gute Übereinstimmung besteht, besonders im Aufbau aus 2 zentralen Einzel- und 9 peripheren Doppelfibrillen (Abb. 14).

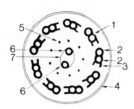

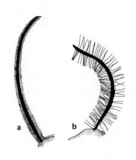

Abb. 14 Schematischer Querschnitt durch eine Geißel. 1 = Äußere (Doppel-)Faser, 2 = Teilfasern, 3 = Faserarm, 4 = Geißelhülle, 5 = sekundäre Fäserchen, 6 = zwei innere (Einzel-)Fasern, 7 = Zentralhülle – (etwa 48000fach; nach *Gibbons* u. *Grimstone*)

Abb. 15 Geißeltypen. **a** Peitschengeißel; **b** Flimmergeißel – (etwa 1750fach; nach elektronenmikroskopischen Aufnahmen von *Manton* u. Mitarb.)

Die Geißeln der Pilze lassen sich in zwei Typen, Peitschen- und Flimmergeißeln (Abb. 15), gruppieren; die Querschnittsbilder beider Typen stimmen überein, die Flimmeranhängsel sind nicht fibrillär. Weitere Unterschiede zwischen den Zoosporentypen der Pilze bestehen in der Zahl der Geißeln pro Zelle (eine bei uniflagellaten, zwei bei biflagellaten Zellen) sowie im Insertionsort, der auf die Bewegungsrichtung bezogen wird.

Insertionsort der Geißel	Begeißelung	Zelltyp
vorn	apikal	akrokont
seitlich	lateral	pleurokont
hinten	terminal	opisthokont

In Aktion zeigen alle Geißeln undulierende Bewegungen, die mit Energie verbrauchenden, rhythmischen Kontraktionen von Tubulinstrukturen innerhalb der einzelnen Geißelfibrillen erklärt wurden. Bei zwei-

und mehrgeißeligen Formen sind die Bewegungen der Einzelgeißeln aufeinander abgestimmt. Die terminale Geißel ist eine Schubgeißel. Typ, Zahl und Insertionsort der Geißeln dienen zur Unterscheidung der Klassen der niederen Pilze (s. Abb. 2, S. 3).

Die mobile Phase begeißelter Zellen (Zoosporen, Planogameten, begeißelte Zygoten) ist stets zeitlich begrenzt und endet mit dem Festsetzen auf dem Substrat, dem Kontakt mit dem Partner, infolge „Erschöpfung" oder durch umweltbedingten Schock. Im letzteren Falle tritt der Geißelverlust wohl häufig durch Abwerfen ein, sonst aber folgt im Entwicklungsgang in der Regel ein Ruhe- oder Cystenstadium oder, vor allem bei Myxomycetes, die Verwandlung von Myxoflagellaten in Myxamöben.

Das Prinzip des in Abb. 16 veranschaulichten Vorganges der Geißelretraktion erfährt vielfältige Abwandlungen. So kann die Geißel, am Ende beginnend, auch zunächst in einem winzigen Bläschen verknäult werden und das Bläschen später mit dem Zelleib verschmelzen. Abb. 17 illu-

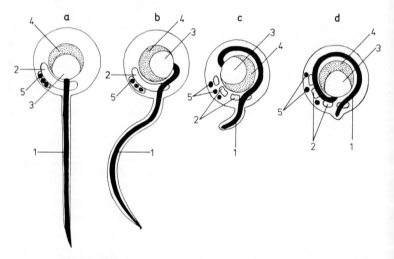

Abb. 16 *Blastocladiella emersonii* (Blastocladiales, Chytridiomycetes), Geißelretraktion. **a** Spore vor dem Einziehen der Geißel; die Zelle enthält ein einziges Mitochondrion, daneben dicht gepackte Lipidkörperchen. **b** Beginn der Retraktion durch (hypothetische) Drehung des Kernes. **c** Fortsetzung des mit Kerndrehung verbundenen Einziehens der Geißel, beginnende Fragmentierung des Mitochondrions. **d** Zelle mit fast eingezogener Geißel, mehreren, kleineren Mitochondrien und zerstreut angeordneten Lipidpartikeln (vgl. Abb. 17 d). 1 = Geißel, 2 = Mitochondrien, 3 = Kern, 4 = Kernkappe, 5 = Lipidpartikel – (schematisch, ca. 1500fach) (nach *Cantino* u. Mitarb.)

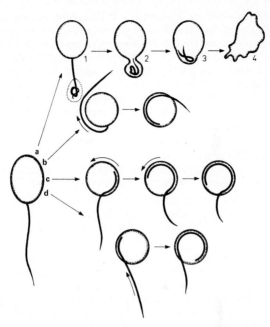

Abb. 17 Geißelretraktion bei Zoosporen verschiedener Chytridiomycetes, schematisch. **a** Vesikulärer Typ. 1 = Zoospore mit Bläschen, in dem bereits das Geißelende aufgewunden ist; 2 (10 Sekunden später) = beginnende Inkorporation des Bläschens, das die Geißel enthält, in den Zelleib; 3 (1 Sekunde später) = Fortsetzung des Einschmelzprozesses; 4 = aus (3) hervorgegangene amöboide Zelle. **b** Einschmelzen der Geißel, die vorher den Zelleib umwindet („lash around"). **c** Einziehen der Geißel mit Drehung der Zelle („body twist", nicht identisch mit Abb. **16**). **d** Einziehen der Geißel mit höchstens geringfügiger Drehung („straight in") – (nach *Koch*, W. J., Amer. J. Bot. 55 [1968] 841–859)

striert die wichtigsten, von Koch (1968) beobachteten Typen des Geißeleinziehens, die häufig auch kombiniert vorkommen.

Zellwand. Die Zellwand, das charakteristische „Heim" der Pilzzelle, selbstgebaut, mit dem Wachstum ständig erweitert und während der Entwicklung immer wieder abgewandelt (vgl. Keimung, Hyphenwachstum usw., S. 21 ff.), gehört als Exkretorganell zum sogenannten Paraplasma, kann jedoch Enzyme und andere hochaktive Substanzen beherbergen und wird je nach Umständen selbst wieder in den Stoffwechsel einbezogen. Unter dem summarischen Begriff „Zellwandantigene" verkörpert sie wichtige serologische Eigenschaften der Pilzzelle, die sich, in Abhängigkeit von der temporären Zustandsform, ebenso wie die übrigen Eigenschaften der Wand in gewissen Grenzen verändern können. Gemeinsam mit den von Nachbarzellen ausgeübten Kräften und dem Turgor (osmotischer Überdruck des Zellinhaltes) bestimmt die Wand die Form der Zelle und gewährleistet deren relative Stabilität und Selbständigkeit.

Besondere Zellwandformen findet man dort, wo der Thallus nicht aus normalen Hyphen aufgebaut ist. Einige Beispiele sollen dies illustrieren:

1. Aus einer einzigen Zelle durch wiederholte Längs- und Querteilungen hervorgehende, einer gemeinsamen Funktion dienende Zellverbände (Gewebe) liegen beispielsweise in mehrzelligen Sporen sowie in einigen Sklerotien- und Fruchtkörpertypen der Ascomycetes und Deuteromycetes vor (vgl. Abb. 29, S. 52 u. Abb. 117, S. 242).

2. Bisweilen wird Wandmaterial durch bestehende Wände hindurch ausgeschieden; noch häufiger läßt sich eine Verdickung von Zellwänden durch nachträgliche Anlagerung (Apposition) von innen her beobachten (Abb. 18).

3. Skulpturen auf Sporenwänden können verschiedenen Ursprungs sein. Manchmal wird ein „Exospor" aus dem Restplasma eines Sporangiums aufgelagert. Warzen, Leisten und ähnliche Strukturen bei Rostpilz-Sporen sind hingegen Gebilde der gesamten Zellwand; bereits vor der Zellwand-Synthese zeigt dort das Plasmalemma die entsprechenden Abweichungen von der regelmäßig glatten Form.

4. Ascosporen mehrerer Gruppen der Ascomyceter haben schleimig-visköse Hüllen oder Anhängsel (vgl. S. 272). Die Wände eines Teiles dieser und anderer Pilzzellen, beispielsweise solche der Tremellales („jelly fungi", Basidiomycetes), können nach Immersion in Flüssigkeiten verquellen.

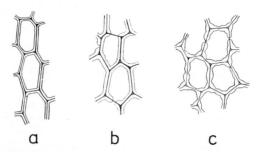

a   b   c

Abb. 18 Verdickte Zellwände im Stroma von Dothideaceae. **a** *Plowrightia ribesia*, **b** *Dothidea puccinioides*, **c** *Dothidea sambuci* – (650fach; nach *Loeffler*, W., Phytopath. Z. 30 [1957] 349–386)

5. Im Stroma bitunicater Ascomycetes (Dothideales, s. S. 274) werden bei der Entstehung der Loculi (Höhlungen, in die hinein Asci wachsen) zunächst die Verdickungsschichten der Zellwände, später wohl auch die stehengebliebenen Teile, schließlich die Protoplasten aufgelöst und die Abbauprodukte durch die sich entwickelnden ascogenen Hyphen und die Asci resorbiert (vgl. Abb. 117, S. 242). Die Charakterisierung der Zellwand als Exkretorganell schließt ja sekundäre Abwandlungen und auch einen späteren vollständigen Abbau keineswegs aus.

6. Bei Myxomycetes, die ja nie Hyphen bilden, entstehen Zellwände nur im Zusammenhang mit Dauer- und Fruktifikationsstadien.

7. Viele Pilzzellwände sind mehrschichtig. Die beiden Wandschichten der bitunicaten Asci können zwar selten unmittelbar nachgewiesen, wohl aber aus dem Verhalten beim Ausschleudern der Sporen hergeleitet werden (s. Abb. 113, S. 237). In den Dauersporen der Hyphochytriomycetes sind innerhalb der Zellwände Chitin- und Celluloseschicht scharf gegeneinander abgegrenzt. Einer Mehrschichtigkeit der Pilzzellwände können recht verschiedene Mechanismen zugrundeliegen, zum Beispiel schichtweise unterschiedliche Orientierung der Polysaccharid-Fibrillen, schichtweise vorhandene oder fehlende Pigmentierung oder auch Besonderheiten bei der Konidienbildung, wie etwa in den Abbildungen **34, 35a** (S. 62) und **40** (S. 64).

8. Viele Einzelheiten von Wandveränderungen während der Entwicklung von Pilzen konnten erst in den vergangenen Jahren beschrieben werden; besonders gründlich wurden dabei Zellteilungen und Sprossungen von Hefezellen untersucht (vgl. Abb. 100, S. 219).

9. Entwicklungs- und umgebungsbedingte Unterschiede in den Zellwänden treten auch zwischen Sproß- und Hyphenzellen, zwischen vegetativen und fruktifikativen Strukturen und überhaupt zwischen abweichenden Wuchsformen des gleichen Pilzes auf. Nur unter Beachtung dieser Einschränkung können bei verschiedenen Pilzen festgestellte Unterschiede in Form, Feinbau oder stofflicher Zusammensetzung der Zellwände taxonomisch ausgewertet werden.

10. Die Zusammensetzung der Zellwand aus verschiedenen Bauelementen (Polysaccharide usw.; s. Tab. 11, S. 82 u. Tab. 12, S. 83) bestimmt Form und Eigenschaften mit und liefert wichtige Merkmale zur taxonomisch auswertbaren Typisierung.

Differenzierung des Thallus

Mit dem Wachstum, im Verlaufe der Entwicklung der Kolonie eines Pilzes oder pilzähnlichen Protisten, verändert sich das Nährmedium. Die Änderungen wirken auf den Organismus zurück und beeinflussen dessen weitere Reaktionen. Das Milieu kann an Nährstoffen verarmen, eintrocknen oder verflüssigt werden; neben Verschiebungen von Wasserstoffionen-Konzentration, Redoxpotential und osmotischem Wert wirken sich hemmende (Antibiotika) und fördernde stoffliche Einflüsse (Wuchsstoffe, Hormone) der Umgebung aus, Sauerstoff- und Kohlendioxid-Konzentrationen weichen von den ursprünglichen Werten ab usw. Das Überleben der Pilze wird dadurch kaum in Frage gestellt, denn infolge phylogenetischer Selektion sind deren Reaktionen auf wechselnde Existenzbedingungen eingerichtet. Als morphologische Folgen der physiologischen Anpassung werden beispielsweise Querwände angelegt, dabei entstehende Einzelzellen abgegliedert oder in Sporangien umgewandelt, Zellsprossung durch Hyphenwachstum abgelöst (seltener umgekehrt) oder Lufthyphen auf dem Substratmyzel gebildet. Verschieben sich die Bedingungen geringfügig und allmählich, ändern sich auch die Pilzformen zunächst kontinuierlich (z. B. Zellgröße, Zellwanddicke, Aggregationsgrad der Hyphen). So sind an der Bildung von Chlamydosporen und Fanghyphen jeweils nur kleine Thallusteile beteiligt. Bei erheblichen oder langanhaltenden Änderungen des Milieus kommt es zu den qualitativen Umstellungen, die summarisch als Übergang vom Primär- zum Sekundärstoffwechsel bezeichnet werden, mit denen die vegetative Phase abgeschlossen ist und die fruktifikative Entwicklung beginnt. Luftmyzel-, Konidien- oder Fruchtkörperbildung sind äußere Anzeichen. Am Ende dieser Entwicklung sind im Extremfalle (bei holokarpen Pilzen) sämtliche vegetativen Thallusteile entweder in Dauer- und Verbreitungsorgane umgewandelt oder abgestorben.

Die Differenzierungsvorgänge führen einerseits zu Organen, die für den weiteren Nahrungserwerb nützlich sind (Tab. 4: vegetative Entwicklung) und andererseits zu den typischen Fruktifikationsorganen der Pilze (Tab. 4: fruktifikative Entwicklung).

Auf festen Nährböden wachsende Einzelkolonien zeigen die verschiedenen Entwicklungszustände manchmal in konzentrischen Zonen, die dem unterschiedlichen Alter der Kolonieteile entsprechen. In bewegten Submerskulturen ändert sich die Morphologie von Pilzmyzelien nur allmählich und undeutlich, die Umstellung des Stoffwechsels findet aber auch hier, und zwar in allen Teilen der Kultur annähernd gleichzeitig, statt (z. B. plötzliches Einsetzen und rasche Zunahme der Produktion von Antibiotika, Farbstoffen).

Tabelle 4 Funktionelle und morphologische Differenzierung des Thallus

Entwicklungsabschnitt			Funktion	typische Pilzorgane	Beispiele
vegetativ	asexuell		Keimung	Keimhyphe; Sproßzelle	Abb. 4, 6, 10
			Ansiedlung auf dem Wirt[1]	Appressorium, Hyphopodium, Fanghyphe, andere Haftorgane	Abb. 19–21 Abb. 22, 23
			Infektion[1]	Infektionshyphe[1]	Abb. 21
			Ausbreitung, Zunahme der Biomasse	Perforationshyphe[1], Laufhyphe, Rhizomorphe, Haustorium[1], Substratmyzel, Sproßkolonie	Abb. 24 Abb. 25, 26 Abb. 21, 125 e Abb. 10
fruktifikativ (reproduktiv)			Überdauern	Chlamydospore, Sklerotium usw.	Abb. 27–30
	sexuell		Verbreitung (Sporulation, Fruktifikation):		
			– Nebenfruchtformen (Anamorphe)	Fruchtkörper, Konidienträger, Konidie, Sporangium, Zoospore, Aplanospore	Tab. 5–7; vgl. S. 53 ff.
			– sexuelle Reaktion	Gamet, Gametangium; Ascogon, Trichogyn; Antheridium, Spermatium	Tab. 6
			– Hauptfruchtform (Teleomorph)	Sporokarp; Dauerspore; Oospore; Zygospore; Ascus, Basidie usw. mit Meiosporen	vgl. Kap. „System der Pilze und pilzähnlichen Protisten", S. 161 ff.

[1] typische Ausprägung nur bei Parasiten

Obwohl durch die Umwelt ausgelöst, vollziehen sich all diese Reaktionen von Pilzen innerhalb genetisch festgelegter Grenzen. Das gilt selbst für „mikrozyklische" Entwicklung.

Als „mikrozyklisch" bezeichnet man das durch Schock ausgelöste Fruktifizieren eines Pilzes ohne Erschöpfung des Nährsubstrates (dessen entscheidende Komponenten dann aus endogenen Gründen des Organismus nicht verwertet werden können) Beispielsweise bildet *Aspergillus niger* in flüssigem Medium aus Konidien nach 24stündiger Inkubation bei + 44 °C (= Schock) und nach weiteren 24 Stunden bei 25–30 °C praktisch keine Hyphen, sondern Konidien an atypischen

Trägern, während dieser Pilz unter sonst identischen Bedingungen, aber ohne Schock, nur Myzel bildet.

Entwicklungsabschnitte der Pilze (vgl. Tab. **4**, linke Spalte). Als Hauptfunktionen kennzeichnen Wachstum bzw. Zunahme der Biomasse den vegetativen, Fruktifikation bzw. Sporulation den fruktifikativen Entwicklungsabschnitt „typischer" Pilze und pilzähnlicher Protisten.

Der Begriff „Fortpflanzung" ist auf Pilze nicht nach dem üblichen Sprachgebrauch, sondern höchstens in abgewandelter Bedeutung anwendbar. Die Populationen der Menschen, Tiere und höheren Pflanzen bestehen aus sterblichen, diploiden Individuen, und als „Fortpflanzung" gelten dort die Vorgänge, die zur Erneuerung der Populationen von Generation zu Generation führen. Entfernt Vergleichbares findet sich in nur wenigen Gruppen der Pilze und pilzähnlichen Protisten, am ehesten dort, wo die Thalli saisonbedingt zugrunde gehen und beispielsweise nur Dauerzellen überwintern, oder wo der gesamte Vegetationskörper für die Fruktifikationsorgane verbraucht wird (holokarpe Entwicklung, z. B. bei Plasmodiophoromycetes, Hyphochytriomycetes und Chytridiomycetes). Für eine einzelne Bakterienzelle mag, wiederum in eigenartiger Bedeutung, der Begriff „Individuum" erlaubt sein. Die Elterngeneration verschwindet hier nicht durch den Tod, sondern geht bei der Zweiteilung in der Tochtergeneration auf. Unter den Pilzen zeigen die Hefen vergleichbare und von diesen sehr ähnliche Verhältnisse der Spalthefen (Gattung *Schizosaccharomyces*) sehr ähnliche Verhältnisse.

Je nach Stellung im Entwicklungsgang bezeichnet man die Einrichtungen der Pilze zur Sporulation als Organe der **asexuellen** Fruktifikation, im Rahmen eines vollständigen Zyklus auch als Nebenfruchtformen oder Anamorphe und ihre Keime (oft sind es Konidien) als „Mitosporen", sofern sie ohne Kernphasenwechsel (nach mitotischen Kernteilungen) gebildet werden (vgl. S. 33 u. 318 ff.), und als **sexuelle** Fruktifikationen, im vollständigen Entwicklungsgang als Hauptfruchtformen oder Teleomorphe mit „Meiosporen", wenn mit ihnen Kernverschmelzung und/oder Reduktionsteilung (Meiose) verbunden sind. Die Sexualorgane und sexuellen Fruktifikationen zeigen meist relativ geringe Variabilität. Sie sind in den Entwicklungsgang streng eingeordnet und werden überhaupt nur dann gebildet, wenn die dazu notwendigen, oft hochspezifischen Ansprüche durch die Umgebung erfüllt sind. Die umgekehrten Verhältnisse (variable Hauptfruchtformen, konstante asexuelle oder vegetative Merkmale) existieren ebenfalls, jedoch seltener.

Da die der ungeschlechtlichen Fruchtbildung zugrundeliegenden Fähigkeiten (Zellsprossung usw.) bei den meisten Pilzen erhalten geblieben (nicht verlorengegangen) sind, können am gleichen Thallus verschiedene Formen asexueller Fruktifikationen entstehen. Deshalb eignet sich die Charakterisierung etwa eines bestimmten Grundtyps der Konidienbildung nicht, um beispielsweise ein „natürliches System der Deuteromycetes (Fungi imperfecti)" aufzustellen. Ob und in welchem Maße Pilze miteinander verwandt sind, wird mit mehr Sicherheit durch Vergleich ihrer Gesamtentwicklungen, wo immer möglich mit Einschluß der Hauptfruchtformen, beurteilt.

Besondere Organe des vegetativen Thallus

Appressorien. Apressorien (Abb. **19**) sind Haftorgane. Sie entstehen als kurze, spezialisierte Seitenhyphen an Keimschläuchen oder längeren Hyphen, in der Natur auf der Cuticula eines Wirtes, im Laboratorium bisweilen auch auf Glas und anderen künstlichen Oberflächen. Sie geben dem Pilz mechanisch Halt gegenüber Widerständen beim Durchdringen von Cuticula und Zellwand sowie bei der Überwindung des osmotischen Gegendruckes der Wirtszelle, aber auch gegenüber Wind und Regen.

Vom Appressorium (oder Hyphopodium, Abb. **20**) bzw. dessen Traghyphe aus bildet der Parasit eine Infektionshyphe (vgl. Abb. **21**).

Hyphopodien. In ihren Formen konstante, regelmäßig angelegte Appressorien werden als Hyphopodien bezeichnet (Abb. **20** u. **21**). Obwohl sie in verschiedenen Verwandtschaftskreisen vorkommen, lie-

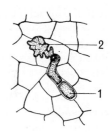

Abb. **19** *Venturia inaequalis* (Dothideales, Ascomycetes), Ansiedlung auf einem Apfelblatt. Ascospore mit Keimhyphe (1), aus deren angeschwollenem Ende (Appressorium) sich ein subkutikuläres Stroma (2) zu entwickeln beginnt (Aufsicht, 600fach; nach *Nusbaum* u. *Keitt* 1938).

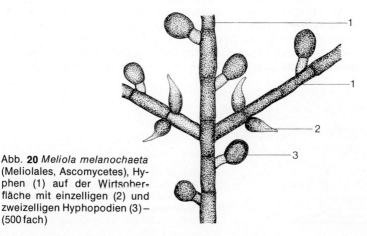

Abb. **20** *Meliola melanochaeta* (Meliolales, Ascomycetes), Hyphen (1) auf der Wirtsoberfläche mit einzelligen (2) und zweizelligen Hyphopodien (3) — (500fach)

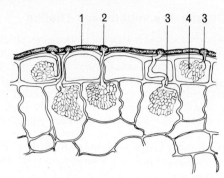

Abb. 21 *Xenostomella tovarensis* (Dothideales, Ascomycetes), extramatrikale Hyphe (1) mit Hyphopodien (2), Infektionshyphen (3) und Haustorien
(4) in den Wirtszellen – (Blattquerschnitt, 220fach; nach *Hansford*)

fern sie dank ihrer charakteristischen Ausbildung oft Merkmale zur Unterscheidung von Familien, Gattungen oder Arten.

Fanghyphen. Aus besonderen Hyphen gebildete Schlingen mancher
Pilze (Zoopagales, *Arthrobotrys* und einige andere Gattungen der Fungi
imperfecti – sogenannte predacious fungi) sind mit klebrigem Exkret
ausgekleidet und kollabieren augenblicklich auf Berührungsreize hin.
Diesen bodenbewohnenden Pilzen fallen vorwiegend Nematoden (Äl-
chen) und Protozoen zum Opfer. Die Besiedlung erfolgt mit Seitenhyphen der Fangorgane, die in die Beuteorganismen eindringen und sich
darin ausbreiten (Abb. 22) (vgl. Zoopagales, S. 208).

Andere Haftorgane. Die Perforationsorgane der Dermatophyten
(Abb. 23) sind im Gegensatz zu Appressorien und Hyphopodien stets
mehrzellig; sie dienen mehreren Funktionen, nämlich dem Haften, dem
Eindringen ins Substrat (Haut, Haar, Nagel usw.) und der Nahrungsaufnahme. Manche Pflanzenparasiten verfügen über ähnlich gebaute Organe (vgl. außerdem Lagenidiales, S. 186, Laboulbeniales, S. 226.)

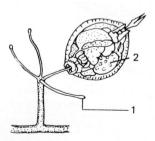

Abb. 22 *Zoophagus tentaclum* (Peronosporales, Oomycetes). 1 = Fanghyphe
mit klebrigem Sekret, 2 = gefangenes
Rädertierchen (*Monostyla solidus*, Roti-
fera) – (500fach; nach *Karling*)

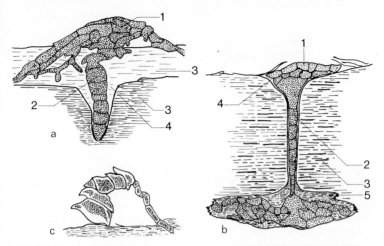

Abb. 23 Perforationsorgane von *Trichophyton mentagrophytes* (Monilia-les, Deuteromycetes), Haarinfektion in vitro. **a** Junges Organ; es haftet an der Außenfläche eines Haares als vielzelliger Komplex (1), von dem aus eine Perforationshyphe (2) die Rinde (Cortex, 3) durchdringt und einen Perfora-tionstrichter (4) aus dem Haar löst. **b** Besiedlung der Medulla (5) des Haa-res, übrige Bezeichnungen wie in **a**. **c** Perforationshyphe, die nicht ein-dringen konnte – (650fach; nach *Mary P. English*: Sabouraudia *2* [1963] 115–130)

Infektions- und Perforationshyphen. Beim Eindringen in Epidermiszel-len und beim Durchwachsen innerer Zellwände des Wirtes bilden para-sitische Pilze in der Regel abweichend gestaltete, meist sehr dünne Hy-phen aus, die Infektions- bzw. Perforationshyphen (Abb. **21** u. **24**). Pflanzliche Wirte reagieren auf Pilzbefall in mannigfacher Weise. Oft entstehen beim Eindringen einer Perforationshyphe in eine Zelle an de-ren Wand eigenartige Verdickungen, die **Lignituber** (Abb. **24**). Sie wer-den durch den Pilz zwar angeregt, aber vom Wirt gebildet. Die Elemente des Pilzes sind ebenfalls meist verändert: Vor dem Eindringen buchten sich die Hyphen aus oder bilden appressorienartige Anhängsel, im Lig-nituber ist die Hyphe sehr dünn und im Lumen der infizierten Zelle haustorienartig verzweigt oder geknäuelt.

Laufhyphen (Stolonen). Der Nährstoffvorrat aus dem Keim oder die er-sten aus dem Medium aufgenommenen Nährstoffe werden vor allem von einigen Mucorales (Zygomycetes) zum Aufbau von Hyphen be-nutzt, die sich über das Substrat erheben und in einem gewissen Abstand vom Ausgangspunkt mit den Spitzen wieder auf die Unterlage auftref-fen (Laufhyphen). Dort, an der Stelle des erneuten Substratkontaktes,

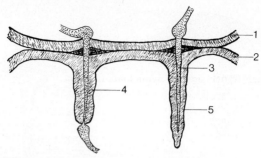

Abb. 24 Lignituber bei der Infektion des Weizens (*Triticum vulgare*) durch *Gaeumannomyces graminis* (Diaporthales, Ascomycetes). 1 = Zellwand der vom Pilz bereits besiedelten Nachbarzelle, 2 = Wand der neu infizierten Zelle, 3 = Perforationshyphe des Pilzes, 4 = Lignituber, vom Pilz durchwachsen, 5 = Lignituber, von der Perforationshyphe nicht durchdrungen – (3000fach; nach *Fellows*)

bilden sich sogenannte Rhizoiden (wurzelähnliche Organe); bei Pilzen aus der Gattung *Rhizopus* (Familie Mucoraceae) wachsen aus den Hyphenabschnitten, die auf der Substratseite Rhizoiden tragen, an der Gegenseite, nach oben, jeweils mehrere Sporangienträger sowie neue Laufhyphen hervor (Abb. 25). Auch viele andere Pilze besiedeln ihre Substrate in der Weise, daß zunächst einzelne Hyphen in größerem gegenseitigem Abstand die Oberfläche überziehen und sich erst später durch seitliche Verzweigung dieser Hyphen ein dichteres Myzel entwickelt, das die Nährstoffe intensiver ausnutzt.

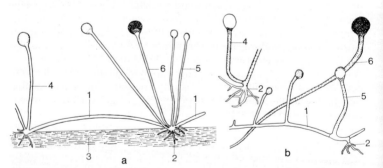

Abb. 25 Laufhyphen und Rhizoiden in der Gattung *Rhizopus*. **a** *Rhizopus nigricans*; **b** *Rhizopus oryzae*. 1 = Laufhyphen (Stolonen), 2 = Rhizoiden, 3 = Substrat, 4 = Sporangienträger, 5 = junge Sporangien, 6 = reife Sporangien – (ca. 50fach; nach *Zycha*)

Synnemata. Das Wachstum mancher Pilze vollzieht sich nicht in Form einzeln liegender Fäden, die von einem Zentrum (dem Keim) weg regelmäßig radiär ausstrahlen, sondern die Hyphen lagern sich in dünnen (2–5 Hyphen) oder dickeren Strängen (z. B. im Luftmyzel mit bloßem Auge unterscheidbare Fasern) parallel neben- und übereinander. Solche Hyphenstränge sind als Synnemata bekannt.

Rhizomorphen. Hyphenbündel von erheblichem Durchmesser, Rhizomorphen, zeigen eine mehr oder weniger ausgeprägte Differenzierung; die äußeren Zellagen sind widerstandsfähiger und stellen einen wirksamen Schutz der inneren, der Stoffspeicherung und dem Stofftransport dienenden, normal ausgebildeten Hyphen dar (Abb. 26). Die Rhizomorphen einiger holzzerstörender Basidiomycetes vermögen ungewöhnliche Substrate wie Mauern zu durchwachsen und können Längen von mehreren Metern erreichen.

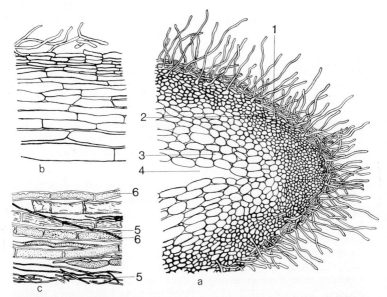

Abb. 26 Rhizomorphen (Myzelstränge). **a, b** *Armillariella mellea* (Agaricales, Basidiomycetes); Längsschnitte. **a** Spitzenregion; **b** eine Hälfte eines weiter zurückliegenden Strangstückes. **c** *Serpula lacrymans* (Aphyllophorales, Basidiomycetes); Zupfpräparat aus einem Myzelstrang. 1 = Lose, gelatinöse Rindenschicht, 2 = festes Pseudoparenchym, 3 = loses, großzelliges Pseudoparenchym, 4 = zentrale Höhlung, 5 = dickwandige Faserhyphen, 6 = „Gefäßhyphen" – (a, b: 330fach, c: 50fach; a: nach *Brefeld*, b: nach *Townsend*, c: nach *Falck*)

Haustorien. Als Haustorien werden intrazelluläre Teile der Thalli von Parasiten dann bezeichnet, wenn sie in besonderer Weise abgeändert sind und wichtige Teile des Pilzes außerhalb der betreffenden Wirtszelle verbleiben (Abb. 21). Die Haustorien nehmen Stoffe aus den Wirtszellen auf und leiten sie in andere Bezirke des Pilzthallus, dessen Hauptteil sich im Falle von Ektoparasiten auf der Wirtsoberfläche entwickelt und dort fruktifiziert. Endoparasiten ernähren sich bisweilen auf ähnliche Weise, dringen aber meist tiefer in die Gewebe ein, entwickeln sich vorwiegend intramatrikal und sporulieren oft erst nach Abschluß der Vegetationsperiode oder gar nach der Überwinterung auf dem dann häufig bereits abgestorbenen Wirt.

Organe der fruktifikativen Phase

In die Aufgaben, Überleben und Verbreitung der Pilze und pilzähnlichen Protisten zu gewährleisten, wenn das Wachstum der Kolonie zum Stillstand kommt oder die vegetativen Thallusteile absterben, teilen sich die asexuellen und sexuellen Fruktifikationen.

Asexuelle Fruktifikationen (Anamorphe)

Als asexuell gelten Fruktifikationen, wenn sie ohne Kernphasenwechsel nach bloßer Umstimmung der Kolonie oder von Teilen der Kolonie gebildet werden. Zu erwähnen sind hier Chlamydosporen, Sklerotien und ähnliche Strukturen als **Überlebenseinrichtungen** und andererseits Konidien, sonstige asexuell gebildete Sporen als **Verbreitungsorgane** sowie deren Mutter-, Trag- und Hüllorgane (Sporangien, Phialiden, Konidienträger, Fruchtkörper usw.).

Chlamydosporen. Nahezu alle Autoren verstehen unter dem Begriff „Chlamydospore" (Mantelspore) dickwandige Zellen oder entsprechende mehrzellige Organe (als Ganzes funktionierende kleine Zellkomplexe, etwa wie bei *Eriosphaeria aggregata,* Abb. 27) mit **Überdauerungsfunktion.** Sie überleben Abtötung und Zersetzung des vegetativen Thallus und werden so nach längerer Zeit passiv freigesetzt, im Gegensatz zu „Konidien", die sich bald nach ihrer Entstehung von ihrer Mutterhyphe oder dem Trägerorgan lösen und der **Verbreitung** dienen. Manche Pilzorgane erfüllen beide Funktionen, und auch morphologisch lassen sich Chlamydosporen und Konidien nicht in allen Fällen unterscheiden. Für die Definition „Chlamydospore" ist die Art der Entstehung bedeutungslos. Als thallische oder arthrische Gebilde erkennt man außer den Organen der Abb. 27 z. B. die interkalaren Chlamydosporen mancher *Fusarium*-Arten (Moniliales, Hyphomycetes, Fungi imperfecti; vgl. Abb. 183, S. 324). Blastisch, durch Zellsprossung, entstehen hingegen die Chlamydosporen – und auch die (Mikro-)Konidien – bei

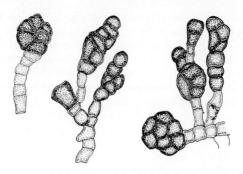

Abb. 27 *Eriosphaeria aggregata* (Sphaeriales, Ascomycetes), unregelmäßig gestaltete Chlamydosporen – (700fach; nach *Müller* u. *Munk*)

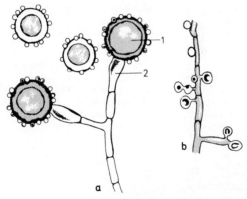

Abb. 28 *Histoplasma capsulatum* (Moniliales, Deuteromycetes). **a** Regelmäßig gebaute, charakteristische Chlamydosporen (1), die an Prochlamydosporen (2) entstanden sind; **b** Mikrokonidien – (800fach; nach *Emmons* u. Mitarb. 1977)

Emmonsiella capsulata (Gymnoascaceae, Onygenales; Anamorph: *Histoplasma capsulatum*, Abb. 28; vgl. Tab. 19, S. 152–155).

Bei Zygomycetes kommen Chlamydosporen auch endogen, im Innern von Hyphen und anderen Organen, vor (Abb. 92, S. 208).

Fehlt die Überdauerungsfunktion, so nennt man die den Chlamydosporen morphologisch entsprechenden Gebilde beispielsweise **Allocysten** – wie die nicht keimfähigen, dickwandigen Zellen von *Sependonium chrysospermum* (Moniliales, Deuteromycetes); dort wurde Keimung nur bei den kleineren, farblosen Konidien vom *Verticillium*-Typ beobachtet – oder **Bromatien** (keulenförmig-einzellige Insekten-Nährorgane eines Ambrosiapilzes, s. S. 129).

Gemmen, Riesenzellen. In den Kolonien einiger Zygomycetes grenzen die coenocytischen Hyphen in der Nähe der Substratoberfläche Zellen wechselnder Größe mit nicht oder wenig verdickten Wänden ab. Je nach Gestalt, Ausmaßen und Lagerung werden sie als Gemmen oder Riesenzellen bezeichnet (BENNY u. BENJAMIN 1975). „Sproßgemmen" sind gewöhnliche Sproßzellen (hefeartige Zellen, Kugelhefen, vgl. S. 29).

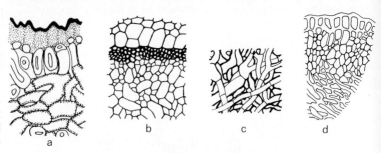

Abb. 29 Sklerotien. **a** *Typhula intermedia* (Aphyllophorales, Basidiomycetes); **b** *Coprinus stercorarius* (Agaricales, Basidiomycetes); **c** *Typhula gyrans*; **d** *Botrytis cinerea* (Moniliales, Deuteromycetes. Hauptfruchtform: *Sclerotinia* – Helotiales, Ascomycetes) – (a, b, d: Radialschnitte durch die Rindenregion, 260fach, c: Aufsicht, 170fach; a: nach *Butler*, b: nach *Brefeld*, c: nach *Remsberg*, d: nach *Townsend* u. *Willetts*)

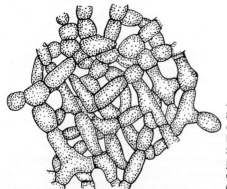

Abb. 30 *Pellicularia filamentosa* (Aphyllophorales, Basidiomycetes; imperfekte Form: *Rhizoctonia solani*). Schnitt durch eine Bulbille; jede Einzelzelle ist eine Dauerzelle – (600fach; nach *Barnett*)

Sklerotien, Bulbillen. Sklerotien sind mehrzellige Dauerorgane vieler Pilze. Sie lassen eine Unterteilung in eine oft dunkel gefärbte, mit dicken Zellwänden versehene, meist mehrere Zellagen dicke Außenschicht und einen aus hyalinen, dünnwandigen Zellen bestehenden, dem Transport von Nährstoffen dienenden Binnenkörper erkennen (Abb. 29). Bei den Bulbillen fehlt diese Differenzierung (Abb. 30). Nur ein Teil der Pilze bildet Sklerotien oder Bulbillen. Solche Organe können, wie auch die Chlamydosporen, neben ihrer Überdauerungsfunktion für die Verbreitung nützlich werden, beispielsweise durch Verwehen mit dem Staub oder Anheften an Tiere und Verschleppen durch solche Vektoren. Zudem kommt beim Wiedereintritt wachstumsbegünstigender Bedingungen nicht nur ein Auskeimen mit Hyphen in Frage, sondern es können manchmal an den Oberflächen Konidien gebildet und somit das Gesamtorgan in ein Sporodochium oder einen Acervulus (Tab. 5) verwandelt werden; dabei wäre aus dem Sklerotium ein Stroma einer asexuellen Fruktifikation geworden. Die meisten soliden (stromatischen, zudem oft durch Melanine dunkel gefärbten) Gebilde der Ascomycetes sind allerdings keine Sklerotien, die definitionsgemäß „steril" bleiben (keine Konidien bilden), sondern Fruchtkörper der sexuellen Phase mit verzögerter Entwicklung (vgl. Abb. 118, S. 243).

Stromata. Stromata, sklerotiale Anteile von Fruktifikationen, kommen sowohl bei asexueller als auch bei sexueller Sporulation vor. Man verwendet den Ausdruck in der Regel für mehr oder weniger kompakte Gebilde, in welche mehrere Fruchtkörper oder Fruchtlager eingebettet sind.

Conidiomata (Fruchtkörper, Fruchtlager und Fruchtstände der asexuellen Phase, vgl. Tab. 5). Die meisten Ascomycetes, manche Basidiomycetes und ein Teil der von beiden Klassen abzuleitenden Deuteromycetes sporulieren asexuell im Innern von Fruchtkörpern (Pyknidien), an oder auf Fruchtlagern (Sporodochien, Acervuli) oder Fruchtständen (Koremien = „Synnemata mit Konidien"). Die Morphologie der Conidiomata ist mit maßgebend für die Einteilung der Fungi imperfecti (vgl. S. 321 ff.).

Sporangien und Sporangiosporen. „Sporangium" ist der allgemeine Ausdruck für eine spezialisierte, sporenbildende Zelle (Tab. 6). Finden vor der Sporendifferenzierung im Sporangium nur mitotische Kernteilungen statt, so spricht man von Mitosporangien mit Mitosporen, von asexuellen oder anamorphen Organen (Zoosporangien, Aplanosporangien usw.). Teilweise besitzen die Sporangien besondere Öffnungseinrichtungen (bei „operculaten" Taxa; vgl. S. 236), zeigen Besonderheiten im Keimungsverhalten (z. B. Sporenreifung erst nach dem Verlassen des Sporangiums wie in Abb. 83o, S. 190) oder tragen andere Zeichen

Tabelle **5** Conidiomata, Überblick

Bezeichnung	Art der gebildeten Keime, andere Besonderheiten	Bei- spiele s. Abb.	Entste- hungsort der Keime
Fruchtkörper:			
Pyknidie	Konidien (Pyknosporen)	**187b** (S. 329)	innen
Spermogonium	männliche Zellen zur Kopulation (Spermatien)	**175**,3 (S. 313)	meist innen
Fruchtlager:			
Sporodochium	Konidien, meist auf Trägern (bei Saprobien)	–	außen
Acervulus	ähnlich Sporodochium, jedoch ins Substrat ein- gesenkt; bei Para- siten verwendet	**186** (S. 327)	außen
Pionnotes	Konidien in ausge- dehnten, schleimigen Lagern,	*Fusa- rium* **183**	an der Oberfläche
Fruchtstände: Koremium	Konidien an gebündel- ten Trägerhyphen	**41** (S. 65)	an der Oberfläche

der taxonomischen Diversifizierung. Unter den Sporangiosporen kennt man neben den zellwandlosen, begeißelten und amöboiden Typen auch unbewegliche Formen mit oft dunklen und/oder skulptierten Zellwänden. Recht deutlich wird die ontogenetische Bedeutung des Sporangiums in den Entwicklungsgängen einfacher, holokarper Organismen (die nur mit Hilfe ihrer Fruktifikationsorgane überleben; vgl. Tab. **23**, S. 191). Dort kommen praktisch alle aufgenommenen Nährstoffe dem Sporangium zugute und werden unter geringfügigen Verlusten an die Sporen weitergegeben.

Vielfältig, nicht selten charakteristisch für bestimmte Verwandtschaftskreise sind Formen und Abmessungen der Sporangien, ihre Öffnungs- und Entleerungseinrichtungen, Zellwandstrukturen und -zusammensetzung, die Bedingungen für ihre Entstehung, ihre Einordnung in den Entwicklungsgang sowie Bau, Funktion, Anzahl, Anordnung und Keimungsverhalten der gebildeten Sporen.

Sporangien, die zur sexuellen Reaktion bestimmte Keime (Gameten) bilden, werden Gametangien genannt. Die Gameten können undifferenziert (Isogameten), funktionell differenziert (Anisogameten) oder funktionell und morphologisch verschieden sein (Heterogameten); „Funktion" bezieht sich hierbei auf das männliche (Kernabgabe) oder weibliche Verhalten (Kernempfängnis). Die sprachliche Unterscheidung der entsprechenden Sexualvorgänge und der Gametangien geschieht auf ähnliche Weise: Iso-, Heterogamie; Gametangiogamie, falls keine Keime gebildet werden und die „Sporangien" fusionieren; Anisogametangien usw.

Die eingehender untersuchte Entwicklung des Sporangiums von *Gilbertella persicaria* (Mucorales, Zygomycetes; Abb. 31) kann als Beispiel für entsprechende Vorgänge auch bei nichtverwandten Organismen benutzt werden. In manchen Zoosporangien beginnt die Plasmazerklüftung allerdings mit Mikrotubuli, die vom Spindelpolkörperchen (SPB) ausstrahlen und Position und Entwicklung der (bei *Gilbertella* als erste

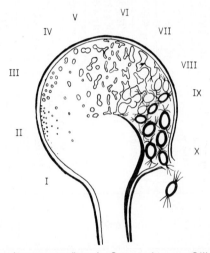

Abb. 31 Differenzierungsvorgänge im Sporangium von *Gilbertella persicaria*, schematisiert. Im Diagramm sind nur Elementarmembranen und Zellwände gezeichnet, andere Organelle der Übersichtlichkeit wegen aber weggelassen worden. In Wirklichkeit befinden sich alle Partien eines jeden Sporangiums gleichzeitig in etwa derselben Differenzierungsphase (I–X), hier jedoch ist der Vorgang in ein einziges Köpfchen projiziert worden. – Im kernhaltigen, peripheren Cytoplasma des späteren Sporangiums entstehen membranumgebene „Initialtröpfchen" (I–II). Benachbarte Tröpfchen fließen zusammen (III–IV) und bilden so größere „Zerklüftungstropfen" (V). Die Innenseiten der sie umkleidenden Membranen erscheinen granuliert. Die Zerklüftungstropfen vereinigen sich zu einem labyrinthartigen „Zerklüftungsapparat" (VI–VII), womit der Zerklüftungsvorgang abgeschlossen ist. Jede der vom Zerklüftungsapparat eingeschlossenen Cytoplasma „Inseln" enthält einen Kern und entspricht einer späteren Sporangiospore. Die Granulierung (vgl. V) befindet sich außen an der Sporenmembran. Während der Reifung (VIII–X) erhält jede Spore eine Zellwand und fädige Anhängsel (nach *Bracker*, C.E., Mycologia 60 [1968] 1016–1067)

Tabelle **6** Sporangientypen (eine Auswahl; Ausführlicheres an den in der letzten Spalte angegebenen Stellen)

Bezeichnung des Sporangiums	Bezeichnung der gebildeten Keime	Entwicklungsabschnitt	Funktion	Vorkommen	Beispiele:
Zoosporangium	Zoosporen (Schwärmer)	asexuell	Verbreitung in der Haplophase	Hypohochytridiomycetes	Abb. **82** (S. 188)
				Chytridiomycetes	Abb. **83–88** (S. 189 ff.)
			Verbreitung in der Diplophase	Oomycetes	Abb. **76 a–g** (S. 180)
				einige Blastocladiales (Chytridiomycetes)	**77 a** (S. 181) Abb. **86 i, k** (S. 196)
(Aplano-)Sporangium	(Aplano- oder Sporangio-)Sporen		Verbreitung in der Haplophase	Zygomycetes	Abb. **31** (S.55)
			Verbreitung in der Diplophase	Oomycetes	Abb. **77 k, 78 c** (S. 181 u. 182)
Gametangium	Planogameten (aktiv bewegliche Geschlechtszellen) Aplanogameten (unbewegliche Geschlechtszellen) (Iso-, Aniso- oder Heterogameten)	sexuelle -reaktion	sexuelle Kopulation	Hypohochytridiomycetes	Abb. **82** (S. 188)
				Chytridiomycetes	Abb. **83** (S. 189)

			Funktion	Klasse	Literatur
Antheridium	– (nicht Keime, sondern ganze Gametangien fusionieren)	Sexual-	sexuelle Kopulation (Gametangie = Gametangiogamie)	Zygomycetes	Abb. 90 u. 94 (S. 205 u. 210)
				Endomycetes	Abb. 99 u. 101 (S. 218 u. 221)
	– (ähnlich vor., auch Seitenzweige können kopulieren)		sexuelle Kopulation, männliches Organ	Oomycetes	Abb. 78 c, 76 m, n (S. 182, 180)
				Ascomycetes	Tab. 27 (S. 228)
Oogon	weibliche, festsitzende Gameten (Oosphären = Eizellen)		sexuelle Kopulation, Befruchtung durch Gameten	Monoblepharidales (Chytridiomycetes)	Abb. 87 (S. 197)
			Befruchtung durch Antheridien (-Äste)	Oomycetes	Abb. 76 **h–m** u. **78 c** (S. 228)
Ascogon	– (Gametangie)		sexuelle Kopulation, weibliches Organ	Ascomycetes	Tab. 26 (S. 223)
Sporangium (Sporokarp, Sorus usw.)	Sporen	sexuell	Reduktionsteilung, Verbreitung	Myxomycetes	Abb. 70 u. 71 (S. 168 u. 170)
Ascus	Ascosporen		Karyogamie,	Ascomycetes	S. 234 ff.
Basidie	Basidiosporen		Reduktionsteilung Verbreitung	Basidiomycetes	S. 291 ff.

Anzeichen der Differenzierung angesehenen) ER-Membranen und Initialtröpfchen bestimmen. Als dritte Möglichkeit beginnt bei einigen anderen Pilzen die Zerklüftung ohne Beteiligung von Mikrotubuli mit einer lokalen Einstülpung der Zellmembran, die sich zu einem kompletten Vesikel-System ähnlich den Spätstadien der in Abb. 31 wiedergegebenen Entwicklung ausweitet (vgl. Ascusentwicklung bei Endomycetes, Abb. 48, S. 74, und bei Ascomycetes, Abb. 114, S. 239). Wenn sich die Sporangienzelle zur Plasmafragmentierung auch meist der gleichen Mittel bedient (ER, zellwandsynthetisierende Vesikel, Membran- vor Zellwandsynthese), so scheint es hinsichtlich der Primärereignisse doch Unterschiede zu geben (Beginn mit SPB-Mikrotubuli, ER-Vesikelbildung oder Plasmamembran-Invagination). Einzelheiten zur Physiologie von Initiation und Regulation der Sporangiendifferenzierung müssen erst noch erforscht werden, ehe sich beispielsweise die Frage, weshalb jedem Sporenkern im Verlaufe der Plasmafragmentierung eine in der Regel gleichgroße Portion Cytoplasma zugeteilt wird, beantworten läßt.

Die höheren Pilze (Fungi mit Ausnahme der Zygomycetes) besitzen nur Meiosporangien (Asci bzw. Basidien, s. Tab. 6 unten) und keine Mitosporangien, wenn man von wenigen unsicheren, eventuellen Ausnahmen absieht (z. B. *Spermophthora*, Endomycetes, S. 222; die dort vorkommenden Sporangien könnten ohne Meiosen entstehen).

Zoosporen, die stets nackt und einzellig sind, jedoch alle wesentlichen Zellorganelle enthalten (vgl. Tab. 3, S. 31), werden hier an Hand von zwei Beispielen vorgestellt (Abb. 32 u. 33). Der Vergleich zeigt Übereinstimmungen und Unterschiede der beiden nichtverwandten Arten. Kernkappen werden nur in Zoosporen gefunden, jedoch nicht in allen; wenn sie intakte Ribosomen enthalten, darf man auf aktive Beweglichkeit der Zoospore (motile Phase) schließen (vgl. Abb. 88, S. 198). Die bei einigen Saprolegniales (Oomycetes) vorkommenden Aplanosporen sind als zellwandumgebene Cysten, entstanden durch Unterdrückung der sonst vorausgehenden Schwärmphase, aufzufassen. Spo-

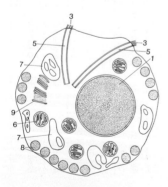

Abb. 32 Schematischer Längsschnitt durch eine Zoospore von *Sorosphaera veronicae* (Plasmodiophorales). 1 = Zellkern, 3 = Geißel (zweimal vorhanden), 5 = Kinetosom (Blepharoplast, Basalkörperchen; zweimal vorhanden), 6 = Mitochondrien, 7 = verschiedene Vesikel, 8 = Membranvesikel, 9 = Dictyosom (Zahlen entsprechen denen in Abb. 33) – (ca. 6000fach; nach *Talley* u. Mitarb.: Mycologia 70 [1978] 1241–1247)

Abb. **33** Schematischer Längsschnitt durch eine Zoospore von *Blastocladiella emersonii* (Blastocladiales, Chytridiomycetes). 1 = Zellkern, 2 = Kernkappe, 3 = Geißel, 4 = Rhizoplast, Würzelchen, 5 = Kinetosom (Blepharoplast, Basalkörperchen), 6 = ein einziges Mitochondrion mit zentralem Loch, 7 = verschiedene Vesikel, 10 = ein komplexes Organ (side body complex), 11 = cytoplasmatische Mikrotubuli (Zahlen entsprechen denen in Abb. **32**) — (ca. 3500fach; nach *Lange* u. *Olson*)

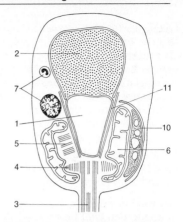

ren der Zygomycetes sind dagegen „primär unbeweglich" (Ausnahmen: amöboide Sporen einiger Amoebidiales, Trichomycetes, Zygomycota).

Manche Peronosporales (höhere Oomycetes) bilden Sporangien, die vor dem Auskeimen durch den Wind verbreitet werden können, eine Funktion, die an Konidien der höheren Pilze erinnert. In solchen Fällen werden, wie bei vielen Konidienpolzen, auch die Traphyphen anders als normale Hyphen, oft bizarr, gestaltet (vgl. Abb. **79, 80**, S. 184, 186).

Im Verlaufe der phylogenetischen Entwicklung sind die Sporangien und anderen Fruktifikationsorgane so vielen funktionellen und morphologischen Abwandlungen unterworfen gewesen, daß unter Umständen Homologien nicht mehr ohne weiteres erkannt und auf „Grundformen" nicht direkt geschlossen werden kann (vgl. Oomycetes, S. 177 ff; Zygomycetes, S. 200 ff.).

Nicht als „Sporangien" gelten Phialiden (Abb. **34, 35** u. **45**),.Annelliden (Abb. **35b**), andere Konidienmutterzellen, selbst wenn die Tochterzellen „im Innern" angelegt werden (vgl. Abb. **40b**), sowie Sproßmutterzellen (vgl. Abb. **10**, S. 27; Abb. **101**, S. 221; Abb. **188**, S. 329).

Konidien und Konidienträger. *Konidien* sind die für höhere Pilze charakteristischen Verbreitungsorgane. Sie besitzen stets Zellwände, können ein- oder mehrzellig, einfach oder kompliziert gebaut, farblos, dunkel oder anders gefärbt sein und entstehen meist an hyphenähnlichen Trägern, manchmal auch in oder auf komplexeren Fruktifikationsorganen (s. Coelomycetes, S. 326 ff.). Die Konidienpilze sind entweder Anamorphe (Nebenfruchtformen) von Ascomycota oder Basidiomycota, oder sie repräsentieren Taxa, die überhaupt nicht sexuell sporulieren (Fungi imperfecti). Anamorphe höherer Pilze und Fungi imperfecti sind nach gleichen Gesichtspunkten (d. h. auch Anamorphe nur nach asexuellen Merkmalen) zu einem System geordnet (s. S. 321 ff.), das als „künstlich" bezeichnet wird, weil das wesentlichste Kriterium zur Beurteilung der Pilze, die sexuelle Fruktifikation, nicht zur Verfügung steht. Manche Pilzorgane (1.–3.) entstehen nach Art der Konidien, dienen aber **nicht** der Verbreitung: **1.** Chlamydosporen (s. S. 50) sind Dauerorgane; **2.** Sproßzellen (s. S. 26 ff.) eignen sich nur unter bestimmten Bedingungen zur Verbreitung (z. B. nach Austrocknung); **3.** Spermatien übertragen männliche Kerne, können aber nicht zu neuen Thalli auswachsen. – Trotz morphologischer Übereinstimmung oder Ähnlichkeit mit Konidien sollten Verwechslungen vermieden werden.

Konidienträger leiten Nährstoffe aus Substrathyphen in die sich entwikkelnden Konidien und unterstützen die Freisetzung und Verbreitung dieser Keime. Sie liefern, wie die Konidien selbst, eine Anzahl differenzierender Merkmale.

Die **Konidienbildung,** deren Darstellung zum Verständnis auch anderer morphogenetischer Prozesse bei Pilzen und ähnlichen Organismen beitragen soll, erfolgt nach **zwei Grundtypen** (vgl. Tab. 7):

1. **Thallische** oder **arthrische** Konidien, Entstehung durch nachträgliche Septierung und Zergliederung vorher gebildeter Hyphen. Die wachsende Hyphe ist „polar" organisiert, in der Hyphenspitze liegt eine Gruppe sekretorischer Vesikel (vgl. Abb. 4): Thallokonidien (= Arthrokonidien, früher auch als Thallosporen, Oidien, bei Dermatophyten als Aleuriosporen bezeichnet).

2. **Blastische** Konidien, Entstehung durch Zellsprossung. Die Konidienbildung beginnt mit dem Ausknospen der Mutterzelle, die Zellwand vergrößert sich nach allen Seiten hin etwa gleichmäßig, nichtpolar; auch Vesikel und eventuell Lomasomen sind mehr oder weniger gleichmäßig verteilt: Blastokonidien.

Nach der **Herkunft der Zellwand** lassen sich ebenfalls **zwei Kategorien** unterscheiden:

1. **Holo-Typ.** Die ganze, beispielsweise zweischichtige Zellwand setzt sich vom Konidienträger oder der Mutterzelle in die Konidie hinein fort: holothallische (holoarthrische) und holoblastische Konidien (vgl. Abb. **10,** S. 27 u. Abb. **188a,** S. 329).

2. **Entero-Typ.** Nur die innere Wandschicht ist an der Neubildung der Konidienwand beteiligt. Bei **enterothallischer** Entwicklung liegen zwischen fertilen Konidienzellen degenerierende Zwischenzellen. Häufig anzutreffende Organe mit **enteroblastischer** Konidienbildung sind die Phialiden (Einzelheiten der Zellwand-Herkunft: Abb. **34**); die erste Konidie der Kette ist zumindest anfangs von einer intakten äußeren Zellwand(schicht) umkleidet, sie ist holoblastisch im Gegensatz zu den übrigen Konidien der Kette. Phialiden ähneln Anneliden, doch werden bei letzteren die „Becherchen" als Ringe in akropetaler Folge am Hals der Mutterzelle abgelagert (Abb. **35**).

Tabelle 7 Einteilung der Konidien nach Entwicklungstypen

Typisierung nach Zellwandverhalten	Anordnung der Konidien an der Mutterzelle	Konidien-Grundtypen (mit Hinweisen auf Beispiele)	
		Thallokonidien	**Blastokonidien**
Holo-Typ	solitär (ein Locus, eine Konidie)	*Microsporum* (Abb. 38)	*Rhombostilbella* (Abb. 41), *Helminthosporium* (Abb. 44)
	catenulat (Konidien in Ketten)	*Geotrichum* (Abb. 39), *Scytalidium* (Abb. 40 a), *Bahusakala* (Abb. 40 b)	*Cladosporium* (Abb. 42 b), *Septonema* (Abb. 42 a), *Basipetospora* (Abb. 36)
	botryos (= traubig, mehrere Loci)		*Costantinella* (Abb. 43 a), *Curvularia* (Abb. 43 b), *Gonatobotryum* (Abb. 42 c), *Verticillium* (Abb. 45 a–b)
Entero-Typ	solitär		*Phialophora* (Abb. 34 a, 35 a)
	catenulat	*Amblyosporium*	*Aspergillus* (Abb. 181, S. 323), *Penicillium* (Abb. 180, S. 322)
	botryos		*Catenularia* (Abb. 45 d), *Codinaea* (Abb. 45 e)

Weitere zur Typisierung von Konidien benutzte **Merkmale**:

– Anordnung der Konidien (Tab. 7): einzeln oder in Ketten an einer einzigen Stelle (Locus) der Mutterzelle, oder aber an verschiedenen Loci, d. h. an mehreren Stellen der gleichen Zelle gleichzeitig (Abb. **45e**, S. 67) oder nacheinander (Abb. **43a**, S. 66).

– Wachstumsverhalten der Konidienträger: entweder determiniert (Wachstumsstillstand mit Beginn der Konidienproduktion), proliferierend (sich während der Konidienbildung verlängernd; z. B. Abb. **43 b–h** u. **44d**) oder retrogressiv (Verkürzung während der Konidiogenese, vgl. Abb. **36**).

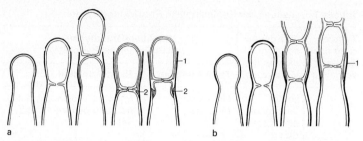

Abb. 34 Entstehung von Phialokonidien, schematisch. Die erste Konidie (in **a** und **b**) entsteht unter Beteiligung beider Wandschichten (holoblastisch); die basalen Reste der äußeren Wand bilden oft ein „Becherchen" (1, Colarette). Die folgenden, enteroblastischen Phialokonidien hinterlassen ebenfalls gelegentlich Reste ihrer äußeren Wände (2). **a** Einzelkonidien lösen sich leicht aus dem Verband; bei *Phialophora* sammeln sie sich in Schleimtröpfchen an den Phialidenmündungen an. **b** Die Konidien bleiben, entsprechend der Konstruktion der Septen, in Ketten verbunden (nach *Cole* u. *Samson* 1979)

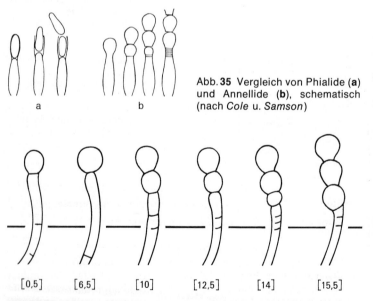

Abb. 35 Vergleich von Phialide (**a**) und Annellide (**b**), schematisch (nach *Cole* u. *Samson*)

$[0,5]$ $[6,5]$ $[10]$ $[12,5]$ $[14]$ $[15,5]$

Abb. 36 *Monascus purpureus*, Entstehung von Blastokonidien unter Verkürzung des Konidienträgers („retrogressiv"); [Zahlen] = Zeit in Stunden (Zeitrafferstudie, nach *Cole* u. *Samson* 1979)

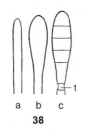

a   b   a b c   a b c

37   **38**   **39**

Abb. **37** Zelltrennung, **a** schizolytisch, durch Spaltung des Septums; **b** rhexolytisch, durch Zerreißen oder partielle Auflösung der Wände nichtfertiler Zwischenzellen (nach *Cole* u. *Samson*)

Abb. **38** *Microsporum canis*, holothallische Konidienbildung, schematisch. **a** Ende einer Tragphyphe, z. B. Seitenhyphe an einem Konidienträger; **b** Anschwellung; **c** Septierung der Konidie und Bildung einer basalen, zylindrischen Zwischenzelle (1), die später rhexolytisch (vgl. Abb. **37**) die Konidie freigibt (nach *Cole* u. *Samson*)

Abb. **39** *Geotrichum candidum*, Zergliederung einer Substrathyphe in Thallokonidien; **a–c** Entwicklungsstadien (schematisiert)

Thallokonidien. Wie bei *Microsporum canis* (Abb. **38**), so trennen sich auch bei den übrigen Dermatophyten die Konidien rhexolytisch unter Hinterlassung eines mikroskopisch nachweisbaren Restes der nichtfertilen Zwischenzelle (vgl. Abb. **184** u. **185**, S. 325 f.). Konidien, die an Substrathyphen entstehen, runden sich nach der Freisetzung oft ab, beispielsweise die von *Geotrichum candidum* (Abb. **39**; vgl. die Phialokonidien = Blastokonidien von *Thielaviopsis paradoxa*, Abb. **45c**). Weitere Abwandlungsformen von Thallokonidien (Abb. **40**) ergeben sich bei *Scytalidium lignicola* durch die Kombination mit Chlamydosporen, bei *Bahusakala* durch die erhalten bleibende Hyphenwand und bei *Amblyosporium spongiosum* durch die enterothallische, an der abwechselnden Anordnung von Konidien und Zwischenzellen in den Ketten erkennbare Entwicklung.

Blastokonidien. Die Konidienbildung durch Zellsprossung kann zu einfachen (Abb. **36**), bizarren (Abb. **41**), septierten (Abb. **42a**) oder dunkel gefärbten Formen (Abb. **42b**) führen. Manchmal werden Nährstoffe, wie bei den ebenfalls durch Sprossung entstehenden Chlamydosporen

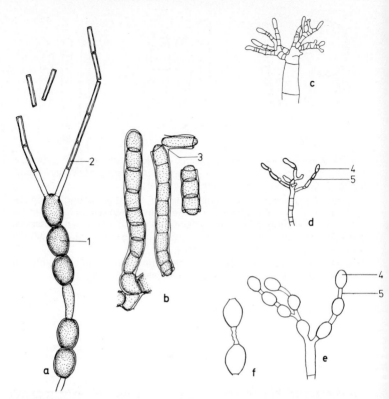

Abb. 40 Thallokonidien. a *Scytalidium lignicola*, Chlamydosporen (1) und Thallokonidien (2). b *Bahusakala*-Nebenfruchtform von *Aulographina pinorum*, einem Parasiten von Nadeln von *Pinus maritima* mit endogenen Thallokonidien, die von den Wandresten der Mutterhyphe (3) umhüllt bleiben. c–f *Amblyosporium spongiosum*. c Verzweigung des Konidienträgers in konidienbildende Ästchen und Anlage der Septen. d Vergrößerung der privilegierten Konidien (4) zu Ungunsten ihrer Nachbarzellen (5). e Thallokonidien mit Zwischengliedern. f Zwei abgebrochene, aber noch aneinanderhängende Konidien – (a, b: 600fach, c, d: 200fach, e: 300fach, f: 500fach) (c–f: nach C. *Pirozynski*, Canad. J. Bot. 47 [1969], 325–334)

von *Candida albicans,* in Prochlamydosporen vorgespeichert (vgl. Abb. 11, S. 29).

Blastokonidien, die an multiloculären Mutterzellen entstehen, werden bisweilen als Sympodulo- oder Botryokonidien bezeichnet (s. Abb. **42c** u. **43**) und Konidienformen mit auffallenden Ringnarben an der Ansatz-

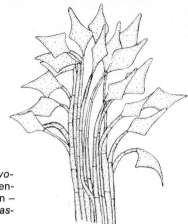

Abb. **41** *Rhombostilbella crus-pavonis*, oberer Teil eines konidientragenden Koremiums mit Blastokonidien – (660fach; nach *Ciferri, Batista* u. *Nascimento*)

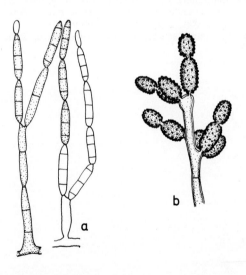

Abb. **42** Einfache Blastokonidien. **a** *Septonema secedens*, akropetale Konidienketten. **b** *Cladosporium macrocarpum*, akropetale Konidienketten. **c** *Gonatobotryum simplex*, Botryoblastokonidien – (a: 300fach, b: 250fach, c: 350fach; a: nach *Hughes*, b: nach *de Vries*, c: nach *Barron*)

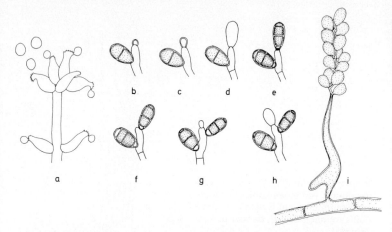

Abb. 43 Sympodulokonidien. **a** *Costantinella micheneri*, Verschiebung der konidienbildenden Zone (angedeutet durch kurze Dörnchen) auf einer vorher entstandenen Konidienmutterzelle. **b–h** *Curvularia inaequalis*, Weiterwachsen der Konidienmutterzelle mit periodischer Konidienbildung. *i Acrodontium*-Konidienform von *Ascocorticium anomalum* – (a, i: 1000fach, b–h: 600fach; a: nach *Barron*, b–h: nach *Kendrick* u. *Cole*, i: nach *Oberwinkler* u. Mitarb.)

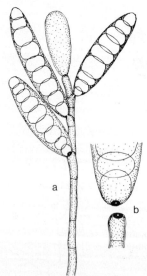

Abb. **44** *Helminthosporium sorokinianum*. **a** Konidienträger mit Porokonidien; **b** Einzelkonidie mit basalem Porus – (a: 660fach, b: 1300fach; nach *Luttrell*)

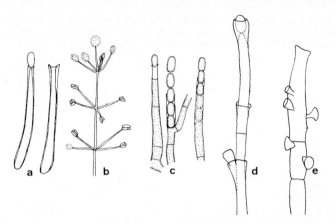

Abb. 45 Phialokonidien. **a, b** *Verticillium malthousei*. **a** Phialiden; **b** Konidienträger mit in Wirteln angeordneten Phialiden, auf denen die Konidien
in Tröpfchen kleben bleiben. **c** *Thielaviopsis paradoxa* mit endogen gebildeten Phialokonidien („Endokonidien"). **d** *Catenularia* sp. mit sich verlän-
gernden, durchwachsenen Phialiden. **e** *Codinaea assamica* mit Becherchen auf der Oberfläche, die anzeigen, daß die Trägerzellen als multilocu-
läre Phialiden funktionieren – (a, c, d, e: 1250fach; b: 625fach; teilweise
nach *Tubaki*)

stelle und der entsprechenden Stelle des Trägers als Porokonidien
(Abb. 44). Am weitesten verbreitet sind die in fast allen Verwandtschaftskreisen der höheren Pilze anzutreffenden Phialokonidien
(Abb. 45) und Annellokonidien (Abb. 35b; vgl. Abb. 178a, S. 320); sie
entfalten ein breites Spektrum an Formen und Funktionen. Morphologisch identische Gebilde kommen auch als Spermatien vor (vgl.
Abb. 104h, i, 4 auf S. 227 u. S. 229 „Deuterogamie").

Sexuelle Fruktifikationen (Teleomorphe)

Die Einrichtungen der geschlechtlichen Fortpflanzung – in der Regel
mit Kernphasenwechsel verbunden – erfüllen ähnliche Funktionen wie
die asexuellen Sporulationsorgane; sie dienen der Verbreitung und dem
Überleben des individuellen Stammes (des betreffenden „Pilzes"), tragen aber zusätzlich mit Hilfe der Neukombination von Erbfaktoren im
Wechsel von Kernverschmelzung (Karyogamie) und Reduktionsteilung
(Meiose) zur genetischen Stabilisierung der Arten bei.
Etwa 70% der Pilze und pilzähnlichen Protisten schließen in ihre Entwicklung eine sexuelle Phase ein, aber obligater Generationswechsel ist

Tabelle **8** Übersicht zur Lokalisierung von Kardinalpunkten der ontogenetischen Entwicklung wichtiger Pilze. Symbole: K = Karyogamie, Kernverschmelzung; P = Plasmogamie, sexuelle Zellkopulation; R = Reduktions-

Taxon [1]	Haplophase typisches Vegetationsorgan [2]	Phasenende [3]	Dikaryophase typisches Vegetationsorgan [4]
a Basidiomycetes	**V** haploide Hype	**P** somatogam	**V** dikaryotische Hyphe, Fruchtk.
b Ustomycetes I	**––––**	**P** Sporidien kopulieren	**VV** intramatrikale Hyphe
II	**V** haploide Sproßzelle	**P** Sproßzellen kopulieren	**V** intramatrikale Hyphe
c Ascomycetes (außer d)	**VV** Hyphe, Sproßzelle	**P** verschiedene Kopulationsarten	ascogene Hyphe
d Taphrinomycetidae	**V** extramatrikale Sproßzelle	**P** Sproßzellen kopulieren	**V** intramatrikale Hyphe
e Endomycetes	**V** haploide Sproßzelle	**P** Sproßzellen **K** kopulieren	–––
f Zygomycetes	**VV** Hyphe	**P** zygogam, **K** u. U. erst vor Keimung	–––
g Chytridiomycetes: Blastocladiales	**V** Gametophyt, haploides Pflänzchen	**P** Gameten kopulieren, **K** bisweilen verzögert	–––
h (übrige) Chytridiomycetes, Hyphochytriomycetes	**VV** asexuelles Sporangium, haploide Zoospore u. a.	**P** Gametenkopulation bis Oogamie, **K** bis bisweilen verzögert	–––
i Oomycetes	–––	**P** **K** Oogamie	–––
k Myxomycetes	**V** Myxoflagellat, Myxamöbe	**P** Myxoflagellaten oder **K** Myxamöben kopulieren	–––

teilung, Meiose; V, VV = vegetative Phase, Vermehrung der Biomasse und zwar: V = in der haploiden, diploiden oder Dikaryophase, oder aber VV = nur in einer der Phasen

Zygophase

	typisches Vegetationsorgan [5]	Teleomorph [6]	Beispiele: Abb. (Seite) [7]	Besonderheiten [8]	erstes Organ nach R [9]
a	– – –	Basidie **K, R**	**156** (289) **163–165** (300 ff.)		Basidiospore
b	– – –	Promyzel **K, R**	**149** (281) **151** (283)		Sporidie
c	– – –	Ascus **K, R**	**115–118** (240 ff.)		Ascospore
d	– – –	Ascus **(K), R**	**102** (225)	**K** oft in „Stielzelle"	Ascospore
e **V**	diploide Sproßzelle	Ascus, nur **R**	**67** (122)	vgl. Abb. **101** (S. 221)	Ascospore
f	– – –	Zygospore	**90** (205)	**R** erst in Primärsporangium oder Keimhyphe	Keimhyphe oder Spore aus Primärsporangium
g **V**	Sporophyt, diploides Pflänzchen	Dauerspore	**86** (196)	**R** erst bei der Dauersporenkeimung	Zoospore aus Dauerspore
h	– – –	Dauerspore, Oospore u. a.	**87** (197), **85** (194), **82** (188)	**R** bisweilen verzögert	Zoospore aus Dauerspore, Oospore usw.
i **VV**	Hyphe, Zoospore	Oospore	**76, 78** (180 ff.)	**R** bei der Reifung der Sexualorgane	Antheridium, Oogon
k **V**	Plasmodium, Fruchtkörper	Sporangium	**70–71** (168 ff.)	**R** in Sporangium oder Sporangiospore	Sporangiospore

bei Pilzen auf Ausnahmen beschränkt. Zur sexuellen Entwicklung gehören Plasmogamie (P, die geschlechtliche Kopulation), Karyogamie (K), Meiose (R) und in der Regel die Bildung von Meiosporen, der ersten Sporenform nach der Reduktionsteilung. Irgendwann zwischen den genannten Kardinalpunkten (P - K - R) muß der Pilz sich vegetativ entwickeln, wachsen, seine Biomasse vergrößern, Energie anreichern, und meist kommt es dabei auch zur asexuellen Vermehrung. In den Entwicklungsabläufen unterscheiden sich die größeren Pilztaxa (Tab. 8). Vermutlich läßt sich Tabelle 8 auch benutzen, um die taxonomischen Konzepte verschiedener Autoren miteinander und mit der hier vertretenen Auffassung zu vergleichen.

Haploide Pilze (Tab. 8: VV in Spalte 2). Ascomycetes, Zygomycetes, Hyphochytriomycetes und die meisten Chytridiomycetes wachsen in der Haplophase, an deren Ende bei vollständiger (holomorpher) Entwicklung Plasmogamie, Karyogamie und Reduktionsteilung stehen (Tab. 8, Spalte 6). Manchmal bilden sich in Zusammenhang mit der sexuellen Kopulation anstelle von Sporangien jedoch zunächst Dauersporen; dann verschmelzen meist die beiden Geschlechtskerne nicht dort, sondern erst während des Auskeimens im Primärsporangium oder in der Primärhyphe, und unmittelbar danach wird der Zygotenkern in der Regel reduziert. Zwar gelten die Dauersporen als Teleomorphe, aber erst aus ihnen entstehen die Meiosporangien oder deren Äquivalente (Primärmyzel). Die meisten wirklich imperfekten Pilze (die nie Hauptfruchtformen bilden) sowie Schleimpilze ohne Teleomorphe dürften als asexuelle Organismen in der Haplophase aufzufassen sein.

Haploid-dikaryotische Pilze (Tab. 8: je ein V in den Spalten 2 u. 4). Basidiomycetes, Ustomycetes, Taphrinomycetidae und Endomycetes bilden Biomasse in diesen beiden karyologischen Zustandsformen. In manchen Fällen sind den Kernphasen bestimmte Ernährungsbedingungen zugeordnet: Bei Parasiten ist oft nur die Dikaryophase infektionstüchtig, während die Haplophase saprobisch lebt. Der Dikaryont der Ascomycetes ist ein „Parasit der eigenen Haplophase".

Armillariella mellea, ein Holzzerstörer (vgl. S. 143), entfaltet ausnahmsweise besondere Aktivitäten in der Zygophase, welche diesem Pilz zusätzlich zu den bei seinen systematischen Nachbarn üblichen Kernphasen zur Verfügung steht.

Haplo-diploide Pilze (Tab. 8: je ein V in den Spalten 2 u. 5). Wegen Einzelheiten über die hier zu betrachtenden Hefen, Blastocladiales und Myxomycetes muß auf das „System" verwiesen werden (Hinweise s. Tab. 8, Spalte 7).

Diploide Pilze (Tab. 8, Zeile i). Die sich später zur Oospore (Dauerspore) entwickelnde Oosphäre leitet die diploide Entwicklung der Oomycetes ein, nachdem unmittelbar vorher in Antheridien und Oogonen die Reduktion des Chromosomensatzes erfolgt ist; der haploide Zustand dauert demnach nur kurze Zeit.

Mit den Oomycetes übereinstimmenden Kernphasenwechsel zeigen neben einigen Algen und Protozoen die höheren Lebewesen, Pflanzen und Tiere.

Kardinalpunkte der sexuellen Entwicklung. Sind schon die Folgen von Plasmogamie, Karyogamie und Reduktionsteilung (P, K, R; vgl. Tab. 8) verschieden, so gilt dies noch mehr für die morphologischen Manifestationen dieser Entwicklungszustände. Anhand weniger Beispiele kann hier nur auf die allgemeine Bedeutung der Vorgänge sowie auf weitere Einzelheiten im Kapitel „Das System der Pilze" hingewiesen werden.

Plasmogamie. Wenn eine Paarung erfolgen soll, müssen beispielsweise in flüssigem Medium Planogameten gezielt oder Hefezellen zufällig zueinander gelangen, ihre Eignung zur Kopulation (die Kompatibilität) erkennen, aneinander haften, unter Umständen die Zellwände auflösen, Kern- und Plasmatransport in das weibliche Organ bewältigen usw. Die Morphologie der sexuellen Kopulation ist nur in einzelnen Fällen befriedigend gründlich untersucht worden, während Genaueres über Erkennungsreaktionen, Enzymologie und Beteiligung niedermolekularer Stoffe so gut wie unbekannt ist.

Die biologische Bedeutung ist unbestritten. Für die Oogamie der Oomycetes und die Zygogamie der Zygomycetes sind wenigstens die morphogenetischen Voraussetzungen – die Bedingungen zur Bildung von Antheridien und Oogonen bzw. von Zygophoren – besser erforscht (vgl. S. 105 u. Abb. 65, S. 119); sexuelle Zellfusionen finden nur zwischen den genannten Organen statt. Daß Zygophoren aufeinander zuwachsen, wird durch „zygotropische Lockstoffe" bewirkt.

Ort der Plasmogamie bei Ascomycetes ist häufig das Ascogon, und manchmal wird die männliche Komponente in Form von Spermatien (s. S. 229) durch ein spezialisiertes, hyphenförmiges Empfängnisorgan, das Trichogyn (vgl. Abb. 105), aufgenommen und durch mehrere Zellen ins Ascogon geschleust („unterteilte" Plasmogamie mit zwischengeschaltetem Kerntransport); ähnlichen Umständen begegnet man bei der Befruchtung mancher Basidiomycetes (vgl. S. 284).

In einigen Fällen kopulieren anscheinend undifferenzierte Nachbarzellen paarweise; unter Umständen stammen sie von der gleichen Mutterzelle ab (Pädogamie, vgl. Abb. 101, S. 221).

Karyogamie, Diploidisierung. Bei niederen Pilzen, Zygomycetes und Endomycetes kommt es zur Kernverschmelzung (K, s. Tab. 8) unmittelbar nach der Plasmogamie (P), bei den übrigen höheren Pilzen spielt sich die Karyogamie meist in anfangs dikaryotischen Zellen ab (s. Abb. 46); die Chromosomen, welche in dieser Phase in Chromatiden gespalten sind (vgl. S. 33), legen sich unter sukzessiver Verkürzung, nach homologen Paaren geordnet, mit ihren gleichwertigen Abschnitten aneinander. Resultat ist ein Zygoten- oder diploider Kern, der allerdings in den meisten Fällen sofort wieder reduziert wird (vgl. Tab. 8, Spalte 5).

Abb. 46 *Rhytisma acerinum* (Helotiales, Ascomycetes), Karyogamie in einer Zelle einer ascogenen Hyphe. **a–c** Verschiedene Stadien der Kernverschmelzung. **d** Kern unmittelbar nach der Karyogamie. **e** Übergang zur Prophase der meiotischen Teilung – (2000fach) (nach *Aragno*)

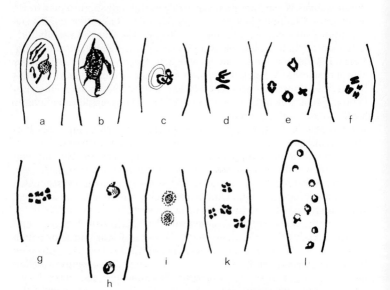

Abb. 47 *Rhytisma acerinum* (Phacidiales, Ascomycetes), Meiose im Ascus. Als Besonderheit verschwindet bei diesem Pilz die Kernmembran während der Kernteilung. **a–f** Prophasestadien des ersten Teilungsschrittes; **a** Leptotän, **b** Zygotän, **c, d** Pachytän, **e** spätes Diplotän, **f** Diakinese. **g–l** Die drei Kernteilungen im Ascus; **g** frühe Anaphase, **h** Telophase des ersten Teilungsschrittes, **i** erste Interphase, **k** Anaphase des zweiten Teilungsschrittes, **l** Telophase der postmeiotischen Mitose – (a–k: 2000fach, l: ca. 1700fach) (nach *Aragno*, Nomenklatur nach *Nultsch*)

Meiose, Reduktionsteilung. Typischerweise folgt auf die Karyogamie bald die Reduktion des Chromosomensatzes, wozu an sich nur eine einzige Kernteilung erforderlich wäre. Bei praktisch allen Organismen und so auch bei den Pilzen werden mindestens zwei zwangsläufig aufeinanderfolgende Teilungen beobachtet (bei Ascomycetes regelmäßig und sonst gelegentlich noch eine weitere, dritte, gewöhnliche Kernteilung, die postmeiotische Mitose). Die Bezeichnungen für die Teilungsphasen entsprechen grob denen für die Mitosen (vgl. Abb. 13, S. 32), doch im Ablauf bestehen mehrere Unterschiede (Abb. 47):

1. Zu Beginn der Meiose liegen statt einzelner Chromosomen Chromosomenpaare vor. Die Paarung erfolgt nicht selten bereits im Zuge der Karyogamie, die damit die Prophase der ersten meiotischen Teilung einleitet.

2. Die erste Teilung wird nicht wie eine Mitose beendet. Da die Organisation eines Arbeitskernes (Interphasenkern) in der Telophase meist unterbleibt, kann die Anaphase der ersten Teilung unmittelbar in die Prophase der zweiten Teilung übergehen (und sofern eine postmeiotische Mitose folgt, verläuft der Übergang von der zweiten zur dritten Teilung recht ähnlich).

3. Als Ergebnis der beiden meiotischen Teilungen entstehen vier Enkelkerne (eine Kerntetrade oder, nach einer eventuell anschließenden dritten Teilung, acht Kerne) anstelle der zwei aus einer Mitose hervorgehenden Nuclei.

4. Die eingebrachten Chromosomen (je ein Satz von beiden Eltern) enthalten insgesamt 4 n Chromatiden (= 8 n Halbchromatiden), bleiben aber während der gesamten ersten Teilung als ganze Chromosomen erhalten. Diese Chromosomen bewegen sich während der Anaphase an den Spindelfasern polwärts; in ihnen können allerdings einzelne Abschnitte ausgetauscht sein (Segmentaustausch nach Crossing-over, morphologisch als „Chiasmen" erkennbar – Abb. 62, S. 114).

An jedem Pol befinden sich schließlich n Chromosomen, ein haploider Satz. Die Reduktion (2 n → n + n) erfolgt demnach in der ersten meiotischen Teilung (sog. Präreduktion). Innerhalb der beiden haploiden Sätze sind die Chromosomen hinsichtlich ihrer Herkunft von den beiden Eltern zufallsmäßig gemischt, ausgetauschte Chromosomenabschnitte sind jedoch u. U. dem homologen Chromosom (das vom anderen Partner stammt) zugeordnet (vgl. Abb. 62 d).

Beim Übergang zur zweiten meiotischen Teilung strecken und spalten sich die (n) Chromosomen; der weitere Verlauf sowie die gegebenenfalls anschließende dritte Teilung weichen von den entsprechenden Vorgängen bei Mitosen kaum ab.

5. Sporenbildung. Die vier oder acht Kerne nach der Meiose, die sich in der Folge bei manchen Arten noch ein- bis vielemale teilen können, entsprechen in der Regel je einer späteren Meiospore.

Typische Sporenzahlen der Meiosporangien: 8 pro Ascus bei Ascomycetes, 4 bei Endomycetes, 4 pro Basidie bei Basidiomycota. Vielsporigkeit kommt in allen Gruppen vor und ist bei Zygomycetes sowie bei pilzähnlichen Protisten die Regel. Bei einigen Ascomycetes werden regelmäßig zwei Kerne, die von verschiedenen, im Ascus benachbarten Mutterkernen abstammen, in je einer Ascospore zusammengefaßt.

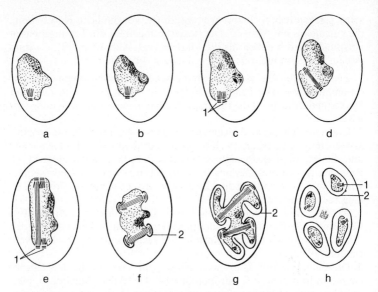

a   b   c   d

e   f   g   h

Abb. 48 Meiose und Sporenbildung im Ascus von *Saccharomyces cerevisiae*, halbschematisch. **a–d** Erste meiotische Kernteilung. **e** Teilung der Spindelpolkörperchen (SPB). **f–h** Postmeiotische Mitose (zweite mitotische Kernteilung); an den Spindelpolen beginnend und den umschlossenen Raum ständig erweiternd, grenzen sich die späteren Ascosporen durch Doppelmembranen ab. 1 = SPB, 2 = Doppelmembran – (nach *Beckett* u. Mitarb. 1974)

Man meint heute, daß durch ein Membransystem (ähnlich Abb. **31**, S. 55) das gesamte Cytoplasma eines Sporangiums aufgeteilt wird oder daß in anderen Fällen Anteile des Cytoplasmas von der Fragmentierung nicht erfaßt werden (ein früher als „freie Zellbildung" bezeichneter Vorgang; vgl. Abb. **48**). Die nicht zur Sporenbildung verbrauchten Cytoplasma-Anteile stehen für Sporenauflagerungen, als osmotisch aktivierbare Substanzen oder für andere Funktionen zur Verfügung. Basidienkerne wandern, im Gegensatz zu den Kernen der Asci und anderer Meiosporangien, in die Sterigmen ein; sie sind von etwas Cytoplasma begleitet. Die Basidiosporen entwickeln sich in den Sterigmen „exogen"; sie sind doppelwandig.

Chemismen der Pilze

Die Zellen der Lebewesen besitzen zahlreiche übereinstimmende Bestandteile (Nucleinsäuren, Enzyme u. a.), wobei die Identität bis zur sterischen Konfiguration der molekularen Bausteine reicht (L-Aminosäuren, D-Zucker) und überall die grundsätzlich gleichen Reaktionen ablaufen (DNS-Replikation, RNS-vermittelte Proteinsynthese, Reaktionen mit ATP zur Energieübertragung usw.). Der biochemischen Einheitlichkeit steht die allbekannte, immense Vielfalt der Organismen gegenüber. In dieses Bild gehören die 120 000 beschriebenen bzw. 250 000 als existierend geschätzten Pilzarten, von denen jede, auch ihrem Chemismus nach, „etwas Besonderes" ist. Die Differenzierung der Organismen beruht auf den unzählbaren Kombinationsmöglichkeiten der an sich einheitlichen Grundelemente und -reaktionen.

In den Lebensabläufen der Pilze kann man, wie bei anderen Organismen, drei Hauptfunktionen sehen: 1. Synthese von Makromolekülen und Lipiden, Vermehrung der Biomasse; 2. Reaktionen, die Energie und Grundbausteine für den Stoffwechsel liefern; 3. Umsetzungen im Sekundärmetabolismus, in denen Unterschiede und Besonderheiten der Lebewesen zum Ausdruck kommen. – Die beiden erstgenannten Aktivitäten, die mit der vegetativen Entwicklung (Trophophase) gekoppelt sind, werden als Primärstoffwechsel zusammengefaßt. Hierin gleichen sich die Vertreter vieler Pilzgruppen weitgehend. Die Thalli haben vollständigen Kontakt mit dem Substrat, und jede Vegetationseinheit ernährt sich selbst. Aufnahme und Ausnutzung der Nährstoffe stehen im Gleichgewicht, was weitgehend auch für den Aufschluß komplexer Substrate durch Exoenzyme (vgl. Abb. 53) und damit teilweise sogar für das Nährstoffangebot gilt. Die Pilzmasse nimmt regelmäßig zu. Später, mit der Anreicherung von Metaboliten, der Verarmung des Mediums und weiteren Änderungen der Bedingungen, setzt infolge Störung von Gleichgewichten oder Regulationen die Umstellung zum Sekundärstoffwechsel (Idiophase) ein. „Typische" Pilze bilden nun Luftmyzel, dessen Versorgung vom Stofftransport innerhalb des Thallus abhängt. Erst jetzt, mit der fruktifikativen Entwicklung, prägt sich in der reichen Morphologie die „Individualität" der Pilze aus. Ihr entspricht physiologisch eine bedeutende Anzahl von Sekundärmetaboliten. Diese leiten sich von den gleichen Stoffwechselbahnen wie die Primärprodukte her (vgl Abb. 58). Sie werden in den Zellen gespeichert, ins Medium ausgeschieden oder unter neuen, fortwährend wechselnden Bedingungen weiter metabolisiert. Im Gegensatz zum Primärmetabolismus fehlt der

Idiophase die Einheitlichkeit. Viele Reaktionen sind hier nicht streng reguliert. Selten erfolgt der Übergang vom Primär- zum Sekundärstoffwechsel abrupt und umfassend; oft kommen die Makromolekül-Synthesen zum Stillstand. Die Veränderungen betreffen primär einzelne Bereiche des Stoffwechsels und lassen sich manchmal unter Laboratoriumsbedingungen manipulieren (wie die mikrozyklische Entwicklung, vgl. S. 43).

Man erwartet einen höheren Grad chemischer Übereinstimmung zwischen eng verwandten Pilzen und mehr Unterschiede, je weiter voneinander entfernt die Taxa sind. Dies ist jedoch nur bei Vergleichen unter „identischen" Bedingungen verwirklicht. So wie die Strukturen der Pilze (s. S. 18 ff.) werden ja auch chemische Zusammensetzung und Stoffwechsel der Zellen von zwei Seiten her bestimmt, nämlich durch das Erbgut (taxonomische Komponente) und durch die Umwelt (reaktive Komponente). Beispielsweise besteht unter Umständen mehr Ähnlichkeit zwischen gärenden Sproßzellen grundverschiedener Pilze als zwischen diesen und den Lufthyphen der jeweiligen Arten. Am wichtigsten aber sind die Unterschiede zwischen vegetativer und fruktifikativer Phase der Pilze.

Abgesehen von Hefen und hefeartigen Pilzen, bei denen Arten und Gattungen „biochemisch" differenziert werden, tragen chemisch-physiologische Merkmale hauptsächlich zur Charakterisierung größerer Taxa bei, wie folgender Überblick zeigt (Tab. 9).

In industriellen Prozessen werden Pilzaktivitäten aller Stoffwechselbe-

Tabelle 9 Chemotaxonomische Charakteristika einiger Pilzgruppen. Die Symbole geben an, welche Chemotypen unterscheidbar sind. Identifizierung der Zeichen und Einzelheiten an den betreffenden Stellen (s. Hinweise)

Merkmalsgruppe	Oomycetes	Hyphochytrio-mycetes	Chytridio-mycetes	Zygomycetes	Endomycetes	Ascomycetes	Ustomycetes	Basidiomycetes
Lysin-Biosynthese (S. 95)	D	D	A	A	A	A	A	A
Tryptophan-Enzym-aggregation (S. 95)	IV		I	III	II	I		$\left\{ \begin{matrix} (I)/ \\ /III \end{matrix} \right.$
Zellwandtyp (Tab. 12, S. 83)	II	III	V	IV/ /V	VI	V	VII	V
Polyol-Muster (S. 92)	0		II	I	II	II	II	II

reiche ausgenutzt: zersetzende Reaktionen, die daran beteiligten Enzyme, Primär- und Sekundärmetabolite (vgl. S. 131 ff.). Von den Chemismen der Pilze sollen uns hier Makromoleküle, Zellmembranen, Aufschluß von Nährstoffen, Primär- und Sekundärstoffwechsel beschäftigen.

Makromoleküle der Pilzzelle

Obwohl im Stoffwechsel nahezu alle Faktoren Bedeutung haben und sämtliche Komponenten sich gegenseitig beeinflussen, herrscht in der Zelle eine deutliche Hierarchie. Die an deren Spitze einzureihenden Nucleinsäuren, besonders die Desoxyribonucleinsäuren (DNS), bewirken, daß die wichtigen Umsetzungen zwangsläufig aufeinanderfolgen und auf Grund ererbter Regulationen an die jeweiligen Bedingungen angepaßt werden. DNS sind Träger, Ribonucleinsäuren (RNS) Übermittler der genetischen Informationen, die durch Enzyme, die wichtigsten Eiweißstoffe, in Reaktionen umgesetzt werden. Andere Eiweiße (Proteine), vor allem aber eine dritte Klasse von Makromolekülen, die Polysaccharide, beteiligen sich am Aufbau der lebenswichtigen Strukturen der Pilze. In den Makromolekülen sind Bausteine (Monomere) in bestimmter, genetisch bedingter Ordnung zusammengefügt; die Reihenfolge (Sequenz) beruht auf Eigenheiten der Biosynthesen.

Nucleinsäuren

Desoxyribonucleinsäuren (DNS). Eine Pilzzelle (Volumen um $50 \, \mu m^3$) enthält im Durchschnitt 2,5−10mal soviel DNS wie eine Bakterienzelle ($1−2 \, \mu m^3$), wogegen Pflanzen- und Tierzellen (oft zwischen 5000 und $50000 \, \mu m^3$) 200−2000mal soviel DNS wie eine durchschnittliche Pilzzelle besitzen. Daneben bestehen Unterschiede in den DNS-Qualitäten. Den Anteil nichtrepetitiver DNS-Sequenzen bestimmte man bei *Achlya* (Oomycetes) zu 82%; bei *Aspergillus* (Deuteromycetes) fand man 97% und bei *Neurospora* (Ascomycetes) 90% gegenüber 55% solcher „single copies" beim Rind und 25% beim Weizen. In den Chromosomen liegt die DNS wohl bei allen Eukaryota in perlschnurartiger Form vor; bei Pilzen enthalten die Nucleosomen je etwa 140 Basenpaare (BP), während die Verbindungsketten jeweils aus ca. 20 BP bestehen. (Ein Gen entspricht rund 1200 BP.) Bei *Achlya* sollen insgesamt 30000 Gene vorhanden sein, davon werden 2000 (7%) in der vegetativen Phase abgelesen. *Saccharomyces* benutzt von seinen 10000 Genen zum Wachsen 3000−4000 (30−40%), bei *Neurospora* werden von 20000 Genen 2000 (10%) und bei *Aspergillus nidulans* von 22000 Genen 5600−6000 (um 27%) in der vegetativen

78   Chemismen der Pilze

Tabelle **10** Prozentuale molare Anteile von Guanin + Cytosin an der Gesamtheit der DNS-Basen (Mol% G + C) bei verschiedenen Pilzen[1]

Taxa	Mol% G + C	Taxa	Mol% G + C
Oomycetes		**Ascomycetes**	[46–55]
Phytophthora	47.5	Sclerotinia	46
		Helvella	50
Zygomycetes	[35–49]	Sporormia	51
Mucor, Zygorhynchus	35–41	Gelasinospora	50–55
Phycomyces	39–44	Claviceps	53
Absidia, Rhizopus	44–49	Neurospora	52–55
Syncephalastrum	47–48		
		Ascomycetes zugeord-	
Endomycetes	[36–50]	nete **Fungi imperfecti**	
Debaryomyces,		Aspergillus	47–52
Saccharomyces	36–46	Botrytis, Tricho-	
S. cerevisiae	36–41	thecium	50
Dipodascus (Endo-		Penicillium	52–55
myces)	39–43		
Pichia	40–46	**Ustomycetes**	[48–70]
Metschnikowia	42–48		
Saccharomycopsis	50	**Ustomycetes** zugeord-	
		nete **Fungi imperfecti**	
Endomycetes zugeord-		Sporobolomyces	50–51
nete **Fungi imperfecti**		roseus	
Candida boidinii	33	S. salmonicolor	63–64
Candida albicans,		Rhodotorula rubra	60–63
C. tropicalis	35–36	Trichosporon beigelii	62
Candida diddensii, C.			
melinii, C. parapsi-		**Basidiomycetes**	[44–58]
losis	40–41	Agaricus, Psalliota	44
Candida tenuis,		Bovista	51
C. utilis	44–46	Filobasidiella neofor-	
Candida rugosa	50	mans	51
		Polyporus	57
Fungi imperfecti unge-		Amanita, Schizo-	51–58
wisser Zugehörigkeit		phyllum	
Candida catenulata			
(C. brumptii), Candida		**zum Vergleich:**	
zeylanoides	54–58	Mikroorganismen insges.	22–74
		höhere Pflanzen	28–49

[1] Der Tabelle liegen Angaben aus folgenden Publikationen zugrunde: *Arx*, J. A. von: *Antonie van Leeuwenhoek* 45 (1979), 547–555; *Clark*, M. C., u. Mitarb.: Canad. J. Microbiol. *14* (1968) 482–483; *Dutta*, S. K., u. Mitarb.: Genetics 57 (1967) 719–727; *Hall*, R.: Bot. Rev. 35 (1969) 285–303; *Marmur*, J., u. Mitarb.: Ann. Rev. Microbiol. *17* (1963) 329–372; *Meyer*, S. A., H. J. *Phaff*: J. Bacteriol. 97 (1969) 52–56; *Oberwinkler*, F. in *Frey* u. Mitarb. (1977); *Stenderup*, A., A. L. *Bak*: J. Gen. Microbiol. *52* (1968) 231–236; *Storck*, R.: J. Bacteriol. 91 (1966) 227–230; *Tyrell*, T.: Bot. Rev. 35 (1969) 305–316; *Weijman*, A. C. H.: *Antonie van Leeuwenhoek* 43 (1977) 323–331; 45 (1979) 119–127.

Phase exprimiert; vergleichsweise benutzt *Aspergillus nidulans* bei der Entwicklung von Konidienträgern 6600 Gene, davon 1300 nur in dieser Phase, und zur Konidienbildung 6500, darunter 300 spezifische Gene. Heute ist man in der Lage, die Basensequenzen von Nucleinsäuren zu ermitteln. Auch mit Hilfe der Nucleinsäure-Hybridisierung (Paarung von Nucleinsäuresträngen und Bruchstücken, Ermittlung des Paarungsgrades) sind aussagekräftige Vergleiche von DNS-Proben möglich. Die meisten Angaben liegen jedoch über die Guanin- plus Cytosin-Anteile der DNS-Basen vor (s. Tab. 10).

Anhand abweichender Werte lassen sich irrtümlich in ein Taxon gestellte Glieder als Fremdkörper erkennen, und früher heterogen gewesene Taxa, beispielsweise Gattungen mit hefeartigen Pilzen wie *Candida, Torulopsis* und *Trichosporon,* konnten revidiert werden. Die Bemühungen zur Unterscheidung anamorpher Basidiomycetes, Ustomycetes, Ascomycetes und Endomycetes unter Berücksichtigung der GC-Anteile sind noch im Gange (vgl. S. 329).

Ribonucleinsäuren (RNS). Die drei RNS-Typen, ribosomale (rRNS), Boten- oder Messenger-(mRNS) und Transfer-RNS (tRNS), werden an der DNS synthetisiert (Transkription). Alle drei Typen sind auch an der Proteinsynthese beteiligt. Funktionell entsprechen die RNS der Pilze denen anderer Organismen, doch scheinen spezifische Abweichungen, besonders im Bereich der rRNS und der Ribosomen-Oberfläche, nicht selten zu sein. Die Reaktionen der Proteinsynthese an den Ribosomen unterliegen vielen Regulationsmechanismen, sonstigen Einflüssen und Abhängigkeiten.

In diese sensitiven Stoffwechselwege greifen zahlreiche *Antibiotika* ein. *Kasugamycin* und *Validamycin,* zwei antifungische Aminoglykoside (vgl. Abb. 56f., S. 96), hemmen vermutlich die Peptidsynthese am Ribosom. Gegen *Griseofulvin,* das nach der aktiven Aufnahme durch die Zelle an eine RNS gebunden zu werden scheint, sind nur einige Pilze empfindlich, darunter die Dermatophyten; Membran- und Zellwandschäden (Symptom: Kräuseln oder „curling") dürften Folgen der noch immer unbekannten, im Bereich der Nucleinsäuren vermuteten Primärwirkung sein. *Cycloheximid,* das wegen seiner Toxizität nur im Laboratorium benutzt werden kann, stört vermutlich die Translokation der Peptidyl-tRNS von der Akzeptor- zur Donorstelle an der größeren Ribosomen-Untereinheit mancher Eukaryota. Dermatophyten und *Candida albicans* sind unempfindlich, Mucoraceae und viele andere „Schimmelpilze" und Hefen empfindlich.

Proteine

Proteine (Eiweiße) sind aus Aminosäuren zusammengesetzte Polypeptide oder Polypeptidverbände; viele Eiweiße sind mit anderen Komponenten verbunden (Proteide wie Glykoproteide, Lipoproteide). Die

Synthese der Peptidketten erfolgt an den Ribosomen; daran sind beladene Aminoacyl-tRNS als Überträger der Monomeren, mRNS als Matrizen zur Translation, Enzyme, Cofaktoren und Energie beteiligt. In Pilzzellen finden sich vor allem zwei Eiweißtypen, Enzyme und Skleroproteine.

Enzyme. Enzyme entfalten ihre Aktivitäten als Biokatalysatoren nahezu aller Umsetzungen der Zellen unter komplexen, im Primärstoffwechsel wirksam regulierten Bedingungen. Einige Beispiele, die dem Verständnis der Pilze dienen könnten, seien erwähnt.

Cellulasen. Drei Enzymtypen bewältigen gemeinsam den Abbau von Cellulose (s. Abb. 51 a, S. 84). Endo-1,4-glucanasen spalten Cellulosemoleküle im Innern der Kette, so daß mehr Kettenenden für den Angriff von Exo-1,4-glucanasen, die Cellobiose-Stücke abspalten, frei werden; schließlich bilden andere β-Glucosidasen Glucose aus Cellobiose. Die Endprodukte Cellobiose bzw. Glucose hemmen die betreffenden Enzyme, die im übrigen nur synthetisiert werden, wenn Cellulose als Substrat vorhanden ist. Wie die Cellulasen, so gibt es viele andere *adaptive* Enzyme (neben *konstitutiven* Enzymen, die immer gebildet werden).

Threonindesaminase aus Hefezellen katalysiert eine Reaktion am Anfang einer Biosynthesekette, die vom Threonin zum Isoleucin führt (Abb. 49). Das Endprodukt Isoleucin hemmt die Umsetzung, Valin aktiviert sie. Am Enzym erfolgt in diesem Falle die Bindung des Substrates Threonin an einer anderen Stelle als die des Inhibitors bzw. Aktivators (allosterischer Effekt durch Änderung der Protein-Konformation; vgl. Abb. 50). Wie Exoglucanasen und β-Glucosidasen, so unterliegt auch die Hefe-Threonindesaminase der *Endprodukt-, Rückkopplungs-* oder *Feed-back-Hemmung,* wodurch ,,unnütze" Umsetzungen durch vorhandene Enzyme vermieden werden.

Isoenzyme, gleichzeitig vorhandene Enzyme etwa gleicher Wirkung, katalysieren eine frühe Umsetzung auf dem Wege aus dem Pentosephos-

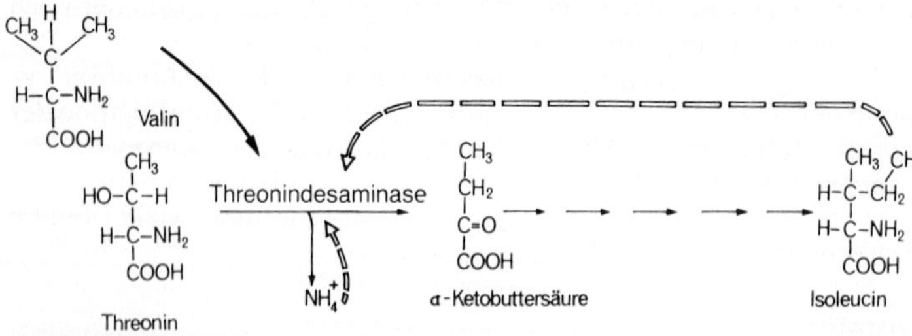

Abb. 49 Rückkopplungshemmung (Endprodukthemmung, Feed-back-Hemmung) der Threonindesaminase in der Biosynthese von Isoleucin. Hemmung in einer unverzweigten Kette. Valin aktiviert die Umsetzung (nach *Holldorf* u. *Förster*)

a   b   c

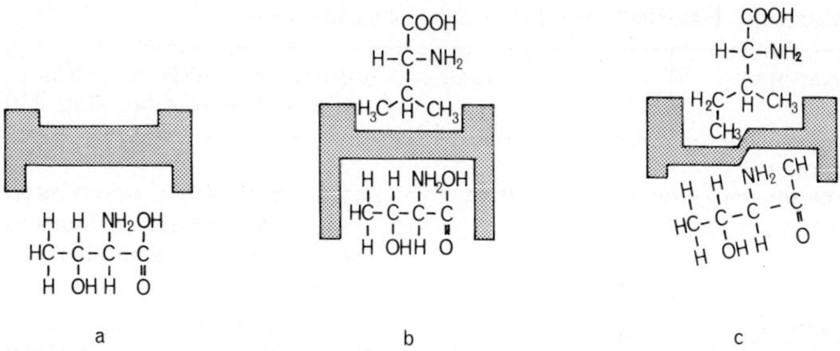

Abb. 50 Modell des allosterischen Effektes, Threonindesaminase (vgl. Abb. 49). **a** Enzym frei, **b** Aktivierung durch Valin, **c** Hemmung durch Isoleucin verhindert Bindung des Substrats (Threonin) (nach *Holldorf* u. *Förster*)

phatzyklus zu den aromatischen Aminosäuren (Abb. 54, 14). Sie werden in diesem Falle durch Hemmung von den verschiedenen Endprodukten her unterschiedlich reguliert, so daß unter fast allen Umständen doch noch etwas Endprodukt entsteht.

Exoenzyme werden von der Pilzzelle ausgeschieden, beispielsweise viele Cellulasen und Proteasen. Die Zelle kann später die Abbauprodukte aufnehmen. Die Mehrzahl der Enzyme wird allerdings innerhalb der Zelle benötigt und ist auch dort lokalisiert (*Endoenzyme*).

Multienzymkomplexe und *aggregierte Enzyme* bewältigen eine aus mehreren gekoppelten Reaktionen bestehende Synthese-Sequenz kollaborativ und in räumlicher Nachbarschaft. Fettsäuresynthese bzw. Tryptophansynthese (vgl. S. 95) sind Beispiele.

Präenzyme sind inaktive Vorstufen *aktivierbarer Enzyme*. Die Aktivierung erfolgt beispielsweise durch spezifische Proteasen.

Einige weitere Enzymtypen sind im folgenden Text erwähnt (z. B. Proteasen, S. 87; ATP-ase vgl. nächsten Abschnitt; Cytochrome, S. 92).

Skleroproteine. Wichtige Nicht-Enzym-Eiweiße der Pilzzelle sind die Tubuline der Mikrotubuli (vgl. Abb. 13, 6–7, S. 32 u. Abb. 14, 1–2, S. 37; die Geißelfasern bestehen aus Tubulin, die Faserarme aus Dynein = ATP-ase). Proteine, für die der Ausdruck „Skleroprotein" (Gerüst-, Stütz- oder Struktureiweiß) plausibler erscheint, bilden vermutlich die ersten, strukturbestimmenden Bestandteile der (Polysaccharid-)-Pilzzellwände (vgl. z. B. S. 85).

Polysaccharide

Polysaccharide sind weitverbreitete Assimilationsprodukte, Polymere von Hexosen, Pentosen, Uronsäuren, Zuckeralkoholen, deren Amino-

Tabelle 11 Bei Pilzen häufige Polysaccharide

Glykantyp	Bindung	Verbreitung (außer dem Vorkommen in Pilzzellwänden, Tab. 12)
Glucane		
Cellulose (Abb. 51 a)	$\beta\ 1{\rightarrow}4$	verschiedene Algen und niedere Pflanzen; alle höheren Pflanzen; Tiere: Tunicaten, Bakterien: Acetobacter
Glykogen	$\alpha\ 1{\rightarrow}4$ ($\alpha\ 1{\rightarrow}6$)	Pilze vieler Klassen (als Reservestoff im Cytoplasma), viele Tiere, verschiedene Bakterien
Pilzglucane, z. B.		
Hefeglucan	$\beta\ 1{\rightarrow}6$ ($\beta\ 1{\rightarrow}4$, $\beta\ 1{\rightarrow}3$)	ähnliche Glucane bei verschiedenen Algentaxa
Nigeran	($\alpha\ 1{\rightarrow}3$, $\alpha\ 1{\rightarrow}4)_n$	
andere Glucane (Bsp. Abb. 51 d)	$\alpha\ 1{\rightarrow}4$ $\alpha\ 1{\rightarrow}6$ usw.	
Mannane (Abb. 51 c) (meist Heteroglykane mit Glucose-, Galaktoseresten usw.)	$\beta\ 1{\rightarrow}4$ ($\beta\ 1{\rightarrow}6$)	Algen, Pflanzen (z. B. Dattel, Kernobst)
Galaktane	$\alpha\ 1{\rightarrow}4$	
Polygalakturonsäuren	$\alpha\ 1{\rightarrow}4$	Pektine (Carboxymethyl-Polygalakturonsäuren): viele Pflanzen
Chitosan	$\beta\ 1{\rightarrow}4$	
Chitin (Abb. 51 b)	$\beta\ 1{\rightarrow}4$	Tiere: Arthropoden u. a. Nicht-Wirbeltiere (Außenskelett)

und anderen Derivaten. In Pilzzellwänden findet man stets Polymerengemische. Neben Homopolysacchariden mit gleichartigen Monomeren wie Cellulose, Chitin oder α-Glucanen (vgl. Abb. 51) kommen viele Heteropolysaccharide, beispielsweise bei manchen Hefen Glucomannane mit Glucose- und Mannose-Monomeren etwa im Verhältnis 9:1, vor. Den wichtigsten Wandsubstanzen gemeinsam sind die durch glykosidische Bindungen geknüpften Ketten, sie sind Glykane von großer Variabilität (Tab. 11).

Die Eigenschaften der Polymeren hängen zum Teil von der Art der Verknüpfung der Monomeren ab; unverzweigte oder wenig verzweigte Ketten dienen als Gerüstsubstanzen, die übrigen Komponenten tragen als Füll- oder Kittsubstanzen zur Festigkeit der Zellwände bei. Wie beim Abbau von Cellulose als Zwischenprodukt Cellobiose entsteht (vgl. Abb. 51 a), so liefert Glykogen Maltose, ein Disaccharid mit 1-4-Bindung aus den Glykogen-Ketten, und Isomaltose mit 1-6-Bindungen von den Verzweigungsstellen des Makromoleküls. Weitere Abwandlungsmöglichkeiten ergeben sich aus unterschiedlichen chemischen Bindungen der Monomeren, durch Salzbildung mit Phosphatresten usw. Polysaccharide und Zellwände erhalten dadurch neue Eigenschaften. Da nicht alle Pilze über sämtliche Variationsmöglichkeiten verfügen, bleiben trotz ontogenetisch bedingter Abwandlungen auch gruppenspezifische Unterschiede im Zellwandbau bestehen (vgl. Tab. 12). Die Zellwände enthalten stets mehrere Polysaccharide nebeneinander. Hohe Anteile an Mannose-Bausteinen findet man in Sproßzellen aller Pilzklassen, während in Hyphen mehr neutrale Monosaccharide wie die Methylpentose Fucose und Galactose bzw. Glucose auftreten und dort auch der Proteinanteil höher liegt. In wechselnden Mengen werden neben den eigentlichen Bauelementen als Zellwand-Einlagerungen Melanine, lösliche Zucker, Peptide, Aminosäuren, Phosphate und andere Salze identifiziert.

Tabelle 12 Zellwandtypen und ihre Verbreitung im Pilzsystem[1]

Typenbezeichnung nach Hauptkomponenten[1]	zusätzlich nachgewiesene, wichtige Monomere	Verwandtschaftskreis
Cellulose-β-Glucan (II)		Oomycetes
Cellulose-Chitin (III)		Hyphochytriomycetes
Chitin-Chitosan (IV)	Fucose, Glucosamin, Glucuronsäure	Mucorales (Zygomycetes)
Chitin-β-Glucan (V)		Chytridiomycetes Entomophthorales (Zygomycetes)
	Galaktose, Galaktosamin	Ascomycetes
	Fucose, Xylose	Basidiomycetes
Mannan-β-Glucan (VI)		Endomycetes
Chitin-Mannan (VII)	Fucose	Sporobolomycetaceae

[1] Teilweise nach *Bartnicki-Garcia* (1968): Römische Zahlen = Typenklassen-Bezeichnungen; außerdem wurden dort Cellulose-Glykogen-Wände (I) den Acrasiomycetes und Polygalaktosamin-Galaktan-Wände (VIII) den Trichomycetes zugeordnet. Ergänzt nach *von Arx* und *Weijman*.

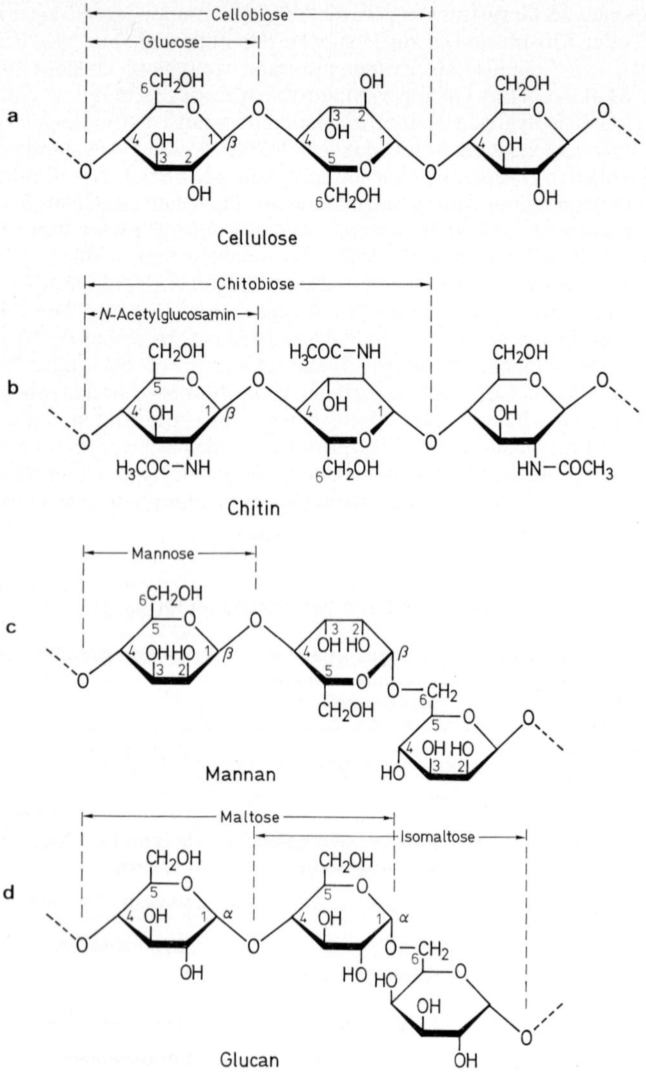

Abb. 51 Zellwandbausteine, Ausschnitte aus Polysaccharid-Molekülen. **a** Cellulose, ein β-1,4-Glucan; **b** Chitin, mit ebenfalls β-1,4-Bindungen; **c** ein Mannan mit β-1,4- und β-1,6-Bindungen; **d** ein Glucan mit α-1,4- und α-1,6-Bindungen

Da bei Untersuchungen an taxonomisch kritischen Pilzgruppen heute meist versucht wird, auch den Zellwandaufbau zu erkennen, sind zum Thema der Tab. 12 weiterhin neue Beiträge zu erwarten. Es fehlen genauere Ergebnisse über die Wandkomponenten der Schleimpilze; das noch nicht ganz gelöste „Trichomycetes"-Problem (vgl. S. 215) läßt auf zukünftige Beiträge hoffen, und schließlich wären für den „Chitin-β-Glucan"-Zellwandtyp (Tab. 12, V) genauere Definitionen erforderlich. So werden Befunde über eine der äußeren Zellwandlagen von *Candida albicans* wie folgt interpretiert: Ein Peptid, das sich durch Vorherrschen bestimmter Aminosäure-Reste (Asparagin u. a.) auszeichnet, trägt an Verzweigungsstellen je zwei β-verbundene N-Acetylglucosamin-Reste und erst daran verzweigte Glucan-Mannan-Ketten (Glucomannane, s. S. 82, u. Teilstruktur „Hefeglucan", Tab. 11). Die Enden der Haupt- und Seitenketten, manchmal stattdessen Agglomerate benachbarter Strukturen, stellen die Zellwand-Antigene der Hefen und hefeähnlichen Pilze dar. Sie scheinen trotz erheblicher Variabilität anderer Wandeigenschaften recht konstant und deshalb zur Artbestimmung geeignet zu sein, außerdem könnten Modellvorstellungen wie die vom „Glucomannanproteid" für die Aufklärung weiterer Zellwand-Texturen von Nutzen sein. Als Besonderheit empfindet man den mehrfach bestätigten Nachweis von Cellulose neben Chitin bei *Ophiostoma* (Ascomycetes, vgl. S. 252).

Syntheseeinheiten der Zellwandelemente sind „aktive" Monomere, meist Uridindiphosphate (z. B. UDP-Glucose, UDP-Acetylglucosamin, UDP-Galaktose), seltener Guanosindiphosphate (wohl nur GDP-Mannose). Sie werden entweder mit Hilfe membrangebundener Enzyme an die Enden vorhandener Polysaccharidketten angeheftet (was vielleicht hauptsächlich für die stabilisierenden „Füllemente" der Zellwände zutrifft), oder sie entstehen im Cytoplasma in Beziehung zum endoplasmatischen Reticulum, wo „vorgefertigte" aktive Oligomere zusammen mit Enzymen (z. B. Chitinsynthetase) in Vesikel verpackt werden; letztere können die Membran passieren und an die Syntheseorte in der Zellwand gelangen (wo vermutlich vorzugsweise die Struktur-Polysaccharide auf diese Weise zusammengestellt werden).

Chitinsynthetase wird beispielsweise durch *Polyoxine* und *Nikkomycine* (Abb. 56g, S. 96), gegen Bakterien wirkungslose Antibiotika aus Streptomycetaceae (Bakterien), gehemmt. Die Substanzen wirken gegen Insekten, vor allem aber werden Polyoxine im Pflanzenschutz gegen Schadpilze eingesetzt. Die Spezifität dieser Antibiotika-Wirkungen auf Pilzzellwände erkennt man beispielsweise daran, daß Pilzzellen bei entsprechendem osmotischem Schutz den Kontakt mit an sich letalen Polyoxin-Konzentrationen überleben.

Phosphatide und Elementarmembranen

Dank der Kompartimentierung können im Protoplasten an sich widersprüchliche Reaktionen wie Synthese und Abbau von Proteinen nebeneinander ablaufen, was teilweise durch die Elementarmembranen ermöglicht wird (vgl. S. 35 f.). Das Plasmalemma regelt die Zellpermeabilität und bestimmt weitgehend die Gestalt der Zellwand.

Membranen enthalten viel Lipid. In dieser Fraktion verkörpern die Phosphatide (z. B. Lecithin, Abb. 52) mit ihrem ampholytischen Verhalten wesentliche Eigenschaften stellvertretend für das ganze System „Membran". An Phasengrenzen zwischen Wasser und organischem Lösungsmittel, zwischen polarer und nichtpolarer Phase, bilden sie monomolekulare Schichten. Darin orientieren sich die Einzelmoleküle parallel zueinander, die Längsachsen stehen senkrecht zur Schicht. Im wäßrigen Medium des Cytoplasmas ordnen sich die Phosphatide zusammen mit Cerebrosiden, Sulfatiden und weiteren ähnlichen Verbindungen zu Doppellamellen, in denen die lipophilen Molekülbereiche beider Schichten aneinanderliegen und die hydrophilen Bezirke (Cholinphosphat-Seitenketten) nach außen gerichtet sind. So bestimmen sich Positionen und Reaktionen membrangebundener Enzyme wie ATP-ase oder Phospholipase, inkorporierter Fette und fettähnlicher Stoffe in Abhängigkeit vom Membranzustand.

Vielleicht erweist sich auch deshalb die Membran als besonders empfindlich für vielerlei Hemmstoffe. Zahlreiche Antibiotika, Fungizide und Desinfektionsmittel greifen von hier aus ein und lösen mannigfaltige Folgewirkungen aus. *Aspochalasin B* (Asposterol; Ähnliches dürfte für andere Cytochalasane gelten) scheint die Phospholipase A zu stimulieren, es entstehen zu viele giftige Lysophosphoglyceride und Oxyfettsäuren; diese führen zur Funktionsunfähigkeit der Membranen (bei Eukaryota) und zur Lyse (bei manchen Bakterien); die Schädigungen werden durch α-Tocopherol spezifisch antagonisiert. Polyen-Antibiotika (z. B. *Amphotericin B*, Abb. 56 h, S. 97) benötigen bestimmte Steroide als Akzeptoren, und die Zelle verliert infolge Permeabilitätsschädigung lebenswichtige Stoffe; Steroide sind in den Membranen praktisch aller Eukaryota vorhanden, aber nicht bei Bakterien, was deren Polyen-Unempfindlichkeit erklärt (vgl. Oomycetes, S. 176). Clotrimazol und Ketoconazol (s. Abb. 56 k, l, S. 97) hemmen die Ergosterin-Biosynthese und stören dadurch Membranfunktionen.

Aufschluß von Nährstoffen

Innerhalb ihrer Zellen bauen alle Lebewesen Makromoleküle auf und ab. Dazu stehen ihnen vergleichbare (homologe) Enzyme zur Verfügung. Pilze und einige andere Organismen erschließen darüber hinaus fast alle natürlich vorkommenden Kohlenstoff-Verbindungen, auch komplexe und unlösliche Substrate, mit Hilfe ihrer Exoenzyme; die lös-

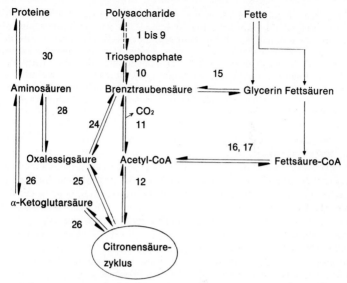

Abb. 53 Abbauschema für die wichtigsten Nährstoffkomponenten. (Die Ziffern stimmen mit der Numerierung in Abb. 54 überein)

lichen Abbauprodukte werden in die Zellen aufgenommen und dort weiter umgesetzt (vgl. Abb. 53).

Im Vorhandensein, in der Aktivierbarkeit und in anderen Wirkungsbedingungen der verschiedenen Enzyme unterscheiden sich manche größeren und kleineren Pilztaxa voneinander.

Eiweiße. Zur exogenen **Proteinspaltung** sind sehr viele Pilze befähigt. Dabei kommen drei Haupttypen proteolytischer Enzyme vor: *Endopeptidasen* lösen Peptidbindungen innerhalb der Peptidketten, die Enzyme sind meist spezifisch für Bindungen zwischen bestimmten Aminosäureresten; *Exopeptidasen* greifen hingegen nur an den Kettenenden an, und zwar *Carboxypeptidasen* an den Carboxylsäureenden und *Aminopeptidasen* an den Enden mit freien Aminogruppen. Bei phagocytierenden Plasmodien der Myxomycetes (s. S. 167) und vergleichbaren Zellen beginnt die Verdauung der Partikel innerhalb der Zelle in Nahrungsvakuolen. Zur Typisierung von Proteasen dienen pH- und Temperaturoptima, Cofaktoren, Substratspezifität und als feinste Unterscheidungsmöglichkeit die Aminosäuresequenzen.

Einige Proteasen von Pilzen werden industriell hergestellt und beispielsweise in der Textilindustrie benutzt.

Die Dermatophyten (Onygenales, Ascomycetes und Moniliales, Deuteromycota, vgl. S. 251 u. 235) vermögen schwer angreifbare Proteine wie Keratine in

Haut, Haaren, Nägeln, Krallen, Federn usw. zu verwerten. Auch in anderen Pilzverwandtschaften kommen Eiweiß-Spezialisten vor. Die Bedeutung des Proteinabbaus durch Pilze in der Natur geht unter anderem daraus hervor, daß viele Pilzarten die Fähigkeit zur Synthese bestimmter Aminosäuren verloren haben und trotzdem weiter existieren. Sie können ihren Bedarf an Aminosäuren, für welche sie „auxotroph" sind, nur durch Aufnahme aus dem Medium decken (wofür neben dem saprobischen Proteinabbau eine Belieferung durch prototrophe Mitbewohner der Biozönose, durch Symbiosepartner oder parasitierte Wirte, in Frage kommt).

Polysaccharide. Auch Zuckerpolymere werden von sehr vielen Pilzen als Nährstoffe ausgenützt. Die drei Cellulose zersetzenden Enzymtypen (vgl. S. 80) wirken synergistisch: Sie setzen bei gemeinsamem, gleichzeitigem Angriff mehr als dreißigmal soviel Substrat um wie die einzelnen Enzyme nacheinander. Gewiß wirkt sich dieser Vorteil auch in der Natur aus. Lignocellulosen sind chemisch schwerer aufzuschließen, doch auch hierfür dürften Pilze die wirksamsten Zersetzer sein (vgl. S. 80). Weitverbreitete Pilzenzyme hydrolysieren Stärke, Pektine und Hemicellulosen, so daß insgesamt sämtliche natürlichen organischen Makromoleküle durch Pilze abbaubar sind. Diese Fähigkeiten haben auch für die Schadwirkungen und für die Verwendbarkeit von Pilzen in industriellen Prozessen Bedeutung (vgl. S. 132ff.).

Lipide. Der **Fettabbau** beginnt mit der Aktivität von Lipasen, die Fette in Glycerin und Fettsäuren spalten. Beide Arten von Bruchstücken münden in die üblichen Stoffwechselwege ein (vgl. Abb. 53). Unter natürlichen Bedingungen sind als Pilznahrung geeignete Fette meist in wäßrigen Lösungen anderer Nährstoffe fein verteilt (Emulsionen wie Milch, Vakuolen im Cytoplasma von Pflanzenzellen usw.). Die als Reservestoffe in Pilzzellen gespeicherten Fette gehören meist nur wenigen Typen an (häufige Fettsäuren: Palmitinsäure C 16, Stearinsäure C 18, Ölsäure C 18 einfach ungesättigt), und auf deren Verwertung sind die Pilze vor allem eingestellt. Spezialisten unter ihnen besitzen jedoch auch Fähigkeiten zur Ausnutzung exogener niederer oder höherer Fettsäuren. Dabei werden, analog den Verhältnissen im endogenen Stoffwechsel, Abschnitte mit zwei C-Atomen auf Coenzym A übertragen (β-Oxydation).

Die meisten fettspaltenden Pilzenzyme haben Wirkungsoptima im alkalischen Bereich (wie die aus der Humanphysiologie bekannten Lipasen), andere sind außerdem oder besser im neutralen und ausnahmsweise im sauren Medium wirksam.

Industriell spielt die mikrobielle Fettspaltung offenbar keine besondere Rolle, doch ergeben sich aus Erfahrungen mit Kohlenwasserstoff-Fermentationen vielleicht Lösungen für zu erwartende technische Probleme (Emulgieren, hohe Belüftungswerte, Niederschlagen des Schaumes).

Umsetzungen niedermolekularer Stoffe im Primärstoffwechsel

Kohlenhydratstoffwechsel

Die wichtigste, am raschesten verwertbare Nahrung der Pilze besteht aus Monosacchariden und anderen kleinen, wasserlöslichen, C-haltigen Verbindungen, die unmittelbar in die Protoplasten aufgenommen werden können. Fast alle Lebewesen assimilieren einfache Zucker und vergleichbare Moleküle auf ähnliche Weise (Abb. 54), doch genießen Pilze bei der Konkurrenz um diese Nährstoffe einige wesentliche Vorteile. Keime von „Zuckerpilzen" sind ja bereits nahezu überall anwesend. Sobald irgendein lebendes oder totes organisches Substrat mäßig feucht wird, liegt eine wäßrige Lösung vor, die wenigstens Spuren von Nährstoffen enthält. Alsbald entwickeln sich die Thalli „passender" Pilze, bilden unvermittelt neue Vegetationseinheiten, und so übernimmt eine sich rasch vermehrende Population die Ausnutzung der Nährstoffquel-

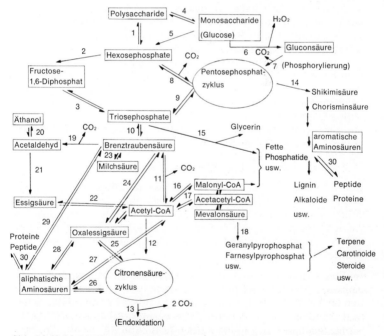

Abb. 54 Kohlenhydratstoffwechsel, vereinfachtes Schema (vgl. Abb. 53 u. 58; die einzelnen Stoffwechselbahnen sind dort und im Text mit übereinstimmender Numerierung erwähnt)

le. Um die gleichen Substrate wetteifern auch Bakterien; unter welchen Umständen die einen oder anderen Organismen überwiegen oder nebeneinander leben, läßt sich kaum allgemeingültig aussagen.

Bei Abwesenheit von Stickstoffquellen setzen einige Pilze Glucose oxidativ zu Gluconsäure um; dabei sinkt der pH-Wert unter 2,0, und während sich dann die üblichen Bakteriengesellschaften nicht mehr vermehren können, sind die Pilze selbst in der Lage, bei späterem Stickstoffangebot die Gluconsäure weiter umzusetzen. Insgesamt finden sich jedoch nur wenige Beispiele, mit denen eine Überlegenheit von Pilzen auf Grund von Besonderheiten im Primärstoffwechsel erklärt werden kann. Als pilzspezifisch sehen wir im Bereich der Umsetzungen niedermolekularer C-Verbindungen die Benutzung bestimmter Zuckerabbauwege, manche Cytochrommuster und die Polyolsynthesen an (vgl. Tab. 9, S. 76 u. Tab. 13, S. 93).

Zuckerabbau. In die Zelle gelangen oft Monosaccharide aus dem extrazellulären Polysaccharid-Abbau (Abb. 54, 1 oder 4), doch werden ebenfalls Di- und Oligosaccharide aus der Umgebung aufgenommen und dann umgesetzt. Die dazu erforderlichen Enzyme sind teils weit verbreitet wie Maltase oder Saccharase, teils bei mehr oder weniger zahlreichen Vertretern nachgewiesen worden (z. B. Verwertung von Raffinose durch manche Hefen, s. LODDER 1970, BARNETT u. Mitarb. 1979).

Häufigste und typische Kohlenstoffquelle ist die Glucose. Ihr vollständiger Abbau setzt Äquivalente von 675 Kilokalorien pro Mol frei. Andere Hexosen müssen (Glucose kann) erst nach Phosphorylierung auf den üblichen Abbauweg gelangen (Abb. 54), in den auch die Spaltstücke der extrazellulären Polysaccharide und der auf vergleichbare Weise mobilisierbaren Reserve- und Zellwandmakromoleküle einmünden (vgl. Abb. 53, Abb. 54, 1 u. 4−5).

Die einleitenden Reaktionen an Hexosen verlaufen unter Energieverbrauch nach der allgemeinen Formel

$$\text{Hexose} + \text{ATP} \xrightarrow{\text{Mg}^{2+}} \text{Hexosephosphat} + \text{ADP},$$

wobei unter der Wirkung der Hexokinase aus Glucose, Fructose und Mannit die entsprechenden Hexose-6-phosphate entstehen (Abb. 54, 1), aus Galaktose mit Galaktokinase Galaktose-1-phosphat, gefolgt von Isomerisierungen. Für den Zuckerabbau, die Glykolyse, stehen der Pilzzelle vor allem die folgenden Stoffwechselwege zur Verfügung (vgl. Tab. 13, S. 93).

Im Fruktosediphosphat-Abbauweg (**FDP**, EMDEN-MEYERHOF-PARNAS-pathway; Abb. 54, 2, 3, 10−12) kann die Glykolyse bis zur Endoxidation laufen (Abb. 54, 13), unvollständig oxidierte Endprodukte liefern (z. B. Abb. 54, 19, 20) oder durch Verzweigungen abgewandelt und dabei für Synthesen ausgenutzt werden (z. B. Abb. 54, 16−18, 26−30).

Der Pentosephosphat-Weg (**PP**, Abb. 54, 8) stellt entweder Intermediärprodukte für nachfolgende Biosynthesen (Abb. 54, 14), unter anderem Nucleotidbausteine, zur Verfügung, kann aber auch wie der FDP-Abbau weitergeführt werden (Abb. 54, 9–10 usw.).

Beim Abbau über 2-Keto-3-desoxy-6-phosphogluconsäure (**KDPG**, Entner-Doudoroff-Abbau = ED) gelangen der 6-Phosphogluconsäure via KDPG entstammende Spaltstücke (Glycerinaldehydphosphat, Brenztraubensäure; Verbindungen nach Abb. 54, 9–10) rasch und unmittelbar in das Glykolyse-System (Abb. 54, 11).

Mit Hilfe der Glucoseoxidase (**GO**) wird von einigen *Aspergillus*- und *Penicillium*-Arten Glucose direkt zu Gluconsäure oxidiert (Abb. 54, 6). Gluconsäure kann ausgeschieden oder in den PP-Weg eingeschleust werden (Abb. 54, 7); das bei der Reaktion entstehende, für alle Organismen giftige Wasserstoffperoxid wird enzymatisch zerstört.

Im Glyoxylsäure (**GX**)-Zyklus, einem Nebenweg im Citronensäurezyklus (Abb. 54, 12, 13, 25, 26), kann aus Acetyl-Coenzym A und Oxalessigsäure entstehende Isocitronensäure zu Bernsteinsäure und Glyoxylsäure umgesetzt werden; letztere reagiert mit Acetyl-Coenzym A, und die entstehende Äpfelsäure läßt den Citratzyklus weiterlaufen. Der Mangel im Hauptzyklus kann beispielsweise dadurch entstehen, daß α-Ketoglutarsäure für die Synthese von Aminosäuren abgezweigt wird (Abb. 54, 26), und der Glyoxylatzyklus führt dann zum Ersatz fehlender Zwischenstufen (Auffüllreaktionen, anaplerotische Sequenzen). Glucose und ihre Abbauprodukte (Abb. 54, 10–12) speisen den normalen Zyklus und unterdrücken den Nebenschluß, der durch im Medium gebotenes Acetat oder Glycin gefördert werden kann.

Fixierung von Kohlendioxid. Die Aufnahme eines C-Atoms in eine vorhandene Intermediärverbindung kann an verschiedenen Punkten des C-Stoffwechsels stattfinden. Für Pilze scheinen die folgenden Reaktionen Bedeutung zu haben:

Phosphoenolbrenztraubensäure + $CO_2 \rightarrow$ Phosphat + Oxalessigsäure
Brenztraubensäure + $NAD(P)H_2$ + $CO_2 \rightarrow$
$\qquad\qquad$ NAD(P) + Äpfelsäure (Äpfelsäure $\rightleftharpoons$ Oxalessigsäure)
α-Ketoglutarsäure + $NADPH_2$ + $NADPH_2$ + $CO_2 \rightarrow$
$\qquad\qquad$ NADP = Isocitronensäure

Diese Reaktionen kehren den normalerweise abbauenden, oxidierenden Citronensäure-Zyklus um und führen zur Bevorzugung synthetischer Sequenzen im Stoffwechsel. Als Auslöser kommen außer CO_2 auch verschiedene organische Säuren in Frage.

Alkoholische Gärung. Der Zuckerabbau bis zum Ethylalkohol (Abb. 54, 19, 20) hat zwar größte wirtschaftliche Bedeutung bei den bekannten Gärungsprozessen (Bier-, Weinherstellung usw., s. S. 137), ist aber kein Privileg der Hefen, sondern steht vielen Organismen zur Verfügung. Andererseits wird das Substrat selbst durch so typische Gärungserreger wie *Saccharomyces cerevisiae* bei ausreichendem O_2-Partialdruck (Belüftung) zu CO_2 veratmet (Abb. 54, 11–13); der mit O_2 erzielbare Energiegewinn entspricht 38 energiereichen Phosphatbindungen (ATP aus ADP) pro Glucosemolekül und führt bei ausreichender Versorgung mit anderen Nährstoffen (z. B. NH_4^+) zu Synthesen (Wachstum, Zellvermehrung). Unter anaeroben Bedingungen vermehrt sich hingegen eine Hefepopulation praktisch nicht (keine Synthesen) und gewinnt nur 2 energiereiche Bindungen pro Molekül Monosaccharid. Da das Substrat aerob fast zwanzigmal so gut ausgenutzt wird, führt die Belüftung einer vorher gärenden Kultur zur relativen Verringerung des Glucose-Umsatzes (Pasteur-Effekt). Man erklärt dies mit zwei gleichsinnig wirkenden Regulationsmechanismen: ATP aus der Atmungsketten-Aktivität hemmt Phosphofructokinase (Abb. 54, 2), Pyruvatkinase und Citratsynthetase; es drosselt somit die Reaktionen 11–12 (Abb. 54) und aktiviert die oxidative Phosphorylierung (Abb. 54, 6, 7). Der Mangel an energieärmeren Phosphaten (ADP, AMP, anorganisches Phosphat = P_i) benachteiligt in der Konkurrenz-Situation die Enzyme der Substratphosphorylierung (Gärung = hoher Glucoseverbrauch) gegenüber denen der Atmungskettenphosphorylierung (bessere Substratausnutzung). Es bedeuten: hoher ATP-Gehalt = Energieüberschuß in der Zelle, Hemmung der Phosphofructokinase, der Pyruvatkinase, der Citratsynthetase, Aktivierung des PP-Weges, und andererseits: viel P_i, AMP, ADP = Energiemangel, Aktivierung der Hexokinase, der Phosphofructokinase, der Triosephosphatdehydrogenase, Ausschaltung der oxidativen Phosphorylierung (PP-Weg).

Endoxidation. Mit Hilfe der Atmungsfermente wird bei fast allen Lebewesen der energieliefernde Vorgang der Vereinigung von Wasserstoff mit Sauerstoff in kleine Stufen mit geringen Energiedifferenzen unterteilt („biologische Knallgasreaktion"). Während der Teilreaktionen wird beispielsweise ATP regeneriert. Die Enzymproteine der Organismen zeigen neben wesentlichen Übereinstimmungen einige Unterschiede. So fehlt den Oomycetes das bei Pilzen und Pflanzen vorhandene Cytochrom C_1, und bei einem Organismus der Gattung *Aspergillus* fand man in einem Falle ein durch Cyanid nicht vergiftbares Cytochrom (vergleichbar mit einem bei Pflanzen vorkommenden B-Cytochrom).

Verfügbarkeit und Nutzung von Kohlenhydrat-Abbauwegen. Welcher Abbauweg aktiv ist, hängt vom Organismus, vom Medium und den in der Zelle herrschenden Bedingungen ab, beispielsweise vom Aktivitätszustand der Enzyme (Tab. 13). Zur Bestimmung werden Umsetzungen mit den jeweiligen Schlüsselenzymen gemessen.

Polyole. Polyalkohole wie Mannit, Ribit, Glycerin entstehen durch Oxidation aus Glucose-6-phosphat oder entsprechenden Vorstufen in Konkurrenz zu Gluconeogenese, alkoholischer Gärung und Citronensäurezyklus-Endoxidation (als Alternativen zu den Reaktionskomplexen 8, 9 u. 14 der Abb. 54), aber auch anstelle von Makromolekül-Syn-

Tabelle **13** Verfügbarkeit und Nutzung von C-Abbauwegen

Taxa	prozentualer Anteil der Stoffwechselwege (vgl. S. 90–91)			
	FDP	PP[1])	KDPG	GO
weitverbreitete Pilze unter durchschnittlich üblichen Bedingungen	40–90	10–60	–	–
gärende Hefe, auch Kugelhefen der Mucorales usw.	100	–	–	–
Tilletia caries (Steinbrand, Basidiomycetes), Hyphen[1]	66	34		
Tilletia caries Sporidien	–	–	100	–
Caldariomyces fumago (Deuteromycetes)	–	35	65	
Aspergillus niger (Deuteromycetes), vorgebildete Myzeldecken unter N-Mangel, pH um 2,0	–	–	–	>90

[1] Weitere Beispiele für Anaerobiose (bei Pilzen nicht obligat): *Aqualinderella fermentans* (Leptomitales, Oomycetes), *Neocalimastix frontalis* und andere Pansenpilze (nicht genauer klassifizierte Protisten) und einige *Fusarium*-Arten (Hyphomycetes, Fungi imperfecti).

thesen oder anderen ATP verbrauchenden Reaktionen, unter Reduktion von NADP. Sie sind vielleicht, zusammen mit Trehalose, die zum Transport in Hyphen geeigneten Kohlenstoff-Verbindungen der Pilze, und man kann in ihnen Möglichkeiten zur Regulation von Reduktionskräften, Energieführung, osmotischen Verhältnissen, Reservestoffhaushalt und Wachstum sehen (PFYFFER, G.E., D.M. RAST: Experim. Mycol. 4 [1980] 160–170). Die Autoren halten die von ihnen an vielen Pilzen untersuchte Polyol-Verteilung für taxonomisch relevant: Bei Chytridiomycetes, Ascomycetes, Basidiomycetes und Deuteromycetes ist Mannit Hauptkomponente, Zygomycetes haben ebenfalls Polyole, aber kein Mannit oder Mannit nicht als Hauptkomponente, und allgemein findet man bei pilzähnlichen Protisten (s. Abb. **2**, S. 3) weniger Polyole als bei echten Pilzen. Neben den häufigsten Polyalkoholen Glycerin (fast stets vorhanden) und Mannit (bei praktisch allen Fungi außer einem Teil der Zygomycetes nachweisbar) kommen auch die von Algen bekannten Alkohole Erythrit, Ribit und Arabit vor, doch hängt beispielsweise die Ribit-Konzentration bei Mucorales (Zygomycetes) von der Ernährung ab (Steigerung durch Fütterung von Ribose). Arabit im menschlichen Blut weist auf Pilzinfektion hin (z.B. durch *Candida albicans*; im Blut von Gesunden kommt kein Arabit vor). Auch hier fallen die Oomycetes besonders auf: Bei ihnen konnten keine Polyole nachgewiesen werden; manche andere Gruppe niederer Pilze (pilzähnliche Protisten) wurde bisher jedoch noch nicht oder nicht ausgiebig geprüft.

Aminosäurestoffwechsel

Pilze und Pflanzen synthetisieren Aminosäuren aus einfachen Kohlenstoff- und Stickstoffverbindungen (Abb. **54**, 14, 27, 28). Im Gegensatz zum Menschen, der auf die Aufnahme der acht sogenannten essentiellen Aminosäuren mit der Nahrung angewiesen (für sie auxotroph) ist, sind

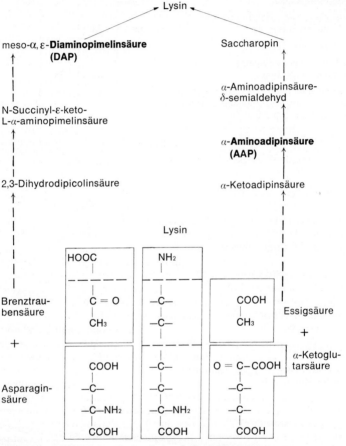

Herkunft des C-Gerüstes

Abb. **55** Zwei Wege der Lysin-Biosynthese (vereinfachtes Schema; nach *Meister*)

Pilze in dieser Hinsicht im allgemeinen prototroph (s. aber z. B. Tab. 22, S. 178). Die Aminosäuren werden zum Aufbau von Proteinen, Vitaminen wie Panthotensäure, Nucleotiden und Alkaloiden verbraucht, in andere Aminosäuren umgewandelt (Transaminierungen), zur Energiegewinnung ähnlich wie Kohlenhydrate oder Fette abgebaut und unter Umständen ins Medium ausgeschieden. Bei der Synthese der Aminosäuren haben die Pilze in zwei Fällen teilweise eigene Wege gefunden.

Lysin. Von den generell im Stoffwechsel bestehenden Möglichkeiten der Lysin-Biosynthese benutzt jeder Organismus nur eine (Abb. 55; Namen der Taxa s. Abb. 1, S. 2, u. Abb. 2, S. 3):

DAP-Weg (aus Aspartat und Pyruvat über Diaminopimelinsäure): Oomycetes, Hyphochytriomycetes; Grünalgen, Farne und Blütenpflanzen sowie Bakterien; **AAP**-Weg (aus Acetyl-Coenzym A und α-Ketoglutarsäure über Aminoadipinsäure): Chytridiomycetes, Zygomycetes, Ascomycota, Basidiomycota, Deuteromycetes; Euglenophyta.

Tryptophan. Bei der mehrstufigen Tryptophan-Biosynthese sind die Einzelenzyme bei den verschiedenen Organismen auf unterschiedliche Weise aneinander gekoppelt, was an Multi-Enzym-Komplexe erinnert und nach dem Sedimentationsverhalten in vitro beurteilt werden kann (HÜTTER, R., J. A. DEMOSS: J. Bacteriol. 94 [1967] 1896–1907; HENKE, H.: Untersuchungen an Tryptophan-Biosynthese-Enzymen aus *Coprinus* und anderen Basidiomyceten, Dissertation, ETH Zürich 1972). HENKE vertritt eine etwas abweichende Einteilung, die unten in Form arabischer Ziffern mit Buchstaben neben der Einteilung nach HÜTTER u. DEMOSS – römische Ziffern – angegeben ist:

I (1a): Myxomycetes, Chytridiomycetes, Ascomycetes, (1mal Basidiomycetes – Aphyllophorales),
(1c): Basidiomycetes – Agaricales,
II: Endomycetes,
III (1b): Zygomycetes, Ustomycetes, von den Basidiomycetes: Aphyllophorales, Tremellales, Auriculariales (1mal Agaricales, 1mal Nidulariales),
IV: Oomycetes,
V: Bakterien.

Wuchsstoffe und Spurenelemente

Die hier zu erwähnenden Substanzen sind lebensnotwendig, werden aber in sehr geringen Konzentrationen benötigt. Die Ansprüche der Organismen mit Einschluß der Pilze liegen bei wenigen Mikro- bis Milligramm pro Kilogramm Gewicht oder pro Liter Nährlösung (wogegen der Bedarf an eigentlichen Nährstoffen und an Substanzen, die physikalische Eigenschaften des Milieus wie pH, rH oder Ionenstärke bestimmen, meist drei bis sechs Zehnerpotenzen größer ist). In der Natur und in der allgemeinen Laboratoriumspraxis, auch bei Fermentationen industriellen Ausmaßes, wird der Bedarf der Pilzstämme an Wuchsstoffen

a

b

c

d

e

f

g

g'

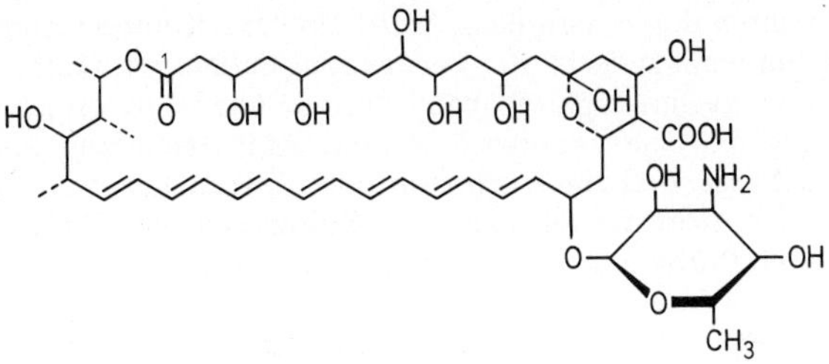

Abb. 56 Chemische Formeln von Pilzhemmstoffen. **a–c** Synthetische Pflanzenschutz-Fungizide; **d–h** (außer **g'**) antifungische Antibiotika (**d** aus *Penicillium*, **e–h** aus *Streptomyces*-Arten); **i–l** synthetische Antimykotika. **a** Captan, **b** Zineb, **c** R_1 = CO · NH · C_4H_5, R_2 = H: Benomyl; R_1 = H, R_2 = CH_3: Methylbenzimidazol-2-yl-carbamat (MBC), **d** Griseofulvin (oral applizierbar, wirksam nur bei Dermatophytosen), **e** Cycloheximid (= Acti-dione; toxisch, praktisch nur noch im Laboratorium verwendet und heute meist synthetisch hergestellt), **f** Validamycin A (japanisches Pflanzenschutz-Antibiotikum), **g** Nikkomycin Z (in Erprobung wegen antifungischer und insektenhemmender Wirkungen), **g'** (zum Vergleich; Strukturanalogon zu **g**), UDP-N-Acetylglucosamin (Zellwandbaustein bei Fungi), **h** Amphotericin B, ein Polyen-Antibiotikum vom Heptaen-Typ (trotz hoher Toxizität oft erfolgreich gegen tiefe Mykosen eingesetzt), **i** 5-Fluorocytosin (= Ancotil, meist in Kombination mit **h** benutzt), **k** Clotrimazol (für Lokaltherapie von Mykosen), **l** Ketoconazol (oral applizierbares, systemisch wirksames Antimykotikum; seit 1981 im Handel)

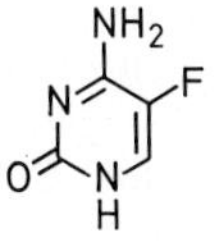

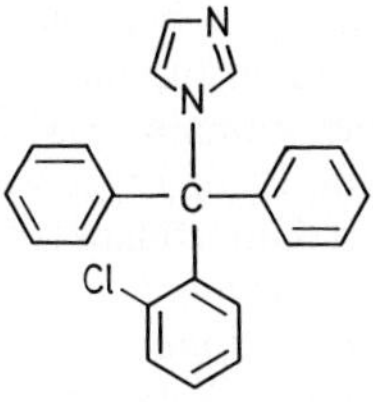

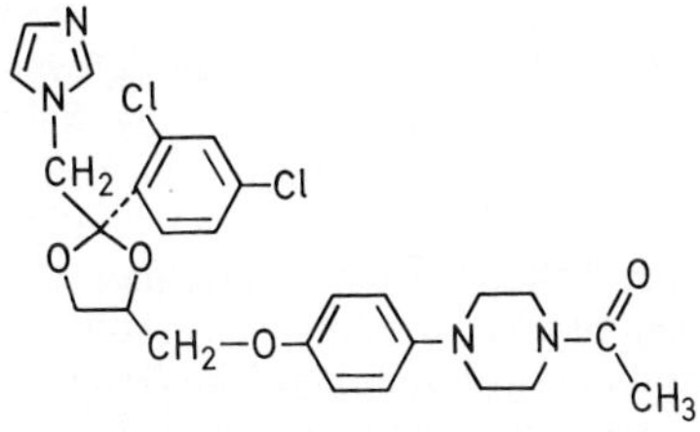

und Spurenelementen durch natürliche oder komplexe Komponenten im Medium nebenher mit gedeckt. Bei Verwendung definierter, synthetischer oder besonders gereinigter Nährsubstrate können durch solche Substanzen hingegen Wachstum oder bestimmte Aktivitäten begrenzt werden. Der Nachweis, daß ein Wuchsstoff oder Spurenelement notwendig ist, läßt sich nicht nur mit Hilfe von Kulturversuchen führen, sondern auch durch Prüfung der für einzelne enzymatische Umsetzungen erforderlichen Bedingungen erbringen.

Vitamine. Vitamine sind durch ihre Bedeutung in der Humanphysiologie charakterisiert. Sie können vom menschlichen Körper nicht synthetisiert, sondern müssen mit der Nahrung aufgenommen werden. Ihr Fehlen ruft zunächst physiologische Störungen, bei erheblichem und länger andauerndem Mangel Ausfallerscheinungen, zum Teil recht deutliche Symptome, hervor (z.B. Rachitis bei Vitamin-D-Mangel, Wachstumsstörungen sowie Nachtblindheit beim Fehlen von Vitamin A, ungenügende Blutgerinnung bei Vitamin-K-Unterbilanz). Vitamine sind Coenzyme, Teile oder Vorstufen von Coenzymen. So wie in den Pilzprotoplasten grundsätzlich die gleichen Reaktionen ablaufen wie beispielsweise in Säugetierzellen, kommen den Vitaminen auf molekularer Ebene in der Regel auch die gleichen Funktionen wie im Stoffwechsel der höheren Organismen zu. Wegen dieser generellen Bedeutung nimmt man an, daß alle Vitamine von nahezu jeder Zelle benötigt werden, und sofern sich eine Zufuhr von außen als unnötig erweist, muß die betreffende Zelle die Synthesen selbst besorgen (Prototrophie). Das trifft für die meisten Pflanzen und sehr viele Pilze zu, und manche Pilze spielen als Vitaminproduzenten eine Rolle. Immerhin zeichnet Vitaminabhängigkeit (Auxotrophie) nicht nur Mensch und Tiere, sondern auch eine beträchtliche Anzahl Pilze und selbst umfangreiche Gruppen unter ihnen aus. Meist sind diese Organismen nur für einzelne Vitamine auxotroph, so wie ganze, geschlossene Bereiche innerhalb der Basidiomycetes für Thiamin, Vertreter der gleichen und anderer Verwandtschaftskreise oft für einzelne oder mehrere weitere B-Vitamine (Riboflavin, Niacin, Pyridoxin, seltener für Panthothensäure, Folsäure) oder Biotin (Vitamin H). Keine Bedeutung für Pilze haben offenbar die fettlöslichen Vitamine. Gleiches gilt für das wasserlösliche Vitamin C (Ascorbinsäure), das selbst vom Menschen in außergewöhnlich hohen Mengen benötigt wird (etwa 75 mg je Tag) und bei Mikroorganismen durch verschiedenartige reduzierende Verbindungen ersetzt werden kann.

In den Coenzymen liegen die Vitamine oft in Bindung an Phosphate vor, beispielsweise Niacinamid als NAD oder NADP, Pyridoxin als Pyridoxalphosphat, Riboflavin als Flavinmononucleotid (FMN) oder Flavinadenindinucleotid (FAD), Thiamin als Thiamin-Pyrophosphat; im Enzym, das Acetyl-Coenzym A carboxyliert, ist Biotin direkt an Protein gebunden.

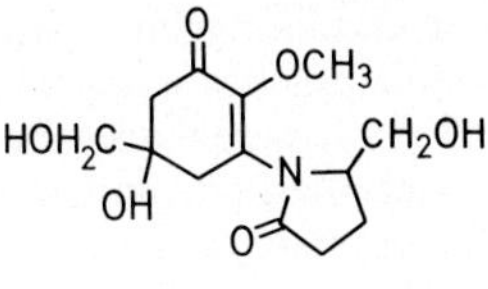

Abb. **57** Pilzmetabolite mit entwicklungsfördernder Wirkung auf Mikroorganismen. **a–c** Mycosporine: **a** Ringform von Mycosporin 2 (aus *Botrytis cinerea*, Deuteromycota); **b** offene Form des Mycosporins 2 (aus *Gnomonia leptostyla*, Sphaeriales, Ascomycetes [sowohl aus Teleomorph als auch aus Anamorph isoliert] und aus Fruchtkörpern von *Morchella esculenta* [Speisemorchel, Pezizales, Ascomycetes]); **c** R = –CH₂OH: Mycosporin 1, R = –COOH: Mycosporin 3 (beide aus Basidiokarp von *Stereum hirsutum, Basidiomycetes*); **d** Antheridiol (Sexualhormon aus *Achlya*, [Saprolegniales, Oomycetes]); **e–f** Sideramine (Eisentransport-Verbindungen): **e** Coprogen; **f** Ferricrocin (a–c: nach *Arpin*, N., M., I. *Rouillant*, Light and Mycosporines in *Turian* u. *Hohl* [Hrsg.] 1981); e–f: nach *Diekmann*, H., in *Laskin*, A. I., H. A. *Lechevalier*, Handbook of Microbiology, Vol. III Microbial Products, CRC Press, Cleveland, Ohio 1973, S. 449–457)

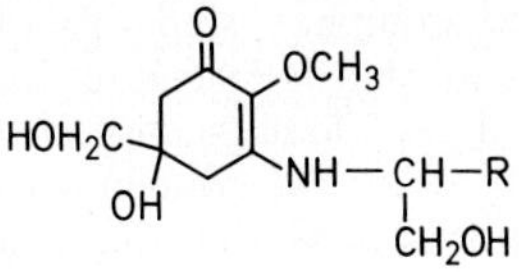

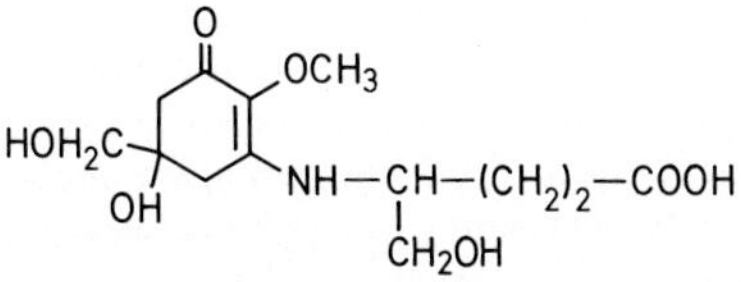

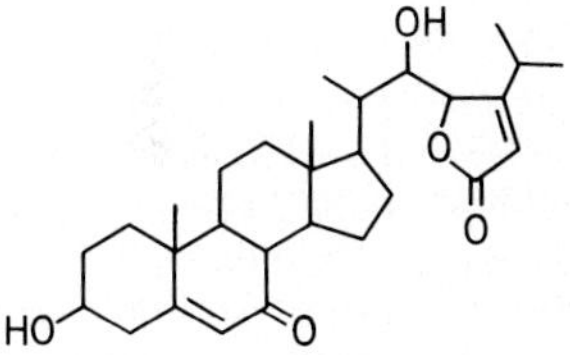

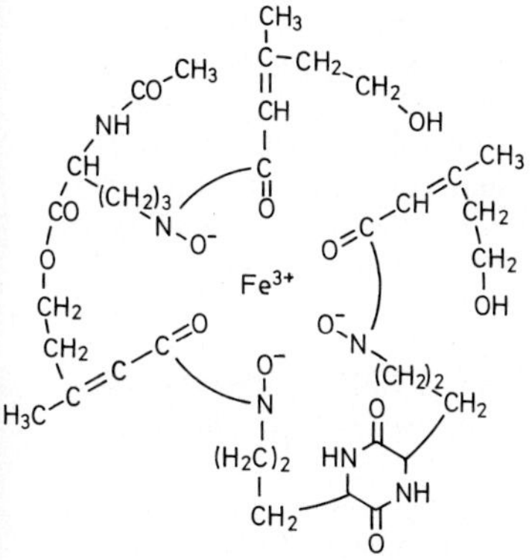

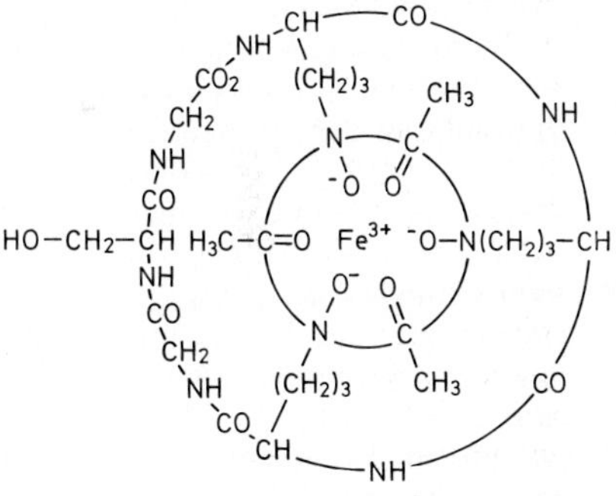

Sideramine. Sideramine sind Eisentransportverbindungen (vgl. Abb. 57e, f). Sie werden in Form ihrer Desferri-Moleküle bevorzugt unter Eisenmangel ins Medium ausgeschieden, komplexieren dort Eisen(III), und die Komplexe können von den Produzenten und anderen Organismen, von vielen aktiv, in die Zellen aufgenommen werden; dort geben sie das Eisen an zelleigene Akzeptoren ab (Eisenspareffekt, Anreicherung entgegen dem Gefälle). Als Sideraminbildner wurden außer Bakterien einschließlich Streptomycetaceae wenige Chytridiomycetes, sehr viele Ascomycetes, Basidiomycota und Deuteromycetes nachgewiesen; die Ausbeuten können mehrere Gramm je Liter Nährlösung erreichen. Keine Sideramine wurden bei Oomycetes und Zygomycetes gefunden. Den meisten Organismen stehen für die Eisenaufnahme mehrere Möglichkeiten zur Verfügung (z. B. als Citrat), einige benötigen jedoch Transportverbindungen vom Typ der Sideramine, ohne sie selbst synthetisieren zu können (Sideramin-Auxotrophie z. B. bei *Pilobolus kleinii*, Mucorales, Zygomycetes).

Spurenelemente. Pilze und alle übrigen Organismen benötigen von einigen anorganischen Komponenten, die mit dem Nährmedium geboten werden müssen, sehr geringe Mengen. Die wichtigsten dieser Spurenelemente sind Schwermetallionen. In der Regel genügen davon Konzentrationen in der Größenordnung Milligramm pro Liter oder darunter (10^{-12} bis 10^{-6}), der Bedarf an Magnesium und Eisen ist jedoch meist etwas größer. Ein Unterangebot an Spurenelementen wirkt wachstums- oder aktivitätsbegrenzend. Hohe Konzentrationen der gleichen Stoffe sind oftmals toxisch. Relativ niedrig liegen die Schwellenwerte für Quecksilber und Kupfer (außerdem für nicht in Sulfationen oder Aminosäuren gebundenen Schwefel), was in manchen Fungizidpräparaten ausgenutzt wird.

Metallionen kommen einerseits fest gebunden in den „Metalloenzymen" vor (z. B. Kupfer oder Zink in Metalloprotein-Enzymen ohne prosthetische Gruppen, Eisen in den Chelaten der Porphyrin- und Hämverbindungen, als Metallflavin-Gruppierungen in Oxidasen und Dehydrogenasen), andererseits dienen Metallionen als Aktivatoren verschiedener enzymatischer Umsetzungen, beispielsweise Magnesium in der Glykolyse (s. S. 90), Mangan bei verschiedenen Reaktionen des Citronensäurezyklus, und Chlorid fördert die Aktivität von α-Amylasen.

Hemmung von Stoffwechselvorgängen

Eine Pilzzelle bezieht aus ihrem Milieu nicht nur Nahrung, sie unterliegt auch den ungünstigen Einflüssen der Umgebung. Sauerstoff-, Wasser-, Nährstoffmangel und -ungleichgewichte, Zellgifte, ungünstige Wasserstoffionenkonzentration und Temperatur wirken neben anderen Faktoren rasch und unmittelbar auf den Stoffwechsel ein. Beeinträchtigungen im physiologischen Bereich (allmähliche Eintrocknung, sukzessive Verarmung an einzelnen Nährkomponenten usw.) wandeln in der Regel den primären Pilzstoffwechsel zum Sekundärmetabolismus ab, was normalerweise zur Ausbildung von Dauer- und Fortpflanzungsorganen führt (Übergang von der vegetativen zur fruktifikativen Phase, vgl. S. 18). Reversible „echte" Schädigungen oder Hemmungen der Pilzentwicklung (Wachstums- oder Entwicklungsstillstand, Fungistase) lassen sich davon kaum unterscheiden. Besser erkennbar sind fungizide Wirkungen, doch sind auch gegen abtötende Effekte die Zellen einer Pilzkolonie in der Regel ungleich empfindlich (Dauerstadien – vegetative Zellen usw.).

Keimruhe. Der Umstand, daß viele Pilzsporen nur unter besonderen Umständen keimen, zeigt einen Spezialfall natürlicher Stoffwechselhemmung an. Ruhekeime lassen sich manchmal durch impermeable Zellgrenzschichten oder immobile Reservestoffe, oft jedoch gar nicht genauer kennzeichnen, insbesondere, wenn Keimungsbereitschaft erst nach einer gewissen Zeit eintritt. In der Regel handelt es sich um Dauerzellen (Chlamydosporen, Ascosporen, Sklerotien usw.). Bei vielen Sporen saprobischer Pilze genügt zur Keimung der Wiedereintritt günstiger Bedingungen, vor allem das Vorhandensein von Feuchtigkeit. In anderen Fällen führten Behandlungen mit Verdauungsenzymen, Hitze, Kälteschock, extremer Alkalinität, bestimmten Aminosäuren oder anderen kleinen Molekülen (z. B. Harnstoff und dessen Derivate) experimentell zur Brechung der Keimruhe, was auf entsprechende Verhältnisse in der Natur hinweist.

Pilzhemmung durch Eingriff von außen. In vielen Bereichen menschlicher Aktivität ist Pilzwachstum unerwünscht. Im Alltag versucht man, Pilzen die Lebensbedingungen zu entziehen, indem man beispielsweise in Wohnräumen für gute Luftzirkulation und durch Isolation für trockene Wände sorgt. Unbeschädigtes, trocken gelagertes Obst, Leder und Textilien, auch geschnittenes Holz werden bei luftiger Lagerung weniger von Pilzen angegriffen als unsachgemäß behandelte Vorräte. An gekühlten Lebensmitteln entwickeln sich Pilze (und Bakterien) mit erheblicher Verzögerung. Oftmals genügen natürliche Vorbeugungsmaßnahmen jedoch nicht.

Im Pflanzenschutz verwendet man bis heute Schwefel (elementar oder chemisch gebunden), Quecksilber- oder Kupferverbindungen (z. B. $CuSO_4$ zusammen mit $CaCO_3$ in der Bordeaux-Brühe). Dabei nutzt man die stärkere Giftigkeit der Substanzen für gewisse Pilze im Vergleich zu Wirtspflanzen und Nutztieren aus. Während Schwefel als „falscher Elektronenakzeptor" Ursache von Stoffwechselstörungen sein soll, reagiert ein Teil der Pilze eher auf Cu^{2+}-Ionen (Hauptproblem dabei ist die Phytotoxizität) oder Hg-Verbindungen (die auch für viele Tiere giftig sind). Bei modernen organischen Fungiziden (vgl.

Abb. 56a–c) genügt dank höherer Spezifität meist eine kleinere Dosis, und es treten weniger unerwünschte Wirkungen auf. Ein ideales, generell anwendbares, völlig untoxisches Fungizid gibt es nicht. So schädigt Benomyl (s. Abb. 56c; wirksam ist MBC) spezifisch die Mikrotubuli vieler Pilze in den Kernteilungsphasen, wirkt aber nicht gegen Oomycetes (falsche Mehltaupilze u. a.), Zygomycetes sowie einen Teil der Basidiomycetes. Gegen Griseofulvin (Abb. 56d) empfindlich bei gleichzeitiger Unempfindlichkeit für Cycloheximid (Abb. 56e) sind vor allem die Dermatophyten (vgl. Tab. 19, S. 153). Ein enges Wirkungsspektrum, was meist auch „geringere Nebeneffekte" bedeutet, macht die Bestimmung des jeweiligen Erregers erforderlich. Der Wirkungsspezifität des Validamycins (s. Abb. 56f) und des ähnlichen Kasugamycins (vgl. S. 79) liegt eine Hemmung der Proteinsynthese auf dem Ribosomenniveau zugrunde, während die Wirkung der Nikkomycine (vgl. Abb. 56g) sowie der ähnlichen Polyoxine – neben Kasugamycin und Validamycin seit langem im japanischen Reisbau eingesetzt – auf einer Hemmung der Chitin-Biosynthese beruht. Das Leben vieler Patienten mit tiefen Mykosen (vgl. Tab. 19) konnte mit Hilfe des Antibiotikums Amphotericin B (s. Abb. 56h) trotz dessen hoher Toxizität gerettet werden (Wirkung auf Eukaryonten-Membranen). Modernere synthetische Antimykotika (z. B. Abb. 56 i–l) zeigen weniger Nebeneffekte; von ihnen stören die Imidazolderivate (Abb. 56k-l) die Biosynthese von Membran-Steroiden, während 5-Fluorocytosin die Nucleotidsynthese bei Pilzen negativ beeinflußt.

Sekundärstoffwechsel

Der als physiologisches Äquivalent der fruktifikativen Phase aufgefaßte Sekundärstoffwechsel umschließt die Umsetzungen, mit denen ein Pilz seine „individuellen" Besonderheiten entfaltet. Während der Primärmetabolismus bei allen Pilzen auf etwa gleiche Art abläuft, die Primärmetabolite im Stoffwechsel essentiell, für andere Organismen in der Regel ungiftig sind und in Human-, Tiermedizin und Phytopathologie, von Ausnahmen abgesehen, keine Verwendung finden, sind Sekundärmetabolite für den sie produzierenden Stamm, die Art, Gattung oder (selten) eine Familie charakteristisch; sie lösen entweder Differenzierungsvorgänge im eigenen Thallus aus (s. folgenden Abschnitt), können auch hemmend auf die eigene Entwicklung oder gar selbstmörderisch wirken, oder sie haben für den Produzenten wenig unmittelbare Bedeutung, z. B. Antibiotika und Mykotoxine (s. S. 107 ff.).

Synthesen im Sekundärmetabolismus gehen von Primärmetaboliten aus, führen jedoch zu anderen Endprodukten (vgl. Abb. 58). Das geschieht manchmal über Umsteuerung von der Glykolyse zum Pentosephosphat-Weg oder durch Einschalten des Glyoxylsäure-Nebenweges (die beide jedoch auch Primärmetabolite liefern können; vgl. S. 90–91). Da sich das Erbmaterial der Zelle nicht ändert, dürften Energetisierung (ATP) und bei manchen Enzymen Genregulationen eine besondere Rolle spielen. Große Bedeutung kommt auch dem Stofftransport zu. In die Lufthyphen gelangen Substanzen und Protoplasma ja ausschließlich aus dem Substratmyzel; Wachstum und Ausgestaltung der Lufthyphen (Sporulation, Fruchtkörperbildung; bei Ascomycetes auch die Ernährung der gesamten Dikaryophase, vgl. S. 70) erfolgen auf der Basis zugeleiteter Grundstoffe (im Primärmetabolismus: Aufnahme aus dem Medium). Als Ausgangsbasis für das Verständnis des Transportes von Pilzzelle zu Pilzzelle sollte man sich die Verhältnisse innerhalb der Zygomycetes vergegenwärtigen: Zu den sich entwickelnden Sporangien der Mucorales gelangen Substanzen aus weiten Bereichen des Substratmyzels, und zwar sowohl in Richtung des Hyphenwachstums als auch entgegengesetzt, während bei Entomophthorales nur die vorderen, jungen Hyphenteile Protoplasma enthalten, die Inhalte älterer Hyphen nach vorn fließen und lebende Hyphenpartien durch Querwände abgegrenzt werden („Schrittwachstum"). In den regelmäßig septierten Hyphen der Ascomycetes, Deuteromycetes und Basidiomycetes ist der Transport von Protoplasma und gelösten Stoffen ebenfalls stets gewährleistet.

Differenzierungen spielen sich auch in Thalli, die von Nährflüssigkeit umspült sind, ab. Hyphen von *Neurospora* bilden nach Übertragung aus Wachstumsmedium in Phosphatpuffer bei Belüftung Konidien; ähnliche Entwicklungen werden bei Ersatz von Hexosen durch Acetat oder von Ammonium durch Nitrat eingeleitet (wegen des Temperatureinflusses vgl. „mikrozyklische Entwicklung", S. 43).

Bei *Neurospora africana* ließen sich durch Zugabe je einer einzelnen Aminosäure zu einem festen Basalmedium vier aufeinanderfolgende Differenzierungsschritte der sexuellen Fruktifikation erreichen: Methionin (0 = keine Differenzierung), Tryptophan (1 = Protoperithecien), Alanin (2 = Perithecien), Phenylalanin (3 = Asci), Isoleucin (4 = Ascosporen). Weshalb die Entwicklung jeweils bis zu einer gewissen Stufe führt und dort stehenbleibt, läßt sich nicht befriedigend erklären.

An einigen Beispielen konnten Wirkungsorte und Folgereaktionen im Stoffwechsel erfaßt werden. Erhöhte CO_2-Konzentration in der Zelle oder Bicarbonat als Medienzusatz aktivierten die Enzyme der reduktiven Carboxylierung und steuerten so den Citronensäure-Zyklus von *Blastocladiella* um (vgl. S. 91). Es wird Isocitronensäure synthetisiert, in der Folge entstehen vermehrt Aminosäuren, Proteine, Nucleinsäuren, Cytochrome usw. und schließlich resistente Sporangien. In Tab. 14 sind einige für die Auslösung der fruktifikativen Entwicklung maßgebende Faktoren zusammengestellt (vgl. TURIAN 1969, 1977).

Ein auslösender Faktor ist nur wirksam, wenn vorher eine Reihe von Bedingungen erfüllt ist; die Bildung von Ascosporen bei manchen He-

Tabelle **14** Stoffliche Ursachen der Morphogenese (Beispiele)

Gattungen	morphogenetische Kriterien	auslösende Einflüsse oder Substanzen (triggers)
Blastocladiella (Chytridiomycetes)	resistente Sporangien	Bicarbonat
Allomyces (Chytridiomycetes)	Gametangien	Sauerstoff
Neurospora (Ascomycetes)	Makrokonidien	Acetat, Glycin
Mucor u. a. Mucorales (Zygomycetes)	sexuelle Reaktion	Trisporsäure (vgl, Abb. 65, S. 119)
Achlya u. a. Saprolegniales (Oomycetes)	sexuelle Reaktion	Antheridiol u. a. Steroide
Alternaria, Fusarium, Trichoderma (Deuteromycetes)	Konidienbildung	Licht verschiedener Wellenlängenbereiche (blau, UV u. a.)

fen (z. B. *Saccharomyces*) setzt eine vollständige Ernährung während der vegetativen Phase voraus. Bei *Neurospora* gehen die Differenzierungen mit dem Abbau von Wandmaterial und einer Erhöhung der Permeabilität der betroffenen Zellen einher. Der durch stoffliche und physikalische Faktoren induzierbare Weg aus dem Primärmetabolismus zur Sporulation führt nach Beobachtungen an *Aspergillus niger* von der hohen Reduktionskapazität (SH-Gruppen) in den Spitzen vegetativer Hyphen und deren Assoziation mit Glykolyse und alkoholischer Gärung zum Luftmyzel mit den meist alternativen Eigenschaften. Eine Zeitlang (bis zum „point of no return") kann sogar eine begonnene Entwicklungsrichtung umgekehrt werden; so bewirken bisweilen Nährstoffzufuhr, pH- oder rH-Änderungen ein Zurückschalten vom Sekundärstoffwechsel zur vegetativen Phase.

Sekundärmetabolite mit morphogenetischer Wirkung

Die hier zu überblickenden Substanzen werden teilweise auf ähnlichen Wegen synthetisiert wie gewisse Antibiotika (vgl. Abb. **58**). Trisporsäuren wurden bei vielen Mucorales nachgewiesen und scheinen bei noch zahlreicheren Vertretern der Gruppe wirksam zu sein. Auch die Mycosporine haben taxonomisch eine weite Verbreitung. Wegen der mangelnden Spezifität passen Sexualhormone und Mycosporine nicht recht zur Definition „Sekundärmetabolite". Einzelheiten über Wirkmechanismen sind noch weitgehend unbekannt.

Sexualhormone. Vor allem für zwei Substanzen wurde eine Auslösung von Sexualreaktionen nachgewiesen: Antheridiol bei Oomycetes (s. Abb. **57d**) und Trisporsäure bei Zygomycetes (vgl. Tab. **14**); außerdem wirken Sirenin bei *Allomyces* (Blastocladiales, Chytridiomycetes) und cyclisches AMP bei Acrasiomycetes als Lockstoff für Gameten.

Mycosporine. Mycosporine (vgl. Abb. **57a–c**) wurden aus Fruktifikationsorganen verschiedener Pilze (75 Stämme: Zygomycetes, Ascomycetes, Deuteromycetes, Ustomycetes, Basidiomycetes) sowie bei je einer Probe von Algen, Mollusken und Coelenteraten isoliert bzw. nachgewiesen. In künstlichen Kulturen war der Mycosporin-Gehalt fruktifizierender Kolonien stets höher als in vergleichbaren Kolonien, die nicht sporulieren. Beobachtungen liegen vor allem in Zusammenhang mit lichtinduzierter Sporulation vor. Die Mycosporin-Wirkung besteht in einer drastischen Beeinflussung des Steroidmetabolismus: Im Dunkeln gewachsene, nicht fruktifizierende Kolonien von *Nectria galligena* (Sphaeriales, Ascomycetes) enthielten dreimal soviel Steroide wie im alternierenden Hell-Dunkel nach dreizehn Tagen sporulierende Kulturen; ähnlich niedrige Steroidgehalte wurden durch Zugabe von Mycosporin bei sonst identischen Inkubationsbedingungen (Dunkelheit) erreicht. Einige andere Pilze konnten bisweilen trotz an sich ungeeigneter Bedingungen (Dunkelheit) durch Mycosporin-Zusatz zum Sporulieren gebracht werden. Identische Mycosporine treten bei Haupt- und Nebenfruchtformen auf.

Sekundärmetabolite ohne morphogenetische Wirkung

Etwa 1000 Pilzmetabolite wurden in den letzten 35 Jahren wegen antibiotischer oder toxischer Wirkungen entdeckt und beschrieben. Viele ungewöhnliche chemische Strukturen, Biosynthesewege und Wirkmechanismen konnten dabei aufgeklärt werden. Die Bedeutung der entsprechenden Arbeitsgebiete für die wissenschaftliche Erkenntnis ist deshalb wohl als mindestens ebenso groß anzusetzen wie der Nutzen aus der Anwendung der Forschungsergebnisse. Sekundärmetabolite, die sich nicht auf irgendeine auffällige Art zu erkennen geben, werden weitaus seltener identifiziert als Farbstoffe (vgl. *Eugster* 1973), Antibiotika und Mykotoxine (s. folgende Abschnitte), die je einem „Indikatorsystem" entsprechen. In jeder Kategorie sind chemisch heterogene Elemente vereinigt, und andererseits gehören viele Substanzen zweien der drei oder allen drei Kategorien an (z. B. gefärbte Mykotoxine; antibiotisch wirksame, giftige Farbstoffe). Oft findet man bei Versuchen zur Identifizierung und Charakterisierung einer „biologisch aktiven" Substanz ganze Serien verwandter Stoffe, von denen die meisten in der Regel „inaktiv" sind und ohne das ursprüngliche Vorhaben (z. B. Antibiotika-Screening) unentdeckt geblieben wären. Das Reservoir noch unbe-

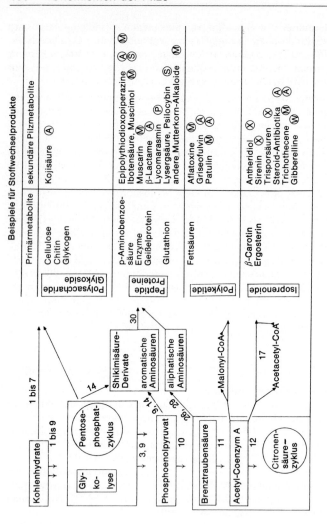

Abb. 58 Zusammenhänge zwischen Primär- und Sekundärstoffwechsel. Die Ziffern stimmen mit der Numerierung in Abb. 54 überein. A = Substanzen mit antibiotischer Wirksamkeit, L = Alkaloide, M = für Menschen und Tiere giftige Substanzen (Mykotoxine), P = Substanzen mit Hemmwirkung auf höhere Pflanzen, S = psychotrope Stoffe, W = Substanzen mit Wuchsstoffwirkung auf höhere Pflanzen, X = Sexualhormone von Pilzen (nach *Bu'Lock*)

kannter Sekundärmetabolite von Pilzen läßt sich dem Umfang nach heute bestenfalls erahnen. Weshalb sie entstehen und weshalb sich Organismen, die sich den Luxus solcher Energieverschwendung leisten, im Verlaufe der Stammesentwicklung erhalten konnten, wurde auf verschiedene Art zu erklären versucht. Es dürfte keine allgemeingültige Theorie dafür geben, wohl aber Aspekte, von denen der eine oder andere oder mehrere zusammen von Fall zu Fall Bedeutung haben: ungenügende Regulation primärer Stoffwechselprozesse; Verwertung überschüssiger Zwischenprodukte mit Hilfe vorhandener Enzyme; zufällige Entstehung neuer Enzyme, d. h. akzidentelle Synthesen; im Rahmen der Phylogenie unabgeschlossener Eliminations(Selektions)vorgang; Entgiftungsreaktionen im Stoffwechsel; Abwehrwirkung nach außen (Hemmung von Konkurrenten durch Antibiotika; Fraßverhinderung durch Mykotoxine mit „Repellant"-Wirkung). Der sich für den Sekundärmetabolismus ohne erkennbaren unmittelbaren Nutzen für den Produzenten ergebende biochemische Spielraum wird jedenfalls von vielen Pilzen in größtmöglicher Mannigfaltigkeit ausgenutzt; in allen Fällen ist der Anschluß an den Primärstoffwechsel erkennbar, obgleich dies nur selten zutrifft, wenn lediglich das Endprodukt (z. B. ein kompliziert gebautes Antibiotikum) und nicht die ganze Biosynthese betrachtet wird (vgl. Abb. 58).

Antibiotika. Von den etwa 3200 bekannten Antibiotika stammen 772 aus Pilzen (ca. 24%; aus Streptomycetaceae 65% und aus anderen Bakterien 11%; nach BERDE 1974 u. H. ZÄHNER, pers. Mitt. 1981). Medizinische Bedeutung erlangten hauptsächlich die β-Lactame Penicillin und Cephalosporin C, von denen Tausende von Derivaten mit veränderten Eigenschaften, wie Säureresistenz bzw. orale Anwendbarkeit, Wirkung gegen resistente Keime und gegen ein breiteres Spektrum von Organismen (semisynthetische Penicilline und Cephalosporine), hergestellt wurden. Von den Steroidantibiotika, zu denen u. a. Cephalosporine P und Helvolsäure gehören, wird die Fusidinsäure als Therapeutikum benutzt, und von den übrigen Antibiotika mit umfangreicherer klinischer Verwendung ist Griseofulvin zu erwähnen (vgl. Abb. 56e). In Abb. 58 sind auch einige Antibiotika verzeichnet, die wegen Toxizität, ungünstiger Pharmakokinetik, mangelnder kurativer Wirkung in vivo oder aus sonstigen Gründen nicht für den Einsatz in der Human- oder Veterinärmedizin geeignet sind.

Von den zahlreichen Biosynthesewegen, die für Antibiotika in Frage kommen (BU'LOCK 1965, 1970), wurden zwei Beispiele ausgewählt (Abb. 59). Von 4 Acetat-Einheiten aus Coenzym A (alternativ: 1 Acetyl-CoA + 3 Malonyl-CoA) entstehen 6-Methylsalicylsäure oder Orsellinsäure, von denen sich zahlreiche Antibiotika ableiten (Beispiele in Abb. 59a). Als Produkte verschiedener *Aspergillus*- und *Penicillium*-Arten sowie weiterer Pilze sind Anthrachinone weit verbreitet (z. B. Abb. 59b).

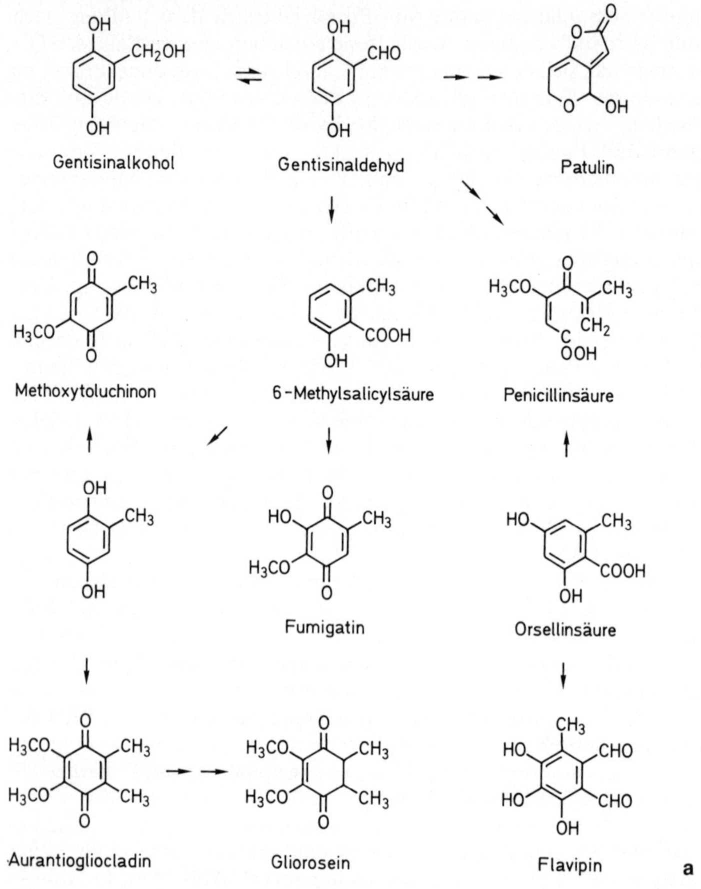

Abb. 59 Biosynthetische Zusammenhänge in zwei Gruppen von Antibiotika aus Pilzen (Formelbilder). **a** 6-Methylsalicylsäure und einige ihrer Derivate; **b** Anthrachinone aus *Aspergillus*-Arten (nach *Anke*, H., u. Mitarb., Arch. Microbiol. 126 [1980] 231–236)

Mykotoxine. Stoffe vom Aflatoxin-Typ (vgl. Abb. **60a**) werden mit pilzinfizierter oder pilzkontaminierter Nahrung unbewußt aufgenommen; bei Mensch und Tieren verursachen sie Leberschäden, wirken kanzerogen, teratogen, mutagen und stören Immunreaktionen. Für den molekularen Wirkmechanismus ist die Entstehung von Toxin-DNA- und -RNA-Addukten von Bedeutung. *Aspergillus flavus* und *A. parasiticus* sind die wichtigsten **Afla**toxin-Produzenten.

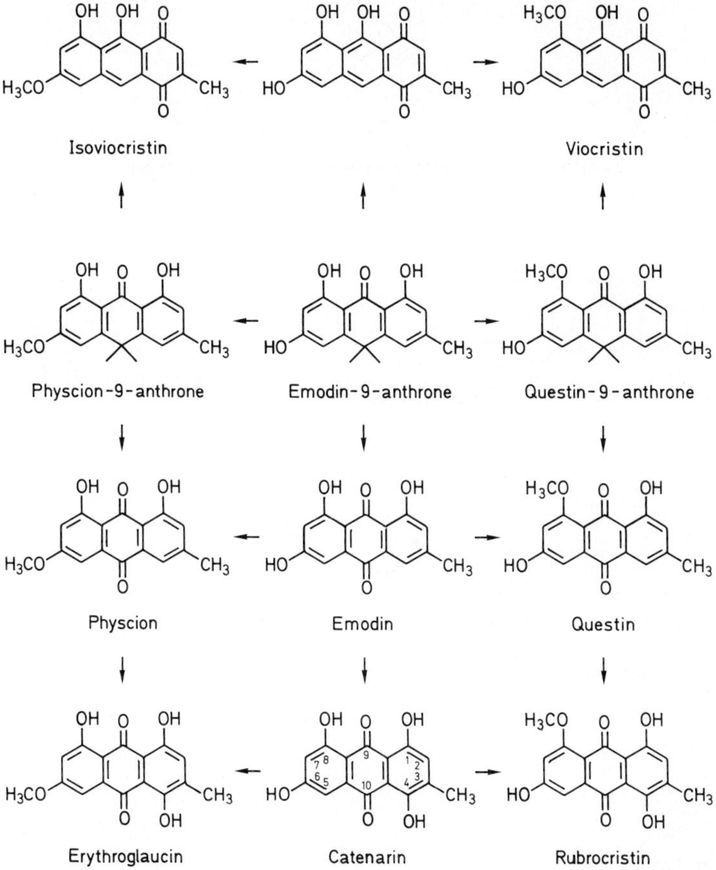

Abb. **59 b**

Die Biosynthese beginnt mit der Verknüpfung von C_2-Einheiten zu Polyketiden; ihren wesentlichen Molekülteilen nach gehören die Aflatoxine zu den Cumarinen. Die Giftwirkung der seit über hundert Jahren bekannten Mutterkorn-Alkaloide (vgl. Abb. **143**, S. 273 u. S. 150) zeigt ein noch breiteres Spektrum: Kontraktion der glatten Muskulatur (meist mit Gefäßverengung, bei Hydergin jedoch Vasodilatation); Antagonisierung der Adrenalin- und Serotoninwirkung; Effekte am Zentralnervensystem und, teilweise, halluzinogene Wirkung (z.B. durch LSD, vgl. Abb. **60b**). Halluzinogene Mykotoxine finden sich auch unter den Ibotensäure-Derivaten (vgl. Abb. **60c**).

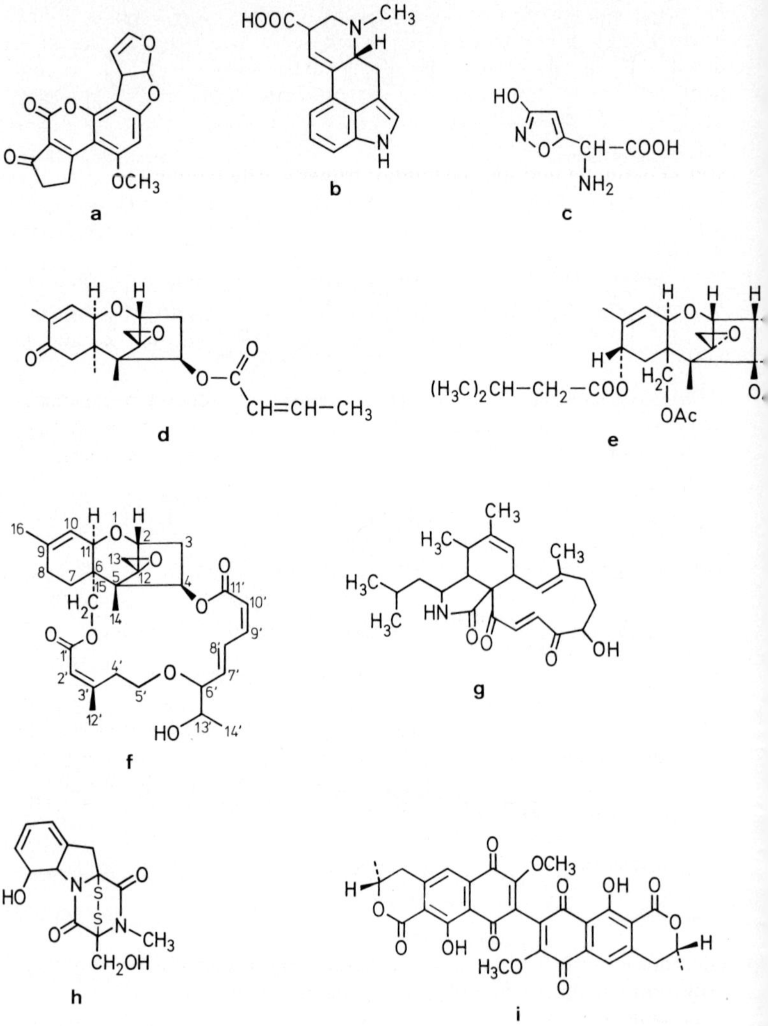

Abb. 60 Strukturformeln einiger Mykotoxine. a Aflatoxin B₁, b Lysergsäure (aus *Claviceps*; LSD = Lysergsäurediäthylamid), c Ibotensäure, d–f Trichothecene: d Trichothecin, e Fusariotoxin T₂, f Roridin E = Satratoxin D; g Aspochalasin B (Asposterol), ein Cytochalasan, h Gliotoxin, ein Epidithiodioxopiperazin, i Xanthomegnin, ein Anthrachinon (vgl. Abb. 59 b)

Hingegen handelt es sich bei den Trichothecenen (z. B. Abb. **60d–f**) um Kontaktgifte; sie führen beim Menschen zu Hautreizungen, Augenbindehaut-Entzündungen usw. und verursachen, wenn sie von Tieren mit dem Futter gefressen werden (z. B. *Myrothecium*-infizierte Grasstoppeln), Vergiftungen im Verdauungstrakt (via Proteinsynthese am Ribosom). Die Giftigkeit des Patulins (vgl. Abb. **59**) beruht auf Änderungen von Zellatmung und -permeabilität; früher wurde Patulin manchmal in Produkten, die für den menschlichen Konsum bestimmt waren, nachgewiesen (Apfelsaft, Brot mit Schimmelbelag, mit Pilzen fermentierte Wurst).

Zu den neurotropen Mykotoxinen gehören außer den bereits genannten Vertretern Citreoviridin, Maltoryzin, Fumitremorgen sowie weitere Tremorgene (Tremor = Zittern), Roquefortin, Slaframin und viele mehr.

An sich könnte man nach den Vergiftungssymptomen und molekularen Wirkmechanismen „klinische Bilder" der Mykotoxikosen zusammenstellen, doch wird dies bisher selten und meist unvollkommen praktiziert (vgl. GEDEK 1980).

Eine Anordnung nach biosynthetischen Gruppen (STEYN 1980) oder Ähnlichkeiten der chemischen Struktur (CIEGLER u. Mitarb. 1971, KADIS u. Mitarb. 1971, 1972) erleichtert die Orientierung bei den Mykotoxinen ebenfalls. Im letzteren Falle lassen sich bisweilen Zusammenhänge zwischen chemischer Struktur und Wirkung erkennen. So liegt den oberflächlich teils recht verschiedenen Effekten der Cytochalasane (z. B. Abb. **60g**) möglicherweise ein genereller Einfluß auf die Mikrotubuli zugrunde, und die allgemeine Wirkung der Epipolythiodioxopiperazine (z. B. Gliotoxin [Abb. **60h**], Sporidesmine, Chetomin) auf die Atmungskette könnte entsprechend dem Charakter der Seitenketten variiert sein. Atmungskettengifte sind auch die Anthrachinone (z. B. Abb. **59 b** sowie Xanthomegnin aus *Aspergillus, Penicillium* und Dermatophyten, Abb. **60i**).

Unvollkommen sind die derzeitigen Kenntnisse über Zusammenhänge zwischen Pilzinfektionen und Mykotoxinbildung bzw. -wirkung (Ähnliches gilt für die Beteiligung von Allergenen).

Eine Gruppe von Toxinen der Gattung *Candida* hat Proteincharakter und paßt nicht in die hier akzeptierte Definition, nach der Mykotoxine (und Antibiotika) niedermolekulare Verbindungen sind.

Vererbung

Die Vererbung ist eine Funktion der Desoxyribonucleinsäuren (DNS), die bei Pilzen in den Chromosomen des Kerns und in den Mitochondrien lokalisiert sind. Die identische Verdoppelung (Replikation) der DNS gewährleistet die prinzipielle Erbgleichheit der Nachkommenschaft. Außenbedingungen beeinflussen neben anderen Stoffwechselleistungen die Geschwindigkeit der DNS-Replikation; sie entscheiden im Extremfalle, ob DNS überhaupt synthetisiert wird, verändern aber nicht die DNS-Qualität, das Erbmuster, den Genotyp. Da viele Möglichkeiten zu Reaktionen auf Umwelteinflüsse bestehen (z. B. Zellsprossung, S. 26 ff., Umstellung zu Sekundärmetabolismus und Fruktifikation, S. 44 u. 102) und zudem nicht alle Erbfaktoren zu jeder Zeit exprimiert werden (vgl. S. 79), bedarf es besonderer Analysen, um hinter dem jeweiligen Phänotyp, der äußeren Erscheinung eines Organismus, den Genotyp zu erkennen. Methodisch am leichtesten läßt sich dies verwirklichen, wenn zunächst nur wenige Merkmale des Phänotyps, deren Eigenständigkeit (genetische Unabhängigkeit) erwiesen ist, betrachtet werden. Viele Aspekte der Pilzgenetik sind bei ESSER u. KUENEN (1965) dargestellt.

Mendelismus

Die meisten und wichtigsten Merkmale der Pilze werden mit der Kern-DNS vererbt. Betrachtet man nur diese, dann erhalten alle Nachkommen einer einkernigen Zelle gleiche Erbanlagen. Entsprechendes gilt für nichtzellige Protoplasten. Änderungen des Erbgutes kommen bei der sexuellen Reproduktion und durch Mutationen zustande.

Das Verhalten der Kerngene ist Gegenstand der Mendelschen Vererbungsregeln (Mendelismus). Für Untersuchungen zu diesbezüglichen Fragestellungen bieten Pilze besonders günstige Voraussetzungen: Die vegetative Phase der meisten von ihnen (haploide Pilze) entspricht ja der Gameten-Generation der höheren Lebewesen, doch gibt es auch Modelle für Diploidie und Generationswechsel (vgl. Tab. **8**, S. 68), für Vererbung von Plasmafaktoren und viele weitere genetische Erscheinungen.

Haploide Pilze

Bei *Byssochlamys nivea* (Eurotiales, Ascomycetes) wächst aus einer einzigen Ascospore ein Myzel (Abb. **61**, 1, 2), von dessen Seitenhyphen

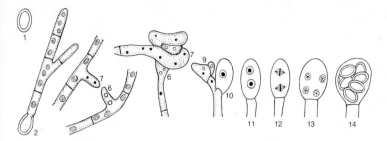

Abb. 61 *Byssochlamys nivea*, Schema der sexuellen Entwicklung (vgl. Tab. 15). 1 = Ascospore, 2 = junges Myzel, 6 = Antheridium, 7 = Ascogon, 9 = junger Ascus vor der Kernverschmelzung, 10 = diploider Ascus (Zygote), 11–13 = Kernteilungen im Ascus. 14 = Ascus mit reifen Sporen; Kernsymbole – nur in dieser Abb.: ○ haploid, ⊗ indifferent, ● weiblich, ○ männlich reagierend, ⊙ diploid

manche zu Antheridien (Abb. 61, 6) oder Ascogonen (Abb. 61, 7) werden. Beide Organe sind mehrkernig-haploid. Kerne aus dem Antheridium (Organ der Kernabgabe, männlich) gelangen ins Ascogon und treten mit dort vorhandenen, weiblichen Kernen zu Paaren zusammen. Das männliche und weibliche Verhalten der Kerne ist physiologisch gesteuert (z. B. durch verschiedene Insertionshöhe an der Traghyphe, Einflüsse aus der Umgebung). Die Kerne im Ascogon vermehren sich paarweise synchron. Die Tochterkernpaare und deren Derivate bilden in den aus dem Ascogon wachsenden ascogenen Hyphen eigene Zellen. Die Hyphenenden werden zu Haken (s. S. 231) und diese zu Asci. Die beiden Kerne verschmelzen miteinander (Karyogamie, Abb. 61, 9, 10). Der nun diploide, aus erbgleichen Chromosomensätzen zusammengesetzte (homozygote) Kern wird in einer wie üblich zweischrittigen Meiose reduziert, und nach einer weiteren, mitotischen Teilung erhält jede der acht sich entwickelnden Sporen einen Kern (Abb. 61, 11–14); die Sporenkerne sind wiederum genetisch identisch.

Bei der Karyogamie, im Zug der Chromosomenpaarung (Abb. 61, 10; vgl. Abb. 62 a), bilden die homologen Chromosomen im Elektronenmikroskop sichtbare „synaptonematische Komplexe"; das Bild gilt als charakteristisch für meiotische Teilungen. In dieser Phase kann es zum Austausch von Chromosomenabschnitten kommen (Abb. 62), was bei identischen Chromosomen nur selten das Erbgut beeinflußt.

Im Beispiel mit *Byssochlamys nivea* erkennt man männliche und weibliche Geschlechtsorgane (Heterogametangien) wie bei anderen Ascomycetes (z. B. Abb. 105, S. 229; ähnlich bei Oomycetes, s. Abb. 78, S. 182). Sie kommen hier am gleichen Thallus vor (Monözie, Zwittrigkeit). Bei somatogamen Basidiomycetes (vgl. S. 284) ist die Geschlechtsdifferen-

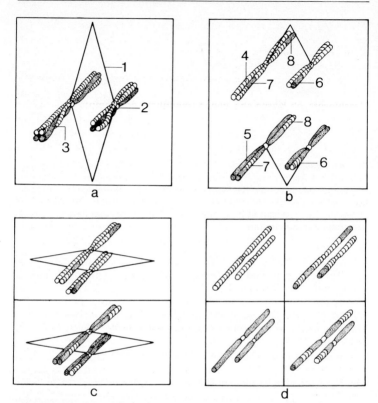

Abb. 62 Austausch von Chromatidenabschnitten in der Meiose, schematisch. **a** Zwei homologe Chromosomenpaare im ersten meiotischen Teilungsschritt. Jedes Chromosom ist in zwei Chromatiden gespalten. Die Spindelfasern (1) greifen im Centromer (2) an. Zwei der Chromatiden zeigen Crossing-over (3, Chiasmen). **b** Die beiden Chromosomenpaare nach der Trennung (Reduktion des Chromosomensatzes im ersten Teilungsschritt). Die Herkunft von den Elternteilen ist durch Symbole angedeutet (4, 5). Der Segmentaustausch (6, 7, 8) erfolgt bevorzugt an den früheren Überkreuzungsstellen (a 3). **c** Zweiter Teilungsschritt, der in **d** beendet ist. **d** Die ursprünglichen Chromonemata sind auf vier Kerne verteilt und zu selbständigen Chromosomen geworden. Die ausgetauschten Abschnitte, ihre Herkunft und Verteilung sind erkennbar (nach *Nultsch* 1982)

zierung schwerer zu ermitteln, und überhaupt nicht männlich und weiblich differenziert sind die (Iso-) Gametangien der Zygomycetes (Abb. **65**; vgl. Abb. **90**, S. 205), vieler Hefen (z. B. Abb. **101**, S. 221), die Isogameten der Chytridiomycetes und anderer niederer Pilze (z. B.

Abb. **85**, S. 194). Als Besonderheiten gibt es auch einige diözische Pilze; sie zu erkennen ist leicht, wenn innerhalb einer Art die eine Gruppe von Stämmen nur Antheridien und die andere nur weibliche Gametangien ausbildet und zudem das Kernverhalten organgebunden ist wie bei *Achlya ambisexualis* (Saprolegniales, Oomycetes), einigen Endomycetes und Laboulbeniales (s. S. 226); an sich genügt zur Determinierung des Geschlechts, ob Kerne abgegeben (männlich) oder empfangen werden (weiblich). Sexuelle Sporen findet man bei monözischen Arten an allen Thalli, bei diözischen nur an den weiblichen (vgl. Abb. **64b**, 3:4).

Noch wichtiger als die Geschlechtsdifferenzierung dürfte bei Pilzen die Kompatibilität sein: Selbstinkompatibilität erfordert Fremdbefruchtung auch bei monözischen Arten. Heterothallie, die Notwendigkeit zur Fremdbefruchtung, ist bei Pilzen entsprechend häufig durch Selbstinkompatibilität bedingt. Umgekehrt nimmt man als Ursache der Homothallie Eigenverträglichkeit an. Solche Pilze sind selbstfertil oder autogam. Echte Homothallie muß mit Monözie gepaart sein; unechte Homothallie liegt beispielsweise dann vor, wenn Kerne, wie bei manchen Basidiomycetes mit zwei Sporen pro Basidie oder Ascomycetes mit vier Sporen je Ascus, nach der Reduktionsteilung zwar plus-minus-differenziert sind, aber paarweise in die zwei- oder mehrkernigen Sporen gelangen.

Neurospora sitophila (Sphaeriales, Ascomycetes) ist selbstinkompatibel, es existieren zwei Paarungstypen (A, a: bipolare Inkompatibilität) (Abb. **63**). Im Beispiel bilden eine A- und eine a-Ascospore, jede für sich, Hyphen (Abb. **63**, 1, 2), Mikro- und/oder Makrokonidien (3, 4),

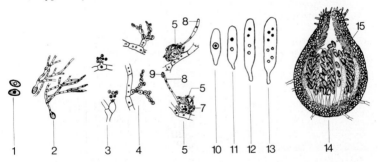

Abb. **63** *Neurospora sitophila*, Vererbungsschema für bipolare Inkompatibilität (vgl. Tab. **15**). 1 = Sporen, 2 = junge Myzelien, 3 = Mikrokonidien, 4 = Makrokonidien, 5 = Fruchtkörperinitiale, 7 = Ascogon mit Trichogyn (8), 9 = Befruchtung durch eine Konidie, 10 = Ascus mit Zygotenkern, 11 = Zweikernstadium, 12 = Vierkernstadium, 13 = Achtkernstadium, 14 = reifes Perithecium; von den acht Sporen pro Ascus (15) sind je vier A- bzw. a-determiniert und können einen neuen Zyklus beginnen (1). Kernsymbole: ● = A, ○ = a, ◉ = diploid

Tabelle **15** Vererbung von Merkmalen in Entwicklungsgängen haploider Ascomycetes. Kerntypen in den Zellen der einzelnen Entwicklungsstadien

Zeile	Pilz des Beispiels	Sporen und veg. Phase	kompatible Partner	Zygote	Asci nach der Reduktionsteilung		Verteilungsverhältnis der Sporentypen
					1. Typ	2. Typ	
	Entwicklungsstadien nach Abb. 61 u. 63	1–5	6	10	11		14
a	*Byssochlamys nivea* (vgl. Abb. 61)	A	A	AA	A,A	A,A	keine Differenzierung
b	*Neurospora sitophila*, bipolare Inkompatibilität (vgl. Abb. 63)	A a	a A	Aa	A, a	A, a	1:1
c	*Neurospora*, bipolare Inkompatibilität; Sporenmerkmale: B = gefärbt b = ungefärbt	AB ab	ab AB	AaBb	AB, ab	Ab, aB	1:1:1:1
d	*Neurospora*, auf Zeile c folgende Generationen	AB Ab aB ab	aB ab / aB ab / AB Ab / AB Ab	AaBB AaBb / AaBb Aabb / AaBB AaBb / AaBb Aabb	AB,aB AB,ab / AB,ab Ab,ab / AB,aB AB,ab / Ab,ab Ab,ab	AB,aB Ab,aB / Ab,aB Ab,ab / AB,aB Ab,aB / Ab,aB Ab,ab	1:1:1:1

Fruchtkörperanlagen (5) und darin Ascogone (7) mit Trichogynen (Empfängnishyphen, 8). Männlich reagierende Zellen beider Partner, beispielsweise Mikro- oder Makrokonidien, gelangen an die Trichogyne des passenden (kompatiblen, konträren) Paarungstyps, ihre Kerne wandern ins Ascogon und stellen dort die Dikaryophase her, worauf sich ähnlich wie bei *Byssochlamys* (Abb. **61**) Asci bilden (10–13). Während der Meiose spalten die in die diploiden Kerne eingebrachten A- und a-

Gene nach den Mendelschen Regeln im Verhältnis 1:1 auf, so daß von den acht Sporen (14) je vier dem A- und dem a-Paarungstyp angehören (vgl. Tab. 15).

Hyphen beider Paarungstypen bilden sowohl männliche als auch weibliche Organe. Das heterothallische Verhalten wird durch zwei Inkompatibilitätsgene (A, a) und nicht etwa durch Erbanlagen für die Sexualorgane festgelegt.

Bei bestimmten Stämmen von *Neurospora sitophila* ist außer den beiden Paarungstypen (A, a) auch die Färbung der Ascosporen erblich (Tab. 15: B = dunkle, b = helle Sporen) A- und B-Faktoren werden unabhängig voneinander vererbt. Die Darstellung des Erbverhaltens in Tab. 15 ist vereinfacht; zum Vergleich werden die Beispiele der Abb. 61 und 63 in derselben Schreibweise angeführt.

Versucht man, die vier aus dem Experiment hervorgegangenen Sporentypen (Tab. 15 c, Spalte 11) miteinander zu kreuzen, dann sind nur die Typen mit nichtidentischen A-Faktoren paarungsfähig und ergeben Zygoten AaBB, AaBb und Aabb (Taf. 15 d, Spalte 10) im Verhältnis 1:2:1. Diese spalten in den Asci wiederum in die vier bereits bekannten haploiden Sporentypen im Verhältnis 1:1:1:1 auf.

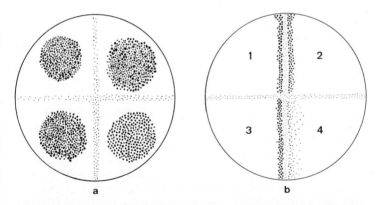

Abb. 64 *Chaetomium elatum* (Sphaeriales, Ascomycetes), Befruchtungssysteme, schematisiert. **a** Vier verschiedene, selbstkompatible Einsporstämme, die im Zentrum der Kolonien reife Perithecien bilden. **b** Vier selbstinkompatible Stämme, 1 und 3 mit Allel A, 2 und 4 mit Allel a; keine Fruktifikation zwischen 1 und 3 sowie 2 und 4, hingegen deutliche Perithecienbildung zwischen 1 (A) und 2 (a) zu beiden Seiten der Kontaktzone; im Kontaktbereich zwischen den Stämmen 3 (A) und 4 (a) ist die Perithecienbildung des Stammes 3 normal, während sich bei Stamm 4 nur unbefruchtete Protoperithecien entwickeln, da Stamm 3 keine männlichen Geschlechtszellen (im Beispiel keine Spermatien) bildet (nach *Müller*, E., in B. *Kendrick* 1979)

Segmentaustausch in der Meiose (Abb. 62) kann dazu führen, daß einzelne Abschnitte (auch Chromosomenschenkel) „postreduziert" werden. Gehören beispielsweise die Farbgene zu den ausgewechselten Chromosomenteilen, dann können alle vier Sporentypen im gleichen Ascus vorkommen.

Chaetomium elatum (Sphaeriales, Ascomycetes; vgl. Abb. 115 u. 116, S. 240 ff.) ist in Rassen mit unterschiedlichen Kompatibilitäts- und Sexualitätsmustern aufgespalten. Neben den häufigeren homothallischen (monözisch-selbstfertilen) Stämmen (Abb. 64a) lassen sich bipolar-heterothallische Paarungstypen (A und a; Selbstinkompatibilität) und gelegentlich sogar Diözie feststellen; bei einem diözischen Stamm (Abb. 64b, 3) sind die männlichen Geschlechtsorgane funktionslos, so daß der an sich mit A-Stämmen kompatible Partner (Abb. 64b, 4) nicht befruchtet wird und keine Perithecien bildet.

Mucor mucedo und *Blakeslea trispora* (Mucorales, Zygomycetes) sind bipolar-heterothallisch (Paarungstypen + und −; Abb. 65). Die Zygotenbildung (vgl. Abb. 90, S. 205) beginnt morphologisch mit dem Erscheinen von Zygophoren, deren Entwicklung durch Trisporsäure ausgelöst werden muß. Homothallische Mucoraceae bewältigen alle Biosyntheseschritte in den eigenen Hyphen, während bei ihren heterothallischen Verwandten (oft Glieder der gleichen Gattung) die Enzyme einzelner Reaktionen entweder im Plus- oder im Minusmyzel vorhanden sind, wobei der kompatible Stamm jeweils Vorstufen des Partners weiterverarbeitet.

Hier liegen Fälle biochemisch erklärbarer Kompatibilität vor; ESSER u. KUENEN (1965) bevorzugen dafür den Ausdruck „physiologische Diözie".

Homothallie und Heterothallie sind bei Pilzen etwa gleich weit verbreitet. Heterothallische Befruchtungssysteme werden vorwiegend durch Selbstinkompatibilität, manchmal allerdings durch deren etwas komplizierter erscheinende Formen gesteuert:

Bipolare Inkompatibilität mit einem Genpaar (Allele A/a, a/α, +/− usw.) (vgl. Abb. 63, 64, 65 u. Tab. 15c). Diese bereits beschriebenen einfacheren Muster sind typisch für Ascomycetes, Uredinales (Basidiomycetes) und einen Teil der Ustomycetes (s. S. 280 ff.). Befruchtung findet statt, wenn die Partner verschiedene Allele besitzen. Bei Ustomycetes kann das Genpaar (A/a) durch einen zweiten Locus mit vielen Allelen (B_1, B_2 usw.) ergänzt werden. In diesen Ausnahmefällen erfolgt die Plasmogamie unabhängig davon, ob die B-Allele gleich oder verschieden sind; das Dikaryon bildet jedoch nur bei verschiedenen Genen am B-Locus infektionstüchtige Organe aus.

Bipolare Inkompatibilität mit vielen Allelen (Symbole z. B. A_1, A_2, A_3 usw.) tritt beispielsweise bei *Auricularia, Exidia, Tremella* und anderen

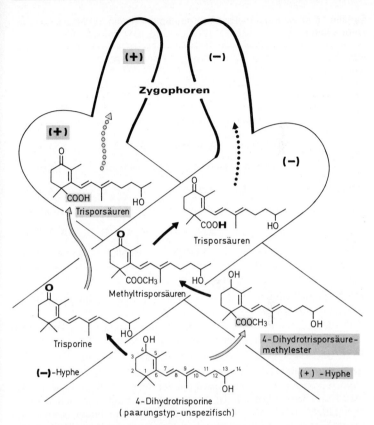

Abb. 65 Biosynthese der Trisporsäuren B und C bei *Mucor* und *Blakeslea*. Hier ist die C-Serie dargestellt. B-Serie: $-\overset{(13)}{\underset{\parallel}{C}}$. Die Gruppierung $-\overset{(9)}{\underset{|}{C}}\overset{(10)}{\underset{\vdots}{C}}$ kann *cis* oder *trans* sein. $\overset{O}{\parallel}$

Basidiomycetes auf. Es wurden Allelenzahlen zwischen 30 und 50 gefunden, und jede Kombination zweier Partner mit verschiedenen Allelen ist kompatibel. Dadurch steigt die Chance für erfolgreiche Paarungen im Vergleich zum „Ein-Locus-zwei Allelen"-System sehr stark, obwohl Paarungen erbgleicher Partner ausgeschlossen sind.

Tetrapolare Kompatibilität mit zwei Loci und je zahlreichen Allelen (Symbole A_1, A_2, A_3 usw., B_1, B_2, B_3 usw.; vgl. Tab. **16** u. Abb. **66**) ist neben Homothallie (Selbstkompatibilität) und bipolarer Inkompatibili-

Tabelle **16** Kreuzung von Thalli mit multiplen Allelen bei tetrapolarer Inkompatibilität

Paarungstypen	$A_x B_x$	$A_x B_y$	$A_y B_x$	$A_y B_y$
$A_x B_x$	$A_x A_x B_x B_x$ keine Paarung	$A_x A_x B_x B_y$ HEMI A	$A_x A_y B_x B_x$ HEMI B	$A_x A_y B_x B_y$ Dikaryon
$A_x B_y$	$A_x A_x B_x B_y$ HEMI A	$A_x A_x B_y B_y$ keine Paarung	$A_x A_y B_x B_y$ Dikaryon	$A_x A_y B_y B_y$ HEMI B
$A_y B_x$	$A_x A_y B_x B_x$ HEMI B	$A_x A_y B_x B_y$ Dikaryon	$A_y A_y B_x B_x$ keine Paarung	$A_y A_y B_x B_y$ HEMI A
$A_y B_y$	$A_x A_y B_x B_y$ Dikaryon	$A_x A_y B_y B_y$ HEMI B	$A_y A_y B_x B_y$ HEMI A	$A_y A_y B_y B_y$ keine Paarung

tät bei Homobasidiomycetes weit verbreitet. Plasmogamie bzw. Kernpaarung setzt jeweils verschiedene Allele voraus. Die Wahrscheinlichkeit erfolgreicher Paarungen ist recht groß. Paarungen von Thalli, welche aus Basidiosporen einer bestimmten Kreuzung (Elterngeneration) hervorgegangen sind, haben (etwas) geringere Chancen.

Im vereinfachten Beispiel (Abb. 66) entstehen aus Basidiosporen haploide Hyphen (**a**), die paarweise kopulieren und als dikaryotisches Myzel weiterwachsen können (**b**). Paarkernmyzel trägt in typischen Fällen ,,Schnallen“ (z. B. Abb. 66, 2 – 3; vgl. S. 288) und bildet irgendwann Fruchtkörper (**c**), in deren Basidien Karyogamie (4) und Meiose (5) stattfinden. An jeder Basidie entstehen vier (haploide) Sporen (6). In anderen Gruppen der Basidiomycetes (z. B. Ustilaginales, s. unten) verläuft die Entwicklung etwas verschieden. In Abb. 66, 1 ist bereits angedeutet, daß Zellen mit gleichen A-Faktoren nicht sexuell kopulieren. Das gesamte Paarungsverhalten, das durch einen zweiten Inkompatibilitätsfaktor (B, b) und multiple Allelie mitbestimmt wird, ergibt das Vererbungsschema der Tab. **16**.

Da die beiden Eltern gleichwertig und gegeneinander austauschbar sind (vgl. Abb. **66**), braucht nur eine Hälfte der in Tab. **16** angegebenen Kreuzungsresultate berücksichtigt zu werden. Von acht möglichen Kombinationen sind je zwei kompatibel (Dikaryon), inkompatibel (keine Paarung), hemikompatibel mit gemeinsamem A-Faktor (HEMI A) und hemikompatibel mit gemeinsamen B-Faktor (HEMI B); dies bedeutet im einzelnen:

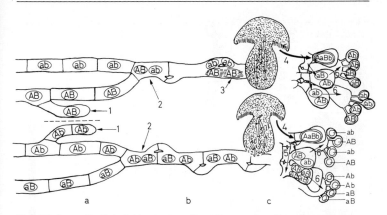

Abb. 66 Sexuelle Entwicklung eines Basidiomyceten; Vererbungsschema für tetrapolare Heterothallie. **a** Haploides Myzel, vier Kerntypen; **b** dikaryotisches Myzel; **c** Fruchtkörper (Dikaryophase), rechts: Reifung der Basidien. 1 = keine Plasmogamie! (Inkompatibilität, gleiche A-Faktoren), 2 = sexuelle Zellfusion (Plasmogamie, Herstellung der Dikaryophase), 3 = Teilung des Kernpaares, 4 = Karyogamie, 5 = Meiose (zwei Teilungsschritte; 3–5 in der jungen Basidie), 6 = Basidiosporen mit vier Typen haploider Kerne. Die Sporen können auskeimen und einen neuen Zyklus (**a**) beginnen

1. Kompatibilität: Stämme mit nichtidentischen A- und B-Faktoren bilden im Kreuzungsversuch ein Dikaryon.

2. Inkompatibilität: Bei Stämmen mit identischen A- und B-Faktoren kommt es im Kreuzungsversuch nicht zur Plasmogamie, es finden keine Kopulationen statt.

3. Hemikompatibilität Typ A: Bei Kreuzungen zwischen Stämmen mit identischen A-Faktoren, aber verschiedenen B-Genen kommen Plasmogamien vor; sie führen zu heterokaryotischen Zellen (Heterokaryose: Anwesenheit von zwei oder mehr genetisch verschiedenen, im Paarungsverhalten aber nicht komplementären Kerntypen in der gleichen Zelle bzw. im gleichen Thallus). Das Heterokaryon (das nicht kompatible Kernpaar, auch der so charakterisierte Thallus) kann sich eventuell vermehren, das Myzel wächst aber in der Regel sehr langsam und bildet keine Fruchtkörper.

4. Hemikompatibilität Typ B: Bei identischen B-, aber nichtidentischen A-Faktoren führen Kreuzungsversuche gelegentlich zu lokaler Heterokaryosis (keine Vermehrung).

Bei vielen Basidiomycetes kann der dikaryotische Zustand von Hyphenzellen an den dann gebildeten Schnallen (Abb. **66**) ohne weitere Hilfsmittel mikroskopisch festgestellt werden. Hemikompatibilität Typ B kommt manchmal durch defekte Schnallen zum Ausdruck.

Abweichungen (Beispiele): *Armilariella mellea* existiert in mindestens zehn Kleinarten, ist normal tetrapolar, bildet jedoch oft *diploide* vegetative Hyphen im Holz. Bei anderen Holzzerstörern kommen in dieser Phase bevorzugt *haploid*-einkernige Zellen vor. Unter den *bipolaren* Basidiomycetes befinden sich viele Rotfäulepilze (Celluloseabbauer).

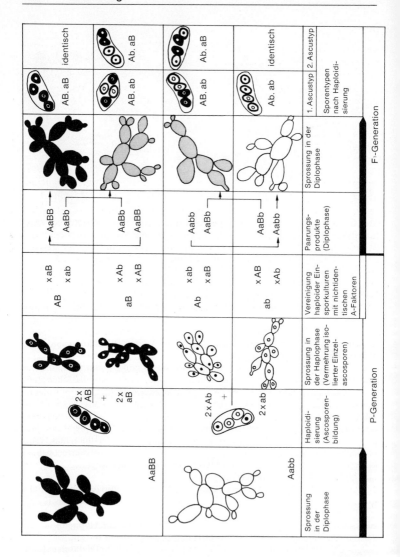

Abb. 67 Schema des Erbganges einer haplo-diplobiontischen Hefe (vgl. Abb. 101). A-Faktoren durch Kernsymbole (nur Haplophase), B-Faktoren durch verschiedene Schwärzungsgrade der Zellen angedeutet. B und BB: dunkle Zellen, b und bb: helle Zellen, Bb: punktiert (phänotypisch ähnelt Bb dem Typ BB mehr als bb)

Diploide Pilze

Bei einem kleinen Teil der Pilze vermehren sich die Kerne der vegetativen Phase im diploiden Zustand: Myxomycetes, Oomycetes, einige Blastocladiales (Chytridiomycetes) und ein Teil der Endomycetes, außerdem vereinzelte weitere Pilze und andere ausnahmsweise (vgl. Tab. **8**, S. 68). Die wichtigsten unter diesen Organismen dürften die Hefen und von ihnen die Bier-, Wein- und Backhefen, Rassen von *Saccharomyces cerevisiae*, sein.

Im folgenden Beispiel werden zwei Faktoren betrachtet, von denen A, a den Paarungstyp, B, b eine physiologische Eigenschaft bestimmen. Experimentell läßt sich der Erbgang nach Abb. **67** realisieren, sofern geeignete Stämme benutzt werden. Meist kopulieren die Ascosporen frühzeitig. Um haploide Stämme, die wie die diploiden, oft jedoch mit kleineren, runden Zellen sprossen, zu erhalten, müssen sehr junge Ascosporen vereinzelt werden. Die Paarungsgruppe kann in dem Sinne abändern, daß Kopulationen innerhalb haploider Klone möglich werden. Der Paarungstyp der meisten Hefen ist nicht wie die Inkompatibilität bei *Neurospora* oder vielen Mucorales „homogenisch" fixiert, sondern auf komplexe Weise gesteuert. Die Paarungstypen erhalten deshalb oft die Symbole a und α, wodurch zum Ausdruck gebracht werden soll, daß der a-Komplex durch Mutation leicht in α übergeht.

Die Fortpflanzung der Diplonten unter den Pilzen läßt sich am ehesten mit der von Tieren und höheren Pflanzen vergleichen. Dominanz und Rezessivität wirken sich aus. Fällt bei einem diploiden Organismus ein für die Synthese eines Enzyms verantwortliches Gen infolge Mutation in einem Chromosom aus, dann genügt vermutlich die Aktivität des allelen Gens, um Wachstum und Vermehrung zu gewährleisten. Solche Defekte werden bei Kernteilungen möglicherweise sogar repariert; doch sind auch Dauerschäden, die später durch Selektion innerhalb der Populationen ausgeglichen werden, nicht auszuschließen.

Um Risiken zu vermeiden, bemühen sich viele Großbetriebe unter den Brauereien und Hefefabriken ständig, die Fermentationen rationell und optimal zu gestalten. Den Hefen als Gärungserregern wird dabei besondere Aufmerksamkeit geschenkt. Zum Schutz gegen unerwünschte Änderungen in deren Erbgut erfolgt die Kultivierung der Hefestämme im Laboratorium, unabhängig vom Gärungsvorgang. Kontrollierbare Subkulturen aus dem Laboratorium werden als Impfmaterial periodisch in den Prozeß eingefügt, um die Populationen aufzufrischen, zu ersetzen oder deren Zusammensetzung zu korrigieren.

Nicht-Mendelsche Erbmechanismen

Extrachromosomale Vererbung

Ein Atmungsdefekt mancher Hefen, der unter bestimmten Bedingungen bis zu einem Prozent der Zellen erfaßt, äußert sich im Auftreten schwachwüchsiger Kolonien („Petites"); an solchen Zellen wurde beobachtet, daß die Mitochondrien völlig fehlen oder erblich verändert sind. Bei der Zellsprossung erhält die Tochterzelle mit dem relativ geringen Cytoplasma-Anteil unter Umständen keine oder nur geschädigte (mutierte) Mitochondrien. Die Wahrscheinlichkeit dafür ist größer als bei normaler Zellteilung. Wegen der Selbstvermehrung der Mitochondrien ist der Defekt erblich.

Früher wurde die „Petites"-Mutation der Hefen als Störung „irgendwelcher cytoplasmatischer Erbträger" (Plasmon) aufgefaßt. Ungeklärte Plasmoneffekte spielen vermutlich bei anderen Pilzen eine Rolle. Als cytoplasmatische Erbträger kommen außer den Mitochondrien aller Eukaryota beispielsweise Plastiden der höheren Pflanzen, Phagen und Episomen der Bakterien sowie Viruspartikel in Betracht (bzw. „virus-like particles" = VLP; vgl. z. B. *Jill P. Adler* u. *H. P. Molitoris* u. Mitarb. [Hrsg.]: Fungal Viruses. Springer, Berlin 1979). Die Zusammenhänge können wesentlich komplizierter als in der „Petites"-Mutation sein (bei *Epilobium*-Bastarden – Weidenröschen – werden z. B. Kern-Plasma-Unverträglichkeiten diskutiert; s. NULTSCH 1982).

Als extrachromosomal vererbbar werden zwei an Pilzkolonien im Laboratorium zu beobachtende Phänomene angesehen. Sogenannte Alterungserscheinungen (Seneszenz) geben sich nach einigen bis vielen Überimpfungen von Hyphen zu erkennen. Sie äußern sich in der Verminderung und schließlich im völligen Ausbleiben der Fruktifikation, vorzugsweise wird die Hauptfruchtform unterdrückt; es kann zum Wachstumsstillstand und endlich zum Absterben der Hyphen kommen. Praktisch, wenn auch nur mit teilweisem Erfolg, wird diesem Effekt durch Übertragen von Sporen statt Myzelfragmenten begegnet. Als nichtgenetische Ursache kommt Mangelernährung in Frage. Das andere Phänomen, die Saltation, ist teils extrachromosomal, teils durch Mutation, Heterokaryosis oder Kerntypen-Entmischung bedingt und führt ebenfalls zu Abwandlungen des ursprünglichen Bildes einer Pilzkolonie. Sektorweise oder in Hyphenknäueln über dem Myzel, als Fleckvarianten, treten dann mehr oder weniger stark abweichende, in Passagen oft konstante Wuchsformen auf. Die Unterschiede der Sektor- und Fleckvarianten betreffen beispielsweise Sporulation, Färbung, Zonierung, Wachstumsgeschwindigkeit oder Verzweigung der Hyphen. Manchmal bildet derselbe Stamm die gleichen Variantentypen wiederholt aus, und andere Pilzstämme oder -arten mögen sich durch besondere Stabilität auszeichnen. Wer standardisierte Populationen für vergleichbare, aber zeitlich getrennte Untersuchungen benötigt, tut gut daran, wo immer möglich einheitliche Keimsuspensionen portionsweise durch Gefriertrocknen (Lyophilisieren) zu konservieren und jedesmal von solchem Impfmaterial auszugehen.

Mutationen

Mutationen sind Änderungen in der Erbmasse, die sich nicht durch Neukombination von Genen während der Meiose ergeben. Sie kommen in der Natur mit bestimmter Häufigkeit vor (natürliche Mutationsrate) oder können durch experimentelle Maßnahmen ausgelöst werden. Meist führen sie zum Zelltod (Letalmutationen). Wichtiger sind die Fälle, in denen die Zelle überlebt und den Schaden vererbt. Nur diese sollen hier betrachtet werden. Während sich bei höher organisierten Lebewesen Mutationen in der Regel nur manifestieren, wenn sie die Fortpflanzungszellen betreffen, haben sie für Mikroorganismen eine noch größere Bedeutung. Bei diesen kann ja annähernd jede Zelle einen neuen Thallus oder eine neue Kolonie bilden.

Genommutation. Aus Di- bzw. Polyploidisierungen (Vervielfachungen des Chromosomensatzes, des Genoms) gehen manchmal lebens- und vermehrungsfähige, gelegentlich sogar sexuell funktionstüchtige Kerne mit abgeänderten Merkmalen (z. B. größere Zellen) hervor. Ursachen sind Störungen der Teilungsvorgänge, z. B. Ausbleiben der Trennung der beiden Chromosomensätze in der Anaphase und statt dessen Wiedervereinigung zu einem einzigen Kern mit zwei Chromosomensätzen (Wertigkeit 2 n) oder Karyogamien zwischen diploiden und haploiden Kernen (3 n) sowie Kombinationen und Wiederholungen (Wertigkeiten 4, 5, 6 n und höher).

Chromosomenelimination. Einzelne Chromosomen werden, besonders bei Polyploidie, nicht selten aus den Kernen ausgestoßen, und sie degenerieren (z. B. nach parasexueller Kernverschmelzung). Meist entstehen wiederum instabile Kerntypen. Diese lassen sich bei Pilzen verhältnismäßig leicht erfassen, weil es möglich ist, einzelne Zellen (einkernige oder homokaryotische Konidien, Hefezellen, gewaltsam vereinzelte Hyphenzellen usw.) zur Vermehrung zu bringen.

Genmutation. Den Genmutationen entsprechen Veränderungen in den Nucleinsäurestrukturen oder -sequenzen (Codierung). Sie erfolgen spontan, mit größerer Wahrscheinlichkeit aber unter der Wirkung von Strahlen (ultraviolettes Licht, Röntgen-, radioaktive Strahlung) oder bestimmten Chemikalien (Diepoxybutan, Ethylenimin, Dimethylsulfat usw.). Dabei werden Chromosomenabschnitte oder Nucleotide nicht nur direkt getroffen, sondern die Reaktionen können sich auch mittelbar (über Peroxide, freie Radikale) auf das Erbgut auswirken. Mit gewisser Wahrscheinlichkeit kommen unter den gleichen Einflüssen Störungen nach Art der Chromosomenelimination zustande.

Zur Auslese und Charakterisierung der Mutanten wurden besondere Methoden erarbeitet. Überlebensrate und Mutantenhäufigkeit sind oft negativ korreliert. In vielen, gut ausgearbeiteten industriellen Prozessen werden Mutanten von Mikroorganismen eingesetzt (z. B. in der Penicillinproduktion). Sogenannte Verlustmutanten haben an einer bestimmten Stelle im Stoffwechsel einen „genetischen Block", wodurch z. B. eine Biosynthesekette unterbrochen wird. Dies kann zur Anreicherung von Zwischenprodukten oder zur Steigerung von Ausbeuten an sekundären Metaboliten führen und ist deshalb von einem anderen Standpunkt aus durchaus „positiv" zu werten.

Heterokaryose

Heterokaryose bezeichnet die Anwesenheit genetisch verschiedener Kerne in einem Thallus oder in einer Zelle; als Heterokaryon gilt sowohl der betreffende Thallus (die Zelle, der Protoplast) als auch sein Kernbestand bzw. die Gesamtheit der verschiedenen Kerntypen. Begrifflich ausgeschlossen sind das Dikaryon sowie Zustände nach Kopulationen mit temporärer Zweikernigkeit, auch wenn diese Kerne sich später nicht in der Art eines Dikaryons synchron teilen.

Das Heterokaryon kann durch Mutation, Kopulation mit Kernaustausch zwischen Hyphen, die Kerne verschiedener Qualitäten enthalten, oder durch Ausbleiben der Sporenbildung nach der Reduktionsteilung (z. B. Auswachsen von Asci oder Basidien zu Hyphen) gebildet werden.

In einem gegebenen Milieu sind in einem Heterokaryon bestimmte Zell- und Kerntypen (auch Zellen mit gewissen Mischungsverhältnissen der Kerntypen) unter Umständen im Vorteil und vermehren sich stärker. Lange andauernde oder kontinuierliche Pilzkulturen unterliegen deshalb manchmal einer „schleichenden" internen Selektion. (Die Übergänge erfolgen allmählich.)

Unter günstigen Umständen können Einzelzellen verschiedener heterokaryotischer Typen und einkernige Zellen isoliert und vermehrt werden. Nach normaler Sporulation, durch Auslese einkerniger Keime oder Manipulationen wie Entfernung oder Zerstörung ganzer Kerne lassen sich homokaryotische Abkömmlinge untersuchen und umgekehrt zufällige oder gezielt hergestellte Kernkombinationen prüfen. In Kolonien auf festen Nährböden macht sich das Aufspalten heterokaryotischer Thalli nicht selten durch Sektor- oder Fleckvarianten („saltation") bemerkbar, doch können die Erscheinungen ebensogut morphologische Anzeichen von Mutationen sein.

Parasexualität

„Parasexualität" steht im Gegensatz zur legitimen sexuellen Entwicklung der Pilze, die früher oder später zu Karyogamie, Reduktionsteilung und bei höheren Pilzen zur Sporulation in der Hauptfruchtform weiterführt.

Hyphenartige Verbindungsbrücken zwischen Zellen oder Hyphen verschiedener Thalli (Anastomosen) und Kopulationen nackter Protoplasten ermöglichen einen Übertritt oder Austausch von Kernen. Sind die beteiligten Kerne genetisch identisch, so hat der Vorgang keine Folgen. Die Vereinigung genetisch verschiedener Kerne in einem Protoplasten entspricht der Heterokaryosis (Normalfall). Mit geringer Wahrscheinlichkeit kommt es in diesem Zustande zu Kernverschmelzungen. Morphologische Konsequenzen der Parasexualität bleiben definitionsgemäß aus; denn diese bestünden ja in der Bildung der Hauptfruchtform, was die Kernpaarung als legitim und die vorausgegangene Kopulation als somatogam charakterisieren würde. Auf parasexuellem Wege diploid gewordene Kerne sind in der Regel instabil; ihr Ploidiesatz wird meist durch Chromosomenelimination oder Ausstoßen von Teilstücken von Chromosomen bis zur Haploidie herunterreguliert. Ausnahmsweise erfolgt die Reduktion meiotisch (ohne Sporenbildung).

Die experimentell faßbaren Stadien haben ausgereicht, um zu beweisen, daß die Genrekombinationen des parasexuellen Zyklus in gleichem Sinne wie bei normal sexueller Entwicklung erfolgen. Parasexualität konnte nur im Laboratorium nachgewiesen werden, doch ist anzunehmen, daß sie auch in der Natur eine Rolle spielt (z. B. bei Fungi imperfecti, den höheren Pilzen ohne natürliche sexuelle Fortpflanzung).

Angewandte Mykologie

Pilze haben einen wesentlichen Anteil an den in der Natur ständig stattfindenden Umsetzungen. Nutzen und Schaden haben zwar mehr mit unsrer anthropomorphen Anschauung als mit den Pilzen selbst zu tun. Die ersten Beispiele sollen dies nochmals bewußt machen. Das Anliegen, uns die Pilze nutzbar zu machen, durch sie bedingte Schäden abzuwenden oder zu vermindern, ist trotzdem legitim.

Die Dermatophyten, eine Gruppe untereinander verwandter, hautpathogener Onygenales (Ascomycetes) und Moniliales (Deuteromycetes), sind für Mensch und Tier zweifellos schädlich. Sie bauen jedoch auch in der freien Natur Keratin ab. Entsprechend differenziert müssen wir uns einstellen und Dermatophyten von Kleidern und aus Bädern fernhalten, ohne gleich die Nester freilebender Vögel, die unter anderem Federn (Keratin) enthalten, „sanieren" zu wollen, selbst wenn dies möglich wäre.

Claviceps purpurea (vgl. Abb. **143**, S. 273) befällt Roggen sowie andere Gräser und ist giftig. Es gelang, diesen Mutterkornpilz soweit auszuschalten, daß er praktisch keine landwirtschaftlichen Schäden und keine Vergiftungen mehr verursacht. Andererseits wurden Sklerotien des Pilzes (Mutterkorn) früher gesammelt, und bis heute infiziert man ganze Getreidefelder zur Gewinnung von Mutterkornpräparaten, die aus der modernen Geburtshilfe kaum mehr wegzudenken sind. Hier zeigen sich, wie bei den Dermatophyten, Nutzen und Schaden an den gleichen Pilzen.

Mutterkornalkaloide werden bereits teilweise mit Hilfe von Laboratoriumskulturen einer anderen Art (*Claviceps paspali*) durch chemische Abwandlung von Fermentationsprodukten hergestellt. Stämme dieser Species liefern auch eine Vorstufe des Lysergsäurediethylamids (LSD), das, ursprünglich als nützliches Pharmakon gedacht, wegen seiner Rauschgiftwirkung in Verruf geriet und, wie manches andere aussichtsreiche Präparat, zur Vermeidung diskriminierender Kontroversen von renommierten Firmen nicht mehr auf den Markt gebracht wird: Selbst unser Standpunkt wechselt. Weitere Quellen halluzinogener Stoffe sind unter anderem *Psilocybe*-Arten (mexikanische Zauberpilze: Psilocybin, Psilocin – vgl. Abb. **58**, S. 106) und der Fliegenpilz *Amanita muscaria*. (Beide Arten sind Agaricales, Basidiomycetes.)

Bei oberflächlicher Betrachtung spielt es keine Rolle, welche Pilzarten im Erdboden vegetieren, denn Wachstum und Wirkungen der meisten von ihnen erscheinen uns als unbedeutend und höchstens ihre gegenseitigen Einflüsse als vorteilhaft, sofern „harmlose" Komponenten Krankheitserreger oder sonstige Schädlinge unterdrücken. In den Einzelheiten können solche Zusammenhänge recht kompliziert sein. Praktische Bedeutung kommt ihnen beispielsweise in der Phytopathologie bei der Beeinflussung des Infektionsgeschehens zu.

Ist einer der sonst anonym bleibenden Bodenpilze ein Aflatoxin produzierender Stamm der Species *Aspergillus flavus*, infiziert dieser Erdnüsse (Früchte von *Arachis hypogaea*) oder besiedelt ein ähnliches Substrat, dann können Menschen und Tiere zu Schaden kommen (Mykotoxikose, s. S. 150). Als toxigen gelten etwa 150 Arten, von denen viele ubiquitäre, auch im Erdboden vorkommende „Schimmelpilze" sind.

Solange *Sporothrix schenckii* (Teleomorph: *Ceratocystis stenoceras*, Eurotiales, Ascomycetes) im Boden, an Pflanzenstacheln oder auf Grubenholz vegetiert, interessiert das höchstens einige Spezialisten. Eine Masseninfektion wie 1945 in den Minen von Witwatersrand (Südafrika) mit über 1500 Sporotrichose-Fällen erregte aber dann doch weltweit Aufsehen.

Die bescheidene Existenz der meisten Bodenpilze läßt uns zeitweilig vergessen, wie rasch sich Köpfchenschimmel (Mucorales, Zygomycetes) oder andere „Zuckerpilze" ausbreiten und vermehren können, sobald eine geeignete Kohlenstoffquelle verfügbar wird. Andere, allerdings nicht so regelmäßig anzutreffende Arten dieses Verwandtschaftskreises (*Cunninghamella, Syncephalastrum*) bauen sogar Naphthalin und weitere Kohlenwasserstoffe ab oder um.

Angefügt sei ein nicht als Nutzen oder Schaden einzureihendes ökologisches Beispiel. Gewisse Insekten legen regelrechte unterirdische „Pilzgärten" an und pflegen darin „Ambrosiapilze", die unter diesen Bedingungen spezifische, zur Ernährung ihrer Pfleger geeignete Organe (Bromatien, s. S. 52) bilden. Die Insekten behandeln ihre Nährpilze (von denen einige Ascomycetes, andere Basidiomycetes sind, die meisten aber noch als Deuteromycetes unbekannter Verwandtschaft gelten müssen) so, daß sie sich praktisch als Monokulturen entwickeln. Dabei scheinen antibakteriell und antifungisch wirksame Antibiotika mitzuwirken. Von einem solchen Pilz (*Lepiota* spec., Agaricales, Basidiomycota; vergesellschaftet mit *Cyphomyrmex costatus*, einer Blattschneideameise, Attinae) wurde das Antibiotikum Lepiochlorin isoliert.

Nutzanwendungen – Pilze im Dienste des Menschen

Ohne unser Zutun wirken die Pilze an lebenserhaltenden Umsetzungen mit, wovon die Beseitigung organischer Rückstände, die zur Mineralisierung und Humusbildung führt, Zeugnis ablegt. Ohne Flechten (s. S. 6 u. 263) ist eine Pioniervegetation nicht denkbar. Auch Pathogenität muß nicht unbedingt unerwünscht sein: Schädlinge von Schädlingen

Tabelle **17** Nährwert verschiedener Lebensmittel

Nahrungsmittel	Wasser %	Eiweiß %	Fette u. ä. %	Kohlen- hydrate %	kcal (kJ) pro 100 g ca.
Käse, mager	52	37	5	3	205 (860)
Hühnerei	73	14	11	1	164 (685)
Kalbfleisch, mager	75	20	1	1	90 (375)
Schellfisch	82	17	1	–	82 (340)
Speck	4	–	95	–	886 (3700)
Rübenzucker	1	–	–	99	396 (1650)
Kartoffel	75	2	–	21	92 (385)
Möhre	87	1	1	9	49 (205)
Fruchtkörper des Zuchtchampignons	89	5	–	5	40 (165)

bringen Nutzen. Hier soll an Beispielen vor allem gezeigt werden, wie der Mensch das Leistungsvermögen der Pilze gezielt ausnutzt.

Speisepilze

Sammeln und Verwertung. Pilze werden zweifellos, ebenso wie viele Pflanzen, seit unbestimmbaren Zeiten durch Menschen gesammelt und verzehrt. Abgesehen von Notzeiten, in denen sie teilweise die Grundnahrung ersetzen müssen, werden verschiedenartig zubereitete Pilzfruchtkörper vor allem als schmackhafte Beilagen verwendet. Ihr Nährwert ist ziemlich gering, im Mineralstoff- und Vitamingehalt sind sie den üblichen Gemüsen ebenbürtig (Tab. 17), eignen sich wegen ihrer relativen Schwerverdaulichkeit allerdings nicht für die Schonkost.

Die Aromastoffe vieler Pilze werden von Feinschmeckern nicht nur hoch geschätzt, sondern auch entsprechend bezahlt, wobei die Seltenheit mancher Arten sowie die Schwierigkeiten der Gewinnung die Preise beeinflussen. Als kostbare Delikatessen gelten im Westen die unterdisch wachsenden Trüffeln (*Tuber*-Arten) (Abb. **128**, S. 256), in Japan die sogar noch teurere Matsutake (*Armillaria matsutake*). Auch die epigäischen Fruchtkörper der Morcheln (*Morchella*-Arten) (Abb. **127c**, S. 255) und Lorcheln (*Helvella*) sind begehrt und kommen nicht allzu häufig vor. Morcheln und Lorcheln sind wie die Trüffeln Ascomycetes, während die Mehrzahl der übrigen eßbaren und giftigen Arten zu den Ständerpilzen (Basidiomycetes) gehört.

Auf Formosa (Taiwan) wird unter anderem *Ustilago esculenta*, ein Brandpilz des breitblättrigen Reises *(Zizania latifolia)*, zu Speisezwecken verwendet. Als weitere Kuriosität seien drei in Indien angeblich als eßbar geltende Rostpilze erwähnt: Die Aecidienform von *Puccinia caricis* auf *Urtica parviflora*, einer Verwandten unserer Brennesseln, *Chrysomyxa woroninii* (Aecidien) auf *Picea alba* und *Ravenelia esculenta* auf *Acacia eburnea*.

Naturverbundene Liebhaber suchen die Pilze, die sie essen wollen, selbst. Dabei lassen sie sich nicht von Gefühlen, sondern ausschließlich von sicheren Kenntnissen leiten, denn nicht alles, was gefährlich ist, riecht widerlich wie die Stinkmorchel (*Phallus impudicus*, Abb. 172). Giftpilze bedeuten Gefahr für Gesundheit und Leben! Bedroht ist allerdings nur der Uneingeweihte. Dem Interessenten stehen Bestimmungsbücher für Speise- und Giftpilze in großer Zahl, davon viele in ausgezeichneter Qualität (z. B. MOSER 1978) zur Verfügung. Selbst Hinweise zur Vermeidung von Schäden (FLAMMER 1980; vgl. innere Umschlagseiten dieses Taschenbuches) können nie allen Risiken Rechnung tragen. So kann nach 6–10 Stunden auftretender Durchfall (2. Umschlagseite) auch Begleitsymptom einer Knollenblätterpilzvergiftung (3. Umschlagseite) sein.

Pilzzucht. Von den Speisepilzen wird vor allem der Zuchtchampignon *Agaricus bisporus* (vgl. S. 304) kultiviert. Je nach lokalen Bedingungen dienen Mist- und Strohsorten (in Ostasien häufig Reis-, in Nordamerika Maisstroh, in Europa Pferdemist) als Hauptsubstrate, denen bis zu 20 % Woll- und andere Textilabfälle, Holzspäne oder ähnliche Produkte und manchmal mineralische Dünger beigemischt werden.

Das Material wird kompostiert und der Kompost in flache, transportable Kisten gefüllt. Beim Kompostieren, einem vorwiegend bakteriellen Fermentationsprozeß, verschwinden lösliche Zucker und andere, leicht assimilierbare Komponenten aus dem Medium, während Proteine, Cellulose und vor allem Lignin weitgehend erhalten bleiben. Davon kann sich der Champignon im Gegensatz zur Mehrzahl der übrigen Mikroorganismen ernähren. Bei den heute üblichen Schnellkompostierverfahren herrschen einige Tage lang Temperaturen über 60 °C, wobei die meisten Entwicklungsstadien von Insekten absterben. Eine besondere Sterilisation des Kompostes erübrigt sich in der Regel.

Eine aus dikaryotischem Myzel von *Agaricus bisporus* bestehende Reinkultur bewächst unter Laboratoriumsbedingungen feuchte Getreidekörner oder ähnliche Partikel. Man vermischt sie mit dem Kompost in den Kisten, die danach auf mehrstöckige Gestelle in Klimakammern gebracht werden.

Unter den üblichen Inkubationsbedingungen (Temperatur ca. 24 °C, Luftfeuchtigkeit um 60 %) breiten sich die Hyphen rasch aus. Die Entwicklung von Fruchtkörperanlagen wird durch Überschichten des Kompostes mit belebter, schwerer Erde gefördert. Die Stimulation ist auf Mikroorganismen zurückzuführen. Gutes Wachstum der Fruchtkörper läßt sich durch hohe relative Luftfeuchte (um 95 %) und Temperaturen unter 22 °C erreichen; das entstehende CO_2 muß durch Ventilation teilweise abgeführt werden. Genaue Kenntnis und Beachtung der Optimalbedingungen, Auswahl geeigneter Stämme und gute Organisation erlauben eine rationelle Gestaltung des Prozesses. Die Ernte der Fruchtkörper erstreckt sich über mehrere Wochen und bringt Erträge bis fast 100 kg pro m³ Kompost bzw. 14 kg/m² Kulturfläche. Weltweit erzeugten 1980 etwa 200 000 Beschäftigte rund 800 000 t Zuchtchampignons (1950 betrug die Weltproduktion 53 000 t), davon knapp 10 % in Deutschland und 1 % in der Schweiz. Im Geschmack steht der Zuchtpilz natürlich gewachsenen Fruchtkörpern vergleichbarer Arten (Wiesen-, Waldchampignon) kaum nach und ist noch immer zu günstigen Preisen erhältlich (im Einzelhandel 1980 DM –,60 bis –,90 je 100 g).

Die moderne Champignonkultur erfordert hohe Investitionen (Maschinen im Kompostierungebetrieb, Klimatisierung usw.) und wird in Europa und Nordamerika praktisch nur noch in Großbetrieben ausgeübt.

Sorgfalt und Erfahrung der Pilzzüchter vermindern das Ausmaß möglicher Schäden. Trotzdem vermehren sich in den Champignonkulturen andere Mikroorganismen, und gelentlich breiten sich regelrechte Epidemien aus, die Ertragsausfälle verursachen oder die Fruchtkörper unansehnlich und damit unverkäuflich machen können. Als Schädlinge sind neben Bakterien, gelegentlich auftretenden Myxomycetes und Viren vor allem imperfekte, vermutlich zu den Hypocreaceae (Sphaeriales, Ascomycetes) gehörende Pilze zu erwähnen: *Mycogone, Verticillium* (Braunfleckenkrankheit, Trockenfäule), *Dactylium* („Mehltau", weiche Zersetzung), *Fusarium* (Umfallkrankheit).

Für *Pleurotus ostreatus* (Austernscheibling), *Kuehneromyces mutabilis*, *Pholiota nameco* und einige weitere Speisepilze (alles Basidiomycetes) stehen an sich Kulturverfahren zur Verfügung, doch ist für die Aufnahme einer rentablen Produktion in Europa und Nordamerika die Nachfrage (noch ?) zu gering. Allein für Japan wird hingegen die Jahreserzeugung an Zuchtpilzen, ohne *Agaricus*, auf 100 000 t geschätzt. In Ostasien führen, neben *Agaricus bisporus, Lentinus edodes* (Shii-take), *Flammulina velutipes* (besonders in Japan mit den dort begehrten langen Stielen gezüchtet), *Volvariella volvacea* und *Auricularia*-Arten die Liste der gezüchteten Pilze an. Als Suppen- und Soßenzusätze verwendet man heute vielfach submers gewachsene Pilzmyzelien, welche die gleichen Aromastoffe wie natürliche Fruchtkörper enthalten.

Recycling

In Deutschland (Bundesrepublik) fallen jährlich um 3×10^7 t Hausmüll (a) und Rückstände aus der Land- und Forstwirtschaft (b) an (a:b $\geqq$ 5:1); die Hälfte davon, bei Holz und Stroh sogar fast 100 %, besteht aus den drei Hauptkomponenten Cellulose (35–50 %), Hemicellulose (25–45 %) und Lignin (15–35 %). Man möchte die Abfälle unter geringstmöglicher Belastung der Umwelt beseitigen und dabei einen großen Teil der in ihnen gespeicherten Energie, aber auch vom Kohlenstoff soviel wie möglich in Form organischer Verbindungen zurückgewinnen, anstatt, wie dies meist bis heute noch geschieht, die Abfälle entweder direkt zu verbrennen oder unbehandelt zu deponieren. Im letzteren Falle wird ja nicht einmal die durch Verbrennen erhältliche Energie zurückgewonnen. Pilze eignen sich im Zusammenwirken mit anderen Organismen gut für die modernen Alternativen. Pilzzucht und Futterhefe-Herstellung wirken bereits in dieser Richtung, bewältigen zusammen aber höchstens 2% der organischen Abfälle unserer Zivilisation.

In einem durch eingeleitete Sulfitablaugen belasteten Fluß wächst massenhaft *Leptomitus lacteus* (Saprolegniales, Oomycetes) neben *Sphaerotilus natans*, einem Bakterium, das ebenfalls große, fädig-verfilzte, verankerte, flutende Kolonien bildet. Teile der Kolonien reißen besonders im Winter von den Anheftungsstellen um Ufer, an Steinen usw. ab und gelangen als Flocken oder größere Agglomerate in einen 8 km unterhalb gelegenen, 43 ha großen, flachen Stausee. Ab etwa Mitte Dezember halten sich dort viele Wasservögel auf; die meisten stehenden Gewässer der Umgebung sind dann zugefroren. Im Januar 1969 wurden allein 6230 Bläßhühner (*Fulica atra*) gezählt. Sie ernähren sich praktisch ausschließlich von *Leptomitus*. In wenigen Jahren hatte sich die Anzahl der im Winter zeitweise hier lebenden Vögel dank der Futterquelle mehr als verdoppelt. Trotzdem befriedigt das Ergebnis des unbeabsichtigten Versuches nur teilweise: Der Stausee bleibt durch Schwermetallionen und Oligotrophierung schwer belastet, und das muß auf längere Sicht auch der Vogelwelt schaden (nach J. Hölzinger: Anz. orn. Ges. Bayern 11 [1972], 168–175).

Beim Abbau natürlicher Makromoleküle bieten Pilze den Vorteil hoher Enzymaktivitäten; zudem werden hier Cellulasen und andere Enzyme häufiger als bei Bakterien aus den Zellen ausgeschieden (Exoenzyme) und können, falls dies geboten erscheint, von ihren Produzenten (z. B. toxinhaltigem Myzel) abgetrennt und für zellfreie Reaktionen eingesetzt werden. Erwünschte Produkte beim Recycling sind nicht nur ganze Zellen (SCP, s. S. 139) zur Nutzung als Nahrungs- oder Futtermittel, sondern auch Zucker und Alkohole. Für die Erzeugung von „Biogas" könnten Pilze allenfalls in einer vorzuschaltenden Stufe den Aufschluß von Polymeren übernehmen, während die Bildung von Methan anaerob-bakteriell geschieht. Die am Beispiel „Stausee mit eingeschleppter *Leptomitus*-Nahrung" angedeuteten und ähnliche weitere Probleme dürften beim Recycling von genereller Bedeutung sein. Eine gute Eiweißqualität (günstige Aminosäure-Zusammensetzung) wäre bei Hefen und hefeartigen Pilzen zu erwarten; dort fehlen jedoch in der Regel Exoenzyme zum Abbau von Cellulose, Stärke usw. Schwermetalle, Gifte, Aromastoffe (angenehm wirkende Bestandteile wie Nucleotide oder Glutaminsäure, andererseits übelriechende oder schlecht schmeckende Komponenten), Preisfragen und selbst Vorurteile des potentiellen Käufers spielen ebenfalls eine Rolle; beispielsweise werden „Hefen", da sie aus der Nahrungsmittelherstellung bekannt sind, eher für die menschliche Ernährung akzeptiert als Bakterien, von denen der Laie hauptsächlich schädliche und krankmachende Wirkungen kennt. Einige Beispiele sind in Tab. **18** zusammengestellt.

Tabelle 18 Mikrobielle Verfahren mit Recycling-Wirkung (Beispiele)

Verfahren	Ausgangsmaterial	fermentierende Organismen [Pilzanteil −, + oder ++]	Produkt, Ergebnis usw., Bemerkungen
Einpflügen	Stroh, Sägemehl u. ä., Hauptbestandteil: polymere C-Verbindungen	Mikroorganismen des Erdbodens [+]	guter Abbau verbunden mit Bodenlockerung in feuchten, schweren Böden, Wirkung oft nicht meßbar (Pflanzen verwerten Luft-CO_2 und sind kaum auf C aus dem Boden angewiesen); für leichte, trockene Böden eher schädlich
Kompostieren	organische Reste aller Art; grüne Anteile (N-haltig) wirken sich günstig aus	aus Bodenorganismen spontan angereicherte Populationen [+]	humus- und nährstoffreicher Rohboden; Verfahren benötigt viel Raum und Zeit; es kann durch Düngergaben und Optimalisierung der Bedingungen beschleunigt werden
Biogas-Anlage	Jauche, Abwasser; je nach Besonderheiten des Verfahrens Zusatz begrenzter Mengen zerkleinerter Feststoffe	anaerobe Bakterienpopulationen (z. B. im Klärschlamm) mit Säure-, Acetat- und Methanbildnern [−, aber aerobe Vorstufe mit Pilzen denkbar]	Gasgemisch 70% CH_4 + 30% CO_2, geeignet zum Kochen und Heizen; der Rückstand ist ein wertvoller Dünger (wegen C-Verarmung weniger „scharf" als das Ausgangsmaterial)
Pilzzucht	Pferdemist-Kompost mit Zusatz von Abfällen (organisch, bis 20%)	Agaricus bisporus und verwandte Agaricus-Arten [++]	eßbare Fruchtkörper; Substrat-Rückstände sind als Dünger verwertbar

Tabelle **18** Mikrobielle Verfahren mit Recycling-Wirkung (Beispiele)   [Fortsetzung von S. 134]

Verfahren	Ausgangsmaterial	fermentierende Organismen [Pilzanteil –, + oder ++]	Produkt, Ergebnis usw., Bemerkungen
Pilzzucht	Stroh, befeuchtet, mit Nährstoffzusatz	*Pleurotus ostreatus* [++]	eßbare Fruchtkörper; Substrat-Rückstände sind als Dünger verwertbar (Allergien?)
Futterhefe-herstellung	Sulfit-Ablaugen aus Zellstoff-, Papier-industrie mit Nähr-stoffzusatz	*Candida utilis*, andere hefeähnliche Pilze oder Hefen [++]	Futterhefe, Trockenfutter
Pekilo-Prozeß	wie für Futterhefe	*Paecilomyces variotii* [++]	Trockenfutter, Pilzmyzel enthaltend
Natick-Verfahren	vorbehandelte Cellulose-Abfälle	*Trichoderma viride*, 1. Stufe: Vorkultur [++] 2. Stufe: Enzymgemisch aus Stufe 1 [–]	Rohglucose-Lösung nach dem Abfiltrieren von Enzymen und festen Rückständen; nach *Sahm* Preis je kg in 10%iger wäßriger Lösung um DM –,80

Fermentationsprozesse mit Pilzen

Vermutlich sind schon in der Vorgeschichte der Menschheit Gärungen beobachtet und Gärungsprodukte genossen worden. Zum Backen wurde allgemein Sauerteig benutzt; heute tun dies manche Hausfrauen und Spezialitätenbäckereien wieder: Eine kleine Portion des Brotteiges wird aufbewahrt; darin erhalten und vermehren sich vor allem Hefen und Milchsäurebakterien. Unmittelbar vor dem nächsten Backen wird die Mischpopulation mit Mehl, Milch und Wärme zur raschen Vermehrung gebracht. In Ostasien hat Kōji dieselbe Funktion: Konservieren der Population zum Starten der Gärung: nur sind im Kōji auch hyphenbildende Pilze enthalten. So trägt bei der Sake-Brauerei *Aspergillus oryzae* seine Amylase bei, und die alkoholische Gärung mit Hilfe der Hefe kann erst mit und nach der Verzuckerung der Reisstärke ablaufen. Der Prozeß dauert mehrere Wochen. In Japan wird jetzt bakterienfreies Sake-Kōji unter staatlicher Kontrolle vertrieben. Insgesamt scheint der neben der industrialisierten Fermentationsindustrie mit voll kontrollierten Verfahren noch bestehende Anteil ursprünglicher, spontaner Gärungen auf Erfahrungsbasis in Ostasien größer als in Europa und Nordamerika zu sein. Als Gärungserreger wurden dort unter anderen nachgewiesen: *Rhizopus oligosporus* (Mucorales, Zygomycota) in indonesischen Tempeh, die osmophile Hefe *Saccharomyces rouxii* neben *Aspergillus oryzae* in Miso (Suppengrundlage auf Sojabohnen-Basis) in Japan, China und auf den Philippinen, *Monascus purpureus* in Ang-kak und vier Komponenten (zwei Hefen, ein Fadenpilz und ein Bakterium) im Shōyu (Soja-Soße).

Einige wichtige Fermentationsprozesse, an denen Pilze beteiligt sind, sollen noch etwas genauer charakterisiert werden. Zum größeren Teil gehen sie auf alte Erfahrungen zurück, einige wurden jedoch in jüngerer Zeit auf wissenschaftlicher Basis entwickelt.

Käse. Der Fermentationsteil bei der Bereitung von Käse (und Wein) wird bis in unsere Zeit hinein noch hier und da dem Zufall überlassen. Neben dem Rohmaterial Milch sind Bakterien die wichtigste Komponente; sie haften trotz Reinigung in vielen, besonders hölzernen Gefäßen und vermehren sich, sobald ihnen Milch als Substrat zur Verfügung steht. In den Spontankulturen kommen örtlich auch Hefen vor. Für zwei Käsetypen sind bestimmte Pilze notwendig. *Penicillium camemberti* ruft die charakteristischen Umwandlungen in den äußeren Schichten von Camembert- und Briekäsen hervor und bildet den weißfilzigen Belag. *Penicillium roqueforti* benötigt wenig Sauerstoff, erträgt viel Kohlendioxid und muß nur bei der Inbetriebnahme neuer Produktionsstätten beigegeben werden. Bald sind die sehr leichten Konidien überall in der Atmosphäre vorhanden und kontaminieren die gesamte Umgebung. Besonders gut gedeihen diese Pilze im reifenden Käse und bilden dort,

im Innern von Roquefort- und anderen Blaukäsen, ganze Nester blau-
grüner Kolonien.

Zur Herstellung von Bakterienkäsen (Emmentaler, Tilsiter usw.) werden heute überall dort, wo infolge großer Ausmaße der Produktion das
Risiko niedrig gehalten werden muß, die Mikroorganismen bewußt zu-
gesetzt. Das Impfmaterial kann eine Reinkultur, eine kontrollierte oder
zufällige Mischpopulation sein. *Trichosporon-*, *Debaryomyces-*, *Kloek-
kera*-Arten und andere kommen als Hefe- bzw. hefeartige Komponenten bei Fermentationen mit Spontankulturen vor.

Wein. Weinbeeren tragen auf ihren Oberflächen neben anderen Mikroorganismen fermentierende Hefen, so daß der abgepreßte Most
ohne weiteres Zutun in Gärung übergeht. Den Vorgang können vor allem unerwünschte Hefen oder hefeähnliche Pilze und Bakterien stören.
Um Risiken auszuschließen, beimpft man heute den Most meist massiv
mit der gewünschten Hefe. Jede Rasse – praktisch ausschließlich
Stämme von *Saccharomyces cerevisiae* (früher als *Saccharomyces ellip-
soideus* bezeichnet) – fügt zur Eigenart der Trauben ihre eigenen Besonderheiten hinzu und bestimmt so die Weinqualität erheblich mit. Bei
Portwein und Sherry spielen bisweilen zusätzliche Hefen (*Hansenula,
Kloeckera*) eine Rolle für die „Spätgärung". Im ostasiatischen Sake
werden Alkoholgehalte um 20% vermutlich deshalb erreicht, weil die
dortigen Rassen von *Saccharomyces cerevisiae* („*Saccharomyces sake*")
besonders alkoholtolerant sind und ihre Enzyme nach dem Absterben
der Zellen, vielleicht unter dem Schutz der in der Fermentationsflüssig-
keit suspendierten Stärkepartikel, noch aktiv sind. (Sake wird später fil-
triert und der Alkoholgehalt auf 16,5–15,5% eingestellt.)

Bier. Das Bierbrauen ist eine ähnlich angesehene, traditionelle Kunst
wie die Weinkelterei. In der Regel ist das Brauereigewerbe noch weiter-
gehender industrialisiert, und mit dem erhöhten Risiko kommt der He-
fekomponente (Stämme von *Saccharomyces cerevisiae*, darunter die
früher „*Saccharomyces carlsbergensis*" genannten Rassen) eine sogar
noch größere Bedeutung zu. Schnellvergärende, große Hefezellen lassen den Alkoholgehalt rasch ansteigen. Das Überhandnehmen von Gä-
rungsschädlingen (Wildhefen, Bakterien, hefeähnliche Pilze) wird
durch Anwendung größter Sorgfalt verhindert. Die Fermentationen
finden bei niedrigen Temperaturen (2–8°C) statt, was der Flüchtigkeit
des Alkohols Rechnung trägt und die Menge der entstehenden „Fusel-
öle" (höhere Alkohole) niedrig hält; viele Brauereien arbeiten heute
noch mit offenen Gärbottichen, andere mit gedeckten Gefäßen und nur
einige mit geschlossenen Tanks. Die schweren, großen Hefezellen sedi-
mentieren bald, kleinere Zellen bleiben unterdessen in der Schwebe und
setzen nach dem Umfüllen des jungen Bieres in Lagertanks die Gärung
fort. Im Gegensatz zu den weiter verbreiteten, normalen, „untergäri-
gen" Bieren wird bei den „obergärigen" Bieren (z.B. Weizenbier, Alt-

biere, englisches Ale) der Hauptteil der Hefezellen mit dem Schaum ab-geführt.

Backhefen. Als Backhefen wurden früher bestimmte Schichten des beim Bierbrauen anfallenden Sedimentes benutzt. Seit langem aber kommen besondere Verfahren und Hefestämme zur Anwendung. Die Zellen zeigen optimale Backeigenschaften, beispielsweise besonders hohe CO_2-Produktion (Lockern des Teiges), tragen auch zum Aroma des Backwerkes bei und können deshalb durch Chemikalien (z. B. Bicarbonate) nur teilweise ersetzt werden.

Enzyme. *Aspergillus*-Stämme bilden Pektinasen vor allem auf festen Nährmedien. Beste Ausbeuten werden bei großen Oberflächen, d. h. bei guter Belüftung, erzielt. Um Störungen durch das Wachstum unerwünschter Mikroorganismen zu vermindern, werden die Substrate in den meist offenen Gefäßen mit einem Überschuß an Konidien beimpft. In ähnlichen Verfahren werden Amylasen, Cellulasen, Proteasen und einige weitere Enzyme gewonnen und nach wäßriger Extraktion als Lösungen oder Feststoffe meist in Form von Gemischen in den Handel gebracht. Sie dienen z. B. als Hilfsmittel bei der Traubensaftherstellung, gelangen aber auch in der Leder-, der Textilindustrie und anderen Zweigen der Naturstoffverarbeitung zum Einsatz.

Gluconsäure. *Aspergillus niger* samt Mutantenstämmen sowie andere *Aspergillus*- und *Penicillium*-Arten bilden in kurzer Zeit in stark saurer Lösung (pH 2,0–1,8) Gluconsäure. Solche Fermentationsverfahren sind wenig kontaminationsanfällig. Die vorproduzierte „Myzeldecke", die z. B. auch aus der Antibiotikaherstellung stammen kann, wird mit 10–20%iger Glucoselösung inkubiert, bewegt und belüftet. Mit derselben Myzeldecke können mehrere Male nacheinander Ausbeuten von über 90% der theoretisch erreichbaren Werte erzielt werden (Inkubationszeit jeweils 24–48 Stunden).

Andere niedermolekulare Metabolite. An erster Stelle sind hier vier Antibiotika aus Pilzen zu erwähnen. Penicillin aus *Penicillium chrysogenum* (synonym mit *Penicillium notatum*) wird heute mit Ausbeuten von mehr als 10 g/l hergestellt; allein für die USA liegt die geschätzte Jahresproduktion bei 1000 t, was etwa 200 000 Internationalen Einheiten Penicillin G je Kopf der Weltbevölkerung entspricht. Ein Teil davon wird zu „semisynthetischen" Penicillinen weiterverarbeitet. *Acremonium*-Species liefern zwei weitere antibakterielle Antibiotika, Cephalosporine und Fusidinsäure. Griseofulvin aus *Penicillium griseofulvum,* ein praktisch ungiftiges, oral applizierbares Antibiotikum, wird bei hartnäckigen (z. B. Nagelmykosen) und bei besonders großflächig ausgebreiteten Dermatophytosen appliziert. Die ersten qualitativ vergleichbaren synthetischen Antimykotika erschienen erst kürzlich, 20 Jahre nach dem Griseofulvin, auf dem Markt.

Die Herstellungsverfahren sind für eine Pilzart je Antibiotikum, beim Penicillin für zwei Arten, optimalisiert worden, jedoch wird jedes Antibiotikum auch durch andere Organismen gebildet (z. B. Fusidinsäure und Penicilline durch Dermatophyten, ähnliche Antibiotika außerdem durch *Streptomyces*-Stämme). Insgesamt verfügen die Pilze über weit mehr biosynthetische Fähigkeiten, als in den wenigen Beispielen aus dem Antibiotika-Sektor zum Ausdruck kommt.

So gewinnt oder gewann man Citronensäure aus Stämmen der *Aspergillus-niger*-Gruppe oder mit Penicillin-Produzenten, Itaconsäure mit Vertretern der *Aspergillus-glaucus*-Serie (Hyphomycetes, Fungi imperfecti), Riboflavin um 6 g/l mit *Ashbya gossypii* oder *Eremothecium ashbyi* (Endomycetales), D-Milchsäure und Fumarsäure, beide mit *Rhizopus oryzae* (Mucorales, Zygomycetes). Mucorales werden auch zur industriell-fermentativen Herstellung von Carotinoiden benutzt, wobei Trisporsäure (vgl. Abb. **65**, S. 119) die Synthesen stimuliert. Schließlich muß hier auf die seit Jahrzehnten bewährten, u. a. zur Produktion von Herzglykosiden und Steroidhormonen genutzten, meist stereospezifischen biologischen Transformationen hingewiesen werden. Allein in Zusammenhang mit Umsetzungen an zyklischen Nicht-Steroiden verzeichnet KIESLICH über 600 Pilzstämme aus fast 200 Gattungen, während Bakterien sowie vereinzelte andere Organismen an solchen Reaktionen nur zu etwa einem Drittel beteiligt sind.

Einzellerprotein (SCP, single cell protein) bezeichnet einen der von der Mikrobiologie erwarteten Beiträge zur Sicherung der Welternährung. Algen-, Bakterien- und Pilzzellen, auf deren Eiweißanteil es hierbei besonders ankommt, sollen als Nahrung für Mensch und Tier entwickelt und bereitgestellt werden. Als Energiequellen kommen für Algen das Sonnenlicht und für C-Heterotrophe organischer Kohlenstoff in Frage (vgl. Tab. **18**). Eine Zeitlang versuchte man, die Aufgabe der SCP-Herstellung mit Erdöl als Ausgangsmaterial zu lösen. Neben den dabei ebenfalls gut untersuchten Bakterien (*Pseudomonas* u. a.) sind echte Hefen der Gattungen *Hansenula* und *Pichia*, von den hefeartigen Deuteromycetes *Candida lipolytica*, andere *Candida*-, *Kloeckera*- sowie *Torulopsis*-Arten und auch einige Fadenpilze aus dem Bereich der Ascomycetes und Zygomycetes befähigt, Kohlenwasserstoffe umzusetzen. Leistungsfähigere Stämme (auch Mutanten) sind dabei auf kurz- oder langkettige oder aromatische Erdölfraktionen spezialisiert. Die mikrobiologischen Umsetzungen erfordern 1. Emulgieren mit (C-freier) Nährlösung, 2. starke O_2-Zufuhr, 3. große Grenzflächen zwischen Erdöl- und wäßriger Phase (schaumartige Konsistenz) und 4. Reinigung der Endprodukte. – Für das Belüften und Rühren oder Umwälzen der Emulsionen sind große Fermentationsvolumina und viel Energie notwendig. Die nahezu bis zur Produktionsreife entwickelten, technisch aufwendigen Verfahren verloren entscheidend an industriellem Interesse, als dann auch noch der Rohstoff Erdöl empfindlich knapp und teuer wurde. Geblieben sind Kenntnisse und Erfahrungen für die mikrobielle Verwendung lipophiler und anderer außergewöhnlicher Materialien. Heute wird eine vermehrte Ausnutzung organischer Rückstände (Recycling, s. S. 132ff.) und eine Erschließung billigerer C-Quellen angestrebt.

Pilze als Krankheitserreger von Pflanzenschädlingen

Beauveria bassiana besiedelt und tötet Insekten mehrerer Arten, ähnliche Eigenschaften besitzen *Metarhizium anisopliae* und einige weitere Moniliales (Fungi imperfecti). Versuche, mit ihrer Hilfe Schadinsekten zu eliminieren, verlaufen gelegentlich erfolgreich (wie auch der Einsatz von *Bacillus thuringiensis*, einem Bakterium); die erheblichen Schwierigkeiten sind nicht nur technisch, sondern auch von der Sache her bedingt. Nur ausnahmsweise gelingt es, einen Überschuß von Keimen an die Schädlingspopulation heranzubringen. Muß sich der verwendete Pilz erst vermehren, so setzt dies in der Regel eine Massenentwicklung der Wirte (Schädlinge) voraus.

Schadwirkung der Pilze und ihre Verhütung

Da Pilze alle ihnen zugänglichen und für sie geeigneten Substrate besiedeln, sind Schäden an unbelebten Naturprodukten unvermeidbar, es sei denn, die Kontamination mit Pilzkeimen oder deren Entwicklung könne verhindert werden. Kompliziertere Zusammenhänge bestehen dort, wo Pilze andere lebende Organismen schädigen, liegen doch in Wirt-Parasit-Systemen mindestens zwei variable Komponenten vor. Bei Eingriffen durch den Menschen soll der Wirt möglichst optimal weiter gedeihen, der an ihn angepaßte Erreger aber eliminiert werden. Ist der Wirt der Mensch selbst (Humanmykologie) oder ein Haustier (Veterinärmykologie), so wird durch deren Behandlung (Therapie) die Heilung angestrebt; daneben hat die Vorbeugung (Prophylaxe) Bedeutung. Bei mykotischen Pflanzenkrankheiten kommt es meist nicht auf die Heilung der einzelnen Pflanze an; dort werden, abgesehen von Ausnahmen (wertvolle Bäume usw.), Schäden durch prophylaktische Maßnahmen verhütet oder vermindert.

Verderben von Lebensmitteln

Fruchtfäule. Von reifenden Früchten aller Sorten sind stets einzelne Exemplare verletzt (Insektenfraß, Berührung) oder eignen sich aus anderen Gründen (Anatomie, partielle Autolyse, sonstige Schwächung) zur Besiedlung durch Pilze. Diese vermehren sich an den Früchten, setzen ihre Entwicklung sowohl im Freiland als auch beim Lagern fort und infizieren bis dahin gesund gebliebene Früchte.

Beispiele für Erreger der Fäulen von Früchten, Knollen usw.:
Spongospora subterranea (Plasmodiophoromycetes) auf Kartoffelknollen.
Phytophthora infestans (Peronosporales, Oomycetes) auf Kartoffelknollen, To-
maten usw.
Rhizopus nigricans (Mucorales, Zygomycetes) an Süßkartoffeln (*Ipomoea bata-
tas*) in den Tropen und Subtropen.
Penicillium-Arten wie *P. digitatum, P. expansum, P. italicum* sowie weitere Fungi
imperfecti mit verwandtschaftlichen Beziehungen zu Eurotiales (Ascomycetes)
auf vielen Obstarten, auch auf Südfrüchten, z. B. Orangen und Zitronen.
Sclerotinia- einschließlich *Monilinia*-Arten (Helotiales, Ascomycetes) auf Kern-,
Steinobst u. a.; Nebenfruchtformen: *Monilia* (z. B. Ringfäulen), *Botrytis* (Blatt-
schimmel, Edelfäule der Weinbeere, Zwiebelfäule usw.).
Viele Fruchtfäuleerreger sind fakultative Pflanzenparasiten, was auf Zusammenhänge mit der Phytopathologie hinweist: Manche Eigenschaften der Fruchtfäuleerreger haben gleichzeitig Bedeutung für deren Parasitismus (Verbrei-
tungsbiologie, Enzymwirkungen). Statt in Freiland-Refugien können solche Erreger mit gelagertem Saatgut überwintern.

Milch. Für viele Mikroorganismen ist Kuhmilch ein guter Nährboden.
Die mikrobielle Kontamination beginnt in den Zitzengängen des Eu-
ters, und ohne Gegenmaßnahmen vermehren sich bald *Streptococcus*,
Milchsäure- und andere Bakterien, der „Milchschimmel" *Geotrichum
candidum* (Teleomorph: *Dipodascus geotrichus* sowei weitere, für das
Substrat typische Faden- und Hefepilze, die zum Teil ebenfalls Schim-
melrasen oder Kahmhäute bilden. Neben relativ harmlosen Keimen, zu
denen, außer den genannten Organismen, aus der Atmosphäre oder
vom Euter stammende Vertreter der Gattungen *Penicillium, Aspergillus*
und *Cladosporium* (Moniliales, Deuteromycetes) kommen, werden
nicht selten potentielle Erreger von Euterentzündungen (Mastitiden)
gefunden; von den Pilzen trifft dies beispielsweise zu für *Candida*-Arten
(hefeartige Deuteromycetes), *Pichia* und andere echte Hefen (Saccharomycetaceae, Endomycetes) sowie ausnahmsweise für *Cryptococcus
neoformans* (vgl. **19**, 1–2, S. 152 ff.).

Fleisch. Verderben von Fleisch und Fisch, Fleisch-, Wurst- und Fisch-
vergiftungen, Geruchsbelästigungen usw. gehören zur bakteriellen Problematik. Pilze gedeihen in den erwähnten Substraten ebenfalls. Ein
Teil davon wächst, wenn auch langsam, sogar bei den üblichen Kühl-
haustemperaturen von + 4 bis + 6 °C, beim zu langsamen Einfrieren oder
sonstigen Störungen beim Tiefkühlen. Die am häufigsten aus Fleisch
isolierten Pilze sind neben einer Anzahl Fungi imperfecti *Mucor, Rhizopus, Thamnidium* und weitere Mucorales (Zygomycetes), von denen einige gelegentlich bewußt verimpft werden, um zähes Fleisch schnell
mürbe werden zu lassen (z. B. in Rindfleisch für Steaks in den USA).
Unter den Pilzen, die Trockenfleisch und Dauerwurst besiedeln, kommen manchmal Toxinproduzenten vor. Allgemein ist das spontane Erscheinen von Pilzen an Fleisch ein Indikator für Bedingungen, unter denen sich fleischzersetzende Bakterien einschließlich toxinbildender Ar-

ten vermehrt haben könnten. Meist wird allerdings selbst an verdorbenem Fleisch kein Pilzwachstum bemerkt.

Prophylaxe. Aufbewahrung und Konservierung sind stets Kompromißlösungen, kommt es doch nicht nur darauf an, die Kontamination von Lebensmitteln durch Schädlinge zu verhüten bzw. deren Entwicklung zu unterdrücken, sondern auch die Qualität der Lebensmittel möglichst unverändert zu erhalten. Allgemeine Bedingungen für die Lagerung von Früchten sind genügend, wenig bewegte Frischluft, Vermeidung von Kontakt zwischen den einzelnen Exemplaren, Auslesen kranker Früchte usw. Orangen, Bananen, Äpfel und viele andere Produkte werden vielfach unter Beifügung antifungischer Komponenten gelagert oder transportiert. Die Verwendung von Chemikalien (z. B. Diphenyl) ruft immer wieder Diskussionen hervor, scheint aber bei Würdigung aller Aspekte zur Zeit noch unvermeidbar zu sein. Ebenso werden andere Lebensmittel (kleinere Früchte, Fisch und viele mehr) nach wie vor chemisch konserviert. In den meisten Ländern grenzt eine strenge Lebensmittelgesetzgebung das Sortiment der Konservierungsstoffe ein und schreibt deren Deklaration vor. Von den harmloseren chemischen Mitteln bewirken Essig- und Milchsäure eine in gewissem Sinne naturähnliche Haltbarmachung. Im Sauerkraut führt die spontane Entwicklung von *Lactobacillus*-Populationen zu hoher Azidität; neuerdings wird das Verfahren (Milchsäuregärung) an verschiedenen Obst- und Gemüsesäften nachgeahmt. Pilze sind allerdings weniger säureempfindlich als die zu erwartenden schädlichen Bakterien, doch werden selbst sie meist befriedigend unterdrückt.

In verschiedenen Prozessen wirkt allein die Verminderung der verfügbaren Flüssigkeit im Konservierungsgut (hohe osmotische Werte) für Mikroorganismen wachstumshemmend, beispielsweise bei hoher Zuckerkonzentration (Marmelade, Sirup), durch Zugabe großer Kochsalzmengen (Fischprodukte, Gurken), durch Trocknen an der Luft (Dörrobst, Dörrgemüse, Dörrfleisch, Weinbeeren) oder in industriellen Verfahren (z. B. Trockenmilch).

Von den modernen Maßnahmen zum Haltbarmachen bietet das Tiefkühlen (schnelles Einfrieren und Aufbewahren bei Temperaturen um oder unter −20°C) den Vorteil, daß Aromastoffe und Konsistenz weitgehend erhalten bleiben. Ähnliches gilt für die Vakuumverpackung bei stark vermindertem Sauerstoffdruck. Das Uperisieren (kurzzeitige Einwirkung hoher Temperatur) ersetzt teilweise Einkochen, Pasteurisieren (Erhitzen bis bzw. unter 100°C) und Sterilisieren (Anwendung hoher Temperatur während längerer Zeit).

Keines der Verfahren eignet sich für alle haltbar zu machenden Lebensmittel. Die Entscheidungen müssen für jeden Einzelfall mit Sachkenntnis und Verantwortungsbewußtsein getroffen werden. Einmal ist einer Veränderung der Qualität, ein andermal der Entwicklung anaerober Bakterien wie *Clostridium*-Arten, die zu schweren Vergiftungen (z.B. Botulismus) führen können, zu begegnen usw. Von den Pilzen überlebt *Byssochlamys fulva* (Eurotiales, Ascomycetes; Nebenfruchtform: *Paecilomyces*) hohe Temperaturen und kann bei vermindertem O_2-Druck und hohem CO_2-Gehalt noch wachsen. Der Pilz kommt deshalb in hitzebehandelten, auch in luftdicht verschlossenen Konserven vor. Das Uperisieren wirkt nur bei Flüssigkeiten (Milch, Obstsäfte usw.). Wasserentzug beeinflußt meist nicht den Keimgehalt, sondern unterdrückt nur die spätere Entwicklung der Kontaminanten, beispielsweise osmophile Hefen an Rosinen, osmophile Fadenpilze auf Marmelade und an Samen. Für Milch wäre alsbaldiger Verbrauch ohne jegliche konservierende Vorbehandlung die eine, vollständige Sterilisation einschließlich keimfreier Verpackung die andere extreme Lösung. Die Praxis richtet sich nach den jeweiligen Voraussetzungen (Verkauf offener, gekühlter Frischmilch; Vorzugsmilch; pasteurisierte und uperisierte Trinkmilch in Flaschen oder Pappverpackung; homogenisierte, hitzesterilisierte Ware). Während im kommerziell interessanten Teil des Milchvertriebs die Verluste durch Verderben spürbar reduziert werden konnten, entziehen sich die in den Haushalten auftretenden Schäden nach wie vor jeder Schätzung.

Die meisten Maßnahmen zum Haltbarmachen von Milch, Fleisch und ähnlichen Produkten sind – anders als die beim Aufbewahren von Früchten – gegen Bakterien gerichtet und erfassen die Pilze nur nebenher mit. Ungünstige Einwirkungen von außen (anhaftende Nährstoffspuren, Feuchtigkeit, Beschädigung von Konservendosen usw.) werden durch Ansiedlung von Pilzen unter Umständen verschlimmert.

In manchen Prozessen, so auch bei der nach dem Einsalzen stattfindenden Essigsäuregärung, setzt die Hemmung des Wachstums der schädlichen Mikroorganismen erst nach einer gewissen Verzögerungszeit ein. Bis dahin gebildete, auch autolytisch freigesetzte Enzyme werden dann unter Umständen noch wirksam (z.B. Weichwerden konservierter Gurken).

Holzzerstörung durch Pilze

Verschiedene Pilze zerstören das selbst nicht lebende Holz lebender Bäume; sie gelangen meist durch Rindenwunden in den Zentralzylinder (Stammfäulen, Erreger z.B. *Armillariella mellea* – Agaricales, Basidiomycetes), Andere Arten besiedeln vorzugsweise geschlagenes Holz (Lagerfäulen z.B. durch *Lenzites*-Arten – Agaricales, Basidiomycetes), und einige Pilze sind sogar auf verbautes Holz spezialisiert (z.B. der Hausschwamm *Serpula lacrymans*). Durch die Zerstörungen werden Tragfähigkeit (wichtig bei Bauholz) und Aussehen (Furnierholz) beeinträchtigt.

Das Substrat Holz bietet nur Spuren aufgeschlossener Nährstoffe. Der

Abbau der Zellwände erfordert besondere enzymatische Fähigkeiten. Sauerstoffmangel und ein hoher Gehalt an zwangsläufig selbst produziertem Kohlendioxid während des Wachstums, sowie der geringe Wassergehalt des Mediums bewirken eine weitere, scharfe Selektion unter den in Frage kommenden Organismen, von denen die meisten zu den Basidiomycetes gehören; Ascomycetes kommen ebenfalls vor, unter anderem in Zusammenhang mit bunter Verfärbung des Holzes (Verbläuung z.B. durch *Chaetomium globosum*, Sphaeriales).

Wird das Lignin der Zellwände nicht oder nicht wesentlich abgebaut, so erhält das Holz eine bräunliche Färbung und zerfällt manchmal würfelig: Rot- oder Braunfäulen, Destruktionsfäulen, hervorgerufen z. B. durch den Birkenporling *Piptoporus betulinus*; unklar ist die Rolle von *Heterobasidion annosum*. Andere Pilze greifen vor allem das Lignin an und führen in der Natur und an verarbeitetem Holz meist zu Weißfäulen (Korrosionsfäulen); Erreger sind z. B. der Zunderschwamm *Ganoderma applanatum*, *Fomes*-Arten, der Schmetterlingsporling *Trametes versicolor*; unter experimentellen Bedingungen wird häufig *Phanerochaete chrysosporium* (Anamorph: *Sporotrichum pulverulentum*) benutzt.

Reges Interesse besteht heute an den Lignin und Lignocellulose sowie Cellulose abbauenden Pilzen (vgl. „Recycling", S. 132 ff.); daneben sind die durch Holzzerstörer verursachten Schäden von größter Bedeutung für die menschliche Existenz. Vorbeugende Maßnahmen werden auf allen Stufen der Holzgewinnung beachtet: Einschlag in der kalten Jahreszeit bzw. baldiger Schnitt in Balken oder Bretter, Bevorzugung harter, d. h. durch Pilze weniger leicht zerstörbarer Holzarten, luftige Lagerung unter weitgehender Vermeidung von Bodenkontakt und von gegenseitiger Berührung beim Stapeln (Zwischenlegen schmaler Leisten). Besondere Imprägnierungsverfahren werden für Material angewandt, das später den Witterungseinflüssen ausgesetzt ist (Telegraphenmasten, Eisenbahnschwellen usw.). Verbautes Holz erhält oft zusätzlichen Schutz durch Anstriche, Beizen oder Lacke.

Zerstörung von Textilien und ähnlichen Produkten

Wolle, Baumwolle, Leinen, Leder sowie praktisch alle anderen pflanzlichen und tierischen Produkte können durch Pilze enzymatisch zersetzt werden. Die in solchen Zusammenhängen meistgenannten Namen sind: *Chaetomium globosum* (Sphaeriales, Ascomycetes), *Myrothecium* und *Trichoderma* neben einer beträchtlichen Anzahl weiterer Fungi imperfecti wie *Aspergillus Penicillium*, *Alternaria*, *Stemphylium*, *Gliocladium* und *Cladosporium*. Enzymatisch leistungsfähigen, schnellwüchsigen Ubiquisten kommt hierbei die größte Bedeutung zu (während spezialisierte Basidiomycota nur unter den sie speziell begünstigenden Bedingungen überlegen sind, vgl. S. 143 „Holzzerstörung").

Zum Wachstum und zur Entfaltung ihrer zerstörerischen Aktivitäten benötigen diese allgegenwärtigen Pilze ein Minimum an Feuchtigkeit. Ist diese Bedingung erfüllt, dann besiedeln sie auch Papier, Schnüre und ähnlich nährstoffarme Materialien. *Pyronema domesticum* (Pezizales, Ascomycetes) wächst unter anderem an feuchten Wänden. Nicht selten entwickeln sich an solchen Standorten als Pionierpopulation mehrere Pilze gleichzeitig und sind oft auch mit Bakterien vergesellschaftet. Trockenhalten und gute Durchlüftung sind meist gleichbedeutend mit günstigen Lagerbedingungen. In besonderen Fällen wird das zu schützende Material desinfiziert oder mit Fungiziden präpariert. Auch die Besiedlung von Wohnräumen (Wände, Möbel) durch Pilze muß verhindert werden. Zwar besteht nur ein kleine Chance, daß allergene oder infektiöse Pilze und anfällige Patienten zusammentreffen (Ausnahme: Krankenhäuser, insbesondere Intensivstationen, Operationssäle), doch sind die optimalen Lebensbedingungen des Menschen verschieden von denen der Pilze. Durch Abtöten oder Abdecken der Pilzrasen wird wenig gebessert, zur Sanierung bieten sich meist Trocknung, bessere Isolierung und Belüftung an.

Pilze als Erreger von Pflanzenkrankheiten

Die durch Krankheiten der Kulturpflanzen hervorgerufenen wirtschaftlichen Schäden erreichen auf der Erde alljährlich Milliardenbeträge. Pflanzenkrankheiten können auch heute noch Ursache von Hungersnöten sein oder Notlagen verschärfen. Auch bei vorsichtiger Schätzung muß man annehmen, daß 10–20% der möglichen Erträge durch Krankheiten vernichtet werden; ohne Gegenmaßnahmen würde der Schadensanteil sofort stark ansteigen.

Die Pilze dominieren eindeutig unter den Erregern von Pflanzenkrankheiten. So sind von den 162 wichtigen Infektionskrankheiten der in Mitteleuropa genutzten Pflanzen 135 (83%) durch Pilze, die übrigen durch Bakterien und Viren verursacht. Neben ihrer Beteiligung am Abbau organischer Substanz ist die Bedeutung der Pilze als Erreger von Pflanzenkrankheiten am höchsten zu werten.

Formen des Parasitismus. Parasitische Pilze leben als Ekto- oder als Endoparasiten. Ektoparasiten (z.B. Mehltaupilze; Erysiphales, Ascomycetes) breiten sich auf assimilierenden Pflanzenteilen, vorwiegend auf Blättern, aus, dringen nur mit speziellen Organen (z.B. Haustorien; s. Abb. 21, S. 46 u. Abb. 129 e, S. 258) in die erreichbaren Wirtszellen ein und fruktifizieren an der Wirtsoberfläche. Auch zahlreiche Endoparasiten brechen später mit ihren Fruktifikationen durch die deckenden Gewebepartien nach außen hervor oder lassen ihre Organe durch die Spaltöffnungen herauswachsen. Ihr Thallus aber wuchert im Innern der Gewebe, entweder in den Zwischenzellräumen (interzellulär), in den Zellwänden oder innerhalb der Zellen (intrazellulär).

Es lassen sich drei Haupttypen von Krankheitserregern unterscheiden:
Obligate Parasiten (obligat biotrophe Pilze) sind auf lebendes Gewebe
angewiesen. Sie wachsen nicht auf gewöhnlichen Nährböden im Laboratorium. Teilweise Nachahmung der natürlichen Bedingungen (z. B. Gewebekulturen von Wirtszellen) genügt nur ausnahmsweise ihren Ansprüchen. In zahlreichen Fällen schädigen die obligaten Parasiten die einzelne Wirtspflanze nur geringfügig. Die Partner haben im Zusammenleben ein Gleichgewicht gefunden; mit dem Tod des Wirtes würde ja auch der Parasit zugrunde gehen. Doch finden sich gerade unter den obligat biotrophen Pilzen die wirtschaftlich bedeutungsvollsten Pflanzenschädlinge, die in kurzer Zeit eigentliche Pandemien verursachen können, beispielsweise *Puccinia graminis* (Schwarzrost der Getreidearten; Basidiomycetes) und *Peronospora tabacina* (Blauschimmel des Tabaks; Oomycetes).

Fakultative Parasiten befallen ebenfalls lebendes Gewebe. Sie sind darauf jedoch nicht angewiesen, leben auch nach dem Absterben des Wirtes weiter und können auf Laboratoriumsnährböden wachsen. Zu ihnen gehören zahlreiche Ascomycetes, die während der parasitischen Phase eine Nebenfruchtform, später auf dem absterbenden Wirt aber die Hauptfruchtform bilden, wie der Apfelschorfpilz *Venturia inaequalis* (Dothideales, Ascomycetes).

Nekrotrophe Pilze (Perthophyten) können nicht in gesundes lebendes Gewebe eindringen. Sie besiedeln zunächst abgestorbene Zellen oder Gewebe. Durch Abtötung angrenzender Bereiche vergrößern sie dann ihren Lebensraum. Zuweilen werden die Toxine durch die Gefäße der Wirtspflanze verfrachtet und wirken statt am Infektionsherd (Focus; z. B. an der Stengelbasis) eventuell erst an weit entfernten Stellen (z. B. Welke oder Nekrosen an Blattspreiten). Unter den Perthophyten sind Pilze mehrerer Klassen vertreten, und es bestehen Übergänge zum fakultativen Parasitismus.

Wirtswahl und Organspezifiät. Die pflanzenpathogenen Pilze zeigen Spezifitätsunterschiede in der Wirtswahl. Im allgemeinen sind Parasiten enger an den Partner gebunden als Perthophyten, doch gibt es in beiden Gruppen Ausnahmen. So finden sich unter den obligat biotrophen echten Mehltaupilzen (Erysiphales, Ascomycetes) neben Arten, die nur auf einer einzigen Wirtsspecies oder -rasse vorkommen, solche, die Wirte aus den verschiedensten Ordnungen befallen und in der Wirtswahl keinerlei Gesetzmäßigkeit erkennen lassen (z. B. *Erysiphe orontii*). Nach der Befallsstärke unterscheiden sich Haupt- und Nebenwirte. Beim Hauptwirt wirkt sich der Parasitismus voll aus, nur auf ihm fruktifiziert der Pilz normal; auf Nebenwirten fruchtet er spärlich, überhaupt nicht oder verkümmert gar. Heterözische Rostpilze (Uredinales, Basidicomycetes) stellen in bezug auf die Wirtswahl eine Besonderheit dar. Sie benötigen zu ihrer Entwicklung zwei Wirte aus ganz verschiedenen

Pflanzengruppen, beispielsweise *Puccinia graminis* (vgl. S. 312 ff.) für die Haplophase *Berberis* (Polycarpicae), für die Dikaryophase Gramineen (Glumiflorae). Innerhalb jeder Kernphase sind die meisten Rostpilze streng wirtsspezifisch. Teilweise werden an den Wirten bestimmte Organe, nicht selten Blütenteile, bevorzugt. So infizieren verschiedene Brandpilze (Ustomycetes) und *Claviceps purpurea* (Mutterkornpilz, ein Ascomycet) nur Fruchtknoten, andere Brandpilze (z. B. *Ustilago violacea*) und *Botrytis anthophylla* (Moniliales, Deuteromycetes) aber Antheren. Gefäßbesiedler wie *Verticillium albo-atrum* können den Saftstrom innerhalb der Wirtspflanze unterbrechen und damit Ursache eines plötzlichen Absterbens werden. Viele Pilze verhalten sich jedoch bei der Besiedlung ihrer Wirte unspezifisch und durchwachsen wie die Fruchtfäuleerreger alle Gewebe.

Pathogenese. Die Infektionskrankheit einer Pflanze läuft gewöhnlich in drei Phasen ab. Zuerst dringt der Erreger (Pilz) in das Gewebe ein. Parasiten benutzen dazu die Spaltöffnungen oder durchstoßen mit Infektionshyphen die Cuticula (vgl. z. B. Abb. 21, S. 46). Den Perthophyten dienen Wunden als Eintrittspforten. Während der zweiten Phase breitet sich der Pilz im Gewebe aus. Dabei setzen die Reaktionen des Wirtes ein, und die ersten Schädigungen werden sichtbar. Die dritte Phase führt zur vollständigen Ausbildung der Krankheit, der Pilz entwickelt Fruktifikationsorgane; an der Ausprägung der Symptome sind auch Reaktionen des Wirtes beteiligt.

Heftige Erkrankungen sind oftmals das Resultat zahlreicher Einzelinfektionen; deshalb sind unter den besonders schädlichen Parasiten solche zu finden, die in rascher Folge fruktifizieren und daher in kurzer Zeit sehr viele Infektionen verursachen können.

Die Schädigung des Wirtes erfolgt durch Entzug von Nährstoffen (manchmal erkennbar, z. B. am Verschwinden von Stärkekörnern), vor allem aber durch vom Pilz ausgeschiedene Metabolite, die in den Stoffwechsel des pflanzlichen Partners eingreifen. Der Eingriff kann zum Absterben von Zellen (lokale oder ausgedehnte Nekrosen), zu Turgeszenzverlust (Welke usw.), umgekehrt aber auch zu stärkerem Wachstum oder vermehrten Zellteilungen führen, was sich in Gewebeverdickungen (Hypertrophien) oder in abnormer Verzweigungsdichte (z. B. Hexenbesen) äußert. Hexenbesen werden vor allem von einigen Vertretern der Taphrinales (Ascomycetes) und der Uredinales (Rostpilze, Basidiomycetes) verursacht. Oft ist der normale Ablauf der Entwicklung, etwa durch Verhinderung der Blütenbildung, gestört, und kranke Pflanzen bleiben steril. Brechen in der dritten Krankheitsphase die Fruktifikationen des Parasiten nach außen durch, so wird meist die Epidermis stark aufgerissen, und das betroffene Wirtsorgan kann rasch austrocknen.

In verschiedenen Phasen der Krankheit ist eine Abheilung oder Begren-

zung der Läsionen möglich. Besitzt der Wirt eine außergewöhnlich dik-
ke, widerstandsfähige Cuticula, so kann bereits die Infektion abortiv
verlaufen (Eindringungsresistenz). Auf Reize des Parasiten hin gebildete Lignituber, Korkgewebe oder antifungisch wirksame Stoffwechselprodukte verzögern oder stoppen eventuell die Ausbreitung (Ausbreitungsresistenz, auch als Immunität gedeutet). Für obligate Parasiten
kommt das sofortige Absterben einer Wirtszelle beim Kontakt mit dem
Erreger (nekrotische Reaktion) einem Versiegen der Nährstoffquelle
gleich, was noch wirkungsvoller wird, falls sich ganze Zellgruppen des
Wirtes an der nekrotischen Reaktion beteiligen. In Zusammenhang mit
Wirtsreaktionen auftretende Symptome sind Triebnekrose, Blattflek-
ken, Brennflecken bei Anthraknosen u. a.

Verhütung und Verminderung der Schäden. Den mit Pflanzenkrankheiten verbundenen Schäden kann in drei Bereichen der angewandten Wis-
senschaften erfolgversprechend begegnet werden. Zweckmäßige Bo-
denbearbeitung und Düngung fördern allgemein den Gesundheitszu-
stand der Kulturpflanzen. Der zweite Bereich umfaßt die Bereitstellung
und Auswahl geeigneter Sorten. Züchtungsziele sind beispielsweise
Verbesserung der Eindringungs- und Ausbreitungsresistenz oder Steigerung der zu nekrotischer Abortion eines Infektes führenden Überempfindlichkeit; manchmal genügt es, eine anfällige Entwicklungsphase
des Wirtes so zu verschieben, daß sie nicht mehr mit der Massenentwicklung des betreffenden Parasiten zusammentrifft.
Die Maßnahmen des dritten Bereiches, Anwendung von chemischen
Pflanzenschutzmitteln, richten sich unmittelbar gegen die Erreger von
Pflanzenkrankheiten. Fungizide (pilztötende Mittel, vgl. S. 101) enthalten vielfach Kupfer-, Zink-, Quecksilber- und selten andere Schwermetallionen in organischer Bindung. Schwefel und organische Schwefel-
verbindungen sind für sich allein oder in Kombination mit den eben erwähnten Prinzipien, beispielsweise als Metall-Dithiocarbamate, gegen
Pilze wirksam. Der technische und personelle Aufwand beim Besprü-
hen, Bestäuben und Begasen der Kulturpflanzen im Freiland und im
Gewächshaus ist enorm. Die Mittel besitzen teils eine Schutzwirkung
(protektive Wirkung; Prophylaxe) und müssen möglichst kurze Zeit vor
den zu erwartenden Infektionen auf die Pflanzen gebracht werden, teils
hemmen sie das Pilzwachstum, besonders das oberflächlicher Parasiten
(vgl. S. 145), auch noch nach vollendeter Infektion. Neben den herkömmlichen, auf die Pflanzenoberfläche zu sprühenden, hauptsächlich
Infektionen verhindernden Präparaten werden gelegentlich „systemi-
sche" Fungizide eingesetzt. Sie werden an irgendeine Stelle der Wirtspflanze herangebracht (z. B. durch den Boden an Wurzeln oder unmittelbar auf die Blätter) und breiten sich in deren Innern aus. Sie müssen
zudem sehr giftig für die betreffenden Pilze, wenig oder nicht toxisch für
die Wirtspflanze und unschädlich für Tier und Mensch sein. Mit ihrer

Hilfe wäre nicht nur die Prophylaxe vollständiger, sondern es könnten sogar bestehende, generalisierte (im Wirt weit ausgebreitete) Infekte geheilt werden. Die bedeutendsten Erfolge bei der Krankheitsabwehr werden im Feldanbau erzielt. Nicht so optimistisch stimmen die Ergebnisse beim Schutz von Bäumen; so ist das Ulmensterben in Großbritannien [s. S. 12] trotz Einsatzes erheblicher Mittel leider nicht zu bremsen gewesen.

Zusammen mit den Fungiziden werden Mittel, die gegen Insekten, Milben, Nematoden, spezifisch gegen saugende Insekten usw. wirken (Insektizide, Acarizide, Nematizide, Aphizide), als „Pestizide" bezeichnet. Ihre Nützlichkeit für den Pflanzenschutz sowie die Notwendigkeit des Pflanzenschutzes zur Sicherstellung der Ernährung sind unbestritten. Neben der antiinfektionellen Wirksamkeit sind für den Einsatz von Pestiziden unter anderem Gesichtspunkte des Umweltschutzes und der allgemeinen Sicherheit maßgebend. Dabei werden besonders solche Präparate in Frage gestellt, die sich in „Nahrungsketten" (z. B. Rückstände von Chemikalien im Wasser →Algen →kleine Meerestiere →Fische, evtl. Vögel →Mensch) anreichern. Eine mögliche Lösung besteht in der Verwendung von Mitteln, die in der Natur zuverlässig verdünnt werden und schließlich durch Abbau verschwinden oder sich bald in unschädlicher Form niederschlagen, sie dürfen sich beispielsweise nicht im Fettkörper von Wirbeltieren konzentrieren. Die Problematik ist für die Insektizide wesentlich stärker ausgeprägt als für die Fungizide. Die Hersteller bemühen sich seit langem, z. B. die Wirksamkeit der Metallionen durch geeignete organische Anteile der Mittel zu erhöhen oder gleiche Effekte mit metallfreien Verbindungen zu erzielen. Kritisch ist, um wiederum nur ein Beispiel zu nennen, das Kupfer(ion), weil es im Tierkörper zurückgehalten wird, und als weniger kritisch gilt unter den fungiziden Stoffen der Schwefel. Eine reale Chance, in der Natur bald abgebaut zu werden, haben neben den künstlichen Kohlenstoff-Verbindungen solche Pflanzenschutzstoffe, die von Lebewesen einschließlich Pilzen und anderen Mikroorganismen synthetisiert werden (biogene Fungizide, biogene Insektizide). Entsprechende Pflanzenstoffe als Insektizide sind seit langem bekannt (*Derris, Pyrethrum*), und teilweise schon seit über 20 Jahren werden im japanischen Reisanbau vier Stoffwechselprodukte aus industriellen Fermentationen mit *Streptomyces*-Stämmen, die Antibiotika Blasticidin S, Kasugamycin, Polyoxin und Validamycin, verwendet. Doch bereits liegen Beobachtungen über Feldresistenz bei *Pyricularia oryzae,* dem Erreger der „rice blast disease" (Moniliales, Deuteromycetes), gegen Kasugamycin vor. Antibiotika genießen hierbei also keine Sonderstellung. Auch sind biogene Stoffe nicht etwa a priori ungiftig; man denke nur an die jedermann bekannten Giftpflanzen und Giftpilze. So ist auch Pyrethrin für Mensch und Fische schädlich, und Versuche, andere Antibiotika (= Naturstoffe) als die oben genannten im Pflanzenschutz einzusetzen, scheiterten beispielsweise bei Antimycinen, Cycloheximid, Gliotoxin und Trichothecin an deren Toxizität. Die Entwicklung biogener Pflanzenschutzmittel erfordert neuartige Zielsetzungen (beispielsweise Entwicklungsverzögerungen, partielle Hemmungen oder Verminderung der Eiablage statt Abtötung aller Insekten) und gründliche Untersuchungen mit großem Aufwand. Die entsprechenden Projekte stecken in den Anfängen. In vielen Ländern ist die Anwendung selbst rein fungizider Antibiotika in der Landwirtschaft überhaupt nicht erlaubt. Zudem besteht eine starke Konkurrenz zu synthetischen Pflanzenschutzmitteln, die selbstverständlich ebenfalls nach modernen Erfordernissen weiterentwickelt werden.

Pilze als Krankheitsursachen bei Mensch und Tier

Drei Haupttypen direkter Schädigung von Menschen und Tieren durch Pilze lassen sich erkennen: Vergiftungen durch Stoffwechselprodukte (Myzetismus, Mykotoxikose), Überempfindlichkeit gegen an sich ungiftige Pilzinhaltsstoffe (mykogene Allergie) und die infektiöse Erkrankung (Mykose). Auch bei Mykosen spielen Toxinwirkungen und allergische Reaktionen oft eine Rolle.

Myzetismus

Pilzvergiftungen beruhen auf der Wirkung toxischer Peptide aus primär giftigen oder durch unsachgemäße Lagerung oder Zubereitung verdorbenen Pilzfruchtkörpern auf das Verdauungs-, das Nervensystem oder, weniger spezifisch, auf Zellen und Gewebe des Körpers. Mancher Schaden läßt sich durch vorbeugende Maßnahmen (Aufklärung der Bevölkerung, Ausbau und Propagierung der Pilzberatungsdienste) verhindern. Trotzdem vergiften sich Jahr für Jahr zahlreiche Personen (vgl. innere Umschlagseiten U_2, U_3).

Mykotoxikose

Das Wesen der Mykotoxikose besteht darin, daß toxinbildende Pilze Pflanzenorgane wie Blüten, Früchte oder Blätter kontaminieren bzw. besiedeln, dabei oder erst während der Lagerung ihre Giftstoffe produzieren und letztere bis nach der Verarbeitung zu Futter- bzw. Lebensmitteln wirksam bleiben. Im Gegensatz zum Myzetismus werden im Falle der Mykotoxikose Pilze nicht bewußt verspeist, sondern stellen ein unauffälliges, nicht zu erwartendes Ingredienz der Nahrung dar. Das gilt auch für Vergiftungen mit Mutterkorn (Ergotismus); obwohl die *Claviceps*-Sklerotien (s. Abb. **143**, S. 273) selbst recht gut sichtbar sind, lassen sie sich nach dem Vermahlen des Getreides und später im Brot mit bloßem Auge nicht mehr erkennen. Gegen Hitze sind die Giftstoffe des

Mutterkorns wie auch ein Teil der übrigen Mykotoxine relativ unempfindlich. Die am häufigsten genannte Mykotoxikose ist die Aflatoxikose, hervorgerufen durch Aflatoxine (z. B. Abb. **60 a**, S. 110) oder verwandte Metabolite (z. B. Sterigmatocystin, Versicolorin) von *Aspergillus flavus*, anderen *Aspergillus*- oder gelegentlich von *Penicillium*-Arten. Erdnußschrot und ähnliche Vegetabilien kommen als Toxinquellen in Frage. Beim Menschen führen die Vergiftungen eventuell zu Leberschäden und wurden bei langzeitiger Einwirkung als Faktoren der Krebserzeugung erkannt; bei Küken verschiedener Geflügelarten können sie letal verlaufen. Über Schäden an Haustieren wird auch in Zusammenhang mit anderen Mykotoxikosen berichtet (ausführlich z. B. durch GEDEK 1980). Produzenten sind in der Regel Ascomycetes oder Deuteromycetes, häufig erwähnte Gattungen sind, neben *Aspergillus* und *Penicillium*, *Fusarium, Pithomyces, Stachybotrys* und *Myrothecium*. Die Mykotoxine gehören verschiedenen Stoffklassen an (vgl. S. 108 ff.); zu ihnen gehören neben den erwähnten Verbindungen Citrinin, Decumbin, Fumagillin, Fumigatin, Patulin, Roridine und Verrucarine und viele weitere Metabolite, die beispielsweise bei CIEGLER u. Mitarb. (1971), KADIS u. Mitarb. (1972) und GEDEK (1980) zusammen mit über 150 bisher bekanntgewordenen Produzenten-Arten verzeichnet sind. Außerdem müßten an dieser Stelle die vielleicht noch zahlreicheren toxischen und meist deshalb nicht therapeutisch genutzten Antibiotika angefügt werden.

Mykogene Allergien

Haut und Schleimhäute von Menschen mit besonderer Veranlagung oder Krankheitsvorgeschichte reagieren auf Kontakt mit gewissen Partikeln oder Substanzen übernormal heftig. Heuschnupfenartige Symptome, die teilweise mit asthmatischen Beschwerden einhergehen, werden zu etwa 20% unter anderem durch Pilzsporen und in 3–6% der Fälle ausschließlich durch Pilzsporen ausgelöst. Die Sporen (meist Konidien kommuner, ubiquitärer Saprobier) sind Allergenträger; das Allergen selbst wurde bisher bei keinem Pilz direkt nachgewiesen. Es dürfte sich, wie bei Pollenallergenen, um Eiweiße handeln, zumal man mit Pilzsporen ebenfalls (diagnostisch wertvolle, spezifische) Hautreaktionen hervorrufen und die Vorstellungen des Antigen- (hier: Allergen-)Antikörper-Modells der Immunologie widerspruchsfrei anwenden kann. Die Hautreaktionen beruhen auf der Wirkung des Histamins oder anderer Mediatoren, die als Folge der Allergen-Einwirkung freigesetzt werden. Außer den erwähnten Symptomen kommen bei Allergien nicht selten Hautentzündungen und Schädigungen im Verdauungstrakt vor.

Häufig als allergen identifiziert wurden *Cladosporium herbarum, Alternaria tenuis, Aspergillus fumigatus* (Deuteromycetes), Brandpilze, *Rhizopus*-Arten (Mucorales, Zygomycetes), *Aessosporon salmonicolor* (Basidiomycota, Anamorph: *Sporobolomyces*), weniger häufig andere Vertreter der genannten und weiterer Gattungen; insgesamt etwa 200 Artnamen werden erwähnt. Diagnose und Behandlung durch den Arzt können durch Mitarbeit des Patienten gefördert werden (Herausfinden des Allergens bzw. der Allergene, Beobachten von Reaktionen usw.).

Humanmykosen

Häufiger und im Durchschnitt vermutlich auch schwerer geworden sind in den letzten Jahrzehnten vor allem die „Sekundärmykosen" (durch Pilze hervorgerufene Infektionskrankheiten, denen ein Grundleiden oder Grundschaden zuzuordnen ist). Damit hat vor allem die weitverbreitete Candidose zugenommen, doch gibt es jetzt auch mehr Fälle der weniger häufigen, jedoch gefährlicheren Aspergillose und anderer „Schimmelpilzmykosen". Als Hauptursache wird eine Zunahme prädisponierender Faktoren angenommen.

Tabelle **19** Wichtige Erreger von Humanmykosen

Zeile [a]		Name des Erregers		geographische Verbreitung [d]
		Teleomorph [b]	Anamorph [c]	
1	Basidiomycetes	Filobasidiella neoformans	= Cryptococcus neoformans (Serotypen A und D)	weltweit, unregelmäßig
2		Filobasidiella bacillospora	= C. bacillosporus (= C. neoformans, Serotypen B und C)	
3	Ascomycetes und Fungi imperfecti	verschiedene Ascomycetes	Madurella spp., andere Hyphomycetes, Pyrenochaeta romeroi	weltweit, teilweise in den Tropen vorherrschend
4		Leptosphaeria senegalensis		
5		Petriellidium boydii	= Scedosporium apiospermum	
6		Ceratocystis stenoceras	= Sporothrix schenckii	weltweit
7 8		verschiedene Sphaeriales	= Phialophora spp. ähnliche, teilweise verwandte Pilze	weltweit (Krankheit in Tropen und Subtropen häufiger)
9		verschiedene Eurotiales	Aspergillus fumigatus	weltweit
10			andere Aspergillus spp.,	
11			Penicillium-Arten und andere „Schimmelpilze"	

Daneben verdienen die „Primärmykosen" (Mykosen ohne obligaten Zusammenhang mit prädisponierenden Faktoren) weiterhin unsere Aufmerksamkeit, denn noch immer leidet etwa ein Fünftel der Bevölkerung unter Fußmykosen, und bei den ausschließlich oder vorwiegend amerikanischen Krankheiten Coccidioidose, Paracoccidioidose, Blastomykose und Histoplasmose beeindrucken uns die hohen Krankenziffern, die Lebensgefahr für die Patienten und das erfolgreiche Management vor allem in den USA und einigen Ländern Südamerikas. Tab. 19 gibt eine nach der systematischen Stellung der Erreger geordnete Übersicht. Eingehendere Abhandlungen der Human- und Tier-

saprobisches Reservoir	Infektions-modus	Wuchsform im Gewebe	Name der Krankheit
[e]	[f]	[g]	[h]
Erdboden, Vogel- und Fledermaus-exkremente	Inhala-tion	Sproß-zellen	Cryptococ-cose
Erdboden, Holz, andere Pflanzenteile	Inokula-tion subcutan oder tiefer	Grana (=radiär wach-sende Pilzkolo-nien, Hyphen verkittet)	Myzetom (Eumyze-tom)
Pflanzen(sta-cheln), Erd-boden	Inokula-tion subcutan	Sproßzellen zellen	Sporotri-chose
Holz, andere Pflanzenteile, Erdboden	Inokulation	Hyphen dunkel, septiert; „fumagoid bodies"	Chromo-mykose
viele Standorte (Erreger sind kommun und ubiquitär)	Inhalation Inokulation, evtl. akzidentell	Hyphen hell, septiert	Aspergillose (einschl. Aspergillom) sowie lokalisierte, auch generalisierende Krankheits-formen

Tabelle 19 (Fortsetzung)

Zeile [a]		Name des Erregers		geographische Verbreitung [d]
		Teleomorph [b]	Anamorph [c]	
12	Ascomycetes und Fungi imperfecti	Arthroderma spp.	= Trichophyton ssp. (einschl. Keratinomyces)	weltweit (mit Ausnahmen)
13		Nannizzia spp.	= Microsporum spp.,	
14			Epidermophyton floccosum	
15		Anixiopsis spp. (einschl. Keratinophyton)	= Chrysosporium spp.	
16		Emmonsiella capsulata	= Histoplasma capsulatum var. capsulatum, H. capsulatum, var. duboisii	weltweit, in größeren Regionen teilweise fehlend
17		Ajellomyces dermatitidis	= Zymonema dermatitidis	**Nordamerika**, Afrika
18			Paracoccidioides brasiliensis	**Südamerika**
19			Loboa loboi	**Amerika** (?)
20			Coccidioides immitis	**Nordamerika** (SW), Südamerika (N)
21			Candida albicans, andere Candida spp.	weltweit
22			Malassezia furfur	weltweit
23	Zygomycetes	verschiedene Mucorales		weltweit
24		Basidiobulus meristosporus und/oder B. haptosporus		weltweit (?) tropisch-subtropisch
25		Entomophthora coronata		weltweit
26	?	Rhinosporidium seeberi		weltweit, tropisch

saprobisches Reservoir	Infektions-modus	Wuchsform im Gewebe	Name der Krankheit
[e]	[f]	[g]	[h]
Erdboden (ge-ophile Der-matophyten); Tiere (zoophile Dermatophyten); nur Mensch (anthropophile Dermatophyten)	Infektion oft mit in-infizierten Schuppen oder Haaren	Hyphen hell, septiert, oft in Thallokoni-dien zerglie-dert	Dermato-phytose
Erdboden, z.B. unter Fleder-mausexkre-menten	Inhala-tion, Inokula-tion (?)	Sproßzellen	Histoplasmose (,,klassische und afrika-nische Form")
Erdboden (?), Pflanzenteile (?)	Inhalation	Sproßzellen	Blastomykose
Pflanzen (?) Erdboden (?)	Inokulation (?)	Sproßzellen	Paracocci-dioidose
?	?	Sproßzellen	Lobomykose
Wüstenboden, Pflanzenreste (?)	Inhalation	Sporangien (Sphaerulae) in Sputum	Coccidi-oidose
Tiere, Mensch und Umgebung	endogen	Sproßzellen, Pseudohyphen, Hyphen	Candidose
(nur am Menschen)	Haut-schuppen	Sproßzellen, Hyphen	Pityriasis versicolor
viele Stand-orte (Erreger sind kommun und ubiquitär)	Inhalation	Hyphen, unseptiert	Mucormy-kose
wäßriges Milieu (?)	?	Hyphen, unseptiert	Basidiobolose
wäßriges Milieu (?) Insekten (?)	?	Hyphen, unseptiert	Entomo-phthorose
wäßriges Milieu (?)	?	Sporangien in Läsionen	Rhinospori-diose

mykosen finden sich in Lehrbüchern von CONANT u. Mitarb. (1971),
EMMONS u. Mitarb. (1977), RIPPON (1974), VANBREUSEGHEM u.
Mitarb. (1978) sowie bei SEELIGER u. HEYMER (1981; hauptsächlich
Erreger), aber auch in Monographien einzelner Mykosen.

Terminologie und Ätiologie. „Mykosen" ist Oberbegriff aller durch Pilze hervorgerufenen Infektionskrankheiten. Die einzelne Mykose (klinische Entität;
Tab. 19, Spalte h) ist nach GRUMBACH (1969) ätiologisch determiniert. Erreger
im Einzelfall, bei einem bestimmten Patienten, ist meist ein einziger, auf eine
einzige Infektion zurückführbarer Pilzstamm; Erregergemische, auch solche mit
Bakterien, kommen vor, am häufigsten wohl bei Interdigitalläsionen. Als ätio-
logisches Agens einer Mykose gilt entweder eine Erregerspecies (z. B. Tab. 19,
Spalte b–c, Zeile 6, 16–20, 22, 24–26) oder eine Gruppe verwandter Organismen (Zeile 1,2,7–15); beim Myzetom (Madurafuß, Zeile 3–5) kommen jedoch mehrere, teilweise nicht miteinander verwandte Taxa als Erreger in Frage.
Krankheitsbilder und dazugehörende (determinierende) Ätiologien sind durch
Übereinkunft auf der Basis klinisch-didaktischer Erfahrung umgrenzt. Von
erstrangiger Bedeutung ist dabei, ob beispielsweise Lungenveränderungen durch
Aspergillus, durch *Candida* (Pilze) oder aber durch *Nocardia* (ein hyphenbil-
dendes Bakterium; Ordnung Actinomycetales) verursacht werden.
Allerdings können die Krankheitsbilder (Tab. 19, Spalte h) durch weitere Faktoren wie Grundleiden, Lokalisation der Läsionen oder Schwere des Befalls
beträchtlich variiert sein. So unterscheidet man als „klinische Typen" der Aspergillose: lokalisierte Hautläsionen, broncho-ektatische Formen, Aspergillom
(fungus ball), invasiven Lungenbefall usw., und bei Candidose sind Schleim-
hautinfektionen (Soor) einschließlich Befall von Bronchien oder Vagina, Nagelmykosen, kutan-generalisierende sowie hämatogen-disseminierende (System-)
Mykosen, teilweise mit Organmetastasen und -herden, und viele weitere klinische Typen bekannt. Mehr oder weniger vielgestaltig sind auch die meisten
übrigen Mykosen.

Epidemiologie (vgl. Tab. 19, Spalte d–f). Die Mehrzahl der Erreger von
Human- und Tiermykosen ist weltweit verbreitet, es sind Kosmopoliten.
Zu den Endemiten, deren geographische Verbreitung begrenzt ist, zählen neben den eingangs erwähnten amerikanischen Erregern (Tab. 19,
Zeile 17–20) zwei afrikanische *Trichophyton*-Arten und das südpazifische *Trichophyton concentricum*, das Tinea imbricata (Tokelau) hervor-
ruft. („Tinea" + Bestimmungswort bezeichnet klinische Typen der
Dermatophytosen.)
Die Übertragung pilzlicher Krankheitserreger auf den Menschen erfolgt
manchmal durch direkten Kontakt; so kann man zoophile Dermatophyten wie *Microsporum canis* von Katzen, Hunden oder anderen Haustieren (und letztere den Pilz von Beutetieren), *Trichophyton verrucosum*
von Rindern („Kälberflechte") acquirieren. Seltener ist die Übertragung von Mensch zu Mensch: *Microsporum canis* und das anthropophile
M. audouinii verursachen auch heute noch durch Ansteckung mit infizierten Haaren da und dort kleine Epidemien in Kindergärten und Schu-
len, und *Candida*-Balanitis kann aus Vulvovaginitis stammen.

Typisch für viele Dermatophytosen ist die Verbreitung des „Fußpilzes" (Tinea pedis, Fußmykose; Erreger sind hauptsächlich *Trichophyton rubrum, T. mentagrophytes* und *Epidermophyton floccosum*; s. Abb. **184, 185,** S. 325 ff.). Jeder Mensch verliert ständig feinste Hautschuppen, die bei Fußpilzkranken Pilzhyphen enthalten können. Barfuß laufende Gesunde sammeln das infektiöse Material mit ihren Füßen auf. Manchmal mag die Infektion sofort anwachsen, in der Regel wird das keimhaltige Material später teilweise in Strümpfen oder Schuhen hängenbleiben und zur Infektion führen, sobald günstige Bedingungen (Feuchtigkeit, Wärme) eintreten, was sehr häufig für den äußeren Zwischenzehenraum zutrifft, denn dort entwickeln sich die meisten Primärherde der Tinea pedis. Die Mykose kann an andere Körperstellen verschleppt werden (z. B. durch Kratzen in die Inguinalgegend).

Durch pilzhaltige Hautschuppen wird vermutlich auch *Malassezia furfur* mit Bettwäsche und Kleidung übertragen. Wenn Gärtner mit bloßen Händen keratinhaltige, belebte Erde verarbeiten, kann es zur „Gärtner-Mikrosporie" (*Microsporum gypseum*) kommen.

Auch die übrigen Mykosen werden exogen acquiriert (Tab. **19**, Spalte e, f), wenige davon durch Wundinfektion (Zeile 3–6, 11, 18), die Mehrzahl auf dem Respirationswege. Reservoirfragen und Infektionsmodi einer Anzahl tropischer Mykosen sind noch ungeklärt.

Pathogenese. Die Entwicklung nahezu aller Mykosen dürfte durch prädisponierende Faktoren gefördert werden; Voraussetzung für das Zustandekommen einer Erkrankung sind sie jedoch nur bei den Sekundärmykosen, während bei den Primärmykosen der Verlauf (die Schwere) der Erkrankung beeinflußt wird. Als prädisponierende Grundleiden oder primäre Schädigungen bei Sekundärmykosen kommen in Frage: Hypo- und Agammaglobulinämien (auch Kwashiorkor als allgemeiner Proteinmangelzustand), Diabetes mellitus, Langzeitbehandlung mit breitspektrig wirksamen Antibiotika und anderen Chemotherapeutika, immunsuppressive Behandlung bei Allergien, Asthma, Organtransplantationen usw. sowie Corticosteroid-Therapie im allgemeinen, Kontrazeptiva, konsumierende Krankheiten wie Tuberkulose, Alkoholismus und sonstige Schwächezustände.

Die typische Infektion erfolgt durch Einatmen von Keimen mit nachfolgender Besiedlung von Bronchien oder Lungengewebe (evtl. Ansiedlung im Bronchialsekret ohne Gewebeinvasion), als Befall von Schleimhäuten (Candidose, s. Tab. **19**, Zeile 21, evtl. auch Zeile 18, 19, 24–26) oder durch Hautinfektion, die teilweise durch vorangehende Mazeration ermöglicht wird (Baden, Geschirrwaschen). Die weitaus meisten Erreger finden, selbst wenn sie auf die „richtige" Stelle eines an sich empfänglichen Wirtes gelangen, keine für sie geeigneten Bedingungen vor. Entweder reicht die Keimzahl für eine Infektion nicht aus (einzelne Keime genügen nur bei *Coccidioides*), oder die Keime fallen der allgemeinen Infektabwehr (zelluläre Abwehr, Flimmerepithel) zum Opfer, die Infektionen verlaufen dann abortiv oder stumm, sie „gehen nicht an". Immunreaktionen sorgen später dafür, daß auch haftende Infektionen sich nicht ausbreiten können. Und trotzdem erkranken Menschen und Tiere an Mykosen. Das muß dann daran liegen, daß Einrichtungen der Resistenz oder Immunität des Wirtes versagt haben oder vom Erreger „überspielt" worden sind. Infektionschancen für die meisten Mykosen dürften fast ständig bestehen, so daß sich jeder Mensch mehrmals täglich mit *Candida albicans, Aspergillus fumigatus* oder einem pathogenen Vertreter der Mucoraceae infizieren könnte. Im Rahmen dieser ständigen Kontakte kann auch ein sonst Gesunder irgendwann einmal eine Mykose acquirieren, doch wahrscheinlich verläuft sie dann eher unauffällig, subklinisch, und trägt zur Entwicklung seiner Immunreaktivität bei. Unter sonst günstigen Umständen und bei wiederholten, schwachen Infektionen kann sich selbst eine Coccidioidose unter relativ leichten, unspezifischen, grippeähnlichen Symptomen, als „Wüstenfieber", manifestieren.

Diagnose. Da es am Patienten kein Erkennungszeichen für „Mykose" gibt, müssen zur Diagnose die klinischen Erscheinungen (Symptome, oft unspezifisch), die Lokalisation des Erregers („Nativpräparat", in dem z.B. die Wuchsform des Pilzes auf invasives Wachstum schließen läßt) und dessen Natur (Identifikation, Bestimmung an Hand von Reinkulturen) im Einklang sein. Oberflächliche Mykosen erlauben eine unkomplizierte Probeentnahme zur mikroskopischen Untersuchung und für Kulturversuche. Wo serologische Methoden zur Verfügung stehen, können diese einen Verdacht verstärken, den Erregernachweis unterstützen, sichern, präzisieren helfen, aber nur selten ersetzen. In einem Lehrbuch der inneren Krankheiten erscheinen die Mykosen unter Umständen nicht als eigenes Kapitel, sondern einzelne klinische Typen werden bei Krankheitserscheinungen wie Fieber, Diarrhoe oder Lungenveränderungen zum Zweck der „differentialdiagnostischen" Berücksichtigung erwähnt; das Beispiel läßt sich auf andere Disziplinen der klinischen Medizin übertragen.

Prophylaxe und Therapie. Um Neugeborene vor Candidose zu schützen, wird die mütterliche Vagina vor der Entbindung antifungisch behandelt, falls Erreger nachweisbar waren; auch der Säugling wird in den ersten Tagen beobachtet und gegebenenfalls therapiert. Später muß er jedoch körpereigene, anti-*Candida*-spezifische γ-Globuline bilden, und dies geschieht nur bei Kontakt mit dem potentiellen Erreger.
Einer Fußmykose kann man bei großer Infektionsgefahr (öffentliche Bäder) durch konsequente persönliche Hygiene und Fußdesinfektion vorbeugen. Barfußlaufen schafft infektionsfeindliche Bedingungen in den Zwischenzehenräumen; obwohl man dabei die Füße exponiert, ist eine gewisse Schutzwirkung gegen „Fußpilz" zu erzielen. Die Beispiele

sollten Verständnis für das Besondere der Pilzinfektion anbahnen, in anderen Fällen erscheinen Vorbeugungsmaßnahmen ohne weiteres plausibel: Im endemischen Gebiet der Coccidioidose hält man sich bei Sturm nicht im Freien auf; ist dies unvermeidbar, so müßte eine einfache Atemmaske vor Infektion schützen. Wenn sich die Bevölkerung in den Myzetom-Gebieten kleiden würde wie die Europäer, dann käme es zu verschwindend wenig Infektionen; unter den gegebenen Verhältnissen, die vielleicht gar nicht verändert werden sollen, könnte die Frühdiagnose mit folgender Frühbehandlung immerhin vermeiden, daß der ,,Madurafuß" zum Klumpfuß wird und als einzige späte Behandlungsmöglichkeit die Amputation bleibt.

Die wichtigsten Behandlungsmethoden für (bestehende) Mykosen lassen sich wie folgt charakterisieren: Lokaltherapie für rein oberflächliche, in begrenzten, erkennbaren Arealen ausgebreitete Mykosen; Regel: die Behandlung nach dem Verschwinden der Symptome nochmals um die bis dahin erforderlich gewesene Zeit fortsetzen. Bei ausgedehnter Dermatophytose der Haut, Haare oder Nägel, auch falls lokale Therapie wirkungslos war (Identifikation des Erreger in der Reinkultur unerläßlich!), ist Griseofulvin per os indiziert. Heilungen unter Jod-Therapie (keine direkte Hemmung des Erregers, Wirkung über das endokrine System) wurden bei Sporotrichose und Chromomykose beobachtet; bei disseminierenden, generalisierenden Formen muß z. Zt. Behandlung mit Amphotericin B erwogen werden, was unter ähnlichen Voraussetzungen auch für Paracoccidioidose gilt, bei der Heilungen oder Besserungen ,,normal schwerer Fälle" mit Sulfonamiden erzielt werden. Wirkungen gegen Hefe- und andere Pilze an Schleimhäuten, auch im Verdauungstrakt, erreicht man durch entsprechende Anwendung von Nystatin, das wie Amphotericin zu den Polyen-Antibiotika zählt. Mit Amphotericin B, dessen Einsatz einen Arzt mit Spezialkenntnissen und ein entsprechendes Laboratorium erfordert, werden seit zwei Jahrzehnten mit befriedigenden Erfolgen die amerikanischen tiefen Mykosen, Histoplasmose und Cryptococcose therapiert. Mit dem Blick auf antifungischen Infektionsschutz bei Transplantationen, bei Asthmabehandlung und anderen Eingriffen, die zur Verminderung der Immunaktivität des Patienten führen, wurden einige neue antimykotische Chemotherapeutika entwickelt, welche diesen Zweck zu erfüllen versprechen und auch für die bisher noch nicht mit sicherem Erfolg zu behandelnden Mykosen Hoffnungen aufkommen lassen (vgl. Abb. 56i–l, S. 97), so daß vielleicht die Heilungsaussichten für Aspergillose und Mucormykose steigen und die Behandlung anderer Mykosen in naher Zukunft vereinfacht werden könnte.

Mykosen der Tiere

Von den Erregern oberflächlicher Mykosen des Menschen sind einige Dermatophyten auch bei Tieren mit Haaren oder Federn (Krallen, Hufen usw.) weit verbreitet, aber nicht auf jene beschränkt. *Trichophyton mentagrophytes,* der beim Menschen am zweithäufigsten vorkommende Dermatophyt, wird sehr häufig an Mäusen nachgewiesen, ruft Schäden etwa in Chinchilla-Farmen hervor und kommt über Haustiere in unsre unmittelbare Umgebung. Das im Fell mancher Tiere (auch Zootiere) symptomlos angesiedelte *Microsporum canis* kann bei den gleichen und anderen Tieren und beim Menschen Dermatophytosen verursachen. *Trichophyton verrucosum,* häufigster Erreger von Tinea corporis in der Landbevölkerung, stammt meist vom Rind („Kälberflechte"), und *Microsporum nanum* kommt selten beim Menschen, aber in manchen Gegenden öfter bei Schweinen vor.

Was die Erreger tiefer, generalisierender Humanmykosen betrifft, so ist *Candida albicans* im Tierreich weit verbreitet. Ökonomisch spürbare Ausfälle kamen – um ein nicht allzu spektakuläres Beispiel zu zitieren – in einer Gänsefarm infolge *Candida*-Balanitis vor. Nagetiere erkranken systemisch an Coccidioidose, Cryptococcose, Histoplasmose und Sporotrichose. Lobomykose wurde bei Delphinen und Blastomykose bei Hunden festgestellt. Gelegentlich beobachtet man an höheren Tieren auch Krankheiten, die vom Menschen nicht bekannt sind. So fand man eine Lymphangitis durch *Histoplasma farciminosum,* einen Verwandten des Histoplasmose-Erregers, bei Pferd, Maultier und Esel und eine Pityrosporose bei Hund, Rind, Pferd, Schwein und Rhinozeros infolge Befalls mit *Pityrosporum pachydermatis,* Nachbarart des Erregers „unsrer" Pityriasis versicolor.

Publikationen in den Heften 17 und 18 der Berliner und Münchner Tierärztlichen Wochenschrift (Band 93 [1980], 321–360) geben Einblick in einen Teil der gegenwärtig beachteten Probleme und Lösungen.

Zur Abrundung des Überblicks sollen noch einige Taxa tierpathogener Pilze und pilzähnlicher Protisten aufgezählt werden; in einigen Fällen finden sich im folgenden Teil „System der Pilze und pilzähnlichen Protisten" weitere Informationen.

Oomycetes: *Achlya, Saprolegnia* (Fische, andere Wassertiere); Lagenidiales (kleine Wassertiere);
Zygomycetes: Entomophthorales (Insekten); Amoebidiales (Ektoparasiten auf Crustaceae und Wasserinsekten); Harpellales, Zoopagales;
Ascomycetes-Deuteromycetes: *Cordyceps* (alle bis auf einige pilzparasitierende Species kommen auf Insekten bzw. Larven vor); *Arthrobotrys* (Nematoden, kleine Bodentiere); *Dactylaria, Beauveria, Metarhizium* (Insekten, evtl. andere kleine Tiere);
Laboulbeniomycetes (Insekten).

System der Pilze und pilz-
ähnlichen Protisten

Die aus historischen, didaktischen und praktischen Gründen als „Pilze"
zusammengefaßten chlorophyllfreien, eukaryotischen, thallischen, in
wenigstens einem Lebensabschnitt Zellwände ausbildenden Organismen lassen sich am ehesten auf dem Niveau der Abteilung taxonomisch
überblicken (vgl. Abb. 2, S. 3). Die Taxa mit beweglichen Keimen
(Schleimpilze und niedere Pilze) gehören zusammen mit Algen und Protozoen zum Regnum (Reich) „Protisten" oder „Protoctista". Nach heu-
tiger Auffassung sind diese Abteilungen der pilzähnlichen Protoctista
phylogenetisch voneinander unabhängig; jede von ihnen könnte als eigenes Regnum aufgefaßt werden (LEEDALE 1974, MARGULIS 1976,
WHITTACKER 1969). Die höheren Pilze, Organismen mit stets unbeweg-
lichen Sporen (Zygomycota, Ascomycota und Basidiomycota einschließlich Flechtenpilze und Deuteromycota), sind eine Abstammungsgemeinschaft und bilden das Regnum „Fungi" (höhere Pilze,
echte Pilze, Pilze s. str.). Ihr stammesgeschichtlicher Ursprung wird bei
den Chytridiomycota vermutet; jenes Taxon der pilzähnlichen Protoctista wäre sodann mit den Fungi in ähnlicher Weise verwandt wie
bestimmte Protozoen mit den Tieren und die Grünalgen (Chlorophyta)
mit den Pflanzen (Plantae) – (vgl. Abb. 1, S. 2).

Nomenklatur. Die Namengebung (Nomenklatur) der Pilze erfolgt nach
den international vereinbarten Nomenklaturregeln für das Pflanzen-
reich (STAFLEU u. Mitarb. 1972). Sie ordnet sich den Gegebenheiten der
systematischen Hierarchie unter, nach der die Organismen in Reiche
(z. B. Fungi, Protoctista), Abteilungen (z. B. Basidiomycota, Oomycota), Klassen (z. B. Basidiomycetes, Oomycetes), Ordnungen (z. B. Uredinales, Peronosporales), Familien (z. B. Pucciniaceae, Peronospora-
ceae), Gattungen (z. B. *Puccinia, Peronospora*) und Arten (z. B. *Puccinia graminis, Peronospora tabacina*) eingeteilt werden. Die Rangstufe
wird durch die oben verwendeten Endungen angegeben. Nur bei den
Gattungsnamen ist neben -a auch noch -um und -us sowie (seltener)
-myces (*Allomyces*), -on (*Trichophyton*) u. a. möglich. Als Ergänzung zu
den genannten taxonomischen Hauptrangstufen sind Zwischenstufen
gestattet, so Unterabteilungen (-mycotina), Unterklassen (-mycetidae),
Unterordnungen (-inae), Unterfamilien (ieae).
Jede Pilzart trägt einen zweigliedrigen Namen, dessen erste Komponente die Gattung bezeichnet, in die die betreffende Art zu stellen ist,
während die zweite Komponente das spezifische Epitheton darstellt.

Grammatisch unterliegen alle wissenschaftlichen Namen den Regeln der lateinischen Sprache. Neben den wissenschaftlichen, der Verständigung über die Sprachgrenzen hinweg dienenden, lateinischen Namen können auch solche in der Landessprache gegeben werden. Deutsche Namen sind besonders bei Formen mit auffälligen Fruchtkörpern oder bei wichtigen Pflanzenparasiten gebräuchlich (z. B. Fliegenpilz, echter Meltau).

Namensänderungen sind bei den Pilzen relativ häufig. Sie ergeben sich unter anderem, wenn in einer Veröffentlichung eine abweichende Auffassung über die Gattungszugehörigkeit vertreten wird, oder wenn ältere Epitheta zutage treten. So wurde der Erreger des Apfelschorfes, *Venturia inaequalis* (vgl. S. 274), während längerer Zeit auf Grund einer anderen Auffassung über die Gattungseinteilung als *Endostigme inaequalis*, später als *Spilosticta inaequalis* bezeichnet, um dann wegen eines vermeintlich älteren Epithetons in *Endostigme cinerascens* und *Spilosticta cinerascens* umbenannt zu werden.

Wie bei den übrigen Abteilungen des Pflanzenreiches müssen auch bei den Pilzen neue Taxa (Arten, Gattungen, Familien) nicht nur den Regeln entsprechend benannt, sondern von einer in lateinischer Sprache abgefaßten Beschreibung begleitet sein, um als gültig anerkannt zu werden. Zu beachten ist ferner, daß ein Doppelname nur einmal vergeben werden darf, ebenso Namen von Gattungen, Familien usw. Außerdem sind neue Taxa oder neue Kombinationen (z. B. bei anderer Beurteilung der Gattungszugehörigkeit) in allgemein zugänglichen wissenschaftlichen Publikationsorganen zu veröffentlichen.

Klarheit über die verwendeten Namen in systematischen Arbeiten erfordert das Beifügen der Autornamen. (Wir haben im Text bewußt darauf verzichtet, nicht aber im Register.) In Klammern wird der Name desjenigen Autors gesetzt, der für den betreffenden Pilz das gebräuchliche Epitheton eingeführt hat, bei *Venturia inaequalis* war es COOKE (mit *Sphaerella inaequalis* COOKE 1866). An zweite Stelle – nicht in Klammern – wird der Autor gesetzt, von dem die gebräuchliche Kombination (Art- und Gattungsnamen zusammen) stammt; bei *Venturia inaequalis* ist dies WINTER (1875). Richtig zitiert heißt der Pilz: *Venturia inaequalis* (COOKE) WINTER.

Um diese Anforderungen vernünftig interpretieren zu können, sind den verschiedenen Pflanzengruppen Ausgangspunkte für die Nomenklatur zugeteilt worden, für die Pilze ist dies im allgemeinen der 1. Januar 1821. Heute gelten die Regeln des Pflanzenreiches (1. Mai 1753) für alle Pilze, wobei aber die bisher gebrauchten Namen einen weitgehenden Schutz genießen (Korf: Mycotaxon *14*, 476–490, 1982).

Eine besondere Regelung verlangen die mehrere Fruktifikationsstadien in ihre Entwicklung einschließenden (pleomorphen) Pilze. Fruktifikationsstadien ohne Kernphasenwechsel (asexuell, vgl. S. 50) bezeichnet man als **Anamorph**, solche mit Kernphasenwechsel (sexuell, vgl. S. 67) als **Teleomorph** und den gesamten Entwicklungsablauf eines Pilzes als **Holomorph.** Bei Ascomyceten und bei Basidiomyceten kommt es häufig vor, daß Anamorph und Teleomorph zu verschiedenen Zeiten und ohne klaren Zusammenhang auftreten und deshalb in jeder Phase (morph) eigene Namen tragen. Für den Holomorph ist in diesem Fall der Name des Teleomorph gültig. Gelegentlich gehören zu einem Pilz ohne sexuelle Reproduktion (z. B. Deuteromycetes, s. S. 318) verschiedene Reproduktionsformen mit eigenen Namen. Gültiger Name für den Holomorph ist in diesen Fällen der Name der höchstentwickelten Fruchtform (z. B. Name einer Form mit Konidien, sofern noch ein Name für die Chlamydosporen existiert; Name der Form mit Makrokonidien, wenn noch Mikrokonidien mit selbständiger Bezeichnung auftreten); die übrigen Namen haben sich unterzuordnen.

Pilzähnliche Protoctista

In Tab. 20 sind die hier zu besprechenden Pilzklassen zusammengestellt.

Myxomycota

Die Myxomycota bilden in bestimmten Lebensphasen nackte, amöboide Zellen (Myxamöben), die sich durch vorn ausgestülpte und hinten wieder eingezogene Pseudopodien fortbewegen. Außerdem bilden viele von ihnen Myxoflagellaten mit zwei ungleich langen, nach vorn gerichteten Peitschengeißeln. Sie ernähren sich durch endogene Verdauung von Nahrungspartikeln (z. B. Bakterien). Die Myxamöben können zu größeren, vielkernigen Plasmodien auswachsen oder sich durch Teilung vermehren und zu größeren Einzelzellkolonien entwickeln. Aus den Plasmodien oder zusammengeballten (aggregierten) Myxamöben bilden sich später Fruchtkörper mit zellwandumgebenen Sporen. Die Zellwand enthält Cellulose.
Mit OLIVE (1975) gliedern wir die Myxomycota in zwei Klassen, Myxomycetes und Acrasiomycetes (vgl. Tab. 20).

Myxomycetes (echte Schleimpilze)

Innerhalb der echten Schleimpilze werden drei Unterklassen, Protostelidae, Dictyostelidae und Myxomycetidae, nach morphologischen und entwicklungsgeschichtlichen Gesichtspunkten unterschieden (Tab. 21).

Tabelle **20** Klassen der pilzähnlichen Protoctista

Klasse	Verdauung endo-gen	exo-gen	vegetativer Thallus	Zellwand mit Cellu-lose	mit Chitin	Begeißelung der Zoosporen	Fruktifikation Anamorph	Teleomorph Karyogamie	Sporulation
Myxomycetes	+	–	Myxamöben-kolonie; diploides, vielkerniges Plasmodium	+	–	akrokont mit 2 Peitschengeißeln oder fehlend	–	Planogameten gelegentlich Myxamöben-kopulation	Sporokarp (Sporangium)
Acrasiomycetes	+	–	Myxamöben-kolonie	–	–	fehlend	Sorokarp	–	–
Plasmodiophoromycetes	+	+	Plasmodium haploid/diploid	–	+	akrokont mit 2 Peitschengeißeln	Sommer-sporangium	Planogame-tenkopulation	Dauerspore
Labyrinthulomycetes	–	+	Netzplasmodium	–	–	lateral mit 1 Peitschen- und 1 Flimmergeißel	Sori mit Sorocysten	–	–
Oomycetes	–	+	Myzel (Fruktifikation eukarp)	+	(+)	akrokont oder lateral mit 1 Peitschen- und 1 Flimmergeißel	Zoosporan-gium mit Zoosporen Konidien	Oogamie	Oogon mit Oosporen
Hyphochytriomycetes	–	+	Myzel (Fruktifikation holokarp oder eukarp)	+	+	akrokont mit 1 Flimmergeißel	Zoosporan-gium mit Zoosporen	Planogame-tenkopulation	Dauerspore
Chytridiomycetes	–	+	Myzel (Fruktifikation holokarp oder eukarp)	–	+	opisthokont mit 1 Peitschengeißel	Zoosporan-gium mit Zoosporen	Planoga-metenkopula-tion, Somato-gamie, Oogamie	Dauerspore

Tabelle 21 Einteilung der Myxomycetes in Unterklassen – differenzierende Merkmale

Unter-klassen	Myxo-flagellaten	vegetativer Thallus	Fruktifikation		Kern-phasen-wechsel
			Prophase	Sporokarp	
Proto-stelidae	+ oder –	viel-kerniges Plasmo-dium	einkernige Plasmo-dium-portionen	klein, gestielt mit wenig Sporen (1–4)	in weni-gen Fäl-len be-bekannt
Dictyo-stelidae	–	Kolonien von Myx-amöben	aggre-gierte Myx-amöben	zusammengesetzt aus Myxamöben, die sich zu Sporen ent-wickeln	bekannt
Myxo-mycetidae	+	viel-kerniges Plas-modium	Plasmo-dium	Sporangien mit endogener Sporen-entwicklung	stets

Protostelidae

Bei den einfachsten Schleimpilzen entwickeln sich in der vegetativen Phase die aus den Sporen geschlüpften Myxamöben zu kleinen, vielkernigen Plasmodien. Zur Fruktifikation teilen sich diese in einkernige Portionen (Vorspor-Zellen, Pro-Sporen), aus denen je ein gestieltes Sporangium (Sporokarp) wächst und eine bis vier Sporen bildet. Diese keimen später mit wandlosen Zellen, die begeißelt (Myxoflagellaten, Zoosporen) oder unbegeißelt (Myxamöben) sein können. Myxoflagellaten wandeln sich durch Einziehen der Geißeln in Myxamöben um. Bei *Ceratiomyxella* (Abb. 68) ist der Entwicklungsgang etwas komplizierter. Die Sporen keimen mit mehrkernigen Plasmodien, die sich zu einer Zoocyste entwickeln und später Myxoflagellaten entlassen. Erst aus diesen bilden sich, nach dem Einziehen der Geißeln, die vielkernigen Plasmodien. Protostelidae mit Myxoflagellaten-Stadium (Cavosteliaceae, z. B. *Ceratiomyxella*) haben enge Beziehungen zu den echten Schleimpilzen (Myxomycetidae), solche ohne Myxoflagellaten (Protosteliaceae) zu den Dictyostelidae. Eine an Myxomycetidae (z. B. *Physarum*, s. Abb. 70) erinnernde sexuelle Phase ist bei *Ceratiomyxa* (Ceratiomyxaceae) nachgewiesen (Abb. 71g); für einige andere Vertreter der Unterklasse werden Sexualvorgänge vermutet.

Dictyostelidae

Bei *Dictyostelium discoideum* schlüpfen Myxamöben aus zellwandumgebenen Sporen (Abb. 69a–c) und vermehren sich unter Nahrungsauf-

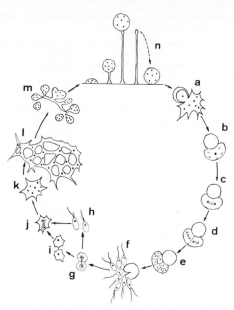

Abb. 68 Ontogenetische Entwicklung von *Ceratiomyxella tahitiense*.
a Sporenkeimung mit mehrkernigem Plasmodium. **b** Entstehung einer
Zoocyste (im ehemaligen Plasmodium degenerieren alle Zellkerne bis auf
einen). **c–f** Kernvermehrung in der Zoocyste: drei aufeinanderfolgende
Mitosen, Entlassung von Myxoflagellaten (Länge ohne Geißel, ca. 8 μm).
g–k Einziehen der Geißeln und Bildung eines vielkernigen Plasmodiums
aus dem Myxoflagellaten; **h** alternativer Seitenweg mit Wiederholung der
Myxoflagellatengeneration. **l, m** Bildung von Teilplasmodien (Prosporen).
n Sporenbildung (Diagramm nach *Olive*)

nahme durch Längsteilungen. Geht das Nährstoffangebot zurück, so
treten diese Zellen, ohne ihre Individualität zu verlieren, zu Verbänden
zusammen (Aggregation zu Pseudoplasmodien, Abb. 69d). Alle Myxamöben eines bestimmten Bezirks kriechen auf ein als Zentrum funk-
tionierendes Initial-Individuum zu. Diese Zelle lockt nicht nur die art-
gleichen Zellen in ihrer Umgebung an, sondern hält sie gleichzeitig davon ab, ihrerseits zu Initialzentren zu werden. Die Steuerung solcher
Vorgänge geschieht hier mit Hilfe von zyklischem Adenosinmonophos-
phat (cAMP) und cAMPase (abbauendes Enzym). Bald nimmt das
Pseudoplasmodium eine mehr kompakte Gestalt an (Konusbildung,
Abb. 69e) und kann als Ganzes über das Substrat kriechen (Migration).
Schließlich formt es sich zum Sporangium (Sporokarp) um (Kulmina-
tion, Abb. 69f). Ein Pseudoplasmodium bildet in der Regel einen

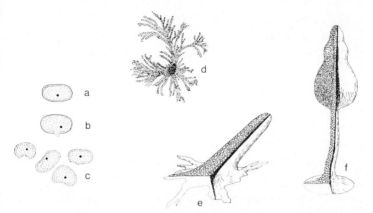

Abb. 69 Entwicklung von *Dictyostelium discoideum*. **a** Spore. **b** Aus-schlüpfende Myxamöbe. **c** Myxamöben während des vegetativen Sta-diums. **d** Pseudoplasmodium. **e** Differenzierung des Sorokarps, Pseudo-plasmodium aufgeschnitten, so daß der zentrale Stiel sichtbar ist. **f** Sporo-karp, fast ausgereift, ebenfalls aufgeschnitten – (a–c: 1000fach, d: ca. 10fach, e–f: 130fach) (a–c: nach *Raper, K. B.*, J. Agr. Res. 50 [1935] 135–147, d–f: nach *Bonner*)

Fruchtkörper; nur wenn durch eine große Zahl vereinigter Myxamöben eine „kritische" Masse überschritten wird, entwickeln sich pro Pseudo-plasmodium mehrere Fruchtkörper.

cAMP und cAMPase als Regulationssystem wurden bisher nur bei eini-gen Arten identifiziert, in anderen Fällen konnten diese Verbindungen nicht nachgewiesen werden. Man spricht dann weiterhin von „Acrasi-nen" und „Acrasinasen", ohne diese bisher spezifizieren zu können. Die Unterklasse Dictyostelidae ist vermutlich von Protostelidae abzu-leiten. Ihre Zellwände ähneln sich (Cellulose). Zu den Acrasiomycetes, bei denen die Dictyostelidae früher angeschlossen wurden, bestehen bedeutende Unterschiede (vgl. Tab. 20, S. 164).

Neuerdings wurden die während der Vermehrungsphase unter be-stimmten ökologischen Bedingungen gebildeten Makrocysten als Fu-sionsprodukte zweier haploider Zellen erkannt. Die Zellkerne sind – wenigstens teilweise – diploid und teilen sich vor der Bildung von Myx-amöben meiotisch.

Myxomycetidae

Bei *Physarum polycephalum* schlüpfen beim Keimen aus den zellwand-umgebenen, haploiden Sporen meist zwei Zellen mit je zwei akrokon-ten, ungleich langen Peitschengeißeln (Myxoflagellaten, Zoosporen).

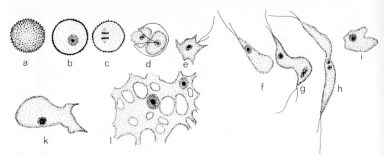

Abb. 70 *Physarum polycephalum.* **a** Spore in Aufsicht; **b** zentraler Schnitt; **c** Kernteilung in der Spore; **d** Keimung mit zwei Myxoflagellaten; **e** einzelner vollausgebildeter Myxoflagellat mit zwei Geißeln; **f–h** Kopulation; **i, k** junges, diploides Plasmodium; **l** Teil eines älteren Plasmodiums – (ca. 800fach) (nach *Howard, F. L.,* Am. J. Bot. 18 [1931] 116–139)

Eingeißeligkeit kann vorgetäuscht sein (Abb. 70a–f), wenn sich die Geißeln nicht gleichzeitig bilden. Teils unmittelbar nach ihrer Befreiung aus den Sporen, teils später, manchmal erst nach einigen Teilungen, können Zoosporen paarweise kopulieren (Abb. 70g, h). Dabei entstehen diploide, zunächst noch begeißelte Zygoten. Die Geißeln verschwinden, und unter Nahrungsaufnahme setzt das Wachstum ein (Abb. 70i, k); die Kerne teilen sich unterdessen fortwährend mitotisch, so daß sich ein ungegliederter (nichtzelliger) Vegetationskörper mit schließlich vielen diploiden Kernen (echtes Plasmodium) entwickelt (Abb. 70l).

Sind die äußeren Bedingungen ungünstig, so wird das Plasmodium in ein hartes Sklerotium umgewandelt, das aus Komplexen zellwandumgebener Zellen (Makrocysten) aufgebaut ist. Diese keimen beim Eintritt günstigerer Außenbedingungen wieder zu einem Plasmodium aus.

Normalerweise folgt auf die vegetative Phase die (sexuelle) Fruktifikation. Das zähschleimige Plasmodium unterteilt sich in einzelne Segmente, diese verdichten sich zu Knötchen, welche sich allmählich in die Höhe strecken und bald eine Differenzierung in einen Stiel und ein vielteiliges Sporangium erkennen lassen (Abb. 71c).

Die anfangs homogenen Sporangien (Sporokarpe) vakuolisieren sich; später fällt ein Teil des in der Vakuolenflüssigkeit gelösten Materials aus und tritt dabei zu einem charakteristischen, fädigen Netzwerk, dem Capillitium, zusammen. Außerdem zerklüftet sich das Plasma in diploideinkernige Portionen. Diese entsprechen den späteren Sporen. Deren Kerne teilen sich meiotisch; aber nur einer der vier Tochterkerne kann überleben; die übrigen degenerieren. Die haploiden Sporen sind von einer artcharakteristisch skulptierten und braun gefärbten, Cellulose enthaltenden Wand umgeben. Durch Zerfall der übrigen Sporangienteile werden die Sporen freigesetzt.

Bei den als ursprünglich angesehenen Echinosteliales bleibt das Plasmodium eine kleine, in sich kaum differenzierte Plasmamasse (Protoplasmodium); bei höherstehenden Formen breitet es sich als feines, meist unsichtbares Netzwerk (Aphanoplasmodium) über kleinste bis größere Flächen aus. Im Falle des *Physarum polycephalum* und bei anderen als hochentwickelt zu betrachtenden Formen wird das Plasmodium zu einem dicken, morphologisch und funktionell oft auffallend differenzierten Gebilde (Phaneroplasmodium), das nicht selten beträchtliche Ausmaße (bis zum Mehrfachen einer Handfläche) erreicht.

Auch die Fruchtkörper (Sporokarpe) sind in Form und Farbe sehr mannigfaltig. Sie lassen sich folgenden Typen zuordnen: 1. einfache, gestielte oder sitzende Sporangien, die sich meist in Gruppen aus einem größeren Plasmodium entwickeln (Vertreter in allen Ordnungen); 2. zusammengesetzte, meist ungestielte Aethalien (große, halbkugelige oder kissenförmige Sporokarpe, die aus ganzen Plasmodien oder großen Teilen davon hervorgehen; nur bei Liceales anzutreffen, z.B. bei der häufigen *Lycogala epidendron*); 3. Plasmodiokarpe (sitzende, unregelmäßige, verzweigte oder vernetzte Sporokarpe; bei Trichiales, Physarales, Liceales).

Beim Befruchtungsverhalten sind Heterothallie und Homothallie experimentell festgestellt worden. Bei der ersteren handelt es sich um bipolare Inkompatibilität mit einem Locus und vielen Allelen (ähnlich wie bei bestimmten Basidiomyceten; vgl. S. 118). Homothallie ist dagegen nicht eindeutig, da sowohl Monözie (mit normaler Sexualität) wie Apomixis (ganzer Lebenszyklus im diploiden Zustand ohne Sexualität) vorkommen (vgl. S. 115).

Die Myxomycetidae lassen sich in fünf Ordnungen unterteilen; die früher dazugestellten Protosteliales und die Ceratiomyxales sind unter den Protostelidae vereinigt (S. 165):

Echinosteliales bilden sehr kleine, gestielte Sporangien mit relativ wenigen, hell gefärbten oder bräunlichen Sporen; Capillitium fehlt oder ist nur wenig ausgebildet (Abb. 71d). Die Sporangienwand zerfällt früh, und die Sporen werden dann nur durch eine mehr oder weniger schüsselförmige Struktur (Kolumella) am Stielende getragen.

Trichiales. Die gestielten oder sitzenden Sporangien (Plasmodiokarpe) haben ebenfalls hell gefärbte, oft gelbe Sporen und ein stets deutliches, aus kompakten oder röhrenförmigen Fäden zusammengesetztes Capillitium (Abb. 71f).

Stemonitales. Diese Ordnung umfaßt Schleimpilze mit dunklen Sporen in Sporangien, die nur ausnahmsweise Kalkkrusten in ihren unteren Partien tragen. Das Capillitium besteht aus dunklen Fäden (Abb. 71e).

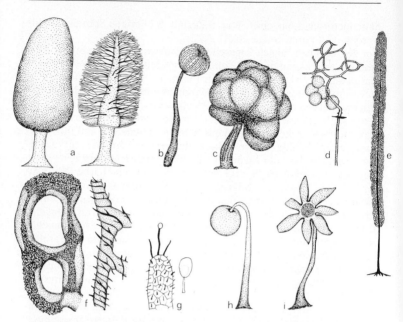

Abb. 71 Fruktifikationsorgane von Myxomycetes. a *Diachea leucopodia*, links junges, rechts altes Sporangium ohne Wand. b *Dictydium cancellatum*, entleertes Sporangium. c *Physarum nicaraguense*, Sporangienbüschel. d *Echinostelium elachiston*. e *Stemonitis webberi*, Sporangium. f *Hemitrichia serpula*, links Plasmodiokarp, rechts Capillitiumfaden. g *Ceratiomyxa fruticulosa*, Teil eines Fruchtkörpers mit sich entwickelnden Sporen und rechts Einzelspore. h *Physarum nucleatum*, junges, geschlossenes und i offenes Sporangium – (a: 50fach, b: 25fach, c: 50fach, d: 200fach, e: 7fach, f: 9fach, g: 160fach, resp. 500fach, h: 30fach, i: 30fach) (a–c, e–h: nach *Agnihotrudu, V. J.*, Ind. Bot. Soc. 38 [1959] 418–491, d: nach *Alexopoulos, C. J.*, Amer. J. Bot. 47 [1960] 37–43)

Physarales. Die größte Ordnung der Schleimpilze mit ebenfalls dunklen Sporen bildet Sporangien oder seltener Plasmodiokarpe, die außen mit Kalk inkrustiert sind und ein typisches, aus verzweigten Fäden oder Röhren zusammengesetztes Capillitium enthalten (Abb. **71c, h**).

Liceales zeigen die größte Mannigfaltigkeit in der Ausbildung ihrer Sporokarpe (Sporangien, Aethalien, Plasmodiokarpe) (Abb. **71b**). Ein echtes Capillitium fehlt; Überreste der ursprünglichen Protoplasten bilden aber ein Pseudocapillitium.

Acrasiomycetes (zelluläre Schleimpilze)

Bei *Acrasia rosea* (Abb. 72), einem weitverbreiteten, auf faulenden Pflanzenteilen lebenden Schleimpilz, schlüpfen einzelne Myxamöben aus den Sporen. Sie bewegen sich mit Hilfe lappiger Pseudopodien und verschlingen dabei andere einzellige Organismen oder sogar Amöben der eigenen Art. Nach einer Vermehrungsphase mit rascher Teilung der Myxamöben beginnt die Fruktifikation mit der Wanderung der Myxamöben gegen die Kolonieränder, wo sie sich zu großen, orange gefärbten Gruppen (Pseudoplasmodien) zusammenballen. Diese differenzieren sich in je einen Stiel und einen Kopf (Sorogen). Die Stielzellen erhalten durch rasches Einkapseln eine größere Festigkeit, das Sorogen wird lappig, und aus jedem Teil entwickelt sich eine einfache oder verzweigte Sporenkette. Zur Kettenbildung ordnen sich die einzelnen Amöben aktiv ein, runden sich ab und umgeben sich mit Zellwänden. Je nach der

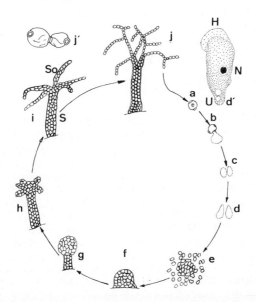

Abb. 72 Lebenszyklus von *Acrasia roseae*. **a–d** Sporenkeimung mit Myxamöbe, deren Encystierung und Wiederauskeimung. **d'** Myxamöbe mit hyaloplasmatischem Vorderrand (H), Zellkern (N) und hinterer Uroidzone (U). **e** Myxamöbenaggregation. **f–i** Sorokarpbildung mit Differenzierung in Stiel (S) und Sorogen (So). **h** Lappung des Sorogens. **i** Ausrichtung der Myxamöben in Ketten von Sporen. **j** Reifes Sorokarp. **j'** Zwei verbundene Sporen – (a–j: 100fach, d': 1000fach, j': 500fach) (a–j': nach *Olive, L. S.,* u. *C. Stoianovitch*, Bull. Torr. Bot. Club 87 [1960] 1–20, d': nach *Olive* 1975)

Zahl beteiligter Amöben sind die Sporenketten klein, aus einer einzigen Reihe von Stielzellen und aus nur wenigen Sporenketten aufgebaut oder größer, bäumchenartig und reich verzweigt. Im Gegensatz zu den absterbenden Stielzellen der Dictyostelidae verwandeln sich auch die Zellen der Stiele in Sporen, unterscheiden sich aber von den mit ringartigen, polaren Erhebungen (Hili) versehenen Sporen der apikalen Ketten (Abb. 72j).

Die meisten Vertreter dieser Klasse haben nur Myxamöben; bei *Pocheina rosea* kommen jedoch auch Myxoflagellaten mit paarig-gleichlangen, akrokonten Peitschengeißeln vor. Sexualvorgänge sind unbekannt.

Die echten Acrasiomycetes unterscheiden sich von den früher in diese Klasse gestellten Dictyostelidae (s. S. 165) nicht nur im Entwicklungsgang und im Verhalten bei der Aggregation (keine Zellstreckung der Myxamöben in der Bewegungsrichtung, keine Myxamöbenströmung), sondern auch durch die gelappten (nicht fingerförmigen) Pseudopodien sowie durch das gänzliche Fehlen von Cellulose.

Plasmodiophoromycota

Plasmodiophoromycetes (parasitische Schleimpilze)

Bei *Plasmodiophora brassicae,* Erreger des „Wurzelkropfes" der Cruciferen, z.B. der *Brassica*-Arten („Kohlhernie"), schlüpft bei der Keimung je eine Zoospore aus den im Erdreich befindlichen Dauersporen (Abb. 73b, c). Die Schwärmer bewegen sich mit zwei ungleich langen, akrokonten Peitschengeißeln, von denen die längere nach vorn, die kürzere nach hinten schlägt, gelangen an das Wurzelhaar eines zusagenden Wirtes und setzen sich fest. Nach dem Einziehen der Geißeln bildet sich ein eigenartiges Zellorganell, ein gebogener Schlauch, in dessen abwärts gerichtetem Teil, dem „Rohr", ein aus dichtem Plasma aufgebauter „Stachel" liegt (Abb. 74). Dank diesem Apparat vermag der Pilz in wenigen Minuten in den Wirt einzudringen. Es formiert sich eine Vakuole, deren Inhalt zunächst in eine fest an die Wirtsoberfläche gepreßte Ausstülpung (Adhäsorium) gelangt, wonach der Stachel durch die Epidermis in die nächste Wirtszelle gepreßt wird. Der Inhalt der Pilzzelle fließt darauf durch den entstandenen feinen Kanal nach und wächst in der neu infizierten Wirtszelle zu einem vielkernigen Plasmodium heran, das sich teilen und von Zelle zu Zelle weiter vordringen kann. (Abb. 73d, e, f). Durch Verlängerung und Teilung des Kernkörperchens zeigen sich bei der Mitose eigenartige kreuzförmige Konstellationen von Kernkörperchen und Chromosomen.

Später zerklüftet sich das Plasmodium in einkernige Portionen, die sich abrunden. Während ihre Kerne nochmals zwei bis drei Generationen

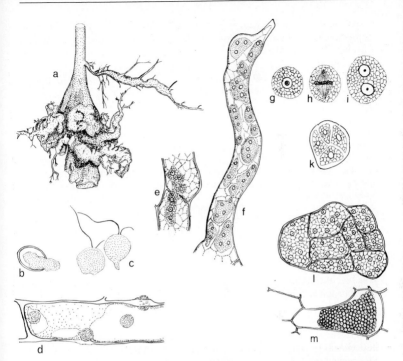

Abb. 73 *Plasmodiophora brassicae*. **a** Habitus einer kranken Kohlwurzel.
b–l: asexuelle Entwicklung, **b** keimende Dauerspore mit ausschlüpfender
Zoospore, **c** zwei Zoosporen, **d** Infektion einer Wurzelhaarzelle, rechts
oben eindringende Zoospore, im Zellinneren Myxamöben, **e** Wanderung
eines Plasmodiums von Zelle zu Zelle, **f** Wirtszelle mit mehrkernigen Plasmodien, **g** einkernige, abgerundete Portion eines Plasmodiums (Einleitung
der Sporenbildung), **h** Kernteilung in einer Plasmodiumportion, **i** Zweikernstadium, **k** junges Sommersporangium mit vier nackten Plasmaballen,
die sich zu Sommersporen abrunden werden, **l** in vier- bis achtkernigen
Sommersporangien zerklüftetes Plasmodium. **m** Wirtszelle mit sexuell entstandenen Dauersporen gefüllt (a: $^1/_5$ nat. Größe, b: 1100fach, c: 2000fach,
d–f: 130fach, g–k: 2000fach, l: 600fach, m: 1000fach) (a, m: *Woronin, M.*,
Jahrb. Wiss. Bot. 11 [1878] 548–574, b: *Honig, F.*, Gartenbauwiss. 5 [1931]
116–225, c: *Ledingham, G. A.*, Nature 133 [1934] 534, d: *Rochlin, E.*, Phytopath. Z. 5 [1933] 381–406, e: *Kunkel, L. O.*, J. Agr. Res. 14 [1918] 543–572,
Chupp, C., Cornell Univ. Agr. Exp. Sta. Bull. [1917] 387, g–l: *Cook, W. R. I.*,
Schwarz, E. I., Phil. Trans. R. Soc. London ser. B 218 [1930] 283–314)

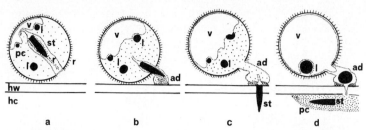

Abb. 74 *Plasmodiophora brassicae*. Schematische Darstellung des Eindringens in ein Wurzelhaar. **a** Encystierte Zoospore mit Rohr (r), Stachel (st), Vakuole (v) vor dem Eindringen. Das Cytoplasma (pc) füllt noch fast die ganze Zelle, in der auch noch Lipidkörnchen (l) liegen. **b** Vergrößerung der Vakuole und Bildung des Adhäsoriums (ad). **c** Stachel wird durch die Zellwand des Wirtes (hw) gepreßt. **d** Durch den vom Stachel vorgebohrten Kanal ist der Cytoplast des Parasiten in die Wirtszelle eingedrungen – (ca. 800fach) (nach *Aist, J. R., P. H. Williams*: Can. J. Bot. 49 [1971] 2023–2034)

von Nachkommen liefern, umgeben sie sich mit je einer zarten Wand und werden so zu Sommersporangien. Ihren Inhalt gliedern sie der Zahl vorhandener Kerne entsprechend in vier bis acht Portionen, die später als Zoosporen neue Infektionen auslösen oder als Gameten funktionieren können (Abb. **73g–l**). Befallene Wurzeln zeigen die für die Krankheit charakteristischen Wucherungen (Abb. **73a**).

Die geschlechtliche Entwicklung ist noch nicht in allen Phasen überblickbar. Karyogamie ist in wachsenden Plasmodien im Wirtsinneren nachgewiesen. Es ist aber ungewiß, ob diese innerhalb eines Einspor-Plasmodiums, also autogam, oder in gemischten Plasmodien (heterogam) erfolgt. Die ebenfalls schon beobachtete Fusion von Myxamöben vor dem Eindringen in den Wirt wäre in diesem Falle als Plasmogamie zu deuten.

Bei Abschluß des Wachstums teilen sich die Kerne meiotisch, und die Plasmodien zerklüften sich in Portionen mit je einem haploiden Kern. Die Energiden runden sich ab, erhalten dicke Zellwände und werden zu Dauersporen, die beim Zerfall des Wirtsgewebes ins Freie gelangen und mit Zoosporen auskeimen (Abb. **73m**).

Andere Plasmodiophoromycetes sind ebenfalls obligate Endoparasiten von Blütenpflanzen, Farnen, Algen oder Pilzen. Sie verursachen wie *Plasmodiophora brassicae* Zellhypertrophien und Gewebewucherungen. Unter den etwa 60 bis jetzt gefundenen Arten ist ein weiterer wichtiger Schädling von Kulturpflanzen *Spongospora subterranea*, der Erreger der Kartoffelräude.

Alle Vertreter der Plasmodiophoromycetes gehören zu einer einzigen Ordnung (Plasmodiophorales), die in mehrere Familien gegliedert ist.

Alle Plasmodiophorales, auch die früher für recht verschieden gehalte-
nen *Woronina*-Arten, haben gleichartig begeißelte Zoosporen; und bei
einer Art ist in den Zellwänden Chitin nachgewiesen worden.

Labyrinthulomycota

Labyrinthulomycetes (Netzschleimpilze)

Labyrinthula algeriensis lebt parasitisch in der Meeresalge *Laminaria
iberia*. Trifft eine Zoospore auf ihren Wirt, so dringt sie nach Einziehen
der Geißeln ein. Dabei quellen aus eigenartigen, röhrenförmigen, nach
außen mündenden Organellen (Sagenogene) der *Labyrinthula*-Zelle
sackartige, eine schleimige Matrix enthaltende Ausstülpungen, die sich
rund um die spindelförmige, aber noch immer wandlose Zelle legen und
zu einer Hülle vereinigen (Abb. 75 a, a'). Die Schleimhüllen vergrößern
sich und treten zu Gängen zusammen, in denen sich die Zellen bewegen.
Durch fortgesetzte Zellteilungen und Vergrößerung des Schleimwegsy-
stems entwickelt sich ein komplexes Netzplasmodium (Abb. 75 c, d), das
als „ektoplasmatisches Fadennetz" oder auch als „hochspezialisiertes
Filopodiensystem" aufgefaßt worden ist. Vieles daran ist noch nicht geklärt. Es dürfte unter anderem Verdauungsfermente zu den Nahrungspartikeln und gelöste Nährstoffe zurück zu den Zellen leiten.
Zur Sporenbildung treten die Zellen zu Gruppen zusammen, runden
sich ab und umgeben sich mit dünnen Wänden (Abb. 75 e, f). Um eine
Zellgruppe bildet sich ebenfalls eine Wand, so daß Sori entstehen, deren
Zellen als Sporocysten funktionieren und je eine Anzahl Zoosporen bilden, die dann ausschlüpfen. Die Sporenzahl je Sporocyste beträgt, je
nach Anzahl der Kernteilungen, vier, acht oder mehr. Die Zoosporen
haben neben den Sagenogenen als zweites eigenartiges Organell einen
orangefarbenen Augenfleck an der Basis des Geißelapparates. Die
Schwärmzellen selbst sind biflagellat-pleurokant. Von den Geißeln ist
die längere, nach hinten schlagende, vom Peitschentyp, die kürzere,
nach vorn gerichtete, vom Flimmertyp.
Die bisher beschriebenen Arten der Abteilung gehören zu einer einzigen Klasse. Leider ist noch vieles, z. B. bei der ontogenetischen Entwicklung, nur sehr unvollständig bekannt. Das gilt auch für die in ihrer systematischen Stellung innerhalb der Klasse unsicheren Thraustochytria-
ceae. Diese Familie war früher bei den Oomycetes (s. S. 177) eingereiht,
ihre Zellen sind aber wie die von *Labyrinthula* von einer durch Sagenogene produzierten Schleimhülle umgeben, die Zellwände besitzen keine
Cellulose, und die Begeißelung ist ebenfalls gleichartig. Bewegliche Stadien (Zoosporen) sind nicht für alle Vertreter der Gruppe nachgewiesen, und aus bestimmten Hinweisen wird auf sexuelle Reproduktion geschlossen, wenn auch die Beweise dafür noch fehlen.

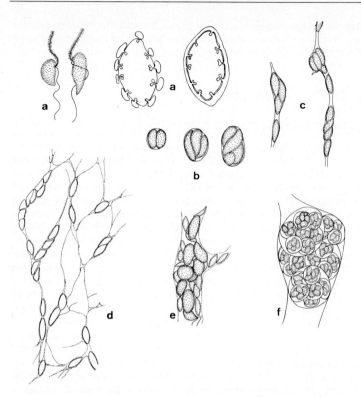

Abb. 75 *Labyrinthulula algeriensis*. **a** Zoosporen; **a'** nackte Zellen bei der Bildung von Schleimhüllen; **b** Vermehrung encystierter Zoosporen; **c** Beginn der Netzplasmodienbildung und Teil eines Fadens mit spindelförmigen Zellen; **d** Ausschnitt aus dem Netzplasmodium; **e** beginnende Sporocystenbildung; **f** Sporocysten mit Sporenpaketen – (a, a', b, c: 1000fach, d, e: 500fach, f: 250fach) (nach *Hollande, A., M. Enjumet:* Ann. Sc. Nat. Zool. Biol. Anim. [11] 17 [1955] 357–368)

Die meisten Labyrinthulomycetes leben saprobisch oder als ubiquitäre Parasiten. Ihre Kultivierung im Labor hat bei den bisherigen Versuchen keine besonderen Schwierigkeiten verursacht. Praktische Bedeutung hat *Labyrinthula macrocystis*, Erreger einer oft epidemisch auftretenden Krankheit des Seegrases *Zostera marina*.

Oomycota

Die Oomycota bestehen aus einer einzigen Klasse, den Oomycetes (vgl. Tab. **20**, S. 164).

Oomycetes

Die Klasse umfaßt mehrere hundert Arten, zu denen sowohl ursprüngliche Wasserbewohner als auch hochspezialisierte Parasiten von Landpflanzen gehören. Trotz dieser ökologischen Vielfalt sind die Oomycetes in ontogenetischer, chemischer und physiologischer Hinsicht bemerkenswert einheitlich und unterscheiden sich deutlich von anderen pilzähnlichen Protisten und den echten Pilzen.

Die als Oogamie bezeichnete sexuelle Fruktifikation beginnt mit Meiosen in den an diploiden Hyphen entstehenden Antheridien (männlichen Gametangien) und Oogonen (weibliche Geschlechtsorgane). Nach der Befruchtung mit Hilfe von Antheridialästen (Befruchtungsschläuche) wird in den sich entwickelnden Oosporen die Diploidie wieder hergestellt. In der Diplophase spielen sich sodann Wachstum und asexuelle Fruktifikation ab; Myxomycetes, Chytridiomycetes und Endomycetes haben zum Teil ebenfalls diploide Trophophasen, können aber auch im haploiden Zustand wachsen, die übrigen Pilzklassen ausschließlich in der Haplophase (vgl. Tab. **8**, Zeile i, S. 68). Falls bei der asexuellen Fruktifikation (diploide) Zoosporen entstehen, sind sie biflagellat mit nach vorn gerichteter Flimmergeißel und nach hinten schlagender Peitschengeißel.

Die Lysin-Biosynthese der Oomycetes erfolgt auf dem DAP-Weg (vgl. Tab. **9**, S. 76 u. S. 94), bei den übrigen Pilzklassen außer Hyphochytriomycetes auf dem ADP-Weg. Noch mehr Spezifität zeigt die Tryptophan-Biogenese (s. S. 95). Die Zellwände enthalten Cellulose, nur bei der Ordnung Leptomitales wurde auch Chitin gefunden; die Zellwände aller übrigen Pilze sind anders aufgebaut, wobei nur die der Hyphochytriomycetes noch regelmäßig Cellulose enthalten (vgl. Tab. **12**, S. 83). Oomycetes synthetisieren weder Zuckeralkohole (s. S. 93) noch als Akzeptoren von Polyen-Antibiotika geeignete Steroide (vgl. S. 86). Ihre Zellwand-Proteine enthalten aber Hydroxyprolin, sie haben eine Reihe eigener Enzyme und weitere Eigentümlichkeiten, die ihre Eigenständigkeit unterstreichen (vgl. RAGAN u. CHAPMAN 1978).

Die vier Ordnungen der Oomycetes unterscheiden sich vor allem in der ungeschlechtlichen Fortpflanzung:

Bei den Saprolegniales sind die Sporangien von den Traghyphen zwar durch Septen abgegrenzt, doch meist nur als leicht angeschwollene Hyphenabschnitte wahrnehmbar. Saprolegniales leben saprobisch oder als Tierparasiten (z. B. in Fischen).

Die Sporangien der Peronosporales sind von den vegetativen Hyphen deutlich verschieden. Ihre Keimung erfolgt teils mit Zoosporen, teils mit

Keimhyphen. Neben Saprobien umfaßt diese Ordnung eine große Zahl von Pflanzen- und Tierparasiten.

Die Leptomitales haben regelmäßig eingeschnürte Hyphen; sie ähneln in der ungeschlechtlichen Fortpflanzung den Saprolegniales, in der geschlechtlichen den Peronosporales und sind wasserbewohnende Saprobien.

Unter den Lagenidiales werden nackte, holokarpe Formen zusammen gefaßt. Sie parasitieren Algen und Wasserpilze, einige auch niedere Wassertiere.

Einige, der morphologischen Ausgestaltung parallel laufende, schrittweise Änderungen der Biologie dieser Pilze hängen eng mit ihrer Stammesgeschichte zusammen:

a) Aufstieg vom Leben im Wasser zum Landleben;

b) schrittweiser Ersatz der Zoosporen durch Konidien, bzw. Übergang von der an das Wasser gebundenen (hydrochoren) Verbreitung zur Ausbreitung in der Luft (anemochor; im Zusammenhang mit a);

c) Steigerung der biologischen Ansprüche von Saprobie über die Abhängigkeit von bestimmten Nährsubstraten bis zur obligat biotrophen Lebensweise (zunehmende Abhängigkeit vgl. Tab. 22);

Tabelle **22** Zunehmende Ansprüche an die Ernährung innerhalb der Gattung *Phytophthora*. Basalmedium (Endkonzentration der Komponenten in g/l): K_2HPO_4(0,5); KH_2PO_4 (0,5); $MgSO_4 \cdot 7\,H_2O$ (0,5); $CaCl_2 \cdot 2\,H_2O$ (0,02); Glukose (20); Thiamin-HCl (0,001); Agar (15) + H_2O (nach *Hohl, H.R.*: Phytopath. Z. 84 [1975] 18–33)

Phytoph-thora Arten	P. capsici P. vesicula	P. cactorum P. cambivora P. citricola P. palmivora	P. erythro-septica P. infestans teilweise P.megasperma P. syringae	P. fragariae P. infestans teilweise
Minimalan-sprüche an:				
Stickstoff	in anorgani-scher Bindung (Nitrat)	in anorgani-scher Bindung (Nitrat)	in organi-scher Bindung (Asparagin)	in organi-scher Bindung (Mischung diverser Amino-säuren)
Lecithin	nicht not-wendig	notwendig	notwendig	notwendig
spezifischen Wachstums-faktoren	nicht not-wendig	nicht not-wendig	nicht not-wendig	notwendig

d) Verfeinerung der parasitischen Eigenschaften (Spezialisierung auf bestimmte Wirte und Wirtsorgane, Reizung der parasitierten Wirte anstelle des Abtötens).

Mit den in der Natur beobachteten Entwicklungstendenzen geht eine aus Laboratoriumsversuchen erkennbare Zunahme der physiologischen Abhängigkeit (Heterotrophie) einher. In jeder der vier Ordnungen fallen Gruppen auf, die nur relativ geringe Ansprüche an die Ernährung stellen und sich auf Nährmedien von verhältnismäßig einfacher Zusammensetzung kultivieren lassen; derartige Gruppen werden als phylogenetisch ursprünglich angesehen. Ihnen stehen abgeleitete Gruppen mit obligatem Parasitismus gegenüber.

Hinsichtlich der **Stickstoffernährung** sind einige (wenige) Peronosporales anspruchslos; sie nutzen neben Ammoniumionen Nitrat aus (Tab. 22). Auch die Saprolegniales kommen mit Ammoniumstickstoff aus (wie auch die vereinzelt untersuchten, sonst meist obligat biotrophen Lagenidiales), Nitrat wird aber nicht verwertet. Am anspruchsvollsten sind die Leptomitales; sie benötigen den Stickstoff in organischer Bindung.

Schwefel in Form von Sulfat genügt für den Stoffwechsel von Peronosporales und Leptomitales; Saprolegniales wachsen nur, wenn organisch gebundener Schwefel zur Verfügung steht.

Auch im **Vitaminbedarf** bestehen Unterschiede. Bis heute sind keine Peronosporales bekannt, die Thiamin zu synthetisieren vermögen; Prototrophie für Biotin, Nicotinamid und Paraaminobenzoesäure konnte hingegen für einzelne Vertreter jeder Ordnung nachgewiesen werden.

Saprolegniales. *Saprolegnia monoica* besiedelt im Wasser liegende tote Insekten und ähnliche Substrate mit einem aus dicken, verzweigten Hyphen bestehenden Thallus. Die Hyphenenden werden in zylindrische Zoosporangien (Abb. 76a) umgewandelt. Darin zerklüftet sich das Plasma in einkernige Portionen, von denen jede einer später birnförmigen Zoospore mit zwei apikal inserierten Geißeln (erstes Schwärmstadium, Abb. 76b) entspricht. Die Schwärmer gelangen durch einen Entleerungshals in das umgebende Wasser, sind aber nicht keimfähig, sondern schwimmen eine Zeitlang umher, verlieren dann ihre Geißeln und umgeben sich mit einer Zellwand. Bald schlüpft der Protoplast aus der Hülle (Abb. 76c–f) und begeißelt sich wiederum. Im Gegensatz zu den unmittelbar aus den Sporangien entlassenen Zoosporen sind die des zweiten Schwärmstadiums nierenförmig, und die beiden Geißeln haften seitlich an der Zelle (Abb. 76g). Auch diese sekundären Zoosporen bewegen sich einige Zeit im Wasser, bilden dann später Zellwände und keimen mit Hyphen zu neuen Thalli aus.

Das Auftreten von zwei verschiedenen Schwärmstadien wird als Diplanie (Dimorphie) bezeichnet; die zwischengeschaltete Encystierung und Keimung mit einer Zoospore mag eine Verjüngung bedeuten; eine überzeugende Erklärung des Phänomens ist bis heute aber nicht möglich.

Die geschlechtliche Fortpflanzung beginnt mit der Anlage von Oogonen, die aus kurzen Seitenästen der querwandlosen Haupthyphen als terminale, kugelige oder fast kugelige, plasmareiche Anschwellungen hervorgehen (Abb. 76h). Das zukünftige Oogon grenzt sich von der Traghyphe durch eine Querwand ab. Im Inneren verdichtet sich das Plasma in einem peripheren Bereich. Dort befinden sich auch die Kerne, von denen die meisten degenerieren, die übrigbleibenden sich aber meiotisch teilen (Abb. 76i, k); dann zerklüftet sich das Plasma in einkernige Portionen, die sich zu Eizellen (Oosphären) abrunden (Abb. 76l, m). Unter jedem Oogon ist inzwischen als Seitenast der gleichen Trägerhyphe ein Antheridium (männliches Gametangium) ent-

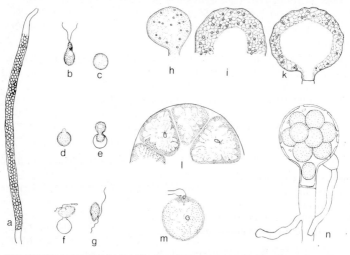

Abb. 76 *Saprolegnia monoica*. **a** Am Ende einer Traghyphe hat sich ein Sporangium mit sehr zahlreichen Zoosporen gebildet. **b** Birnenförmige, apikal begeißelte Zoospore. **c** Encystierte Zoospore. **d. e. f** Auskeimen zum zweiten Schwärmstadium. **g** Nierenförmige, lateral begeißelte Zoospore des 2. Schwärmstadiums. **h** Hyphenende schwillt zu einem Oogon an. **i** Ablagerung der Hauptmasse des Plasmas mit den Zellkernen an der Oogonwand. **k** Auflösung eines Teiles der Kerne, Reifungsteilung der übrigen. **l** Zerklüftung des Plasmas in einkernige Portionen (Oosphären). **m** Befruchtung einer einzelnen Oosphäre durch einen Ast des Antheridiums. **n** Reifes Oogon mit Oosporen (a: 250fach, b–g: 950fach, h–k: 200fach, l–m: 500fach, n: 250fach) (a, n: nach *Coker, W. C.*. The Saprolegniaceae, Chapel Hill. N. C., 201 S., 1923, b–g: *Höhnk, W.*. Amer. J. Bot. 20 [1933] 45–62, h–m: *Claussen, P.*, Ber. D. Bot. Ges. 26 [1908] 144–161)

standen, in dem sich die Kerne ebenfalls meiotisch teilen. Die Ausbildung und Funktion der Sexualorgane wird u. a. durch Antheridiol (Abb. 57 d, S. 99) gesteuert. Im Rahmen dieser Koordination finden die Antheridien je ein Oogon und die Zweigenden der vom Antheridium ausgesandten Befruchtungsschläuche je eine Eizelle, die mit einem männlichen Kern befruchtet wird. Die Kernverschmelzung (Karyogamie) findet sofort statt; die Zygoten erhalten doppelte Zellwände und werden zu Oosporen (Abb. 76 n). Sie keimen in der Regel erst nach mehrmonatiger Ruhepause mit Sporangien oder Hyphen aus.

Bei den Saprolegniales erfährt die asexuelle Reproduktion in mehreren Entwicklungsreihen eindrückliche Variationen durch einen schrittweisen Rückgang der Diplanie: Bei *Pythiopsis* ist das zweite Schwärmstadium unterdrückt, bei *Achlya-Thraustotheca-Dictyuchus* (Abb. 77 a−i) das erste, und bei *Aplanes* werden schließlich überhaupt keine Zoospo-

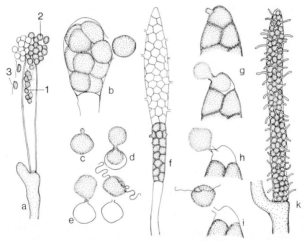

Abb. 77 Vertreter einiger Gattungen der Saprolegniales. **a** *Achlya prolifera,* Zoosporangium, das sich soeben entleert hat. Im Inneren noch Zoosporen des 1. Schwärmstadiums (1), darüber die schon wieder mit einer Wand umgebenen Sporen (2) und links darunter zwei Zoosporen des 2. Schwärmstadiums (3). **b−e** *Thraustotheca clavata*. **b** Die zellwandumgebenen Zoosporeninitialen gelangen ins Freie. **c−e** Keimung mit lateral begeißelten Zoosporen (Unterdrückung des 1. Schwärmstadiums). **f−i** *Dictyuchus monosporus*. **f** Entleertes Sporangium (Netzsporangium), darunter ein sich neu bildendes Netzsporangium. **g−i** Keimungsvorgang; es bilden sich nur Sporen des 2. Schwärmstadiums. **k** *Aplanes androgynus,* Sporangium mit keimenden Sporangiosporen − (a: 100fach, b−e: 700fach, f: 250fach, g−i: 700fach, k: 200fach) (a, k: nach *de Bary, A.,* Bot. Ztg. 46 [1888], b−i: nach *Weston, W. H.,* Ann. Bot. 32 [1918] (155−173)

ren mehr gebildet, sondern die sich im Sporangium differenzierenden Sporen keimen in situ mit Hyphen (Abb. 77 k).

Die geschlechtliche Fortpflanzung ist bei allen Saprolegniales recht ähnlich. In einigen Gattungen (*Achlya, Aphanomyces, Leptolegnia*) kann die Zahl weiblicher Kerne im Oogon bis auf eins reduziert sein, und es entsteht nur eine einzige Oospore. Einige Arten sind diözisch, d. h., Einspor-Thalli bilden nur entweder männliche oder weibliche Gametangien (z. B. *Achlva bisexualis*); wie bei den meisten anderen Pilzen der Ordnung ist aber Monözie viel häufiger.

So wie *Saprolegnia monoica* leben die meisten Saprolegniales auf Detritus im Wasser oder in feuchter Erde. Andere Arten können außerdem Wassertiere besiedeln. Unter ihnen haben *Saprolegnia parasitica* und andere *Saprolegnia*-Arten („Fischschimmel") erhebliche wirtschaftliche Bedeutung.

Peronosporales. *Phytophthora infestans*, der Erreger des falschen Mehltaus (Kraut- und Knollenfäule) der Kartoffel, beginnt die Entwicklung mit Zoosporen (gelegentlich mit direkt keimenden Sporangien), deren Keimhyphen durch die Spaltöffnungen in das Wirtsgewebe dringen und ein reichliches intramatrikales Myzel bilden. Nach wenigen Tagen wachsen durch die Spaltöffnungen Büschel von Sporangienträgern nach außen, schnüren an ihren Enden Sporangien ab und wachsen wei-

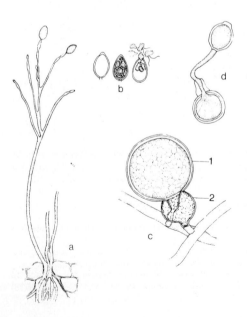

Abb. 78 *Phytophthora infestans.* **a** Aus der Spaltöffnung des Kartoffelblattes dringendes Büschel fruktifizierender Hyphen (Sporangienträger) mit Sporangien. **b** Sporangien mit ausschlüpfenden Zoosporen. **c** Oogon (1), dessen Stiel das darunter liegende Antheridium (2) durchwachsen hat. **d** Keimende Oospore mit sich entwickelndem Sporangium – (a: 100fach, b: 200fach, c:240fach, d:150fach) (a, b: nach *Frank, A.B.*, Die pilzparasitären Krankheiten, Breslau 1876, c. d: nach *Galindo, J.A., M.E. Gallegy*, Phytopath. 50 [1960] 123–128

ter, wobei die soeben entstandenen Sporangien auf die Seite geschoben werden und abfallen. Dieser Vorgang wiederholt sich mehrmals (Abb. 78a). Gelangen die Sporangien im Fall oder durch Luftbewegung (passiv) in ein geeignetes Milieu (z. B. auf ein tau- oder regenfeuchtes Kartoffelblatt), so keimen sie mit seitlich begeißelten, infektionstüchtigen Zoosporen, die sich in Wassertropfen kurze Zeit aktiv bewegen können (Abb. 78a). Unter bestimmten äußeren Bedingungen, z. B. bei kühleren Temperaturen, werden die Zoosporen in ihrer Entwicklung aufgehalten und eventuell wieder zurückgebildet; die Sporangien keimen dann direkt mit Hyphen.

Da die Generationen der asexuellen Fruktifikation bei feuchtwarmer Witterung in Abständen von wenigen Tagen aufeinanderfolgen und diese Fortpflanzung mit einer beträchtlichen, stufenweisen Zunahme der Keimzahl einhergeht, ist ein ganzes Kartoffelfeld nach kurzer Zeit vollständig verseucht, sofern dem Schädling nicht wirksam begegnet wird.

Bei der bis heute nur wenige Male beobachteten sexuellen Fortpflanzung (die Myzelüberwinterung auf Kartoffelknollen oder weggeworfenen Stauden genügt in unseren Breiten vollauf für die Einleitung einer neuen Epidemie) durchwächst ein weiblicher Hyphenast ein Antheridium (männliches Gametangium) und schwillt darüber zu einem Oogon an (Abb. 78c). Darin differenziert sich das Plasma in eine zentrale, stets einkernige Oosphäre und in ein wandständiges Periplasma mit zahlreichen, nach und nach degenerierenden Zellkernen. Der Oosphärenkern teilt sich nochmals, und einer der beiden Tochterkerne geht zugrunde. Nach der Befruchtung (Plasmogamie), der Kernverschmelzung (Karyogamie) und der Auflösung des Befruchtungsschlauches umgibt sich die Oosphäre mit einer Wand (Endospor), an die vom Periplasma her noch ein Epispor (äußere Sporenwand) angelagert wird. Nach längerer Ruhepause keimt die diploide Oospore unter geeigneten Bedingungen. Die Keimhyphe wächst vorzugsweise durch den ursprünglichen Oogonstiel und das Antheridium hindurch und bildet ein (Primär-)Sporangium. *Phytophthora infestans* ist heterothallisch. Als Besonderheit bilden manche Stämme vorwiegend männliche, andere weibliche Gametangien aus.

Morphologische und biologische Abwandlungen im Bereich der Peronosporales lassen uns zu Zeugen der stammesgeschichtlichen Entwicklung werden. Sie äußert sich sowohl in der Morphologie als auch in der Biologie.

Zoosporangien werden zu Konidien: Bei Arten der Gattung *Pythium* erfolgt die Keimung der mit der Trägerhyphe fest verbundenen Zoosporangien mit Zoosporen (die innerhalb der Peronosporales keine Diplanie durchmachen, sondern von Anfang an dem zweiten Schwärmstadium entsprechen). Bei *Phytophthora*, z. B. *Phytophthora infestans*, werden die Sporangien wie Konidien verbreitet, keimen in der Regel mit

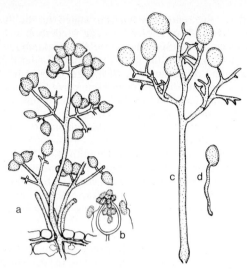

Abb. 79 **a–b** *Plasmopara viticola.* **a** Sporangienträger; **b** Sporangium mit ausschlüpfenden Zoosporen. **c–d** *Peronospora ranunculi.* **c** Konidienträger; **d** keimende Konidie – (a, c, d: 200fach, b: 400fach) (a, b: nach *Frank, A. B.*, Die pilzparasitären Krankheiten, Breslau 1876. c, d: nach *Gäumann, E.*, Beitr. Kryptfl. Schweiz, 5 (4) [1923] 1–360)

Zoosporen aus, doch ist unter besonderen äußeren Bedingungen auch direkte Keimung mit Keimschläuchen möglich. Das gilt insbesondere für *Plasmopara*, z. B. *Plasmopara viticola* (falscher Mehltau der Weinrebe (Abb. 79 a, b)) und *Pseudoperonospora*, z. B. *Pseudoperonospora humuli* (falscher Mehltau des Hopfens). In beiden Fällen können die abfallenden, konidienähnlichen Sporangien mit dem Wind weggetragen werden, keimen dann aber unter bestimmten Bedingungen mit Zoosporen, unter anderen mit Hyphen. Die den Sporangien homologen Organe der *Peronospora*-Arten, z. B. die von *Peronospora ranunculi*, keimen nur noch mit Hyphen (Abb. 79 c, d).

Sporangientragende Hyphen werden zu Konidienträgern: Innerhalb der Gattung *Pythium* lassen sich die Sporangien der Form nach manchmal kaum von den vegetativen Hyphen unterscheiden, bei *Phytophthora* sind sie schon deutlich verschieden, trennen sich auch leicht von ihren Trägern; doch vermögen die Trägerhyphen weiterzuwachsen und verhalten sich darin ähnlich wie vegetative Hyphen. Bei *Plasmopara, Pseudoperonospora* und *Peronospora* hingegen treten morphologisch differenzierte Sporangien- bzw. Konidienträger auf, deren Ausgestaltung artcharakteristisch ist. Die Konidien von *Peronospora* können sogar aktiv weggeschleudert werden.

Aus ubiquitären Saprophyten entwickeln sich hochspezialisierte Parasiten: Als Ausgangsformen der Entwicklung sind einige *Pythium*-Arten zu betrachten. Sie wachsen auf vielerlei Substraten, z. B. im Boden, treten als unspezifische Perthophyten auf und lassen sich im Laboratorium ohne Schwierigkeiten kultivieren. Der Endpunkt dieser Entwicklung wird durch hochspezialisierte Parasiten wie *Plasmopara* und *Peronospora* markiert, also durch obligat biotrophe Pilze. Zwischen den beiden Extremen liegen zahlreiche Zwischenstufen, so stellen viele *Phytophthora*-Stämme in Reinkultur besondere Ansprüche für die Sporulation. Die Höherentwicklung ist außerdem durch eine stetige Verengung des Wirtsspektrums charakterisiert: Parasitische *Pythium*-Arten befallen zahlreiche, nicht miteinander verwandte Pflanzenarten, in der Gattung *Peronospora* hingegen finden sich wirtsart- und sogar rassenspezifische Parasiten.

Die zahlreichen Parasiten innerhalb der Peronosporales befallen größtenteils höhere Pflanzen und nur ausnahmsweise Tiere, beispielsweise *Zoophagus tentaclum*, der mit Hilfe kontaktempfindlicher Hyphen Radiolarien fixiert und verdaut (Abb. 22, s. S. 46).

Beispiele für Erreger von Pflanzenkrankheiten:

Pythium debaryanum, Erreger des Wurzelbrandes von Keimlingen (z. B. Zuckerrübe, Gemüsearten), vegetiert im Boden auf organischen Resten und tötet oder schädigt im Wirkungsbereich seiner Toxine alle empfindlichen Pflanzengewebe, die er nachträglich besiedelt.
Zur Vielfalt der durch *Pythium* bedingten Symptome gehören deshalb unter anderem sogenannte Fußkrankheiten, die sich manchmal als Umfallkrankheiten (damping off) besonders im Saatbeet zu erkennen geben.

Phytophthora infestans (vgl. S. 182) ist wohl der wichtigste Schädling unter den Peronosporales. Auch er wächst auf vorher toxigen geschädigtem Gewebe seines Wirtes. Die Verfeinerung der parasitischen Eigenschaften gegenüber *Pythium* kommt darin zum Ausdruck, daß zunächst nur einzelne Teile des Wirtes (z. B. kleine Bereiche der Blattspreite) geschädigt, abgetötet und besiedelt werden, während die Wirtspflanze als Ganzes lebensfähig bleibt. In Übereinstimmung damit gedeiht und vermehrt sich der Pilz auf seinen natürlichen Wirten wesentlich besser als auf den meisten anderen Substraten (z. B. Laboratoriumsnährböden).
Phytophtohora infestans war Ursache schwerer Epidemien der Kartoffel und brachte Hungersnot und Teuerung in große Gebiete West- und Mitteleuropas. Am schlimmsten waren die Jahre zwischen 1845 und 1850. Seither ist es gelungen, die Krankheit mit Hilfe von Fungiziden, die auf die noch nicht befallenen Pflanzen zu stäuben oder zu spritzen sind, unter Kontrolle zu bringen. Heute stehen auch weniger anfällige Kartoffelsorten zur Verfügung. Aber immer noch erfordern Durchführung und

Weiterentwicklung der Pflanzenschutzmaßnahmen eine große Zahl qualifizierter, auch wissenschaftlich ausgebildeter Arbeitskräfte.

Phytophthora-Arten und andere pathogene Peronosporales werden als „falscher Mehltau" bezeichnet, wogegen „echter Mehltau" durch Erysiphales (Ascomycetes) hervorgerufen wird (s. S. 257).
Andere wichtige Pflanzenparasiten sind *Plasmopara viticola* (Abb. **79a**), der falsche Mehltau des Weinstockes, und *Peronospora tabacina* (vgl. S. 146), der Blauschimmel des Tabaks.

Leptomitales. Die Ordnung umfaßt submers lebende Saprophyten, die sich durch regelmäßig eingeschnürte, aber nicht septierte Hyphen auszeichnen. Die Leptomitales bilden, wie die Peronosporales, im Oogon eine einzige Oospore. Die Zoosporen sind bei einigen Formen (wie bei den Saprolegniales) diplanisch; bei manchen Vertretern der einen Familie (Leptomitaceae) wird das zweite Schwärmstadium unterdrückt, in der anderen Familie (Rhipidiaceae) das erste (z. B. *Araiospora pulchra*, Abb. **80**). Für einige Arten ist in den Zellwänden neben der Cellulose auch Chitin nachgewiesen.

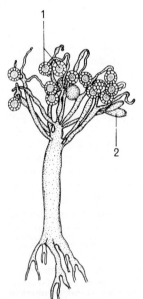

Abb. **80** *Araiospora pulchra* mit dickwandigen Oosporen (1) und dünnwandigen Zoosporangien (2) – (50fach) (nach *Sparrow, F.K.:* Aquatic Phycomycetes, Univ. Michigan Press, Ann Arbor 1960)

Lagenidiales. Diese Ordnung faßt mikroskopische, holokarpe, endobiotische Oomycetes mit einfachem Bau zusammen. Der Vegetationskörper besteht aus einer einzigen Zelle, aus einem kleinen, septierten Myzel, oder aus einem sich zuweilen in Teile spaltenden nackten Thallus.

Neben Antheridien und Oogonen können auch einfache Thalli miteinander konjugieren. Diese Pilze leben parasitisch in Algen, niederen Pilzen, mikroskopischen Tieren (z. B. *Myzocytium zoophthorum*, Abb. 81) oder in Getreidewurzeln (*Lagena radicicola*).

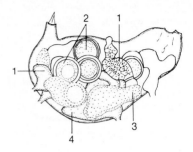

Abb. 81 *Myzocytium zoophthorum*, Thallus (im Inneren eines Rädertierchens) mit Sporangien (1), Oosporen (2) und nackten (3) sowie zellwandumgebenden Thalluselementen (4) – (320fach) (nach *Sparrow, F. K.:* Aquatic Phycomycetes, Univ. Michigan, Press, Ann Arbor 1960)

Hyphochytriomycota

Die Abteilung umfaßt eine einzige Klasse, die Hyphochytriomycetes.

Hyphochytriomycetes

Die nur etwa 20 Vertreter dieser Klasse gleichen morphologisch den Chytridiomycetes, biochemisch den Oomycetes, unterscheiden sich von beiden aber deutlich durch die Zellorganisation der Zoosporen (Abb. **88f**, s. S. 198) und die Art der Begeißelung (apikal mit einer Flimmergeißel; vgl. Tab. **20**, S. 164). Die Klasse läßt sich nirgendwo überzeugend einordnen und muß als selbständige Entwicklungslinie aufgefaßt werden.

Die apikal-uniflagellaten Zoosporen von *Anisolpidium ectocarpi* setzen sich auf einem zusagenden Wirt (z. B. auf Braunalgen aus der Gattung *Ectocarpus*) fest, bilden nach dem Verschwinden der Geißeln Zellwände und entlassen ihre Protoplasten in das Wirtsinnere. Die ungeschlechtliche Fortpflanzung entspricht der der Chytridiales (s. S. 189), mit denen auch Ähnlichkeit in der sexuellen Fortpflanzung besteht. Nach der Infektion einer Wirtszelle durch verschiedene Zoosporen kann es zu einem paarweisen Verschmelzen der Protoplasten kommen (Abb. **82 g, h**); auf die Plasmogamie folgt unmittelbar die Karyogamie (Abb. **82 i**), und der diploide Kern teilt sich mehrere Male mitotisch (Abb. **82 k, l**). Unterdessen wächst die Zygote zu einer (mehrkernigen) Dauerspore heran (Abb. **82 l**), die sich später in ein Zoosporangium verwandelt. Im Inneren grenzen sich, vermutlich nach der Reduktion des Chromosomensatzes, Zoosporen ab und gelangen zuletzt durch einen Entleerungshals des Zoosporangiums ins Freie (Abb. **82 m, n**).

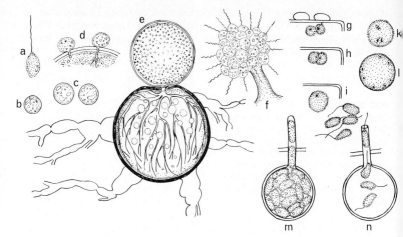

Abb. 82 a–f *Rhizidiomyces parasiticus*. **a** Zoospore mit einer apikalen Flimmergeißel; **b, c** sich encystierende Zoosporen; **d** auf einer Wirtszelle festsitzende Zoosporen mit Rhizoiden; **e** reifer Thallus auf und im Sporangium von *Rhizophlyctis*; **f** Zerklüftung in Zoosporen nach der Auflösung der Sporangienwand. **g–n** *Anisolpidium ectocarpi*. **g** Infektion einer Wirtszelle durch mehrere Protoplasten; **h, i** Kopulation der nackten Protoplasten; **k, l** Kernteilung und Bildung einer Zellwand; **m** Auswachsen zu einer Dauerspore, welche sich nach Reduktionsteilung in Zoosporen, zerklüftet und **n** die gebildeten Zoosporen durch einen Entleerungshals entläßt – (a–f: 600fach, g–n: 1800fach) (nach *Karling. J. S..* Amer. J. Bot. 30 [1943] 637–648)

Rhizidiomyces parasiticus besiedelt seine Wirte (z. B. *Rhizophlyctis*, Chytridiales), indem aus der encystierten Zoospore feine Plasmafäden (Rhizoiden, Abb. 82 d), also nur Teile des Protoplasten, in die Wirtszelle eindringen und den außen auf der Wirtszelle sitzenden Hauptteil des Parasiten ernähren. Dieser Teil vergrößert sich, umgibt sich mit einer Zellwand und entwickelt sich zu einem Zoosporangium (Abb. 82 e). Nach mehreren mitotischen Kernteilungen und der Auflösung der Sporangienwand zerklüftet sich das Plasma in Zoosporen (Abb. 82 f).

Chytridiomycota

Die Abteilung Chytridiomycota umfaßt eine einzige Klasse, die Chytridiomycetes.

Chytridiomycetes

Die 500−600 Vertreter der Klasse Chytridiomycetes leben im Wasser, in feuchtem terrestrischem Milieu oder parasitisch auf Pflanzen oder niederen Tieren. Ihre ungeschlechtliche Fortpflanzung erfolgt einheitlich in Sporangien, in denen Zoosporen mit je einer basalen Peitschengeißel entstehen (ophisthokont-eingeißelig). Die Zellwandgerüstsubstanz ist Chitin-Glucan wie bei den wichtigsten Vertretern der Fungi; mit diesen stimmen sie auch in der Biosynthese von Lysin und Tryptophan überein (Tab. 20, S. 164 u. 24, S. 202). Die geschlechtliche Fortpflanzung hingegen variiert innerhalb der Klasse.

1. Kopulation. *a) Gametenkopulation.* Zwei Planogameten, die sich von Zoosporen nicht unterscheiden lassen, vereinigen sich zur Zygote (isogame Planogametenkopulation). Aus dieser entwickelt sich ein diploider Thallus oder direkt (z. B. bei *Synchytrium taraxaci*, s. S. 194) eine Dauerspore. Planogametenkopulation tritt auch bei *Allomyces arbuscula* auf (s. S. 196); nur sind bei dieser Art die beiden Gameten ungleich groß und auch in ihrer Färbung verschieden (heterogam). Sie werden in ebenfalls unterscheidbaren Sporangien (Gametangien) gebildet. Bei *Rhizophydium ovatum* (s. S. 190) ist die Kopulation verzögert und erfolgt erst, nachdem die Zoosporen ihre Geißeln eingezogen und Zellwände gebildet haben; der männliche Gamet ergießt seinen ganzen Inhalt in die weibliche Zelle.

b) Thallogamie (Somatogamie). Bei *Polyphagus euglenae* entsendet ein männlich determinierter Thallus einen zarten, kernlosen Plasmafortsatz, der anschwillt, sofern er auf die Zentralblase eines weiblichen Thallus trifft (s. S. 193). Der männliche Kern und der Inhalt der weiblichen Zentralblase wandern in die Anschwellung hinein.

c) Oogamie. In speziellen Organen, den weiblichen (Oogone) und männlichen Gametangien (Antheridien), entwickeln sich weibliche bzw. männliche Gameten. Die ersteren haben ihre Beweglichkeit eingebüßt; es sind große, nackte Plasmaballen (Oosphären = Eizellen). Die männlichen Planogameten sind meist etwas kleiner als die Zoosporen der betreffenden Art; sie bewegen sich zum weiblichen Gametangium und vereinigen sich mit dessen Oosphäre zu einer Zygote, die bei einigen Formen beweglich, bei anderen dagegen unbeweglich ist. Oogamie findet sich innerhalb der Chytridiomycetes in der Ordnung Monoblepharidales (s. S. 198).

2. Dauersporenbildung und -keimung. In den meisten Fällen entwickelt sich aus der Zygote unmittelbar eine diploide Dauerspore, die sich mit einer derben Zellwand umgibt. Bei *Allomyces* (s. S. 196) hingegen wächst die Zygote zunächst zu einem diploiden Pflänzchen aus, an dem erst später Dauersporen gebildet werden.

Die Keimung der Dauersporen erfolgt entweder direkt, d. h., die haploiden Zoosporen entwickeln sich nach der Reduktionsteilung innerhalb der Dauerspore und bewegen sich anschließend durch einen Öffnungsporus nach außen (z. B. *Allomyces arbuscula*, S. 195), oder der ganze, undifferenzierte Inhalt wandert aus, umgibt sich mit einer Zellwand und zerklüftet das Plasma erst dann (z. B. *Rhizophydium* sp., Abb. 83). Ähnlich verhalten sich auch die Dauersporen von *Polyphagus euglenae*

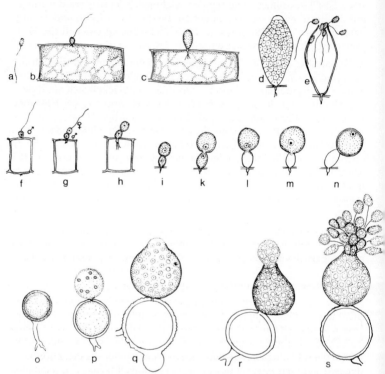

Abb. 83 **a–n** *Rhizophydium ovatum* (holokarp). **a** Zoospore; **b, c** Infektionsstadien mit Rhizoidbildung; **d, e** aus der Zoospore heranwachsendes und reifendes Sporangium, das die Zoosporen durch einen Scheitelporus entläßt; **f** männlicher Gamet, der auf dem Wirt zur Ruhe kommt; **g** weiblicher Gamet, der auf dem männlichen Gameten sitzt; **h** Einziehen der Geißeln; **i–m** Kopulation, indem der männliche Gamet seinen Inhalt (Plasma und Kern) in den heranwachsenden weiblichen Gameten ergießt; **n** Reifung der kugeligen Zygote. **o–s** *Rhizophydium* sp. Keimung der Dauerspore mit einem Zoosporangium – (a–n: 800fach. o–s: 1500fach) (i–m: nach *Couch, J. N.*, Mycologia 27 [1935] 160–175. o–s: nach *Karling, J. S.*, Bull. Torrey Bot. Ci 66 [1939] 281–286)

Tabelle 23 Ordnungen der Chytridiomycetes

Ordnung	Thallus	Frukti-fikation	Befruchtung	Zoosporenkeimung	Beispiele
Chytridiales	wenig entwickelt; Hyphen unseptiert	holokarp, selten eukarp	Planogameten-Kopulation oder Thallogamie	monopolar	Abb. 83
Blastocladiales	System meist unseptierter Hyphen	eukarp	Planogameten-Kopulation	bipolar	Abb. 86
Harpochytriales	einachsig (unverzweigt) mit Haftscheibe	eukarp	unbekannt	monopolar	Abb.97 a, b
Monoblepharidales	System unseptierter oder septierter Hyphen	eukarp	Oogamie	bipolar	Abb. 87

(s. S. 193), nur vereinigen sich die beiden haploiden Geschlechtskerne nicht unmittelbar nach der Vermischung der beiden Plasmaanteile, sondern bleiben innerhalb der Dauerspore nebeneinander selbständig. Erst im Zoosporangium, das aus der Dauerspore herauswächst, erfolgt die Vereinigung der beiden Kerne (Karyogamie). Darauf folgen die Meiose, einige Mitosen und die Zerklüftung des Plasmas nach Art der Abb. 31 in einkernige Portionen und aus diesen in Zoosporen.

3. Ungeschlechtliche Fortpflanzung. Die bei allen Chytridiomycetes auftretenden Zoosporangien zerklüften ihren Inhalt ähnlich wie dies bei Oomycetes und Zygomycetes geschieht (Abb. 31, s. S. 55); Unterschiede treten bei der Öffnung der Entleerungspapillen auf: mit Deckel (operculat) oder mit einem durch Lyse entstehenden Porus (inoperculat). Die Ausgestaltung der Öffnungen ist bei den Chytridiales gattungs- oder artspezifisch; bei den übrigen Ordnungen überwiegt der inoperculate Typus. Die Anordnung der Zellorganelle in den Zoosporen dagegen ist bei den Blastocladiales und den Monoblepharidales einheitlich, während die Chytridiales verschiedene Organisationstypen umfassen (Abb. 88, s. S. 198); ebenso ist die Art der Zoosporenkeimung (mit einem oder mit zwei Keimschläuchen, monopolar, bipolar) ordnungsspezifisch.

In Tab. 23 sind die vier Ordnungen der Chytridiomycetes mit ihren wichtigsten Merkmalen zusammengestellt.

Chytridiales. Beim parasitisch auf Algen (z. B. *Stigeoclonium,* Chlorophyta) lebenden *Rhizophydium ovatum* setzen sich die nur wenige Mikrometer großen, nackten Zoosporen auf dem Wirt fest und ziehen die Geißeln ein. Sie umgeben sich mit einer Zellwand, während feine, kernlose Plasmafäden (Rhizoiden) in die Wirtszellen eindringen. Nach und nach wachsen die extramatrikalen Teile zu Zoosporangien heran; sie treten auf den infizierten Wirtsindividuen als mikroskopisch kleine Bläschen in Erscheinung. Ihre Zellkerne teilen sich mehrmals mitotisch, und das Plasma zerklüftet sich in einkernige Portionen, die zu Zoosporen reifen. Diese gelangen durch einen Scheitelporus (*Rhizophydium* ist inoperculat) in das umgebende Wasser, womit der asexuelle Zyklus geschlossen ist (Abb. 83 a–e).
Durch Umstimmung von Zoosporen zu Gameten kann sich der Pilz auch sexuell vermehren. Morphologisch drückt sich diese Umstimmung allerdings nicht aus. Männliche und weibliche Gameten lassen sich nur durch ihr Verhalten unterscheiden (Heterogamie). Ein männlicher Gamet kommt auf der Wirtsoberfläche zum Haften und umgibt sich mit einer Zellwand. Ein weiblicher Gamet setzt sich auf ihm fest und bildet ebenfalls eine Wand. Zwischen den beiden Zellen entsteht ein Porus, durch den der ganze einkernige Inhalt des männlichen Gameten in den weiblichen hinüberwandert. Die beiden Kerne verschmelzen, und der weibliche Gamet entwickelt sich zu einer dickwandigen Dauerspore, während der dem Wirt aufsitzende männliche Gamet mit Hilfe von Rhizoiden die Ernährung des Systems übernimmt. Innerhalb der mit einer festen Wand umschlossenen Dauerspore vollzieht sich später die Meiose, wonach die Dauerspore wie ein Zoosporangium die haploiden Zoosporen durch einen Porus entläßt (Abb. 83 f–n).
Bei verschiedenen Arten der Gattung *Rhizophydium* verhält sich die Dauerspore wie ein Prosporangium; das Endospor fließt samt seinem Inhalt durch einen Porus ins Freie, umgibt sich mit einer feinen Wand und bildet erst hier Zoosporen (Abb. 83 o–s).
Einem ganz anderen Entwicklungstypus folgt *Polyphagus euglenae* (Abb. 84), ein Parasit verschiedener *Euglena*-Arten (Euglenophyta). Im asexuellen Zyklus kommt eine Zoospore inmitten einer Algenkolonie zur Ruhe, und von ihr aus wachsen Rhizoiden zu mehreren in der Nähe gelegenen Wirtszellen. Die Spore vergrößert sich während der vegetativen Phase zur Zentralblase, die jedoch nicht selbst zu einem Zoosporangium wird, sondern aus der heraus erst ein Zoosporangium sproßt. Der Thallus, der die ganze Zeit über einzellig und einkernig bleibt, kann bis 50 *Euglena*-Zellen befallen.
Andere Individuen von *Polyphagus euglenae* sind geschlechtlich differenziert; die männlichen Thalli sind im Durchschnitt kleiner als die

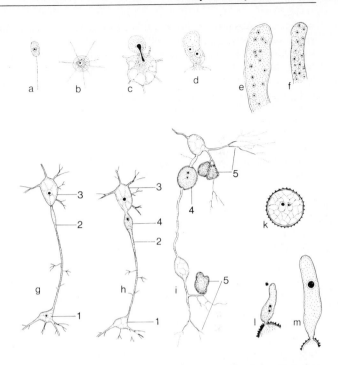

Abb. 84 *Polyphagus euglenae*. **a–f** Asexuelle Phase. **a** Zoospore. **b** junger Thallus, Zentralblase und einige Rhizoiden. **c** Zentralblase eines reifen Thallus; Beginn der Sporangienbildung durch Ausknospung, soeben zwängt sich der einzige Zellkern durch den engen Durchlaß. **d** Junges Sporangium; der Zellkern hat sich einmal geteilt. **e. f** Reifungsstadien des Sporangiums. **e** Nach einer intensiven Teilungsphase der Zellkerne beginnt sich das Plasma in einkernige Portionen zu zerklüften. (**f**). **g–m** Sexuelle Phase. **g** Aus der männlichen Zentralblase (1) hat die Suchhyphe (2) die weibliche Zentralblase (3) erreicht und beginnt hier anzuschwellen. **h** Der männliche Kern ist in die später zur Dauerspore heranwachsende Anschwellung (4) gewandert. **i** Sich mit einer festen Wand umgebende Dauerspore (4) mit dem Kernpaar; Habitusbild zweier Thalli mit infizierten *Euglena*-Zellen (5). **k** Dauerspore. **l** Auskeimende Dauerspore, die beiden Geschlechtskerne wandern in das Keimsporangium. **m** Junges Keimsporangium mit diploidem Kern – (a–f: 1000fach, g–h: 300fach, i–m: 400fach) (a–h, k–m: nach *Wager, H.*, Ann. Bot. 27 [1913] 173–202. i: nach *Bartsch, A. F.*, Mycologia 37 [1945] 553–570)

weiblichen. Aus ihrer Zentralblase wächst ein kernloser Plasmafortsatz gegen die Zentralblase eines weiblichen Thallus und bildet an oder etwas unterhalb der Berührungsstelle eine Anschwellung. Aus der männlichen wie aus der weiblichen Zentralblase ergießen sich Kern und der größte Teil des Cytoplasmas in diese Anschwellung, welche sich nach einer Vergrößerung mit einer derben, dornig skulptierten Wand umgibt und zur Dauerspore wird. Während ihrer Entwicklung zerfallen die übrigen Thalluselemente. Die Verschmelzung der beiden Geschlechtskerne wird verzögert, bis die Dauerspore mit einem Zoosporangium auskeimt. Erst im jungen Primärzoosporangium erfolgen nacheinander Karyogamie, Meiose, einige Mitosen und die Zerklüftung des Plasmas in einkernige Portionen (Abb. 84 g–m).

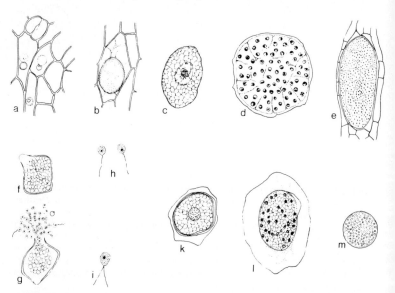

Abb. 85 *Synchytrium taraxaci*. **a** Keimende Zoosporen auf der Wirtsoberfläche; **b** junger nackter Thallus in einer Wirtszelle; **c** einkerniger Thallus; **d** vielkerniger Sorus und beginnende Teilung in vielkernige Sporangien; **e** Sorus mit vielen jungen Sporangien; **f** einzelnes Sporangium mit beginnender Zerklüftung in einkernige Portionen; **g** reifes, Zoosporen entlassendes Sporangium; **h** zwei Planogameten; **i** junge Zygote; **k** einkernige (diploide) Dauerspore; **l, m** vielkernige Dauersporen vor der Keimung – (a–g: 250fach, h–i: 1000fach, k–m: 250fach) (a. b. e. f. g, h, i, m: nach *de Bary, A., M. Woronin*, Ber. Naturf. Ges. Freiburg 3 [1863] 22–61, c: nach *Rytz, W.*, Beih. Bot. Centralbl. 34, Bd. II [1917] 343–372, d: nach *Karling, J. S.*, Synchytrium, Acad. Press, N. Y. 1964, 470 S.. *Löwenthal. W.*, Z. Krebsforsch. 3 [1905] 46–60)

Synchytrium und *Olpidium* wurden früher nicht bei den Chytridiales, sondern wegen ihres zeitweise nackten Thallus bei den „Archimyceten" eingereiht. Ihr Entwicklungszyklus ist in mancher Hinsicht von dem anderer Chytridiales verschieden:

Synchytrium taraxaci (Abb. 85) ist ein obligater Parasit einiger *Taraxacum*-Arten (Compositae); der Pilz verursacht auf den Blättern zahlreiche kleine, orangegelbe Gallen. Gelangen Zoosporen auf die tau- oder regenfeuchten Wirtsblätter, so perforieren sie mit einem dünnen Keimschlauch die Cuticula und ergießen ihre Protoplasten in das Innere der Epidermiszellen. Der einkernige Plasmakörper ist zunächst wie bei *Plasmodiophora* (s. S. 173) nackt. Während er zum Sorus heranwächst und sich mit einer Wand umgibt, reizt er die befallene Wirtszelle zu abnormer Vergrößerung. Später teilt er sich in mehrkernige Portionen, die sich ebenfalls mit Zellwänden umgeben und zu Zoosporangien mit Zoosporen heranreifen. Der asexuelle Zyklus verläuft ziemlich rasch und führt zur starken Verbreitung des Pilzes; die nach außen entlassenen Zoosporen sind sofort wieder keimfähig.

In älteren Blättern bilden sich Dauersporen. Zwei von asexuellen Zoosporen nicht unterscheidbare Planogameten vereinigen sich vor der Infektion zu einer Zygote, die im Wirt allmählich zu einer kugeligen, dickwandigen Dauerspore heranwächst. Darin bilden sich nach der Überwinterung Zoosporen in ähnlicher Weise wie in den Zoosporangien während der vegetativen Phase (Abb. 85).

Die mehrere hundert Arten umfassenden Chytridiales leben als Saprobien und Parasiten im Wasser, in feuchter Erde, zum Teil auch parasitisch in Blütenpflanzen und höheren Pilzen. Die meisten von ihnen sind mikroskopisch klein und morphologisch wenig differenziert. Sie können, wie *Polyphagus euglenae,* innerhalb kurzer Zeit schwere Epidemien verursachen und dann wieder fast verschwinden. Viele lassen sich auch im Laboratorium kultivieren, sei es auf normalen Laboratoriumsnährböden, sei es auf laboratoriumsmäßig kultivierten Wirtspflanzen. Wichtige Pflanzenparasiten sind: *Synchytrium endobioticum* (Kartoffelkrebs), *Olpidium brassicae* (Erreger einer Umfallkrankheit bei Kohlkeimlingen).

Die Feinstruktur der Zoosporen ist innerhalb der Chytridiales nicht einheitlich. Nach der Anordnung der Mitochondrien, des Komplexes Lipoidtröpfchen-Cytosomen (microbodies) sowie der Ribosomen (vereinigt in eine Kernkappe oder im Plasma zerstreut) lassen sich verschiedene Typen unterscheiden (Abb. 88 a–d). Es bestehen darin auch deutliche Unterschiede zu den übrigen Ordnungen (Abb. 33, S. 59 u. Abb. 88e).

Blastocladiales. *Allomyces arbuscula* lebt saprobisch. Auf dem Substrat (z. B. Insektenkadaver) bildet dieser Vertreter aufrechte bäumchenartige Hyphensysteme, die je nachdem, ob sie haploid oder diploid sind, geschlechtlich differenzierte Gametangien oder Dauersporen und Zoosporangien tragen. Die Entwicklung beginnt mit der Keimung einer zunächst diploiden Dauerspore (Abb. 86a). In ihr spielen sich Reduktionsteilung, einige Mitosen und die Reifung der Zoosporen ab. Die Schwärmer gelangen durch einen Porus nach außen, umgeben sich auf geeignetem Substrat mit einer Zellwand und wachsen zu „Geschlechtspflänzchen" aus (Gametophyt, Abb. 86b, c). Meist paarweise übereinander bilden sich an deren Zweigen männliche und weibliche Gametangien (Abb. 86d, e). Das untere, oft etwas kleinere, mehr kugelige männliche Gametangium ist durch Carotinoid orangerot gefärbt, das auf diesem sitzende, in der Regel mehr längliche weibliche Gametangium ist farblos, und die in ihm gebildeten Planogameten sind deutlich größer als

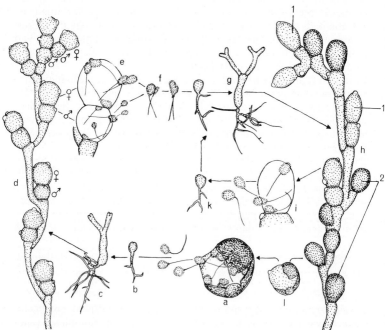

Abb. 86 *Allomyces arbuscula,* eukarper Entwicklungszyklus nach *Emerson, R.* (Lloydia 4 [1941] 77–144). **a** Keimende Dauerspore; **b, c** junge Gametophyten (haploid); **d** Teil eines reifen Gametophyten mit männlichen und weiblichen Gametangien; **e** reife Gametangien mit ausschwärmenden Planogameten; **f** Zygotenbildung; **g** junge Sporophyten; **h** ausgewachsener Sporophyt mit Zoosporangien (1) und Dauersporen (2); **i** diploide Zoosporen entlassendes Zoosporangium; **k** Zoosporen, die zu einem neuen Sporophyten auswachsen; **l** Dauerspore vor der Keimung – (a–c, e–g, i–l: 1000fach, d, h: 500fach)

die männlichen. Gameten beider Geschlechter umschwärmen nach ihrer Freisetzung die Gametangien und verschmelzen paarweise zu (diploiden) Zygoten, die ihrerseits zu Sporophyten auswachsen (Abb. 86 f, g). Am Sporophyten werden entweder Zoosporangien oder Dauersporen gebildet (Abb. 86 h). Die sich in den Zoosporangien entwickelnden diploiden Zoosporen vermögen zu neuen Sporophyten auszuwachsen (Abb. 86 i) während die dickwandigen, rotbraunen Dauersporen erst nach einer Ruheperiode mit haploiden Zoosporen auskeimen (Abb. 86 k).

Auch die meisten übrigen Blastocladiales leben saprobisch. Parasitische Arten umfaßt die möglicherweise in die Ordnung zu stellende Gattung *Physoderma*, z. B. *Physoderma alfalfae* (Gallenkrankheit kleeartiger Futterpflanzen), *Physoderma maydis* (Braunfleckenkrankheit des Maises). Die Zoosporen der Bastocladiales sind ultrastrukturell einheitlich (Ribosomen in Kernkappe, nur ein Mitochondrion; s. Abb. 33, S. 59).

Harpochytriales. Diese kleine, wahrscheinlich zwischen Chytridiales und Monoblepharidales stehende Ordnung, umfaßt Pilze mit unverzweigten (einachsigen), eukarpen Thalli (Abb. 97 a, b, s. S. 214), die mit Haftscheiben auf ihren Unterlagen (Algen, tote Pflanzen usw.) befestigt sind. Sexualität ist nicht bekannt. Sporangien bilden sich einzeln oder in Ketten in den apikalen Partien der Thalli; die später weiterwachsende Basis ist durch ein Septum abgegrenzt. Die Zoosporen ähneln in ihrer Feinstruktur den Chytridiales und Monoblepharidales. Vom Fehlen beweglicher Stadien abgesehen, zeigen auch die Eccrinales (Trichomycetes, s. S. 215) morphologische Ähnlichkeiten.

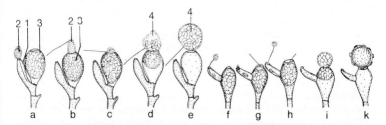

Abb. 87 **a–e** *Monoblepharella taylori.* **a** Aus dem Antheridium (1) schlüpft ein männlicher Planogamet (2); daneben Oogon (3). **b** Der männliche Planogamet gelangt zum Befruchtungsmund des Oogons. **c** Befruchtung. **d, e** Ausschwärmen der Zygote (4). **f–k** *Monoblepharis polymorpha.* **f–h** Befruchtung der Oosphäre. **i–k** Auswanderung der unbegeißelten Zygote und Bildung der Dauerspore – (a–e: 500fach, f–k: 300fach) (nach *Sparrow, F. K.,* Amer. J. Bot. 20 [1933] 63–77; Aquatic Phycom. Univ. Michigan Press. 1187 S. 1960).

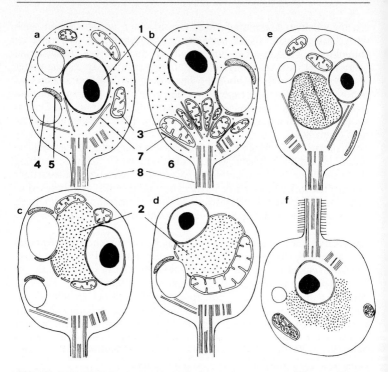

Abb. 88 Chytridiomycetes und Hyphochytridiomycetes: Zellorganisation der Zoosporen. **a** Typ 1 A (Chytridiales); **b** Typ 1 B (Chytridiales); **c** Typ 2 A (Chytridiales); **d** Typ 2 B (Chytridiales); **e** Typ 3 (Monoblepharidales); **f** Hyphochytriomycetes (s. S. 187). 1 = Zellkern, 2 = Kernkappe, 3 = Mitochondrion, 4 = Lipidkörper, 5 = Cytosom (microbody). 6 = Kinetosom, 7 = Mikrotubulus, 8 = Geißel (vgl. auch Abb. 33, Blastocladiales) (nach *Lange, L., L. W. Olson*, Dan. Bot. Arkiv 33. Bd. 2 [1979] 7–94)

Monoblepharidales (Abb. 88 e). *Monoblepharis polymorpha* besiedelt im Wasser liegende Pflanzenreste, meist Zweige. An den verzweigten Thalli entwickeln sich neben mehr oder weniger zylindrischen Zoosporangien weibliche Gametangien, aus denen oder deren Stielzellen männliche Gametangien (Antheridien) herauswachsen. In den Antheridien reifen bewegliche, männliche Gameten, die nur etwa halb so groß wie die Zoosporen sind. Das Plasma im Inneren des Oogons ballt sich zur einkernigen Oosphäre zusammen, der Oogonscheitel verschleimt, durch den so entstehenden Befruchtungsporus dringt ein schwärmender männlicher Gamet ein und vereinigt sich mit der Oosphäre. Die nunmehr „dikaryotische" Zelle verläßt darauf das Oogon durch den Befruchtungsporus, bleibt aber vor diesem kleben, umgibt sich mit einer derben Wand und wird zur Dauerspore. Die beiden Geschlechtskerne bleiben während längerer Zeit nebeneinander liegen; erst vor der Keimung erfolgt die Vereinigung der beiden Zellkerne (Karyogamie); die Meiose schließt sich unmittelbar an. Die Keimung der Dauerspore erfolgt mit einem vielkernigen Keimschlauch (und nicht mit Zoosporen) (Abb. **87f−k**).

Bei *Monoblepharella taylori* sind die Befruchtungsvorgänge im Prinzip gleich, doch behält die befruchtete Oosphäre die Geißel des männlichen Partners und kann sich mit deren Hilfe bewegen. Sie schwärmt aus und reift zu einer Dauerspore heran (Abb. **87a−e**).

Die Monoblepharidales umfassen nur etwa 20 Arten.

Fungi

Etwa 98% aller als Pilze angesprochenen Organismen, nämlich Zygomycota, Ascomycota, Basidiomycota und die Formabteilung „Fungi imperfecti", gehören zu einer Abstammungsgemeinschaft, die als Reich „Fungi" (echte Pilze) neben Plantae (Pflanzen) und Animalia (Tiere) gestellt wird (Abb. **1**, s. S. 2). Vegetativ breiten sie sich mit Hilfe von Hyphen aus, oder sie bilden Einzelzellkolonien (hefeartiges Wachstum). Innerhalb von zusammenhängenden Thalli sind die Zellen durch Poren miteinander verbunden; deren Bau ist für höhere Taxa charakteristisch. Die Zellwände enthalten in der Regel Chitin, Mannan und Glucane; andere Wandsubstanzen wie Cellulose treten nur gelegentlich auf. Die Lysin-Biosynthese erfolgt über den Adipinsäureweg (s. S. 94), die Tryptophan-Biosynthese nach dem Typ I und seinen Varianten (s. S. 95). Cytologisch zeichnen sich die echten Pilze (abgesehen von wenigen Ausnahmen) durch kleine Zellkerne mit sehr kleinen Chromosomen aus (s. S. 32), die Feulgen-Färbung der Zellkerne funktioniert meist nicht, und die Golgi-Apparate sind in der Regel als einfache Zisternen ausgebildet. Begeißelte Sporen fehlen.

Innerhalb des Pilzreiches hat sich bei den Klassen Ascomycetes, Basidiomycetes und Ustomycetes ein eigenartiger dreiphasiger Ablauf der sexuellen Reproduktion entwickelt. Die Vereinigung zweier geschlechtlich verschiedener Zellen führt vorerst nicht zur Verschmelzung der Geschlechtskerne; diese vermehren sich durch fortgesetzte mitotische, synchrone Teilungen in den dikaryotischen Hyphen. Ihre Vereinigung (Karyogamie) erfolgt erst kurz vor der Bildung der Meiosporangien (Asci oder Basidien) oder in diesen selbst; die dadurch eingeleitete Diplophase ist in diesen Fällen meist sehr kurz und geht rasch in die Meiose über.

Die wichtigsten Eigenheiten der verschiedenen Klassen sind in Tab. **24** zusammengestellt, wobei auch die zu den Protoctista gestellte, den „Fungi" in vielen Merkmalen ähnliche Abteilung Chytridiomycota berücksichtigt wird.

Zygomycota

In der Abteilung Zygomycota sind die beiden Klassen Zygomycetes und Trichomycetes vereinigt. Ihr Name bezieht sich auf die Zygogamie als besondere Form der Gametangienkopulation, aus der ein Zygosporangium mit einer Zygospore hervorgeht (Teleomorph; meist gesamthaft als „Zygospore" bezeichnet) (Abb. **90**). Sexuelle Reproduktion ist nicht für alle Zygomycota bekannt, weshalb sich die charakteristischen, merkmalsreicheren asexuellen Fruktifikationsstadien für die Kennzeichnung und Unterscheidung von Taxa besser eignen. Übereinstimmend mit den pilzähnlichen Protisten, aber im Gegensatz zu Ascomycota und Basidiomycota (bei denen keine Organismen ohne Teleomorph klassifiziert werden können; vgl. Fungi imperfecti S. 318) sind für die Taxa der Zygomycota Sexualstadien kein nomenklatorisch essentieller Bestandteil der Beschreibung. Es gibt in der Abteilung keine besonders gekennzeichneten „Imperfekten"; Arten mit und ohne Zygosporen können in derselben Gattung stehen. Zur Gliederung in höhere Taxa sind neben der Morphologie die Zellwandzusammensetzung (Tab. **11, 12**, s. S. 82/83), Grad der Hyphenseptierung und Feinbau der Septenporen (Abb. **7 – 9**, s. S. 24 ff.; Tab. **2**, s. S. 23; S. 23 ff.) hilfreich. Die Abgrenzung der beiden Klassen Zygomycetes und Trichomycetes ist noch unklar. Ursprünglich bestanden die Trichomycetes aus vier Ordnungen, von denen sich Harpellales (s. S. 212) und Asellariales (s. S. 214) so deutlich an die Kickxellales (s. S. 212) unter den Zygomycetes anlehnen, daß sie besser in dieser Klasse stehen. Die Eccrinales und Amoebidiales dagegen sind weder mit den Zygomycetes noch untereinander näher verwandt. Sie verbleiben, da zur Zeit keine bessere

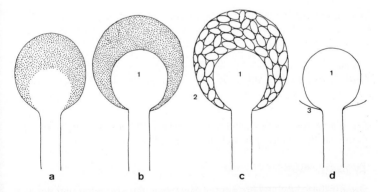

Abb. 89 Sporangienentwicklung bei *Mucor*, schematisch. **a** Kugelig angeschwollene Hyphe (= späterer Sporangienträger); Frühstadium der Sporangiendifferenzierung mit dichterem, zahlreiche Zellkerne enthaltendem peripherem Protoplasma und optisch weniger dichtem, kernlosem Protoplasma im Bereich der zukünftigen Kolumella. **b, c** Sporangium; **b** mit nun abgegrenzter Kolumella (1), **c** nach Entstehung der Sporangiosporen (2). **d** Kolumella mit Oberteil der Traghyphe und Resten der Sporangienwand (3) nach Entleerung der Sporen – (ca. 500fach)

Tabelle **24** Klassen des Pilzreiches (Regnum „Fungi")

Pilzklasse	G + C%[1] (Guanin + Cytosin)	Tryptophan-Biosynthese[2]	Zellwand[3]	
			Chitin %	Mannan %
Chytridiomycetes	>50 44−66	I a	>5	<5
Zygomycetes	<50 28−54	I b	>5	<5
Endomycetes	>50 26−54	II	<5	>5
Ascomycetes	>50 46−60	I a	>5	<5
Ustomycetes	>50 48−70	I b	>5	<5
Basidiomycetes	>50 44−65	I a, I b, I c	>5	<5

[1] vgl. S. 78/79　　[2] vgl. S. 95　　[3] vgl. S. 84, Abb. 51

Lösung besteht, provisorisch bei der Klasse Trichomycetes; Sexualstadien sind bei ihnen nicht bekannt (Tab. 25).

Zygomycetes

Die für die Abteilung erwähnten Merkmale der sexuellen und der asexuellen Stadien treffen nur für die Klasse Zygomycetes voll zu. Ihre acht Ordnungen unterscheiden sich im Entwicklungsablauf und in der Ausgestaltung der Anamorphen und in der ökologischen Charakteristik. Nach R. K. BENJAMIN (pers. Mitteilung) lassen sie sich nach der chemischen Zusammensetzung ihrer Zellwände (vorhandenes oder fehlendes Chitosan, vgl. S. 82), nach dem Grad der Hyphenseptierung und dem Bau der Septenporen in fünf Gruppen einteilen: 1. Mucorales, Zoopa-

Tabelle 24 (Forts.)

| vegetatives Myzel[5] | | Fruktifikation | | | |
Kernphase	Septen mit	Anamorph	Di-ka-ryon	Teleomorph Mero-sporangium	Frucht-körper
haploid oder haploid-diploid	Mikroporen	Zoosporangium mit Zoosporen	–	Dauerspore Primär-sporangium	–
haploid	Mikroporen, einfachen Poren oder Doliporen	Sporangium mit Sporangiosporen	–	Zygospore Primär-sporangium	–
haploid, diploid oder haploid-diploid	Mikroporen, einfachen Poren oder Doliporen	Sproßzellen, Konidien	–	Ascus mit endogenen Ascosporen	–
haploid oder haploid-di-karyotisch[4]	einfachen Poren	Konidien	+	Ascus mit endogenen Ascosporen	+
haploid-di-karyotisch	einfachen Poren	Sproßzellen	+	Promyzel mit exogenen Sporidien	–
haploid-di-karyotisch	Doliporen und ein-fachen Poren	Konidien, Sproßzellen	+	Basidie mit exogenen Basidio-sporen	+

[4] nur bei Taphrinales   [5] vgl. S. 22 ff.

gales, Endogonales; 2. Entomophthorales; 3. Dimargaritales; 4. Kick-xellales; 5. Harpellales, Asellariales. – Soweit untersucht, bilden Zygo-mycetes Polyole, aber kein Mannit oder Mannit nicht als Hauptkompo-nente (vgl. S. 92).

Mucorales. *Mucor mucedo* wächst sowohl auf seinem natürlichen Sub-strat (z.B. Pferdemist) als auch auf Nährböden im Laboratorium zu-nächst als verzweigtes Substratmyzel, das aus vielkernigen, unseptierten Hyphen besteht. Über solche schnellwüchsige Thalli erheben sich bald kurze Seitenäste einzelner Hyphen und schwellen an den Enden zu ku-geligen Köpfchen an, die sich zu Sporangien entwickeln (vgl. Abb. 25, S. 48, Abb. 31, S. 55, Abb. 89 u. Abb. 90 f). Bei der Reife löst sich die ganze Sporangienwand auf, die Sporen werden frei und sind sofort

Tabelle 25 Ordnungen der Zygomycota

Ordnung	Teleomorph	Hyphen Septierung	Chemismus der Wand	Anamorph	Vorkommen als
Mucorales	bekannt	selten, gelegentlich Septen mit Mikroporen	Chitin Chitosan	vielsporige Sporangien, Sporangiolen, Merosporangien	Saprobien; Parasiten von Pflanzen, Tieren, Pilzen
Zoopagales	bekannt	selten, gelegentlich Septen mit Mikroporen	Chitin Chitosan	Ketten von konidienartigen, länglichen Sporen (Sporangien?)	Parasiten von niederen Tieren (Amöben, Radiolaren usw.)
Endogonales	bekannt	selten, gelegentlich Septen mit Mikroporen	Chitin Chitosan	Sporangien Chlamydosporen	Mykorrhizapartner von Pflanzen; Saprobien
Entomophthorales	bekannt	nicht regelmäßig, oft Zerfall in Segmente; Mikroporen	Chitin Glucosamin Glucan	einsporige Sporangiolen („Konidien") oft aktiv abgeschleudert	Tierparasiten (vor allem von Arthropoden); Saprobien
Dimargaritales	bekannt	regelmäßig; Dolipor-Septen mit kreuzförmigem Septenstöpsel	Chitin Glucosamin	zweisporige Sporangiolen	Pilzparasiten mit Haustorien
Kickxellales	bekannt	regelmäßig; Dolipor-Septen ohne kreuzförmige Septenstöpsel	Chitin Glucosamin	einsporige Sporangiolen auf Pseudophialiden, oft zu Sporocladien vereinigt	Saprobien oder Pilzparasiten ohne Haustorien
Harpellales	bekannt	regelmäßig, wie Kickxellales	Chitin Glucosamin	einsporige Sporangiolen an Thalluszellen, oft mit Anhängseln (Trichosporen)	Endosymbionten von Arthropoden
Asellariales	unbekannt	regelmäßig, wie Kickxellales	Chitin Glucosamin	einsporige Sporangiolen in Ketten („Arthrosporen"), Keimung mit Homologen von Trichosporen	Endosymbionten von Arthropden
Eccrinales	unbekannt	nur Trennsepten für Sporangien; jung: einfacher Zentralporus, später geschlossen	Cellulose ?	vielsporige Sporangien oder Chlamydosporen	Endo- oder Ektosymbionten von Arthropoden
Amoebidiales	unbekannt	nur Trennsepten für Sporangien; Poren unbekannt	Galactosamin, Galactan	vielsporige Sporangien, z. T. mit amöboiden Sporen	Endo- oder Ektosymbionten von Arthropoden

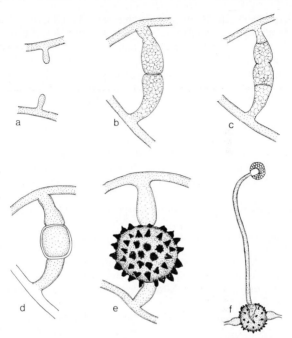

Abb. 90 *Mucor mucedo:* Entwicklung des Zygosporangiums („Zygospore"). **a, b** Ausbildung von Zygophoren, die sich (in **b**) berühren und abplatten; **c** Fusion der nun durch Septen von den Suspensoren abgegrenzten Gametangien; **d** aus der Fusionszelle hervorgegangenes, junges Zygosporangium mit sich verdickenden Zellwänden; **e** reifes Zygosporangium; **f** mit einem (Primär-)Sporangium auskeimende Zygospore, unter der aufgerissenen Wand des Zygosporangiums erscheint die eigentliche Zygospore – (a–e: 200fach, f: 70fach) (nach *Brefeld. O.*, Bot. Untersuchungen Schimmelpilze 1 [1872] 1–64)

keimfähig. Zur geschlechtlichen Fortpflanzung kommt es bei *Mucor mucedo* nur, wenn Plus- und Minushyphen zusammentreffen (Heterothallie, Selbstinkompatibilität, vgl. S. 118).

An der Grenzlinie der beiden Kolonien bilden sich besondere Seitenäste, Zygophoren, die aufeinander zuwachsen (Abb. **90 a**), bis sie sich mit ihren Spitzen berühren, sich hier abplatten und aneinanderlegen (Abb. **90 b**). Durch Querwände grenzt sich darauf in jedem Zygophor ein vielkerniges Gametangium (Abb. **90 c**) von einem Suspensor ab. Die Wand zwischen den beiden Gametangien wird aufgelöst, die Plasmamassen und auch die Plus- und Minuskerne vermischen sich, und die Fusionszelle umgibt sich mit einer mehrschichtigen Wand (Abb. 90 d). Sie reift zu einer Dauerspore, Zygosporangium genannt (Abb. 90 e), heran. Erst nach einer längeren, oft mehrmonatigen Reife- und Ruheperiode keimt sie aus. Während dieser Zeit lagert sich ein Teil der Kerne paarweise aneinander, andere Kerne degenerieren. Wenige Kernpaare, manchmal nur ein einziges, vollziehen schließlich die Kernverschmelzung (Karyogamie). (Finden innerhalb einer keimbereiten Zygospore mehrere Kernverschmelzungen statt, lösen sich im typischen Falle nachträglich alle Zygotenkerne bis auf einen auf.) Der überlebende diploide Kern liefert aus zwei Meioseschritten vier haploide Nuclei, von denen drei degenerieren, der vierte sich jedoch mehrmals mitotisch teilt. Seine sämtlichen Abkömmlinge wandern in die Keimhyphe bzw. in das aus jener gebildete Sporangium (Primär-, Keim- oder Zygosporangium. Abb. 90 f) hinaus. Dort müssen später alle Sporen, die sich im übrigen wie die ungeschlechtlichen Sporangiosporen verhalten, zur gleichen Kompatibilitätsgruppe (+ oder −) gehören, denn sämtliche Kerne stammen ja von einem einzigen haploiden Kern ab und sind demzufolge genetisch identisch.

Die zur Ausbildung der Zygophoren notwendige Trisporsäure entsteht in mehreren Biosyntheseschritten, die bei heterothallischen Arten abwechselnd im Plus- und Minusmyzel „kollaborativ" stattfinden (s. Abb. 65, S. 119, u. S. 105).

Eine stoffliche Steuerung ist auch für die folgende Phase der Sexualreaktion bekannt: Vermutlich in den Zygophoren selbst werden „zygotropische Lockstoffe" produziert. Sie sind in Luft instabil und bilden um die Zygophoren herum Konzentrationsgradienten, in denen sich die späteren Gametangien räumlich orientieren und mit ihren Spitzen aufeinandertreffen können.

Die ungeschlechtlichen Fruktifikationen (Anamorphe) der Mucorales weisen eine große Mannigfaltigkeit auf, die in Abb. 91 durch wenige Beispiele skizziert ist. Auf Grund der guten Artkonstanz dieser Merkmale bilden sie die wichtigsten Grundlagen für die Einteilung der Ordnung in Familien, Gattungen und Arten. In jedem Fall werden die Sporangiosporen durch Plasmazerklüftung nach dem für *Gilbertella* (Abb. 31, S. 55) dargestellten Schema gebildet.

Die für *Mucor* typischen kugeligen Sporangien können bei anderen Mucorales flaschen- oder birnenförmig sein (z. B. *Saksenaea, Absidia,* Abb. 91 a); die Kolumella kann sehr klein sein oder ganz fehlen (*Mortierella,* Abb. 91 b), oder der bei *Mucor* unmittelbar in das Sporangium übergehende Träger erweitert sich unter dem Sporangium zu einer Apophyse (wie bei *Rhizopus,* Abb. 91 a). Auch die Ausgestaltung der Sporangiosporen ist variabel. (Sporen mit fädigen Anhängseln hat z. B. *Gilbertella;* Abb. 31, s. S. 55.) Kleine, kolumellalose Sporangien mit nur wenigen Sporangiosporen nennt man Sporangiolen (*Mortierella,* Abb. 91 c); sind sie zylindrisch und die Sporangiosporen einreihig ange-

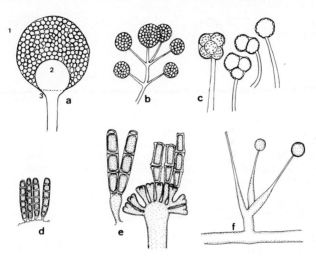

Abb. 91 Zygomycetes: Sporangienformen. **a** *Rhizopus* (Mucorales), Sporangium mit zahlreichen Sporangiosporen (1). Kolumella (2) und Apophyse (3); **b** *Mortierella biramosa* (Mucorales), Büschel von Sporangien ohne Kolumella; **c** *Mortierella angusta* (Mucorales), wenig- bis einsporige Sporangiolen; **d** *Syncephalastrum racemosum* (Mucorales). Teil des kopfig erweiterten Sporangienträgers mit mehrsporigen Merosporangien; **e** *Syncephalis pycnosperma* (Zoopagales), links mit reifem Merosporangium vor dem Abbrechen der Teilsporen, rechts mit abbrechenden Sporen; **f** *Haplosporangium fasciculatum* (Mucorales) mit einsporigen Sporangiolen – (a: 500fach, b: 200fach, c: 1000fach, d: 300fach. e: 700fach, f: 1000fach) (b: nach *Verona O., T. Benedek*, Iconographia Mycologica 8, Nr. B 64 [1962], c: nach *Gams, W.* Ber. Naturw.-Med. Ver. Innsbruck 53 [1963] 71–76, d, e: nach *Benjamin, R. K.*, Aliso 4 [1959] 321–433. f: nach *Nicot, J.*, Bull. Soc. Mycol. France 73 [1957] 81–93)

ordnet, werden sie als Merosporangien bezeichnet (z. B. *Syncephalastrum*, Abb. 91 d). Bei Sporangiolen wie bei Merosporangien kann die Sporenzahl bis auf eins reduziert sein; fallen diese samt der Sporangienwand ab, erwecken sie den Anschein von exogen gebildeten Konidien (Abb. 91 f); in manchen Darstellungen findet man denn auch für sie die Bezeichnung „Konidie".

Neben endogenen Sporangiosporen und den Zygosporen bilden manche Arten in ihren Hyphen (Abb. 92 a), Sporangienträgern oder Sporangien nach Form, Größe und Farbe meist sehr verschiedenartige Chlamydosporen Ebensowenig artspezifisch wie diese sind die gelegentlich – meist unter bestimmten äußeren Bedingungen – exogen in Ketten entstehenden Gemmen (Abb. 92 b) oder die Sproßzellen der Mucorales (s. S. 26).

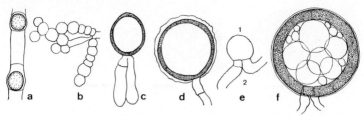

Abb. 92 Zygomycetes: verschiedene Sporentypen. **a** Chlamydosporen in einer Hyphe von *Mucor racemosus* (Mucorales); **b** Gemmen von *Mucor bainieri* (Mucorales); **c** Zygospore von *Endogone pisiformis* (Endogonales); **d** Chlamydospore von *Glomus macrocarpus* (Endogonales); **e, f** Zygosporenentwicklung von *Coemansia aciculiformis* (Kickxellales); **e** junges Zygosporangium (1) mit Zygophoren (2); **f** reife Zygospore im Innern des zartwandigen Zygosporangiums – (a: 400fach, b: 200fach, c: 300fach, d: 100fach, e, f: 650fach) (nach *Benjamin, R. K.* in *B. Kendrick* 1979)

Eine Besonderheit des vegetativen Thallus ist die Differenzierung in Substrathyphen, welche die Nahrungsaufnahme ermöglichen, und in Reproduktionsorgane tragende Lufthyphen. Diese können manchmal mit speziellen Haftorganen, den Rhizoiden, im Substrat verankert werden und als Ausläufer (Stolonen) von Rhizoid zu Rhizoid ein rasches Flächenwachstum ermöglichen (z. B. *Rhizopus*; Abb. 25, s. S. 48). Die meisten Mucorales leben saprophil, einige davon sind fakultative Erreger von Mykosen bei Warmblütlern (z. B. *Absidia corymbifera, Rhizomucor pusillus, Rhizopus oryzae*). Unter den abgeleiteten Formen treten auch Pflanzenparasiten auf (z. B. *Choanephora* bei Blütenpflanzen). Ein eigenartig gebauter Schleuderapparat ist für die (auf Tierkot wachsenden) Arten der Gattung *Pilobolus* charakteristisch. Unter dem Einfluß von Licht reißt die unter dem Sporangium angeordnete Blase plötzlich auf, wodurch das Sporangium wuchtig gegen die Lichtquelle geschleudert wird. Die durch die Länge ihrer Sporangienträger (bis 20 cm) eindrücklichsten Mucoraceae sind aber einige *Phycomyces*-Arten; auch bei ihnen ist Phototropismus nachgewiesen: Die Sporangienträger wachsen dem Licht entgegen.

Obwohl die sexuelle Fortpflanzung der Mucorales eine auffallende Gleichförmigkeit aufweist, läßt sich eine Weiterentwicklung erkennen. Sie betrifft aber nicht die Sexualorgane selbst, sondern deren Anhangsgebilde. Aus den Suspensorzellen können sich Hüllhyphen entwickeln, die sich z. B. bei *Mortierella* zu einem die Zygosporen einhüllenden Geflecht verdichten.

Zoopagales. Zoopagales sind Parasiten von Tieren oder von Pilzen (meist Mucorales). Die tierparasitischen Vertreter (z. B. *Cochlonema,*

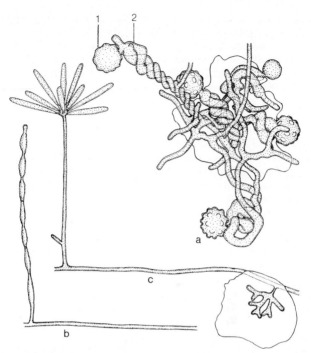

Abb. 93 **a–b** *Cochlonema symplocum* in einem Individuum von *Amoeba verrucosa*. **a** Bildung der Zygosporen (1) an umschlungenen Zygophoren (2); **b** kurze Konidienkette; **c** *Stylopage cephalote*, aus einer Amöbe herauswachsender Konidienträger – (600fach) (nach *Drechsler, C.*, Mycologia 33, [1941] 248–269)

Stylopage, Abb. **93**) sind wie Zoophagus unter den Oomycetes (Abb. **22**, s. S. 46) mit einfachen Fangapparaten ausgerüstet: Hyphenzweige mit terminalen Schleimtropfen, an denen die Tiere (meist Protozoen) von den Hyphen durchwuchert oder umsponnen und verdaut werden. Die Zygosporen gleichen im Prinzip denen der Mucorales, doch findet man oft deutlich längere Zygophoren, die sich manchmal schraubig umeinander winden (Abb. **93a**, 1, 2). Die asexuellen Sporen der tierparasitischen Zoopagaceae werden einzeln oder in Ketten gebildet; sie gleichen den Konidien der Asco- und Basidiomyceten; ihrer Entstehung nach sind es eher Chlamydosporen (vgl. S. 50) als Sporangiosporen. Die pilzparasitischen Piptocephalidaceae, z. B. *Syncephalis* (Abb. **91e**), bilden ebenfalls zerfallende Sporenketten, doch lassen sich diese klar als Merosporangien erkennen (vgl. S. 207). Die Plasmazerklüftung in den Mero-

210   Fungi

sporangien von *Piptocephalis indica* verläuft allerdings etwas anders als bei *Gilbertella* (Mucorales; Abb. 31, s. S. 55). Die Invagination endoplasmatischen Reticulums beginnt vom Sporangien-Plasmalemma her an verschiedenen Stellen gleichzeitig; danach entwickelt sich der Zerklüftungsapparat wie üblich weiter, und es wird eine Anzahl etwa gleich großer Sporen abgegrenzt.

Endogonales. Im Gegensatz zu den übrigen Zygomycetes bilden die Endogonales ihre Sporen in knolligen Fruchtkörpern, seltener einzeln am unseptierten Myzel. Nur wenige Vertreter haben Sporangien (ohne Kolumella) mit Sporangiosporen, die meisten bilden nur eine Sporenform aus, nämlich Zygosporen wie *Endogone* (Abb. 92 c), nicht aus Sexualvorgängen hervorgehende Azygosporen wie *Gigaspora* oder dickwandige terminale Chlamydosporen wie *Glomus* (Abb. 93 d), *Sclerocystis* und *Glaziella.*

Viele Endogonales leben vergesellschaftet mit Pflanzenwurzeln als endotrophe Mykorrhiza-Partner (vesikulär-arbuskuläre Mykorrhiza = VA-Mykorrhiza), deren Bedeutung mehr und mehr erkannt wird; seltener trifft man sie freilebend im Erdboden oder in oberirdischen Pflanzenteilen.

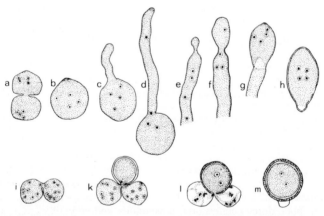

Abb. 94 *Entomophthora fumosa.* **a** Sich in vierkernige Hyphenkörper teilende vegetative Hyphe. **b, c** Beginnende Keimung eines Hyphenkörpers. **d** Emigration der Kerne in die Keimhyphe. **e–g** Konidienbildung. **h** Weggeschleuderte Konidie. **i** Zwei achtkernige Hyphenkörper (Gametangien) haben an ihrer Berührungsstelle die Wände aufgelöst; je ein Kern wandert in die Brücke. **k** Aus der Verbindungsbrücke entwickelt sich die spätere Zygospore; die beiden privilegierten Kerne wandern in sie hinein. **l** Die zweikernige Zygospore umgibt sich mit einer derber Wand. **m** Reife Zygospore, die ursprünglichen Gametangien sind kollabiert und die restlichen Kerne aufgelöst – (100fach) (nach *Rees, O. K.*, Amer. J. Bot. 19 [1932] 205–217)

Entomophthorales. *Entomophthora fumosa*, ein Parasit der Schildlaus *Pseudococcus citri*, infiziert die Wirtstiere, durchwächst sie mit einem dickfädigen Myzel und tötet sie dabei ab. Die Pilzhyphen zergliedern sich in vierkernige Hyphenkörper. Beim Tode des Wirtes hört das Myzelwachstum auf, statt dessen setzt die Bildung von asexuellen Exosporen (Konidien) oder von Zygosporen ein; innerhalb eines Kadavers entsteht aber immer nur eine der beiden Fruktifikationsformen.

Bei der asexuellen Weiterentwicklung beginnen die Hyphenkörper nahe der Oberfläche mit der Keimung, nacheinander folgen auch die weiter im Wirtsinnern befindlichen Hyphen. Die Keimhyphe wächst nach außen, die Kerne des Hyphenkörpers und später auch dessen Plasma fließen zur Hyphenspitze und konzentrieren sich hier (Abb. **94 a–g**). Aus der Spitze wächst eine halsartige Protuberanz und schwillt allmählich an; der Hauptteil des Plasmas fließt mit den Zellkernen in das sich vergrößernde, einsporige Sporangium (oft als Konidie aufgefaßt). Dieses trennt sich vom Träger und wird aktiv in den Luftraum abgeschleudert (Abb. **94 g, h**).

Die sexuelle Entwicklung wird durch eine simultane mitotische Kernteilung in zwei benachbarten Hyphenkörpern eingeleitet. Die Wände an den Berührungsstellen zweier derartiger Zellen (Gametangien) werden aufgelöst, und aus jedem Gametangium gelangt ein Kern in das Verbindungsstück. Dort entsteht eine Anschwellung, die spätere Zygospore (Abb. **94 i, k**). Diese nimmt, während sie weiterwächst, die beiden konträrgeschlechtlichen Kerne und einen großen Teil des Plasmas auf und legt später dicke Zellwände an (Abb. **94 l**). Die in den Gametangienzellen zurückbleibenden Zellkerne degenerieren, und die weitgehend entleerten Zellen kollabieren (Abb. **94 m**). Die Keimung der Zygosporen erfolgt nach der Karyogamie und darauf folgender Meiose mit einem Keimschlauch.

Entomophthorales sind Saprobien oder – häufiger – Parasiten von Tieren, hauptsächlich von Arthropoden (z. B. *Entomophthora*-Arten) oder Pflanzen (z. B. *Ancylistes*). Saprobische Entomophthorales sind zum Teil fakultative Tierparasiten, so die auf Insekten, Amphibien und Säugern lebenden *Basidiobolus*- und *Conidiobolus*-Arten, unter denen es auch humanpathogene Species gibt (vgl. Tab. **19**, Zeile 24/25, S. **154**). Saprobische Entomophthorales lassen sich auf üblichen Laboratoriumsnährböden kultivieren; manche tierparasitische Arten benötigen spezielle, proteinhaltige Nährböden.

Dimargaritales. Die pilzparasitären Dimargaritales (z. B. *Dispira cornuta*, Abb. **95 d, e**) unterscheiden sich von den ihnen in der Ausprägung der Anamorphe ähnlichen Kickxellales in einer Reihe von Merkmalen. Ihre Zygosporen entwickeln sich zwar ebenfalls in dünnwandigen Zygosporangien auf die in Abb. **92 e, f** dargestellte Weise, doch haben die regelmäßig auftretenden Hyphensepten eigenartige zentrale Poren, die von

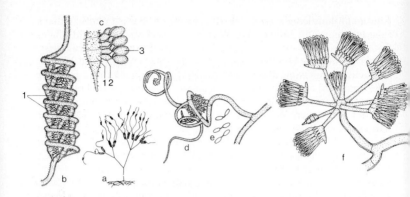

Abb. 95 **a–c** *Spirodactylon aureum* (Kickxellales). **a** Habitus; **b** spiralig angeordnete fertile Partie mit Sporocladien (1); **c** Sporocladium (1) mit Pseudophialiden (2) und einsporigen Sporangiolen (3). **d–e** *Dispira cornuta* (Dimargaritales). **d** Teil einer fruktifizierenden Hyphe mit Sporangiolenknäuel; **e** einzelne, zweigliedrige, später auseinanderbrechende Sporangiolen. **f** *Martensiomyces pterosporus* (Kickxellales), Teil einer fruktifizierenden Hyphe mit regelmäßig angeordneten Sporocladien mit dicht parallel nebeneinanderstehenden Sporangiolen – (a: 8fach, b: 80fach, c: 250fach, d: 160fach, e: 800fach, f: 300fach) (nach *Benjamin, R. K.*, Aliso 4 [1959] 321–433)

kreuzförmigen, alkalilöslichen Stöpseln verschlossen sind (Abb. 8a, s. S. 24). Außerdem sind ihre Sporangiolen (Merosporangien) stets zweisporig, und sie dringen mit charakteristischen Haustorien (s. S. 50) in die Hyphen ihrer Wirte ein. Sporangiolen entwickeln sich an erweiterten Hyphenenden, an einfachen oder verzweigten fertilen Trägerästen und bilden oft dichte Knäuel.

Kickxellales. Die meist saprobisch lebenden Kickxellales bilden ihre einsporigen Sporangiolen (Merosporangien) an rundlichen oder länglichen, septierten oder unseptierten, fertilen Hyphenästen (Sporocladien) von oft sehr eigenartiger Architektur (z. B. *Spirodactylon aureum, Martensiomyces pterosporus*, Abb. 95 a–c, f). Die manchmal als Konidien aufgefaßten Sporangiolen gehen aus flaschenförmigen Auswüchsen der Sporocladien (Pseudophialiden) hervor. Die Septenporen sind zwar ähnlich gebaut wie die der Dimargaritales, doch sind die Porenstöpsel nicht kreuzförmig und nicht alkalilöslich (Abb. 8b, s. S. 24). Die wenigen pilzparasitären Arten bilden keine Haustorien in den Wirtshyphen.

Harpellales. Bei *Harpella melusinae* (im Darm von Kriebelmücken, z. B. *Simulium equinum*) wachsen aus den vegetativen Hyphen (Abb. 96 a) fädige, spiralig gekrümmte, einsporige Sporangiolen („Trichosporen"). An ihrer Ansatzstelle tragen sie je vier fädige, feingebänderte

Anhängsel (Abb. **96a, b**), die in die Traghyphe hineinragen und sich spiralig an deren Wand legen. Die sexuelle Reproduktion wird durch zahlreiche Anastomosen (s. S. 126) zwischen verschiedengeschlechtlichen Thalli eingeleitet, wobei ein System vernetzter Hyphen entsteht. Gelegentlich sproßt aus einer Anastomose (Abb. **96c**) eine kurze Ausstülpung, die zur Suspensorzelle wird und sich oben zu einer durch eine Querwand abgetrennte Zygospore erweitert (Abb. **96c−f**). Ähnlich verhält sich die homothallische *Stipella vigilans* (Abb. **96g**). Harpellales wurden noch nicht karyologisch untersucht.

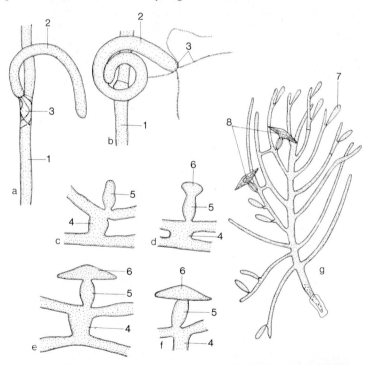

Abb. 96 **a−f** *Harpella melusinae.* **a** An einer vegetativen Hyphe gebildete asexuelle Trichospore, deren Anhängsel noch im Innern der Trägerzelle sitzen. 1 = Trägerzelle, 2 = Spore, 3 = Anhängsel. **b** Reife, losgelöste Spore. **c** Eine sich über einer Fusionsbrücke (4) entwickelnde Suspensorzelle (5). **d** Die Suspensorzelle erweitert sich am Scheitel (6). **e** Die Erweiterung entwickelt sich zur Zygospore (6). **f** Die Zygospore wird durch eine Querwand abgetrennt. **g** *Stipella vigilans*, verzweigter Thallus mit seitlichen Konidien (7) und zwei Zygosporen (8) − (a−b: 250fach, c−f: 350fach, g: 200fach) (a−f: nach *Lichtwardt, R. W.*, Mycologia 59 [1967] 482−491, g: nach *Manier, J.-F.*, Ann. Sci. Nat. Bot. Ser. XII 10 [1969] 565−672)

Eine nahe Verwandtschaft der früher zu den Trichomycetes gestellten Harpellales mit den Kickxellales läßt sich wegen der sehr ähnlichen Septenporen, der übereinstimmenden Zusammensetzung der Zellwände (kein Chitosan, aber Chitin, Glucosamin, verschiedene Zucker) sowie nach serologischen Reaktionen vermuten. Wie die übrigen Vertreter der „Trichomycetes" leben alle Harpellales als Endosymbionten oder Saprobien im Darmtrakt von Arthropoden, hauptsächlich Insekten.

Asellariales. Die Vertreter dieser Ordnung wachsen wie die Harpellales im Darm von Arthropoden, vermehren sich aber asexuell durch in Ketten gebildete „Arthrosporen", die sich aus Hyphensegmenten entwikkeln (Abb. 97 d). Eine sexuelle Reproduktion ist nicht bekannt. Die nahe Verwandtschaft mit den Harpellales zeigt sich in den gleich gebauten Septenporen (Abb. 8 b, s. S. 24), in den chemisch gleich aufgebauten Zellwänden, in serologischen Reaktionen sowie in der „Arthrosporen"-Keimung seitlich der oberen Querwände innerhalb der „Arthrosporen"-Ketten (Abb. 97 d). Die an diesen Stellen einzeln sprossenden Keimhyphen sind den Trichosporen der Harpellales homolog.

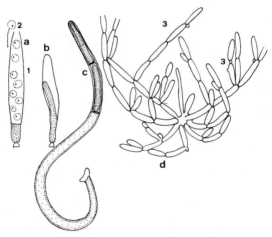

Abb. **97 a–b** *Harpochytrium hedinii* (Harpochytriales, Chytridiomycetes, S. 197). **a** Einachsiger Thallus mit reifem, apikalen Sporangium (1) und einer ausgeschwärmten Zoospore (2). **b** Entleertes Sporangium, das von der Basis aus wiederum durchwachsen wird. **c** *Enterobyrus borariae* (Eccrinales), einachsiger Thallus mit apikalen, einsporigen Sporangiolen. **d** *Orchesellaria mauguioi* (Asellariales) mit Ketten von Arthrosporen, die zum Teil seitlich keimen (3) – (a–b: 600fach, c: 500fach, d: 350fach) (*Emerson R., H. Whisler*, Arch. Mikrobiol. 61 [1968] 195–211, *Lichtwardt, R. W.*, Mycologia 65 [1973] 1–20, *Moss, S. T.*, Trans. Brit. Mycol. Soc. 65 [1975] 115–127)

Trichomycetes

Von den ursprünglichen Trichomycetes (vgl. S.201) bleiben nur noch die beiden Ordnungen Eccrinales und Amoebidiales. Beide sind weder untereinander noch mit irgendwelchen anderen pilzlichen Organismen näher verwandt. Sexualstadien sind unbekannt. Wir fassen die Klasse ähnlich wie die Deuteromycetes (s. S.318) als Form-Taxon für Organismen unbekannter Verwandtschaft im Darm oder auf dem Chitinpanzer von Arthropoden auf.

Eccrinales. *Enterobryus borariae* bildet einachsige Thalli, die mit je einer Haftscheibe an den Chitinpanzern der Wirtsdärme befestigt sind. Die Sporangiosporen entwickeln sich einzeln in kettenartig angeordneten Sporangiolen (Abb. 97c), bei anderen Arten auch in vielsporigen Sporangien, die dann an die Zoosporen bildenden Harpochytriales (Abb. 97a, b) erinnern. Einige Arten haben auch dickwandige Chlamydosporen. In den Zellwänden der Eccrinales wurde Cellulose hingegen kein Chitin nachgewiesen.

Amoebidiales. Gelangt eine Spore von *Amoebidium parasiticum* auf ein Wasserinsekt oder auf einen Vertreter der Crustaceae –, so entsteht unter günstigen Bedingungen ein einfacher (unverzweigter), oberflächlicher Thallus (Abb. 98a), der sich als Ganzes (holokarp) in ein Sporangium verwandelt. In diesem differenzieren sich Endosporen (Sporangiosporen, Abb. 98b), womit der asexuelle Zyklus geschlossen ist. Ein dem Sporangium entsprechendes Organ entläßt jedoch unter Umständen statt der Sporen nackte Keime (Amöben, Abb. 98c, d), die auf dem Wirt weiterwachsen, sich encystieren (eine Zellwand ausscheiden) und ihr Protoplasma in Sporen aufgliedern (Abb. 98d–f).

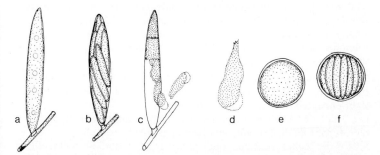

Abb. 98 *Amoebidium parasiticum*. **a** Junger Thallus an einem Insektenbein; er wird sich als Ganzes zu einem Sporangium entwickeln. **b** Sporangium mit Sporangiosporen; **c** Sporangium mit Amöben, zum Teil entleert; **d** Amöbe; **e** Dauerspore; **f** Dauerspore mit Sporangiosporen – (a–c: 200fach, d–f: 1000fach) (nach *Whisler, H.C.*, Amer. J. Bot. 49 [1962] 193–199)

Durch die amöboiden Stadien sowie durch die sehr eigenartig aus Poly-
galactosamin und Galactan aufgebauten Zellwände stehen die wenigen
Vertreter der Amoebidiales sehr isoliert.

Ascomycota

Die Abteilung (Division) Ascomycota (Schlauchpilze, inklusive Flechtenpilze) umfaßt etwas weniger als die Hälfte aller bekannten Pilzarten.
Zählt man die mit ihnen phylogenetisch zusammengehörenden, nicht als
Anamorphe nachgewiesenen Fungi imperfecti (s. S. 318) dazu, macht
ihr Anteil über zwei Drittel der Pilzarten aus. Entsprechend vielfältig
sind ihre morphologischen und physiologischen Eigenheiten, ihre Lebensäußerungen und ihre Ansprüche an die Umgebung.

Die Ascomycota besitzen ein gemeinsames Organ (das den Fungi
imperfecti fehlt): den Ascus (Schlauch, pl. Asci), das Meiosporangium
der Teleomorphe (= Hauptfruchtform, sexuelle Fruktifikationsform).
Der Ascus zeichnet sich vor den übrigen Zellen und Organen nicht nur
morphologisch, sondern auch durch seine Stellung im Entwicklungsgang und durch seine Funktion aus. In der Regel spielen sich in seinem
Innern drei wichtige Ereignisse ab:

1. Karyogamie (Kernverschmelzung). Zwei kompatible, haploide
Kerne vereinigen sich zu einem diploiden Kern. Dies erfolgt in der Regel
im jungen Ascus; Ausnahmen sind bei Endomycetes (s. S. 217) und bei
Taphrinomycetidae (s. S. 224) bekannt.

2. Meiose (Reifungs-, Reduktionsteilung). Bei allen Ascomycota erfolgt die Meiose (s. S. 72) im heranwachsenden Ascus. Nach den beiden
Teilungsschritten, aus denen vier haploide Kerne hervorgehen, folgt in
der Regel noch eine Mitose, so daß die Asci am Ende der Teilungsphase
häufig acht Zellkerne enthalten. Unterbleibt die Mitose, sind es nur vier,
schließen sich mehr als eine Mitose an, befinden sich zuletzt entsprechend mehr haploide Kerne im Ascus.

3. Ascosporendifferenzierung. Durch Abgrenzung von Plasma (S. 238)
rund um die haploiden Kerne differenzieren sich die Ascosporen. Ihre
Zahl entspricht der der haploiden Kerne.

Die Thalli der Ascomycota bestehen aus Myzel mit regelmäßig septier-
ten Hyphen (s. S. 23) oder aus Kolonien von Einzelzellen (Hefen, s.
S. 26); die Zellen sind ein- oder mehrkernig. Innerhalb mehrzelliger
Thalluspartien stehen die Zellen untereinander durch Septenporen in
Verbindung: diese sind größtenteils einfache zentrale Öffnungen und
nur bei den Endomycetes treten verschiedenartig gebaute Poren auf.
Die typischen Ascomycetenzellwände sind zweischichtig; Ascomycota
lassen sich mit Hilfe dieses Merkmals von den durch mehrschichtige
Zellwände ausgezeichneten Basidiomycota unterscheiden.

Die Ascomycota zerfallen in zwei Klassen, die Endomycetes und die Ascomycetes; die wichtigsten Differentialmerkmale sind in Tab. 24 (s. S. 202) zusammengestellt.

Endomycetes

Endomycetes (= Hemiascomycetes; vgl. Tab. 24, S. 202) sprossen oder wachsen fadenförmig, mit Hyphen. Sprossungswachstum überwiegt in der Klasse, ist aber kein Unterscheidungsmerkmal, denn bei einem Teil der Endomycetes wurde nie Zellsprossung beobachtet, und andererseits können einige Zygomycota, viele Ascomycetes und Basidiomycota ebenfalls sprossen. Hyphen der Endomycetes sind stets septiert; die Septen weisen Mikroporen (Abb. 7 b, c, s. S. 24), einfache Poren (wie Ascomycetes, Abb. 9 a) oder Doliporen (ähnlich denen der Basidiomycota, aber ohne Parenthesom; vgl. Abb. 9 d, S. 25) auf. Die Zellwände sind vom Mannan-Glucan-Typ (Tab. 12, s. S. 83), und wie bei Zygomycetes, so wird auch in Zellhydrolysaten von Endomycetes Glucuronsäure gefunden; die Wände der Sproßzellen haben stets höhere Mannan-Anteile als die der Hyphen desselben Stammes.

Die typische, in der Klasse recht einheitliche sexuelle Reproduktion beginnt mit Gametangienkopulation, unmittelbar gefolgt von der Karyogamie. (Es gibt hier keine Dikaryophase wie bei sämtlichen Ascomycetes und Basidiomycota.) Die in der Regel einkernige, diploide Fusionszelle wird entweder direkt zum Ascus gebildet, oder es folgt eine diploide Vermehrungsphase, und die Meiose setzt später, nach beliebiger Zeit, ein (oft bei Nahrungsmangel, doch auch spezifischer induzierbar) (vgl. S. 73).

Asexuell entwickeln sich Endomycetes durch Zellsprossung (blastisch) (s. S. 26, vgl. Abb. 100 u. Abb. 11, S. 28), wobei zwischen vegetativer Vermehrung und Konidienbildung nicht immer klar unterschieden werden kann, oder durch Hyphenzergliederung (thallisch, s. S. 63) wie bei *Geotrichum* (ähnlich Abb. 39, S. 63) oder *Schizosaccharomyces* (Abb. 100, hier werden jedoch Einzelzellen, nicht Hyphen aufgeteilt.) Die Klasse gliedert sich in zwei Ordnungen, von denen die Protomycetales aus nur etwa 20 Pflanzenparasiten bestehen, während die Endomycetales sehr artenreich, weltweit verbreitet, als Erreger uralter, klassischer Spontangärungen ebenso bedeutend wie in modernen Fermentationen sind und auch ökologisch ein breites Spektrum zwischen saprobischen „Zuckerpilzen" und spezialisierten Parasiten abdecken. Zur Unterscheidung von Gattungen und Arten mit wenigen morphologischen Merkmalen werden physiologische, besonders fermentative Fähigkeiten mit beurteilt. Die früher außerdem hierher gestellte Ordnung Ascosphaerales gehört zu den Ascomycetes, in die Nähe der Gattung *Monascus*.

Endomycetales. Beim Insektenkadaver besiedelnden *Dipodascopsis uninucleata* differenzieren sich zwei benachbarte Zellen einer Hyphe zu leicht vergrößerten Gametangien, ihre aneinanderstoßenden Zellwände werden aufgelöst, die beiden Kerne verschmelzen, und nach einiger Zeit beginnt in der Fusionszelle, dem jungen Ascus, die Reduktionsteilung. Der Ascus verlängert sich zur Schlauchform, in ihm folgen auf die meiotischen Kernteilungen einige Mitosen. Später entsteht eine große, der Zahl der Kerne entsprechende Zahl von Ascosporen. Da die Kernteilungen nicht synchron erfolgen, ist die Anzahl der Ascosporen unbestimmt (Abb. 99).

Endomyces magnusii, der im Blutungssaft von Bäumen vorkommt, zeigt in der sexuellen Reproduktion gewisse Ähnlichkeiten zu *Dipodascopsis.* Zur Zeit der Geschlechtsreife reagieren bestimmte Zellen weiblich und werden befruchtet, indem sie von einer anderen (männlichen) Zelle einen Kern erhalten. Die Zygote wird zum achtsporigen Ascus.

In der vegetativen Phase entwickelt sich ein Myzel, das unter gewissen Bedingungen Sproßzellen nach dem Bechertypus bildet (vgl. unter a); bei andern Hefen kommen verschiedene Sproß- und Zellteilungsmechanismen vor.

a) Zellteilung nach dem Bechertypus (Abb. **100** a—e). In einer Ausbuchtung der Mutterzelle (Sproß) scheidet die Tochterzelle eine eigene Wand aus und hinterläßt beim Ablösen den basalen, becherförmigen Teil der von der Mutterzelle stammenden Wand. An der gleichen

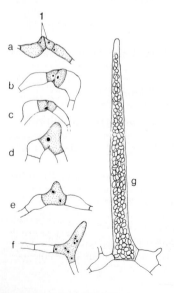

Abb. **99** *Dipodascopsis uninucleata.* **a** Zwei Hyphenzellen haben sich zu Gametangien (1) differenziert. **b** Die Zellwände zwischen den Gametangien werden aufgelöst. **c** Kernverschmelzung. **d** Der junge, diploide Ascus streckt sich. **e, f** Meiose. **g** Vielsporiger Ascus — (800fach) (nach *Biggs, R.,* Mycologia 29 [1937] 34—44)

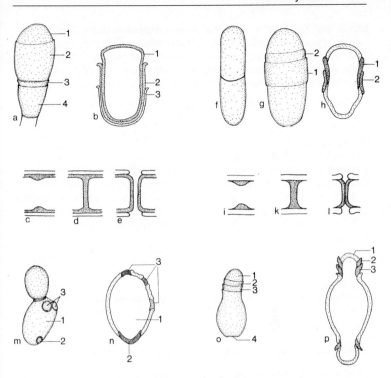

Abb. **100 a—e** Bildung von Thallokonidien nach dem Bechertypus bei *Endomyces magnusii*. **a** Die junge Konidie (1) ist von drei verschiedenaltrigen Bechern (2, 3, 4) umschlossen. **b** Schematischer Schnitt durch junge Konidie (1), welche von zwei becherartigen Zellresten umgeben ist (2, 3). **c** Querwandbildung; **d, e** sich trennende Zellen. **f—l** Zellteilung bei *Schizosaccharomyces octosporus*. **f** Zweizellige Einheit vor der Trennung der Tochterzellen; **g** wachsende Hefezelle mit zwei von früheren Teilungen herrührenden Wandrestringen (1, 2); **h** schematischer Schnitt durch eine heranwachsende Zelle mit zwei Wandrestringen (1, 2); **i** beginnende Querwandbildung im Zentrum der Zelle; **k** gebildete Querwand; **l** sich trennende Tochterzellen. **m—n** Sprossung nach dem Narbentypus bei *Saccharomyces cerevisae*. **m** Mutterzelle (1) mit der Bildungsnarbe (2) und zwei Sproßnarben (3) bildet eine neue Sproßzelle. **n** Schematischer Schnitt durch eine Hefezelle mit der Bildungsnarbe (1) und drei verschieden alten Sproßnarben (2, 3). **o—p** Sprossung nach dem Annellidentypus bei *Saccharomycodes ludwigii*. **o** Sprossende Zelle (1), die von einigen kragenartigen Wandresten umgeben ist (2, 3), von der Bildungsnarbe (4) ist noch keine Sprossung erfolgt. **p** Schematischer Schnitt durch eine beidseitig sprossende Hefezelle. 1 = Annellophoren, 2 = Narbenpfropfe, aus denen neue Zellen hervorsprossen – (1000fach) (nach *Streiblova, E.*, in litt.)

Stelle, im Zentrum des Becherchens, können weitere Sprossungen erfolgen, und entsprechend ihrer Zahl schichten sich mehrere Becherchen ineinander, so daß jeweils das innere das jüngste ist. Manchmal verlängern sich die Sproßzellen zu Pseudohyphen (vgl. Abb. **11**, S. 28), die in vielen Taxa hefeartig wachsender Pilze vorkommen.

b) Zellvermehrung nach dem Spalttypus. Eine kleine Gruppe von Hefen (Gattung *Schizosaccharomyces,* z. B. *Schizosaccharomyces octosporus,* Abb. **100 f–l**) vermehrt sich durch Querteilung (ähnlich wie Bakterien). Die Septen werden etwa in der Mitte der zylindrischen Zellen angelegt. Die beiden gleich großen und gleich geformten Tochterzellen trennen sich und hinterlassen an den Trennungsflächen Narben; außerdem bleiben an den Trennungsstellen Reste der alten Wand als Ringe erhalten und können auch nach der Verlängerung und Teilung der Tochterzellen noch festgestellt werden. Einheiten, welche mehrmals an Teilungen beteiligt waren, tragen ein System von konzentrischen Ringen verschiedenen Alters.

c) Zellsprossung nach dem Narbentypus. Die meisten Hefen sprossen nach dem Narbentypus (z. B. *Saccharomyces cerevisiae,* die Bäcker-, Wein- und Bierhefen). An der Mutterzelle stülpt sich die Zellwand an einer Stelle aus, und die heranwachsende Tochterzelle trennt sich später durch eine Wand ab. An beiden Zellen bleiben ringförmige Narben zurück. Jede weitere Sprossung erfolgt an einer anderen Stelle der Wand. Das relative Alter der Sproßzellen läßt sich deshalb aus der Zahl der Narben ablesen; es wurden bis 32 gefunden (Abb. **100 m, n**).

d) Zellsprossung nach dem Annellidentypus. Ähnlich wie die Bildung der Blastokonidien an Annelliden (Abb. 35) bei den Fungi imperfecti erfolgt die Zellsprossung der sogenannten apiculaten Hefen (oder Apiculatahefen, z. B. *Saccharomycodes ludwigii,* Abb. **100 o, p**). Die Sprossung ist auf die beiden Pole beschränkt (bipolare Sprossung) und erfolgt abwechselnd am einen oder anderen Ende. Die Tochterzelle hinterläßt eine Narbe, aus deren zentralem Pfropf später die übernächste Zelle hervorgeht. Die Abreißzonen bleiben als Ringe nachweisbar. Bei jeder Sprossung verlängert sich ein unscheinbarer terminaler Fortsatz. Ältere Hefezellen tragen an beiden Enden mehrfach geringelte Fortsätze.

Da bei den Hefen als vegetative Entwicklungszustände sowohl Haplophase als auch Diplophase in Frage kommen, ergeben sich drei ontogenetische Stufen (1.–3.) (vgl. Abb. **101**). Von den „Kardinalpunkten der Ontogenese" (vgl. Tab. **8**, S. 68) folgen Plasmogamie (P) und Karyogamie (K) bei den Endomyceten unmittelbar aufeinander (Abb. **101**, Spalte Kopulation); als Gametangien funktionieren meist einkernige Sprosszellen oder Ascosporen. Ort der Meiose ist, wie bei allen Ascomycota, der Ascus. Die Differenzierung der Hefe-Ascosporen ist in Abb. **48** (s. S. 74) dargestellt. Im Unterschied zu den Ascomycetes

(Abb. **114**, S. 239) erhält bei den Endomycetes jede Spore im Ascus von Anfang an eine eigene, vollständige Membranhülle (Plasmalemma).

1. Haplobiontische Stufe. Die vegetative Vermehrung von *Schizosaccharomyces octosporus* erfolgt in der Haplophase. Erst gegen deren Ende legen sich die Hefezellen paarweise aneinander, kopulieren, und die Kerne vereinigen sich. Der Zygotenkern teilt sich sofort meiotisch, in drei Schritten entstehen acht Ascosporen.

Auch *Nadsonia fulvescens,* welche ähnlich wie *Endomyces magnusii* im Saftfluß von Bäumen vorkommt, gehört der haplobiontischen Stufe an. An der Kopulation beteiligen sich aber nicht zwei beliebige Sproßzellen, sondern stets die Mutterzelle und die noch nicht abgetrennte Tochterzelle. Die Mutterzelle bildet an dem der Sproßzelle gegenüberliegenden Pol einen Auswuchs, in den beide Zellkerne wandern und verschmelzen. Nach der unmittelbar anschließenden Meiose (in zwei Teilungsschritten) degenerieren drei Tochterkerne, und nur mit dem vierten bildet sich die einzige Ascospore.

2. Haplo-diplobiontische Stufe. Bei *Saccharomyces cerevisiae* sprossen zunächst die haploiden Zellen. Später erfolgen Kopulationen, und die dabei entstehenden diploiden Zellen (Zygoten) sprossen weiter, so daß zeitweise nebeneinander haploide und diploide Sproßzellen auftreten;

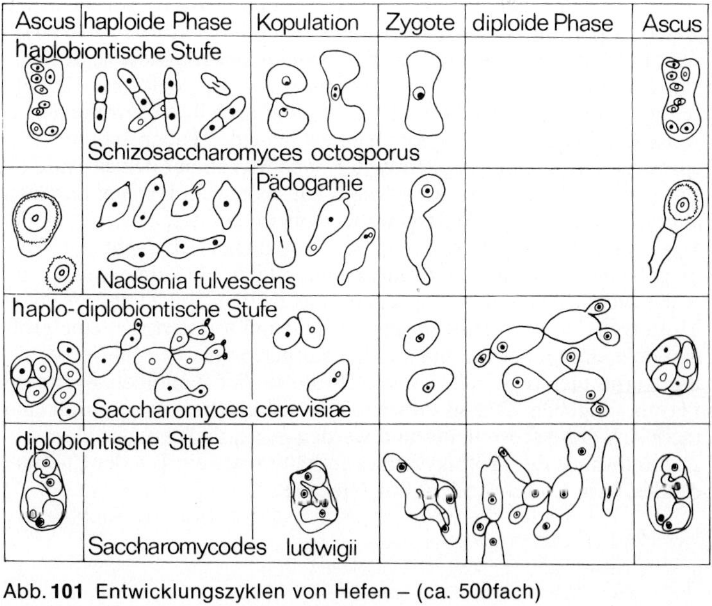

Ascus	haploide Phase	Kopulation	Zygote	diploide Phase	Ascus
haplobiontische Stufe					
Schizosaccharomyces octosporus					
Nadsonia fulvescens	Pädogamie				
haplo-diplobiontische Stufe					
Saccharomyces cerevisiae					
diplobiontische Stufe					
Saccharomycodes ludwigii					

Abb. **101** Entwicklungszyklen von Hefen – (ca. 500fach)

diploide Zellen sind oft etwas größer. Unter besonderen Bedingungen bilden sich aus den Abkömmlingen der diploiden Sproßzellen Asci (vgl. Abb. 101).

3. Diplobiontische Stufe. Bei *Saccharomycodes ludwigii* kopulieren schon die Ascosporen, und zwar meist innerhalb der Asci; die Vermehrung vollzieht sich in der diploiden Phase.

Zahlreiche hefeartige Pilze bilden nie Asci und Ascosporen und müssen bei den Fungi imperfecti eingereiht werden (asporogene Hefen). Ein Teil von ihnen gehört sicher phylogenetisch zu den Saccharomycetaceae, andere wiederum dürften von anderen Verwandtschaftskreisen abstammen; denn das hefeartige Wachstum ist nicht auf die Endomycetidae beschränkt (z. B. Taphrinales S. 224, Exobasidiales S. 295, Ustilaginales S. 281 sowie einige Fungi imperfecti S. 318).

Die Hefen spielen wegen ihrer enzymatischen Fähigkeiten und wegen ihrer raschen Vermehrung eine wichtige Rolle bei Abbauprozessen in der Natur. Diese Fähigkeiten wurden schon frühzeitig auch für technisch-chemische Prozesse ausgenützt, z. B. bei der alkoholischen Gärung. Andere Organismen dieser Ordnung leben als Pflanzenparasiten (so *Spermophthora gossypii* in Baumwollkapseln) und gelegentlich als Erreger von eitrigen Erkrankungen bei Warmblütern.

Protomycetales. Die nur etwa 20 Arten umfassenden Protomycetales wachsen parasitisch auf Blütenpflanzen und verursachen oft ausgedehnte Blattverfärbungen (z. B. *Taphridium umbelliferarum*) oder blasige Hypertrophien (z. B. *Protomyces macrosporus*; beide auf Umbelliferen). Die Ascosporen können unmittelbar nach ihrer Befreiung paarweise konjugieren oder haploid bleiben, in beiden Fällen aber hefeartig sprossen. Nur diploide Zellen bilden auch Myzel, mit dessen Hilfe der Pilz in seine Wirtspflanzen eindringt. Die septierten Hyphen durchwuchern interzellulär das Wirtsgewebe, wobei sich interkalar oder an den Hyphenenden vergrößerte, kugelige, von einer zweischichtigen Wand umgebene, vielkernige ascogene Zellen bilden. Sie keimen nach einer Ruhezeit mit je einem Ascus, der eine eigene Wand bildet und aus seiner Mutterzelle hervorbricht. In seinem Zentrum formiert sich eine große Vakuole, drängt das Plasma mit den Kernen an die Peripherie, wo sich die Kerne meiotisch teilen und sich die je vier haploiden Kerne mit Plasma umgeben. Die so entstandenen zahlreichen Ascosporen sammeln sich am Ascusscheitel und werden gesamthaft ausgestoßen.

Die Zellwände der Protomycetales enthalten, wie ein Teil der Endomycetales, kein Chitin sondern nur Glucane.

Ascomycetes

Bei den Ascomycetes paaren sich die Geschlechtskerne nach der Plasmogamie (Verschmelzung der Cytoplasten), verschmelzen aber selbst nicht. Sie teilen sich in der Folge (meist simultan) mitotisch weiter und die daraus hervorgehenden Kernpaare werden auf die sich weitergliedernden Zellen verteilt. Das entstehende System ascogener Zellen oder Hyphen mit je zwei verschiedengeschlechtlichen haploiden Kernen in den Zellen wird als *Dikaryon* bezeichnet. In der Regel ist es ernährungsphysiologisch unselbständig (Ausnahme: Taphrinomycetidae), d. h., das Dikaryon ist – wie das übrige Fruktifikationssystem – von Nährhyphen abhängig. Mit wenigen Ausnahmen (z. B. Taphrinomycetidae) sind die Asci in Gehäuse (Fruchtkörper = *Ascomata*) eingeschlossen. Diese sind meist klein (weniger als 1 mm Durchmesser) und unscheinbar, oft auch im Substrat versteckt. Nur wenige Arten bilden größere, auffallende Ascomata (z. B. die als Speisepilze bekannten Morcheln, Abb. **127**, s. S. 255, Trüffel, Abb. **128**, s. S. 256) oder Komplexe (Stromata) mit mehreren oder vielen Ascomata, die durch Pilzgewebe verbunden sind (z. B. *Xylaria hypoxylon*; Abb. **139**, s. S. 269).

Die Zellwände der Ascomycetes enthalten Chitin (meist über 10 %) sowie Glucane (ganz ausnahmsweise auch Cellulose). Die Hyphenquerwände sind von einem zentralen Porus durchbohrt; die Protoplasten benachbarter Zellen bleiben somit verbunden und der Transport von Nährstoffen sowie der Austausch von Zellorganellen ist nicht behindert. Oft sind diese Poren von einem oder mehreren kugeligen, festeren Körperchen (Woronin-Körperchen) begleitet, die die Pore später schließen und so den freien Durchgang hemmen.

Tabelle **26** Unterschiede zwischen den drei Unterklassen der Ascomycetes

Unterklasse (Artenzahl)	Ascomata	Thallusorganisation vegetative Phase	fruktifikative Phase	Ernährung der Dikaryophase
Ascomycetidae (über 45 000)	+	haploides Myzel	ascogene Hyphen in Fruchtkörpern	durch haploide vegetative Hyphen
Laboulbeniomycetidae (etwa 1500)	+	Rezeptakel mit Fußzelle, keine Hyphen	ascogene Zellen in Fruchtkörperhöhlung frei beweglich	durch Fruchtkörperflüssigkeit
Taphrinomycetidae (etwa 100)	–	haploid: Sproßzellen; Dikaryon: intramatrikales Myzel	dikaryotische Hyphen in Wirtsgewebe	selbständig (endoparasitisch) in Pflanzengewebe

Die Klasse zerfällt in drei Unterklassen: Ascomycetidae, Taphrinomycetidae und Laboulbeniomycetidae; die wichtigsten Differentialmerkmale sind in Tab. 26 zusammengestellt.

Taphrinomycetidae

Die in der einzigen Gattung *Taphrina* zusammengefaßten, etwa 100 parasitischen Arten dieser Unterklasse weichen in mehreren grundlegenden Merkmalen von den übrigen Ascomyceten ab. Wie bei den Endomycetes fehlen Ascomata, die Asci entwickeln sich vielmehr über dem myzeldurchwachsenen Wirtsgewebe in einer mehr oder weniger geschlossenen Schicht. Die Pilze schließen aber eine ernährungsphysiologisch selbständige parasitische Dikaryophase in ihren Lebenszyklus ein, was sie in die Nähe der Basidiomycetes rückt. Ebenfalls verschieden von den übrigen Ascomyceten ist die Entwicklung und der Bau der Asci (vgl. Tab. 26).

Taphrinales. Der am besten untersuchte Vertreter ist *Taphrina deformans,* der Erreger der auf Pfirsich- und Mandelblättern auftretenden Kräuselkrankheit. Die Ascosporen gelangen auf Äste, Zweige und Knospen ihrer Wirte und bilden bei ihrer Keimung Sproßzellen, die ihre Substrate saprobisch besiedeln können. Ihre bescheidenen Lebensansprüche und ihre große Widerstandsfähigkeit gegen Kälte und Trockenheit ermöglichen das Überdauern. In den Sproßzellen wird später durch eine mitotische Kernteilung ohne nachfolgende neue Zellbildung die Paarkernigkeit eingestellt (Parthenogamie, vgl. S. 230). Bei Frühjahrsaustrieb dringen im Bereich der Knospen Keimschläuche in die jungen Blätter, durchwuchern sie interzellulär mit dem dikaryotischen Myzel und verursachen auffallende Hyptertrophien.

Später dringt der Pilz bis unter die Cuticula und formiert hier eine kompakte Schicht von Zellen (Proasci). In diesen erfolgt die Karyogamie. Die nun diploiden Zellen vergrößern sich etwas und teilen sich nach einer Mitose in eine untere Stielzelle und den darüber liegenden Ascus (Abb. 102), in dem sich Meiose, eine weitere Mitose und die Sporenbildung abspielen, während die Stielzelle degeneriert.

Dabei stülpt sich das Plasmalemma von der Ascuswand her ein und umgibt die zukünftigen Ascosporen (haploider Kerne und Plasma) individuell mit einer Doppelmembran aus der später die Sporenwand aufgebaut wird (vgl. S. 238). Es fehlt hier der bei den übrigen Ascomyceten vom Plasmalemma unabhängige Membransack. Die Wand des reifen, inzwischen durch die Cuticula nach außen gebrochenen Ascus ist zweischichtig; dieser wird am Scheitel mit einem einfachen Spalt oder Riß geöffnet, und die Ascosporen werden unter Druck ausgeschleudert.

Die zu den Taphrinomycetidae gestellten Pilze können im Laboratorium kultiviert werden, Sie bilden dabei schleimige, gelbliche Kolonien aus Sproßzellen (hefeartig). In ihren Wirten (Farne, Betulaceae, Faga-

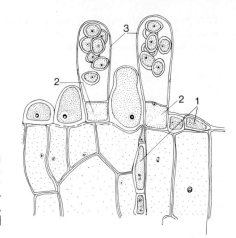

Abb. 102 Ascusbildung bei *Taphrina deformans*. 1 = ascogene Hyphen, 2 = Stielzellen, 3 = Asci – (750-fach) (nach *Martin, E. M.*, Amer. J. Bot. 27 [1940] 743–751)

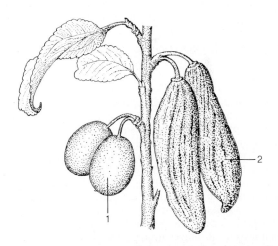

Abb. 103 *Taphrina pruni*. Neben gesunden Zwetschgen (1) durch den Pilz deformierte Früchte (2) – ($^1/_2$ nat. Größe) (nach *Laubert, R.*, in *P. Sorauer*, Handbuch für Pflanzenkrankheiten 2, Bd. 1 [1928] 457–499)

ceae, Rosaceae u. a.) verursachen sie manchmal wie *Taphrina deformans* auffallende Hypertrophien auf Blättern oder – bei perennierendem Myzel in Zweigen – übermaßige Verzweigung (Hexenbesen, z. B. *Taphrina betulina* auf *Betula*-Arten). Auffallend sind auch die durch *Taphrina pruni* hervorgerufenen Narrenzwetschgen (Abb. **103**). Die Entwicklung der Asci kann vom geschilderten Beispiel abweichen:

Die Stielzellenbildung kann unterbleiben, oder innerhalb der ascogenen, diploiden Zellen bilden sich Asci mit eigener Wand, die später durch die Mutterzelle nach außen brechen.

Laboulbeniomycetidae

Die zur Unterklasse der Laboulbeniomycetidae gestellten Pilze sind Ektoparasiten von Arthropoden, vorwiegend Insekten. Ihr Thallus besteht aus einer einfachen Fußzelle, die mit unscheinbaren Haustorien Nahrung aus dem Chitinpanzer der Wirte löst. Das Rezeptakel besteht aus wenigen bis vielen, nach artspezifischer Anordnung ausgerichteten Zellen; es besitzt Anhängsel. Aus dem Rezeptakel entwickeln sich Perithecien (eines oder mehrere). Die Rezeptakel der etwa 1500 Arten zeigen eine Vielfalt von oft bizarren Formen.

Die laboulbenialen Pilze lehnen sich im Ablauf der Mitose, in der Ausbildung der Septenporen, in der Differenzierung der Ascosporen und im Besitz von Golgi-Zisternen an die typischen Ascomyceten an, unterscheiden sich jedoch durch das Fehlen von Myzel, durch die eigenartige Entwicklung und Form der Ascomata und durch die Sprossung der Asci aus ascogenen Zellen, welche frei im Perithecienhohlraum schwimmen.

Laboulbeniales. Aus der relativ großen Zahl von Arten schildern wir den Entwicklungsgang vom *Stigmatomyces baerii*, einem Bewohner der Stubenfliege. Der Pilz befällt zwar lebende Insekten, doch ernährt er sich, soweit bekannt, nur aus leblosem Material, ohne in die Körperzellen vorzudringen. Die auf die Oberfläche des Tieres gelangende, längliche Ascospore klebt sich mit ihrem basalen Schleimanhängsel an und dringt mit einem kurzen Fuß, der sowohl die Nährstoffe aufnimmt als auch der Verankerung dient, in den Panzer ein. Nach der ersten Querteilung der Ascospore (Abb. 104a) entwickelt sich die obere Zelle zum männlichen Geschlechtsapparat (Abb. 104b–f). Es bilden sich einige Phialiden (sporenbildende Zellen), welche kleine, farblose Spermatien (mit je einem männlichen Kern) ausstoßen. Anschließend sproßt aus der unteren Zelle der ursprünglichen Ascospore ein Seitenast (Abb. 104g, h), der zukünftige Fruchtkörper. In dessen Inneren differenzieren sich ein einzelliges Ascogon und darüber eine Trichophorzelle mit Trichogyn (Empfängnishyphe) (Abb. 104l). Die Spermatien gelangen an das Trichogyn, wonach die Befruchtung erfolgt. Aus dem dikaryotischen Ascogen entwickelt sich ein ganzes Büschel zartwandiger Asci mit je vier Ascosporen (Abb. 104k, l).

Viele laboulbeniale Pilze sind wie *Stigmatomyces baerii* monözisch mit männlichen und weiblichen Organen an demselben Rezeptakel. Daneben gibt es aber auch diözische Vertreter, z. B. *Polyandromyces coptosomalis* auf *Coptosoma maculatum*, Hemiptera, mit morphologisch verschiedenen männlichen und weiblichen Thalli. (Bei den übrigen Ascomyceten ist Diözie nicht nachgewiesen, hingegen bei Endomycetes.)

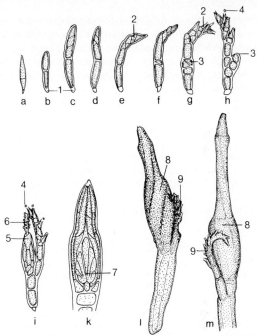

Abb. 104 a–l *Stigmatomyces baerii*. Entwicklung eines Fruchtkörpers auf der Stubenfliege. **a, b** Keimung einer Ascospore durch Teilung in zwei Tochterzellen und Bildung des Fußes (1). **c–f** Weitere Teilungen der oberen Zelle, aus der das zukünftige Antheridium mit einer Anzahl Phialiden (2) entsteht. **g** Die untere Zelle hat die Mutterzelle des späteren Archikarps (3) abgegrenzt. **h–i** Während die Phialiden des Antheridiums schon Spermatien (4) bilden, entwickelt sich das Archikarp, bestehend aus dem Ascogon (5) und dem Trichogyn (6), das mit Spermatien besetzt ist. **k** Halbreifes Perithecium mit einem Büschel junger Asci (7). **l** Reifer Fruchtkörper mit Perithecium (8) und nunmehr funktionslosem Antheridium (9). **m** *Stigmatomyces sarcophagae*, reifer Fruchtkörper – (a–m: 200fach) (nach *Thaxter, R.*, Mem. Amer. Acad. Arts and Sc. 12 [1896] 195–429)

Wenige Vertreter sind im Laboratorium kultiviert worden, doch sind – abgesehen von der morphologischen Ausgestaltung der in zahlreiche Gattungen und mehrere Familien gegliederten Ordnung – unsere Kenntnisse noch sehr lückenhaft.

Ascomycetidae

Die überwiegende Mehrheit der echten Ascomyceten mit Einschluß der meisten Pilzpartner von Flechten (Lichenes) gehört in die Unterklasse Ascomycetidae. Nach Henssen u. Jahns (1974) machen die in enger

Gemeinschaft mit Algen lebenden Flechtenpilze allein etwa 16000 Arten aus; die übrigen 30000 bekannten Vertreter dieser Unterklasse sind Parasiten von Pflanzen, Tieren und anderen Pilzen oder Saprobien. Wegen der großen Vielfalt der ontogenetischen Entwicklung, der morphologischen Ausgestaltung und ihrer Anpassung an die Umwelt stellen sich große Schwierigkeiten bei der systematischen Anordnung dieser Pilze. Das hier vertretene System ist gegenüber den meisten vorgeschlagenen Anordnungen vereinfacht und vermag deshalb die ganze Fülle von Möglichkeiten nur anzudeuten. Die Mannigfaltigkeit äußert sich nicht nur in der Entwicklung und Ausgestaltung der sexuellen Fruktifikationen (Teleomorphe) sondern auch in den asexuellen Vermehrungsmöglichkeiten (Anamorphe) dieser Pilze. Beide Reproduktionsformen werden zudem durch eine Vielzahl genetischer und ökologischer Faktoren gesteuert, die wir nur zu einem sehr geringen Teil überblicken, die aber zahlreiche Abweichen verursachen.

A Teleomorphe

Das Teleomorph umfaßt die zur Entwicklung von reifen Asci und Ascosporen führenden Vorgänge und deren Strukturen. Es lassen sich dabei verschiedene Entwicklungsphasen unterscheiden.

Tabelle **27** Formen der Dikaryotisierung bei Ascomycetes

Befruchtungsform	weibliches Organ	männliches Organ
Fremd- oder Selbstbefruchtung		
a) Gametangie	Ascogon mit oder ohne Trichogyn	Antheridium
b) Deuterogamie	Ascogon mit Trichogyn	Antheridium fehlt, statt dessen Hyphenzellen, Konidien oder Spermatien
c) Somatogamie	Ascogon fehlt, statt dessen Hypenzellen, Ascosporen, Konidien oder Sproßzellen	Antheridium fehlt, statt dessen Hyphenzellen, Ascosporen, Konidien oder Sproßzellen.
Ersatzsexualität		
d) Parthenogamie	Selbstbefruchtung innerhalb des Ascogons	Anteridium fehlt, kein Ersatz
e) Apomixis	Ascogon evtl. als morphologisches Relikt vorhanden, funktionell bedeutungslos	Antheridium fehlt, keine Sexualreaktion, Entwicklung in der Haplophase

1. Plasmogamie (Kopulation und Kernpaarung). Einen Überblick über die Formen der Dikaryotisierung bei Ascomycetes gibt Tab. 27.

a) Gametangie. Die homothallische *Pyronema domesticum* (Pezizales, s. S. 253) bildet an einzelnen Hyphen Büschel mehrkerniger Gametangien; die männlichen (Antheridien) sind keulig, die weiblichen (Ascogone) meist kugelig. Im Ascogonscheitel entwickelt sich ein wurmförmiger Fortsatz, die Empfängnishyphe (Trichogyn = Acrogyn), deren Kerne degenerieren (Abb. 105). Die Trichogyn legt sich mit seiner Spitze an ein benachbartes Antheridium, die männlichen Kerne wandern in das Ascogon und vermischen sich mit den vorhandenen (weiblichen) Kernen. Darauf sprießen aus dem Scheitel des weiblichen Gametangiums zahlreiche ascogene Hyphen, in welche ein Teil der Kernabkömmlinge aus dem Ascogon gelangt. Erst später erfolgt in den ascogenen, dikaryotischen Hyphen von der Basis aus eine sukzessive Septierung; die unteren Zellen bleiben vielkernig, in den oberen befindet sich dann je ein Kernpaar.

Ähnlich verläuft die Gamentangie bei *Venturia inaequalis,* dem Erreger des Apfelschorfes (Dothideales). Dieser Pilz ist jedoch heterothallisch, kopulierende Gametangien stammen von verschiedenen Thalli. Gametangie ohne Trichogyn kommt bei Eurotiales vor (vgl. Abb. **120**, S. 248).

b) Deuterogamie. Viele Ascomyceten bilden zwar Ascogone und Trichogyne, aber keine morphologisch differenzierten Antheridien aus. Die zur Befruchtung notwendigen männlichen Kerne werden aus ande-

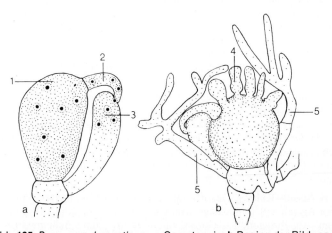

Abb. 105 *Pyronema domesticum.* **a** Gametangie; **b** Beginn der Bildung ascogener Hyphen. 1 = Ascogon, 2 = Trichogyn, 3 = Antheridium, 4 = ascogene Hyphen, 5 = Hüllhyphen (haploid) – (500fach) (nach *Moore, E.*, Am. J. Bot. 50 [1963] 37–44, *Wilson, I. M.*, Ann. Bot. 16 [1952] 321–339)

ren Organen bezogen: Bei *Sordaria fimicola* (Sphaeriales), einem Kotbewohner, kopulieren die Trichogyne mit gewöhnlichen Hyphenzellen.
– Die Empfängnishyphen des orangefarbenen Brotschimmels *Neurospora sitophila* (Sphaeriales) empfangen Kerne aus Makro- und Mikrokonidien, die beide auch befähigt sind, zu neuen Thalli auszukeimen.
Diese Fähigkeit besitzen die Mikrokonidien von *Mycosphaerella killianii* (Dothideales), einem Parasiten des Klees *(Trifolium)*, nicht; sie können nur als Spender männlicher Keime dienen und werden Spermatien genannt.

c) Somatogamie. Die geschlechtliche Kopulation und damit die Dikaryotisierung erfolgt, da weder differenzierte männliche noch weibliche Gametangien ausgebildet werden, zwischen Zellen gewöhnlicher vegetativer Hyphen wie bei *Sclerotinia sclerotiorum* (Helotiales), einem wichtigen Parasiten mehrerer Pflanzenarten, oder zwischen haploiden Zellen innerhalb der Ascoma-Initiale wie bei *Comoclathris pentamera* (Dothideales), einem Bewohner von Kräuterstengeln.

Gametangie, Deuterogamie oder Somatogamie ist sowohl zwischen verschiedenen Thalli (Fremdbefruchtung, vgl. Selbstinkompatibilität, S. 117) oder innerhalb eines Thallus (Selbstbefruchtung, Autogamie) möglich. Die Arten verhalten sich dabei meist einheitlich.

d) Parthenogamie. Die Paarkernigkeit wird ohne Antheridien erreicht, indem benachbarte Zellen des mehrzelligen Ascogons miteinander kopulieren, beispielsweise bei *Ascobolus citrinus* (Pezizales).
Einen Spezialfall der Parthenogamie vertritt *Chaetomium trigonosporum* (Eurotiales): Im (morphologisch erkennbaren) Ascogon unterbleibt die Kopulation; die zunächst vielkernigen ascogenen Hyphen fragmentieren sich in **einkernige** Zellen. In den Endzellen der Hyphen, den zukünftigen Asci, erfolgt eine Mitose, danach verschmelzen die beiden Tochterkerne wiederum zum diploiden Kern. Parthenogamie ist stets auch Autogamie.

e) Apomixis. Ascogone werden bei *Ascobolus equinus* (Pezizales) zwar noch angelegt, doch finden weder in diesen noch sonst irgendwo Kernpaarungen oder -verschmelzungen statt. Alle Lebensvorgänge wickeln sich in der Haplophase ab, obschon morphologisch (aber ohne Berücksichtigung der Kernverhältnisse!) die Bildung von Ascosporen nach demselben Entwicklungsschema abläuft wie bei normal sexuellen Formen.

2. Ascusentwicklung. Das Produkt der Plasmogamie ist das dikaryotische Myzel, ein ernährungsphysiologisch unselbständiges Hyphensystem. Aus ihm gehen Asci nach einem der folgenden Schemata (a–d) hervor.

a) Hakentypus. An einem Seitenzweig einer ascogenen Hyphe krümmt sich die Spitze ein, einer der beiden Kerne wandert in den Scheitel, worauf sich beide Kerne gleichzeitig teilen. Der obere Teil des Hakens (der Scheitel) wird durch je eine Querwand gegen das Hyphenende (terminale, zurückgekrümmte Zelle) und gegen den Stiel (den älteren Teil der ascogenen Hyphe) abgegrenzt. Diese (subterminale) Scheitelzelle bleibt zweikernig und wird später zum Ascus. End- und Stielzelle verändern sich (seltener) nicht mehr oder (häufiger) verschmelzen miteinander, und die erneut paarkernige Zelle bildet wiederum einen Haken. Durch eine derartige Wiederholung der Hakenbildung können ganze Büschel von Asci entstehen (Abb. **106 a−d**).

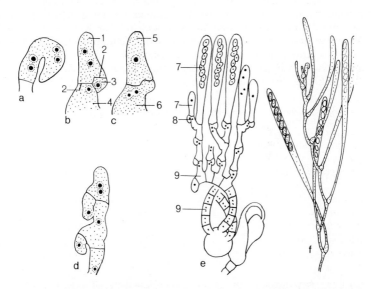

Abb. **106** Ascusbildung nach dem Hakentypus. **a−e** *Pyronema omphalodes.* **a** Beginnende Hakenbildung, die Teilung der beiden Kerne des Dikaryons ist schon beendet. **b** Abtrennung des Hakenscheitels (1) durch Querwände (2), Vereinigung von Endzelle (3) und Basalzelle (4) des Hakens zu einer wiederum dikaryotischen Zelle (6). **c** In der Scheitelzelle (5), dem späteren Ascus, ist der Kern infolge vorangegangener Karyogamie diploid. **d** Wiederholung der Hakenbildung. **e** System ascogener Hyphen (schematisiert) mit Asci (7), Haken (8) und ascogenen Hyphen (9). **f** *Daldinia concentrica.* Ascogene Hyphen mit Asci in verschiedenen Entwicklungsstadien − (a−c: 1000fach, d: 800fach, e: 200fach, f: 200fach) (a−d: nach *Wilson, I. M. A.*, Ann. Bot. 16 [1952] 321−339, e: nach *Chadefaud, M.*, Bull. Soc. Mycol. Fr. 69 [1953] 199−219, f: nach *Ingold, C. T.*, Trans. Brit. Mycol. Soc. 37 [1954] 108−110)

Die Poren der Septen zwischen Ascus, End- und Stielzellen werden durch Pfropfen so abgedichtet, daß der Übertritt von Zellorganen verhindert wird, die Ernährung des Ascus aber gewährleistet bleibt.

Bei *Pyronema omphalodes* muß auch die Scheitelzelle des Hakens nicht notwendigerweise zum Ascus werden. Sie bleibt paarkernig und bildet erneut einen Haken, was einige Male wiederholt wird. Dabei entsteht ein eigenartiges Verzweigungssystem von Hakenhyphen (Abb. 106e), und ähnliche Systeme treten auch bei *Daldinia concentrica* (Sphaeriales, Abb. 106f) auf. Bei der Ascusbildung herrscht innerhalb der Ascomycetidae der Hakentypus deutlich vor.

b) Schnallentypus. Eine Abwandlung des Hakentypus tritt bei *Sclerotinia sclerotiorum* und bei *Sclerotinia trifoliorum* (Helotiales) auf. Jede Zellteilung in den später gebildeten (sekundären) ascogenen Hyphen wird durch eine seitliche Ausstülpung eingeleitet. Ein Kern tritt in den Auswuchs, teilt sich gleichzeitig mit dem in der Zelle zurückgebliebenen Kern, die Ausstülpung krümmt sich zurück und vereinigt sich etwas weiter basalwärts wieder mit der Ursprungszelle (Abb. 107). Zwischen die Tochterkerne wird sowohl im Hauptast der Hyphe als auch im Aus-

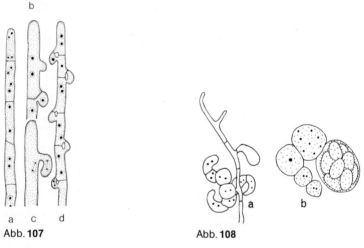

b

a c d
Abb. 107   Abb. 108

Abb. 107 Dikaryotische Hyphen von *Sclerotinia trifoliorum*. **a** Primäre ascogene Hyphen ohne Schnallen; **b, c** Schnallenbildung; **d** sekundäre ascogene Hyphe mit Schnallen – (800fach) (nach *Björling, K.*, Phytopath. Z. 18 [1952] 129–156)

Abb. 108 Ascusbildung nach dem Kettentypus bei *Talaromyces flavus*. **a** Ascogene Hyphe mit Seitenverzweigungen und beginnender Kettenbildung. **b** Ascuskette mit reifem Ascus (1000fach)

wuchs (Schnalle) eine Querwand gelegt; beide Tochterzellen (von denen jede eine Hälfte der Zelle im Hauptast plus eine halbe Schnalle umfaßt) sind wiederum paarkernig. Aus der apikalen Zelle einer derartigen ascogenen Hyphe entwickelt sich irgendwann der erste Ascus. Beide Kerne der subapikalen Zelle sind dann in die Schnalle hineingelangt, und diese kann entweder ebenfalls zu einem Ascus auswachsen oder durch anschließende simultane Teilungen nach dem gleichen (Schnallen-)Typus die Bildung eines ganzen Büschels von Asci veranlassen. Während die Scheitelzellen der Haken noch ziemlich regelmäßig zu Asci werden, ist dies bei den Schnallen nur noch ausnahmsweise der Fall. Die dikaryotischen Hyphen vieler Basidiomyceten (s. S. 288) tragen morphologisch identische Schnallen an jeder ihrer Zellen.

c) Kettentypus. Ein weiterer Spezialfall des Hakentypus tritt bei einigen Formen der Eurotiales auf, so bei *Talaromyces flavus* (Eurotiales). An Seitenzweigen der ascogenen Hyphen bilden sich Büschel von Zellen, die sich hakenförmig krümmen. Die Hyphenzellen gliedern sich zentripetal in paarkernige Zellen (Abb. **108**), die unmittelbar in (kettenförmig aneinanderhängende) Asci umgewandelt werden.

Etwas abweichend verhält sich *Ceratocystis fagacearum* (Ophiostomatales), der Erreger des Eichensterbens in Nordamerika. Jede der drei viel-

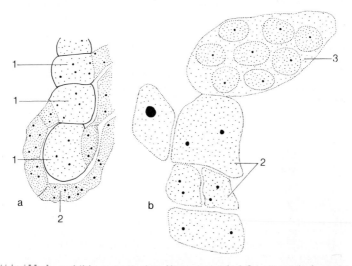

Abb. **109** Ascusbildung nach dem Kettentypus bei *Ceratocystis fagacearum* (Ophiostomatales). **a** Aus den drei Ascogonzellen (1) wachsende nackte ascogene Hyphen (2). **b** Kette von dikaryotischen ascogenen Zellen (2), die sich, an der Spitze beginnend, in Asci (3) umwandeln – (70fach) (nach *Wilson, C. L.*, Phytopath. 46 [1956] 625–632)

kernigen Basalzellen des befruchteten Ascogons wächst mit einer Kette von nackten (wandlosen), zunächst ebenfalls vielkernigen Zellen aus. Aus deren Fragmentierung resultieren aneinanderhängende, paarkernige Plasmaballen die zu ebenfalls nackten Asci werden (Abb. **109**). Eine weitere Variante tritt innerhalb der Caliciales (s. S. 264) auf. Die ascogenen Hyphen von *Chaenotheca trichialis* bilden zunächst wie bei *Pyronema omphalodes* (s. S. 231) ein System von Haken, die Zellen wandeln sich dann aber als Ganzes in Asci um (Abb. **110**).

d) Knospentypus. Manchmal unterbleibt die Hakenbildung, und die Asci entwickeln sich, wie bei *Thielavia sepedonium* (Eurotiales, s. Abb. **111**), direkt aus Endzellen der ascogenen Hyphen oder aus seitlichen, einzelligen Ausknospungen.

3. Ascustypen und ihre Funktion. Bei Ascomycetidae und Laboulbeniomycetidae ist der Ascus Sitz der Kernverschmelzung (Karyogamie), der Meiose und der Ascosporendifferenzierung (s. S. 238). Bei einem großen Teil von ihnen bestehen dazu noch Einrichtungen zur aktiven Ausschleuderung der Ascosporen; in anderen Fällen erfolgt die Ascosporenfreisetzung passiv durch Autolyse der Ascuswand. Die unterschiedlichen Möglichkeiten zur Sporenbefreiung äußern sich im Bau der Asci, der, neben der Entwicklung und Ausgestaltung der Ascomata, als eine der wichtigsten Grundlagen für die systematische Einteilung der Ascomycetidae dient.

a) Unitunicater Ascus. Als „unitunicat" gelten Asci mit einer einzigen Wand aus einer einheitlichen Schicht oder mehreren gegeneinander nicht verschiebbaren Schichten. Unterschiede bestehen in der Dicke der Wand und in deren Ausgestaltung im Bereich des Ascusscheitels, der Einrichtungen zur aktiven Ausschleuderung der Ascosporen einschließen kann.

Abb. **110** Ascusbildung nach dem Kettentypus bei *Chaenotheca trichialis*. **a** System ascogener Hyphen mit Haken. **b** Umwandlung der Zellen in Asci – (ca. 600fach) (nach *A. Schmidt*, Berichte Dtsch. Bot. Ges. Neue Folge 4 [1970] 127–137)

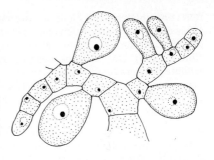

Abb. 111 Ascusbildung nach dem Knospentypus bei *Thielavia sepedonium* – (800fach) (nach *Emmons, C. W.*, Bull. Torrey Bot. Cl. 59 [1932] 415–422)

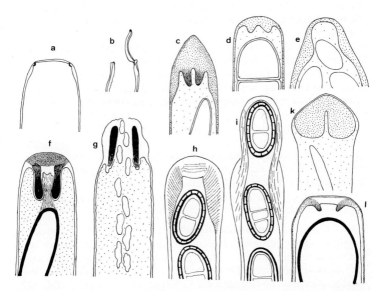

Abb. 112 Formen unitunicater Asci. **a, b** *Iodophanus carneus* (Pezizales, operculater Ascus); bei **b** mit offenem Deckel (Operculum). **c** *Diaporthe eres* (Diaporthales). **d** *Nectria episphaeria* (Sphaeriales). **e** *Uncinula aceris* (Erysiphales). **f, g** *Xylaria longipes* (Sphaeriales); **g** nach der Entleerung. **h, i** *Physcia stellaris* (Lecanorales); **i** beim Entleeren. **k** *Cordyceps nutans* (Clavicipitales). **l** *Sordaria fimicola* (Sphaeriales) – (a, b: 400fach, c, d, e, f, g: 2000fach, h, i: 1000fach, k: 3000fach, l: 2000fach) (a. b: nach *v. Brummelen, J.*, Persoonia 10 [1978] 113–128, c, d, k, l: nach *Brownen Griffiths, H.*, Trans. Brit. Mycol. Soc. 60 [1973] 261–271, e: nach *Chadefaud, M. C. R.*, Acad. Sc. Paris, 238 [1954] 1445–1447, f, g: nach *Beckett, A., R. M. Crawford*, New Phytol. 72 [1974] 357–369, h, i: nach *Honegger, R.*, Lichenologist 10 [1978] 47–67)

Beim **operculaten** Typus dellt sich in einer relativ späten Entwicklungsphase der Ascus rund um den äußeren Scheitel von innen her ein, die anschließende laterale Wand verdickt sich (z. B. *Idophanus carneus*, Abb. 112 a, b). Durch Druckzunahme im Ascus, hervorgerufen durch erhöhte Wasseraufnahme und eine Vakuolenbildung, bricht der Ascusscheitel als Deckel (Operculum) entlang der Delle weg; die Ascosporen werden infolge des inneren Druckes aktiv ausgeschleudert (vgl. auch Abb. 112 e).

Der **inoperculate** Ascus hat zunächst eine gleichmäßig dünne Wand, die sich später im Scheitelbereich verdickt und dort an der Innenseite eine Ringwulst ausbildet. Der Ring umschließt einen mehr oder weniger deutlich ausgeprägten zentralen, in der Längsachse des Ascus verlaufenden Kanal, welcher meist zunächst nicht bis zur Zelloberfläche führt (Abb. 112 c, d, f, k). Erst vom reifen Ascus reißt nach Zunahme des Innendrucks das vorher kompakte „Scheitelkissen" ab, oder der Ascus öffnet sich am Scheitel durch lytische Verlängerung des Kanals. Der Mechanismus der Ausschleuderung ist erst für wenige Fälle untersucht. Ein inoperculater Ascus wird als „amyloid" bezeichnet, wenn sich der Ringwulst mit Lugolscher Lösung oder Melzer-Reagens blau bis schmutzig-violett färbt (jodpositiv). Der „**Amyloidringtypus**" kennzeichnet verschiedene Gruppen der Discomyceten und Pyrenomyceten, z. B. *Xylaria longipes* (Abb. 112 f, g; vgl. S. 269). Bei *Xylaria polymorpha* sind die im Ascus einreihig angeordneten Sporen durch eine fibrillöse Masse miteinander und oben mit der Innenseite des Amyloidringes verbunden. Bei der Reife öffnet sich der Scheitelkanal durch Lyse oder der Scheitel wird abgesprengt und reißt alle acht Sporen mit (Abb. (Abb. 112 g). Ob sämtliche Ascomycetes mit amyloidem Ringwulst ihre Sporen so ausschleudern, ist allerdings ungewiß.

Der jodnegative „**Chitinoidringtypus**" läßt im Mikroskop den optischen Schnitt des Ringwulstes als zwei nebeneinanderliegende, stärker lichtbrechende Körperchen erscheinen; sie sind oft mit Anilinblau (nicht mit Jod) färbbar; bei vielen Diaporthales löst sich zudem die Ascusbasis frühzeitig durch Verschleimen auf (z. B. bei *Diaporthe eres;* Abb. 112 c u. Abb. 140, s. S. 270). Bei Clavicipitales ist der Ringwulst sehr stark und der ganze Ascusscheitel eigenartig verdickt (z. B. *Cordyceps nutans;* Abb. 112 k u. Abb. 143, s. S. 273).
Nach ihrem Bau ebenfalls nicht prinzipiell verschieden sind die Asci der großen Familien Sordariaceae (vgl. S. 266) und Hypocreaceae (s. S. 267). Bei beiden (z. B. *Sordaria fimicola,* Abb. 112 l; *Nectria episphaeria,* Abb. 112 d) sind die chitinoiden Ringwülste relativ wenig ausgeprägt. Bei den Sordariaceae beobachtet man im Lichtmikroskop oft bei reifen Asci ein Einsinken der Scheitelpartie, während bei vielen Hypocreaceae und Sphaeriaceae die Ringwülste so wenig entwickelt sind, daß die verdickte Wand über dem Ascuslumen als flache Scheibe erscheint.

Auch Flechtenpilze haben meistens unitunicate Asci. Bei vielen von ihnen ist die Wand jedoch rundum dick. Ringwulstpartien sind aber auch bei ihnen deutlich. Bei *Physcia stellaris* (Abb. **112 h**) sind diese als mächtige seitliche Verdickungen der inneren Ascuswand ausgebildet; die ganze innere Wandpartie des Ascusscheitels dehnt sich bei der Sporenreife nach oben und reißt später durch (Abb. **112i**). Dieser *Lecanora*-Typ ist innerhalb der Flechtenpilze weit, aber nicht ausschließlich verbreitet. Bei der Gattung *Teloschistes* und ihren Verwandten ist die eigentliche Ascuswand außen noch von einer Schicht aus amyloidem (d. h. durch Jod blau färbbarem) Material umgeben und auch der äußere Teil der kissenartigen inneren Ascuswand ist amyloid mit einem diffusen Übergang zum chitinoiden Teil. Die Öffnung dieses Ascus erfolgt durch einen Längsriß.

Unitunicate Asci mit rundum gleichartig zarter, meist früh verschleimender Wand (z. B. *Talaromyces flavus,* Eurotiales; Abb. **108**) können ihre Ascosporen nicht aktiv ausschleudern; diese füllen deshalb zunächst den Fruchtkörperinnenraum oder sammeln sich als Mazädium auf dem Hymenium von discomycetenartigen Formen. Im Extremfall, z. B. bei *Ceratocystis fagacearum* (Ophiostomatales, s. S. 252), fehlen Ascuswände gänzlich (Abb. **109**). Zartwandige und wandlose Asci werden als „prototunicat" bezeichnet. Sie sind nicht nur für die Ordnungen Eurotiales (s. S. 245), Onygenales (s. S. 251), Ophiostomatales (s. S. 252), Microascales (s. S. 252), Ascosphaerales (s. S. 252) Elaphomy-

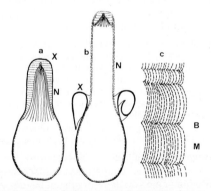

Abb. **113** Schematische Darstellung des bitunicaten Ascus. **a** Reifer Ascus mit Exoascus (X) und dem gebänderten Endoascus (N). **b** Ascus unmittelbar vor der Sporenejakulation: Der Exoascus ist gebrochen und hat sich kragenartig um den gestreckten Endoascus gelegt. Beim Endoascus ist die Querstreifung verschwunden. **c** Anordnung der gebündelten Mikrofibrillen vor der Streckung; die Mikrofibrillen (M) sind an den Enden gekrümmt, wodurch die typische Querbänderung (B) entsteht – (a, b: ca. 600fach, c: 6000fach) (nach *Reynolds, D. R.*, Planta 98 [1971] 244–257)

cetales (s. S. 257), Meliolales (s. S. 253), Coryneliales (s. S. 253) und Caliciales (s. S. 264) typisch, sondern kommen auch in Ordnungen mit vorherrschend operculaten, inoperculaten und bitunicaten Asci vor. Häufig trifft man sie bei Taxa mit unterirdisch oder im Wasser entstehenden Ascomata; wie weit der prototunicate Ascus außer in diesen Fällen als abgeleitete Rückbildungsform gelten kann, ist noch ungewiß.

b) *Bitunicater Ascus.* Der bitunicate Ascus (Abb. 113a) ist von zwei voneinander trennbaren Wandteilen umgeben, dem Exoascus (Exotunica) und dem Endoascus (Endotunica). Der junge Ascus hat nur eine dem Exoascus entsprechende Wand, in deren amorpher Matrix parallel zur Grenzschicht des Protoplasten angeordnete Mikrofibrillen eingeschlossen sind und die ihre maximale Dehnbarkeit bei der Sporenreife erreicht. Die Bildung des Endoascus setzt vor der Ascosporenumgrenzung ein. Er entwickelt sich an der Innenseite des Exoascus, ist an der Basis nur schwach, gegen den Scheitel meist stark entwickelt, und auch er enthält parallel zur Oberfläche des Protoplasten verlaufende Mikrofibrillen. Diese sind zu größeren Komplexen gebündelt und an ihren Enden etwas gebogen (Abb. 113c, B), so daß im Elektronenmikroskop in mehr oder weniger regelmäßigen Intervallen senkrecht zur Oberfläche des Protoplasten verlaufende Linien sichtbar sind. Diese Anordnung der Mikrofibrillen ermöglicht eine erhebliche Streckung des Endoascus im reifen Ascus. Steigt in diesem unter dem Einfluß einer basalen Vakuole der innere Druck, so bricht der nicht elastische Exoascus (Abb. 113b) im oberen Ascusteil und der Endoascus streckt sich. Der Innendruck wirkt auch auf die Ascosporen, welche durch einen elastischen Porus im Scheitel nach außen befördert werden.

Innerhalb der Flechtengattung *Peltigera* und ihrer Verwandten gibt es einen Ascustyp, der Eigenschaften des unitunicaten und des bitunicaten Ascus vereinigt. Auch bei diesem bestehen zwei in der Anordnung der Mikrofibrillen verschiedene Wände. Der Endoascus zeigt in seinem oberen, stärker ausgebildeten Teil die typische Streifung im Elektronenmikroskop und als Folge dieser Anordnung die Fähigkeit zur Streckung, nachdem der nicht dehnbare Exoascus gebrochen ist. Daneben hat die verdickte Scheitelpartie des Endoascus einen gegen das Ascuslumen gerichteten, ringförmigen Wulst, der wie bei *Xylaria longipes* (s. S. 236) amyloid ist und sich bei der Sporenejakulation nach außen stülpt.

4. Differenzierung und Gestaltung der Ascosporen. Ascosporen gehen nicht aus einer normalen Zellteilung hervor, sondern entwickeln sich durch eine Zellbildung, die von der Vorgängen bei der Zerklüftung innerhalb der Sporangien niederer Pilze (vgl. S. 55) verschieden ist. Nach Ablauf der Kernteilung häuft sich um jeden Kern ein Teil der vorhandenen Plasmamasse, und das Ganze reift allmählich zur Ascospore. Im jungen Ascus von *Saccobolus kerverni* (Pezizales) lassen sich die mit der Sporendifferenzierung in Verbindung stehenden Vorgänge bis auf den Beginn der Meiose zurückverfolgen, doch sind die ersten Phasen noch nicht völlig geklärt. Sicher aber fügt sich – während die Kerne noch in

Teilung begriffen sind – unmittelbar innerhalb der Ascuswand eine Doppelmembran zu einer zunächst noch oben und unten offenen zylindrischen Hülle zusammen. Ungefähr gleichzeitig mit der dritten (mitotischen) Kernteilung wird der Zylinder zu einem fast vollständig geschlossenen, alle acht Kerne einbeziehenden Sack. Durch Einstülpungen dieses Sackes werden die Ascuskerne samt einer Portion Plasma von je einer doppelten Membran umgrenzt; die innere Wand wird die Sporen-Plasmalemma, während die Ascosporenwand zwischen den beiden Membranen neu aufgebaut wird (Abb. 114).

Während ihrer Reifung im Ascus erhalten die Ascosporen eine art-charakteristische Ausgestaltung. Sie können einkernig bleiben, oder ihre (haploiden) Kerne teilen sich noch einmal oder mehrere Male. Vermehrung der Kernzahl kann die Unterteilung der Sporen in mehrere Zellen zur Folge haben (Septierung). Die Ascosporen sind außerordentlich

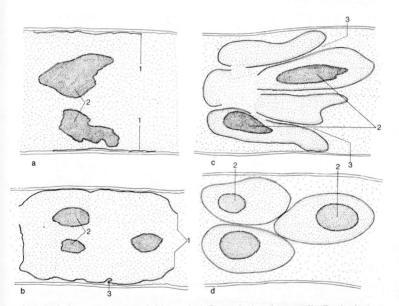

Abb. 114 Ascosporenentwicklung bei *Saccobulus kervernii* (Pezizales). **a** Entlang der Ascuswand lagert sich eine zunächst durchbrochene Doppelmembran (1) an. **b** Die Doppelmembran (1) umschließt allmählich einen Bezirk rund um die sich meiotisch teilenden Ascuskerne (2), wobei sie sich an einzelnen Stellen einzustülpen beginnt (3). **c** Einstülpungen (3) der Doppelmembran (1) umschließen die einzelnen Ascuskerne nach der dritten (mitotischen) Teilung. **d** Junge, vollständig von einer Doppelmembran (1) umschlossene Ascosporen mit je einem Zellkern (2) – (3500fach) (schematisiert nach Aufnahmen aus *Carroll, G.C.*, J. Cell Biol. 33 [1967] 218–224)

vielgestaltig; sie unterscheiden sich in Form, Größe, Septierung und Färbung; innerhalb einer Art variieren sie aber im allgemeinen wenig. Sie bleiben z. B. farblos oder erhalten verschiedenartige Färbung (am häufigsten werden Melanine in die Zellwände eingelagert, manchmal sind auch die Protoplasten gefärbt). Die Wände können mit Keimporen oder Keimspalten versehen, von Schleimhüllen umgeben, mit schleimigen Anhängseln oder Skulpturen (Wandmustern) ausgestattet sein. Restplasma im Ascus wird manchmal als Exospor von außen auf der Sporenwand abgelagert. Ein Teil bleibt aber zurück und kann später beim Ausstoßen der Ascosporen durch Regulierung des osmotischen Druckes mitwirken.

Normalerweise entstehen acht Sporen pro Ascus. Die Zahl reduziert sich auf höchstens vier, wenn die postmeiotische Mitose unterbleibt. Echte Vielsporigkeit setzt mehrere Mitosen nach den Reifungsteilungen voraus. Oft werden die Kerne auf die Ascosporen ungleichmäßig verteilt, wodurch Unregelmäßigkeiten in der Sporenzahl pro Ascus und auch in der Kernzahl pro Spore zustande kommen. Gelegentlich keimen innerhalb des Ascus die Sporen mit Sproßzellen aus oder bilden Konidien (unechte Vielsporigkeit). Fragmentierung vielzelliger Ascosporen innerhalb der Asci kann ebenfalls Vielsporigkeit vortäuschen.

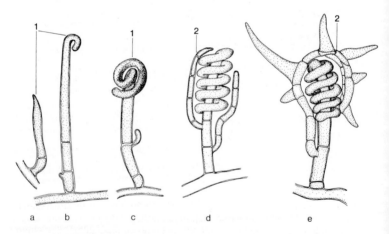

Abb. 115 Fruchtkörperbildung bei *Chaetomium uniporum* (Sphaeriales). **a–c** Bildung eines Ascogons (1), das sich am Ende einkrümmt und schraubig um den basalen Teil windet. **d** Beginn der Hüllhyphenbildung (2) aus den basalen, Zellen des Ascogons. **e** Umhüllte Ascogonschraube mit beginnender Bildung der für die Art charakteristischen Haare – (1000fach) (nach *Aue, R.*, E. *Müller*, Ber. Schweiz, Bot. Ges. 77 [1967] 187–207)

5. Fruchtkörperentwicklung. Bei den Ascomycetidae entwickeln sich die Asci innerhalb wandumhüllter Höhlungen (Fruchtkörper, Ascomata), ganz selten frei in wandlosen Lagern. Entwicklung, Form und Ausgestaltung der Fruchtkörper sowie ihrer Verbände bilden eine weitere wichtige Grundlage für die systematische Gliederung der Unterklasse. Einige wenige Beispiele sollen die Variabilität andeuten:
Bei *Chaetomium uniporum* (Sphaeriales, vgl. S. 267) bildet sich als Seitenzweig einer Hyphe ein stärker färbbares Ascogon; die Zweigspitze wächst schraubig um den basalen Teil, der Ascogonstiel gliedert sich in einige Zellen, aus denen seitlich Hyphen sprießen, die Ascogonschraube umwachsen und sich dabei reich verzweigen. Allmählich wird das ganze Ascogon umhüllt, und schon frühzeitig differenzieren sich aus der Hülle, der zukünftigen Peridie (Fruchtkörperwand), die für die Art charakteristischen Haare (Abb. **115**). Beim weiteren Wachstum der Fruchtkörperanlage verbleibt das Ascogon an der Basis; hier entwickeln sich ascogene Hyphen und daraus Asci, welche büschelig in eine durch Histolyse

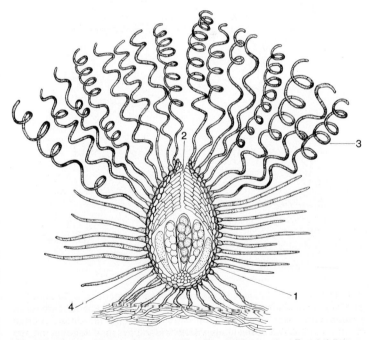

Abb. **116** *Chaetomium uniporum*, reifer Fruchtkörper. 1 = Fruchtkörperwand (Peridie), 2 = Mündungsporus, 3 = Fruchtkörperhaare, 4 = Fruchtschicht mit Asci – (240fach) (nach *Aue* u. *Müller*)

entstehende Höhlung hineinwachsen. Ebenso formt sich im Scheitel des Fruchtkörpers ein nach außen führender Kanal, durch den später die reifen Ascosporen gepreßt werden (Abb. 116).

Auch bei *Nectria haematococca* (Sphaeriales, Abb. 117) beginnt die Bildung der Ascomata mit einer sich einrollenden Seitenhyphe (Abb. 117a), dem zukünftigen vielzelligen, vielkernigen Ascogon, das bald von einer pseudoparenchymatischen Hülle umgeben wird (Abb. 117b). Während der Weiterentwicklung zum Ascoma differenziert sich diese Hülle in die äußere Rinde (= zukünftige Wand) und in das Zentrum, in dessen meristematischer Scheitelpartie sich nach unten verlängernde Scheitelparaphysen und in dessen Basis sich aus dem befruchteten Ascogon ascogene Hyphen entwickeln (Abb. 117c). Während die Scheitelparaphysen das Zentrum durchwachsen, breiten sich die ascogenen Hyphen über die ganze Basis aus (Abb. 117d); später bilden sich darauf

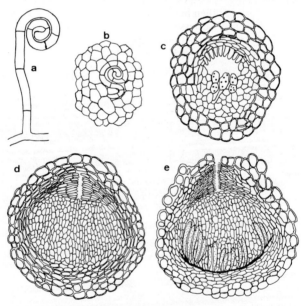

Abb. 117 Ascoma-Entwicklung von *Nectria haematococca*. **a** Eingerolltes, als Seitenhyphe gebildetes Ascogon (AC); **b** von einem Pseudoparenchym umgebenes, vielzelliges Ascogon; **c** junges Ascoma mit differenziertem Zentrum und Wand sowie jungen Scheitelparaphysen; **d** Ascoma mit ausgefülltem Zentrum und beginnender Bildung der Mündung; **e** fast reifes Ascoma mit Hymenium (a: 1000fach, b, c: 500fach, d, e: 200fach) (nach *Hanlin, R.T.*, Amer. J. Bot. 58 [1971] 105—116)

die Asci aus, welche in die allmählich verschwindende Scheitelparaphysenschicht hineinwachsen und in ihrer Gesamtheit das Hymenium bilden (Abb. 117 e); gleichzeitig wird im Scheitel die nach außen führende Mündung (Ostiolum) ausgestaltet.

Bei *Leptosphaerulina australis* (Dothideales, Abb. 118) beginnt die Fruchtkörperbildung nicht mit dem Erscheinen von Sexualorganen. Zunächst schwillt eine Hyphenzelle (Primordialzelle) an und teilt sich fortgesetzt in allen Richtungen. Das dadurch entstehende Gewebe erhält Knollenform und differenziert sich bald in eine dunkle Außenschicht, die zukünftige Peridie, und ein helleres Binnengewebe mit zarten Zellwänden. Erst in diesem Fruchtkörperprimordium entwickeln sich Gametangien, erkennbar als stärker färbbare, einkernige Zellen. Nach der Plasmogamie bilden sich ascogene Hyphen und später Asci, welche in das hyaline, sich vor ihnen her auflösende Grundgewebe hineinwachsen oder es beim Wachstum verdrängen.

6. Sporenentleerung. Ascosporen dienen der Verbreitung. Zur Aussaat müssen sie von zwei Hüllen befreit werden, dem Ascus und dem Ascoma. Im Verhalten der Asci lassen sich zwei Fälle unterscheiden, nämlich passive Freigabe durch das Auflösen der Ascuswand und aktives Ausstoßen durch besondere Einrichtungen (vgl. S. 237 u. S. 234 ff.).

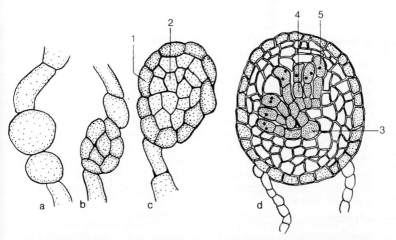

Abb. 118 *Leptosphaerulina australis*. Entwicklung des Fruchtkörpers. **a** Anschwellen einer Hyphenzelle; **b** Teilung der vergrößerten Hyphenzelle in allen Richtungen; **c** weitere Teilungen und Differenzierung in eine Peridie mit dickwandigen Zellen (1) und in dünnwandige Innenzellen (2); **d** Entwicklung von Ascogonen (3), ascogenen Hyphen (4) und Asci (5) nach dem Knospentypus – (800fach) (nach *Müller, E.*, Ber. Schweiz. Bot. Ges. 61 [1951] 165–174)

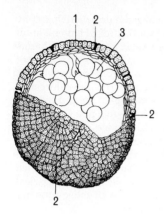

Abb. 119 *Cephalotheca savoryi* (Eurotiales). Cleistothecium mit Peridie (1), die durch Dehiszenz (2) in Platten zerfällt. Der Fruchtkörper ist angeschnitten und läßt die Fruchtschicht mit den Asci (3) erkennen – (300fach) nach *Booth, C.*, CMI Mycol. Papers 83 [1961] 1–15)

Auch die Ascomata zeigen besondere Einrichtungen zur Sporenfreisetzung. Der rundum geschlossene Fruchtkörper (Cleistothecium) bricht bei Zunahme des inneren Druckes (z. B. durch Nahrungsaufnahme, Wasseraufnahme) durch Peridienrisse auf, worauf die Sporen ebenfalls hinausgedrückt werden; bei *Cephalotheca savoryi* (Eurotiales) geschieht dies längs vorgebildeter Dehiszenzlinien (Abb. 119). Ascomata mit besonderen Mündungen (Ostiolum, pl. Ostioli) werden Perithecien genannt (z. B. Abb. 135, s. S. 265). Durch Mündungskanäle (Pori) werden die in der Fruchtkörperhöhlung angehäuften Ascosporen ins Freie gepreßt (und haften oft in Form schleimiger Fäden – Cirrhi, sing. Cirrhus – aneinander), oder die aktiv schleudernden Asci strecken sich vor ihrer Entleerung in die Mündung hinein oder durch sie hindurch. Manche Fruchtkörper sind schüssel- oder tellerförmig (Apothecien) und entblößen die Fruchtschicht (Hymenium) schon während der Entwicklung; in diesem Falle können die Asci ihre Ascosporen ungehindert ausschleudern (z. B. Abb. 131).

Man bezeichnet Ascomyceten mit Perithecien als Pyrenomyceten, solche mit Apothecien als Discomyceten. Diese Begriffe sind bequem, um Formangaben zu vermitteln, sagen aber für sich allein nichts über Verwandtschaften aus.

7. Verbände von Ascomata. Ascomata können sich einzeln, individuell oder innerhalb von manchmal komplizierten Verbänden zusammen mit verbindendem Pilzgewebe entwickeln. Im einfachsten Falle überdeckt dieses den Fruchtkörper mit einer einfachen Kruste (Klypeus) oder dieser sitzt auf einem kompakten Basalstroma oder einem hyphigen Subiculum (z. B. Abb. 145, S. 276). Manchmal bilden die Ascomata kreisförmig angeordnete (= valsoide) Gruppen (z. B. Abb. 140, S. 270), wobei ihre Mündungen gemeinsam im Zentrum hervorbrechen, oder sie entwickeln sich im Innern von kompakten krustigen, knolligen oder aufrechten Stromata (Abb. **139, 141, 143**). Falls diese ganz aus pilzlichem Gewebe aufgebaut sind, werden sie als echte Stromata, falls sie auch Wirtsgewebe einschließen (Abb. **138**, S. 268) als Pseudostromata bezeichnet.

B Anamorphe

Zahlreiche Ascomycetes – aber längst nicht alle – schließen asexuelle Fruktifikationen in ihre Lebenszyklen ein. Die Besonderheiten von Morphologie und Entwicklung dieser Anamorphen und der übrigen nur mit asexuellen Fruktifikationen bekannten Deuteromyceten sind im Kapitel „Deuteromyceten" (s. S. 318) dargestellt. In der Regel kann die Zusammengehörigkeit bestimmter Anamorphen mit bestimmten Teleomorphen nur mit Hilfe von Kulturversuchen nachgewiesen werden; der Reinkultur von Ascomyceten kommt deshalb auch wegen der möglichen Beweise für die Existenz von Anamorphen eine erhebliche Bedeutung zu. Je mehr derartige Beziehungen bekannt sind, desto eher lassen sich Gesetzmäßigkeiten erkennen. Sie ermöglichen eine bessere Unterscheidung von Arten und können auch beim Aufbau von verbesserten Systemen helfen. Zusammenstellungen bekannter Teleomorphe-Anamorphe-Beziehungen sind z. B. von KENDRICK u. Mitarb. (1979) und TUBAKI (1981) veröffentlicht worden.

C Systematische Einteilung

Die Ascomycetidae lassen sich nach der Entwicklung und der Ausgestaltung ihrer Ascomata (s. S. 241 ff.), nach dem Bau und der Anordnung ihrer Asci (s. S. 234 ff.), nach ihrem biologischen Verhalten und mehr und mehr auch nach ihren Anamorphen in eine größere Zahl von Ordnungen unterteilen. Davon sind einige, z. B. Meliolales, Erysiphales, Cyttariales oder Coryneliales, dank ihrer einheitlichen Biologie und dank der in vielem übereinstimmenden Fruktifikationen gut umschrieben und klar von den übrigen Taxa trennbar. Andere sind heterogen und nicht klar umgrenzt. Die Zusammenstellung der besprochenen Ordnungen (Tab. **28**) vermag deshalb nur gerade die auffälligsten Merkmale wiederzugeben. Sie berücksichtigt keinesfalls die gegenseitigen verwandtschaftlichen Beziehungen; die Unterteilung in Plectomyceten (im wesentlichen mit Cleistothecien), Pyrenomyceten (mit Perithecien), Discomyceten (mit Apothecien) sowie Loculoascomyceten möchte nur Hilfe beim Vergleich mit den herkömmlichen Systemen anbieten. Gesicherte verwandtschaftliche Beziehungen zwischen den Ordnungen sind im Text angegeben.

Eurotiales. *Talaromyces helicus* lebt saprobisch im Erdboden. In Reinkultur entsteht zuerst die *Penicillium*-Anamorphe. Aus dem vegetativen Myzel wachsen aufrechte, oben wirtelig in Metulae (Abb. **122 a**) verzweigende Konidienträger. Die Metulae tragen auf ihren Scheiteln

Tabelle **28** Ordnungen der Ascomycetidae

Ordnungen	Asci	
	Bautyp	Anordnung
„Plectomycetes"		
Eurotiales, Onygenales, Microascales, Ophiostomatales	prototunicat	regellos
Ascosphaerales	prototunicat	regellos
Elaphomycetales	prototunicat	regellos
„Discomycetes"		
Pezizales	unitunicat – operculat	Hymenium
Cyttariales	inoperculat/ operculat	Hymenium
Leotiales	unitunicat – inoperculat	Hymenium
Phacidiales	inoperculat	Hymenium
Lecanorales	inoperculat	Hymenium
Ostropales	inoperculat	Hymenium
Graphidales	inoperculat	Hymenium
Gyalactales	inoperculat	Hymenium
Caliciales	prototunicat/ unitunicat	Hymenium zuweilen mit Mazädium
„Pyrenomycetes"		
Erysiphales	unitunicat, ähnlich operculat	wenig Asci in Hymenium
Coryneliales	prototunicat	Hymenium, Asci verschieden hoch stehend
Meliolales	prototunicat	Hymenium
Sphaeriales	unitunicat – inoperculat	Hymenium
Diaporthales	inoperculat	Hymenium, Asci oft lose
Clavicipitales	inoperculat	Hymenium
„Loculoascomycetes"		
Dothideales	bitunicat	Hymenium oder Asci einzeln

Tabelle 28 (Fortsetzung)

Fruchtkörper Bautyp	Anordnung	Vorkommen als
Cleistothecium	einzeln	Saprobien, Pflanzen- und Tierparasiten
Cleistothecium	einzeln	Insektenparasiten
Cleistothecium	einzeln	obligate Mykorrhizapilze
Apothecium	einzeln	Saprobien, gelegentlich Pflanzenparasiten
Apothecium	in fleischigen Stromata	Pflanzenparasiten, nur auf *Nothofagus*
Apothecium	einzeln, selten in Stromata	Saprobien, Pflanzenparasiten
apothecienartig	einzeln oder in Stromata	Pflanzenparasiten oder Saprobien
Apothecium	einzeln	lichenisiert
Apothecium/ Perithecium	einzeln	lichenisiert oder Saprobien
Apothecium	einzeln	lichenisiert
Apothecium	einzeln	lichenisiert
Apothecium	einzeln	lichenisiert oder Saprobien
Cleistothecium	einzeln	obligate Ektoparasiten von Pflanzen
Perithecium	einzeln oder in Rasen	obligate Endoparasiten von Pflanzen, bevorzugt *Podocarpus*
Cleistothecium Perithecium	einzeln	obligate Ektoparasiten von Pflanzen
Perithecium	einzeln oder in Stromata	Saprobien, Pflanzenparasiten, Tierparasiten
Perithecium	einzeln oder in Stromata	Saprobien, Pflanzenparasiten
Perithecium	einzeln oder in Stromata	Pflanzen-, Tier- u. Pilzparasiten
perithecienartig, apothecienartig	einzeln oder in Stromata	Saprobien, Pflanzenparasiten, lichenisiert

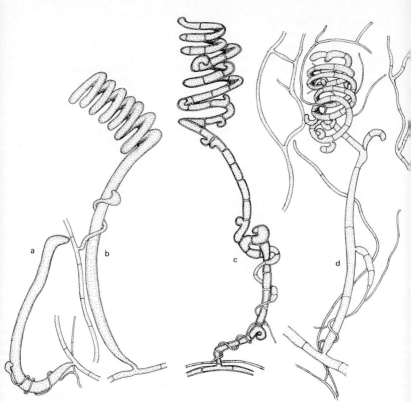

Abb. **120** *Talaromyces helicus* (Eurotiales), Befruchtungsstadien. **a** Junges Ascogon (weiblich) von einem schraubigen Antheridium (männlich) umwunden. **b** Einzelliges Ascogon mit apikaler Schraubenstruktur, unmittelbar bei Befruchtung (mit Kernübertritt) durch das apikal angeschwollene Antheridium. **c** Älteres Ascogon in zahlreiche (dikaryotische) Zellen geteilt. **d** Älteres Ascogon mit ascogenen, oft eingekrümmten Hyphen (dikaryotisch) bei Beginn der Peridienbildung – (1000fach)

je mehrere Phialiden (konidiogene Zellen, s. S. 60), von denen jede eine aus zahlreichen kugeligen Konidien bestehende Kette bildet.
Die spätere sexuelle Fruktifikation wird eingeleitet durch die Bildung eines zunächst langkeuligen, wurmartigen, später im oberen Teil schraubig gewundenen Ascogons, das von einer feinen Hyphe, dem Antheridium, ebenfalls schraubig umschlungen ist (Abb. **120**). Nach der Befruchtung mit Kernübertritt vom Antheridium zum Ascogon wird dieses von zahlreichen Hyphen umschlungen, und es entwickelt sich zu

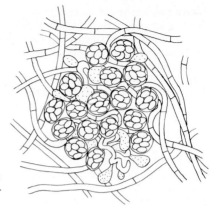

Abb. **121** *Byssochlamys nivea* (Eurotiales), Ascuslager – (700fach)

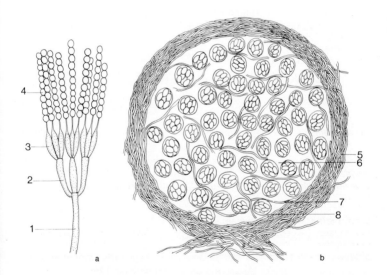

Abb. **122** *Talaromyces helicus.* **a** Konidienform *(Penicillium)* mit Konidienträger (1), Wirtel von Metulae (2), sekundäre Wirtel von Phialidon (3) und Konidienketten (4). **b** Cleistothecium der Hauptfruchtform mit Peridie aus eng verflochtenen Hyphen (5); die gesamte Fruchthöhlung (6) ist mit ascogenen Hyphen (7) und aus ihnen hervorgehenden Asci (8) ausgefüllt – (500fach)

einem rundum geschlossenen, kugeligen Fruchtkörper weiter, in dessen Innern sich zahlreiche Asci nach dem Kettentypus (s. S. 233) entwickeln. Die ellipsoidischen, stacheligen Ascosporen gelangen schließlich durch Auflösung der Asci und Zerfall der Peridie (Fruchtkörperhülle, -wand) nach außen.

Bei vielen Eurotiales werden Konidien in großer Menge gebildet, und bei einer beträchtlichen Anzahl solcher Pilze unterbleibt die sexuelle Entwicklung überhaupt. Nur ungeschlechtlich vermehren sich z. B. zahlreiche Arten der Gattungen *Aspergillus* (Gießkannenschimmel, vgl. RAPER u. FENNELL 1965) (Abb. 181, S. 323) und *Penicillium* (Pinselschimmel, Abb. 180, S. 322, RAPER u. THOM 1949, PITT 1979), die bei den Fungi imperfecti (s. S. 318 ff.) eingereiht werden müssen. In der Ordnung kommen viele weitere asexuelle Fruktifikationen vor. Dabei handelt es sich ausschließlich um Hyphomycetes (s. S. 322); es befinden sich darunter auch Stilbaceae (s. S. 326).

Tabelle **29** Wichtige Gattungen der Eurotiales und Onygenales

Teleomorph	Anamorph	Bedeutung, Bemerkungen
Eurotiales, Eurotiaceae:		
Talaromyces ⎫ *Eupenicillium* ⎭	*Penicillium*	Penicillin, Griseofulvin u. a. Antibiotika; Mykotoxine; Zersetzungen (enzymatische Aktivitäten; Fermentierungen z. B. in Lebensmitteln) (S. 138, 144 u. 151)
Byssochlamys	*Paecilomyces*	Verderb von Lebensmitteln, z. B. von Fruchtsäften
Emericella ⎫ *Neosartoria* ⎭	*Aspergillus*	ähnlich *Penicillium*
Emericellopsis	*Acremonium* (*Cephalosporium*)	Antibiotika usw.
Onygenales, Gymnoascaceae:		
Anixiopsis (= *Keratinophyton*)	*Chrysosporium*	Abbau von Cellulose, Keratin, anderem Material; Erreger von Dermatophytosen (S. 154)
Arthroderma *Nannizzia*	*Chrysosporium* *Microsporon* *Trichophyton* (= *Keratinomyces*) ⎤⎦	Keratinabbau, Erreger von Dermatophytosen (S. 154)
Emmonsiella *Ajellomyces*	*Histoplasma* *Zymonema* ⎭	Erreger tiefer Mykosen (S. 154)

Die Hauptfruchtformen der Eurotiales sind sehr mannigfaltig. *Byssochlamys nivea* (Anamorphe: *Paecilomyces,* ähnlich wie *Penicillium*), dessen sexuelle Entwicklung in Abb. **61** (s. S. 113) dargestellt ist, bildet nur – über das Myzel verstreut – Klümpchen von Asci ohne begrenzende Wand (Abb. **121**). Andere, wie *Talaromyces helicus* (Abb. **122**) oder *Cephalotheca savoryi* (Abb. **119**), haben Ascomata mit festen, geschlossenen Wänden (Cleistothecium).
Einige wichtige Gattungen aus diesem Verwandtschaftskreis sind in Tab. **29** zusammengestellt.

Onygenales. Verschiedene, früher zu den Eurotiales gestellte Familien sind heute in selbständige Ordnungen zusammengefaßt, so die Keratin abbauenden Gymnoascaceae zusammen mit den Knochen und hornartige Substanzen besiedelnden Onygenaceae. Anamorphen sind nicht phialidisch wie bei den Eurotiales, sondern Holoblasto- oder Thallokonidien (vgl. S. 60ff.).
Die Ascomata der Gymnoascaceae sind von einer Peridie aus locker vernetzten Hyphen umgeben, deren art- oder gattungscharakteristische Architektur durch eigenartige Hyphenbrücken (Anastomosen) und -verzweigungen, hyphige Anhängsel wie Borsten, Haare, Schrauben oder Haken sehr formenreich ist. Die meist winzigen Asci oder die nach Auflösen der Ascuswand befreiten Ascosporen gelangen durch Peri-

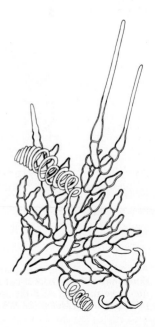

Abb. **123** Ausschnitt der Ascoma-Peridie von *Nannizzia gypsea* mit geraden und schraubigen Anhängselhyphen – (400fach) (nach *Stockdale, P. M.*, Sabouraudia 1 [1961] 41–48)

dienlücken nach außen. Ihre Anamorphen gehören z. B. zu den Gattungen *Trichophyton, Microsporum* und *Epidendrophyton* (s. S. 325). *Nannizzia gypsea* mit wirtelig verzweigten Peridienhyphen bildet z. B. *Microsporum gypseum* als Anamorphe (Abb. **123**). Wie andere Gymnoascaceae, vermag dieser Pilz die Haut von Tieren und des Menschen zu besiedeln (= Dermatophyten). Wieder andere Gymnoascaceae (z. B. *Emmonsiella*) sind Erreger tiefer Mykosen (s. S. 154).

Auch die den Eurotiales ähnlichen Microascaceae (**Microascales**) und die Ophiostomataceae (**Ophiostomatales**) werden als selbständige Ordnungen aufgefaßt. Zu der letzteren gehören *Ceratocystis ulmi* und *Ceratocystis fagacearum* als wichtige Welkeerreger der Ulmen (Europa, Nordamerika) und Eichen (Nordamerika). Beide bilden eine Anamorphe mit im Innern von Phialiden gebildeten, farblosen, zylindrischen Konidien (Abb. **45**, s. S. 67), während *Ophiostoma stenoceras* (Anamorphe: *Sporothrix schenckii*), der Erreger der Sporotrichose (vgl. Tab. **19**, S. 152 ff.) holoblastische Konidien bildet.

Einen sehr einfachen Bau zeigen die Ascomata der **Ascosphaerales,** insbesondere die parasitisch in Bienen lebenden, deren Kalkbrut verursachenden Arten von *Ascosphaera*. Die Befruchtungsvorgänge verlaufen recht merkwürdig. Die Ascogone haben Trichogyne, die mit Hyphen kopulieren (Deuterogamie); nach der Plasmogamie wächst innerhalb des Trichogyns ein nackter (wandloser), dikaryotischer Plasmaballen zurück zum Ascogon, verzweigt sich innerhalb der sich vergrößernden Ascogonzelle und bildet Asci, die rasch aufgelöst werden. Das Ascogon selber wird demnach zum Cleistothecium. Bei der Sporenreife reißt die Ascogonwand auf und entläßt die zusammengeballten Ascosporen.

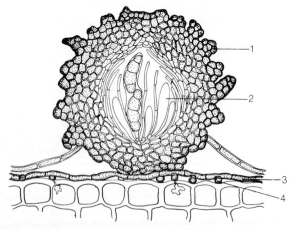

Abb. **124** *Asteridiella taxi* (Meliolales) auf *Taxus* parasitierend. Schnitt durch einen Fruchtkörper mit völlig geschlossener Peridie (1), zartwandigen, zweisporigen Asci (2) und Nährhyphen (3) mit Hyphopodien (4) – (300fach) (nach *Müller, E., S. K. Bose*, Indian Phytopath. 12 [1959] 13–18)

Meliolales. Die Meliolales umfassen eine große Zahl epiphytischer Blattparasiten, die bis jetzt noch nicht im Labor kultiviert werden konnten. Ihre Hauptverbreitungsgebiete sind die Tropen; in Mitteleuropa sind sie durch eine einzige Art, die auf Ericaceen (z.B. *Vaccinium vitis-idaea*) parasitierende *Meliola niessleana,* vertreten. Die Meliolaceen (Abb. **124**) überziehen ihre Wirte mit einem Myzel aus dicken, braunen Hyphen mit zweizelligen Hyphopodien (Abb. **20**, s. S. 45), aus deren Endzellen feine Hyphen in die darunter liegenden Epidermiszellen des Wirtes eindringen, gelappte Haustorien bilden und von hier aus den Nahrungsbedarf für den ganzen Thallus decken. Die am extramatrikalen Myzel sitzenden kugeligen Fruchtkörper sind geschlossen oder mit einer Mündung versehen, und sie enthalten wenige große, keulige, früh verschleimende, meist zweisporige Asci mit charakteristisch gebauten, mehrzelligen, braunen Ascosporen.

Coryneliales. Die auf lebenden Blättern von *Podocarpus*-Arten (Coniferen) meist in größeren Gruppen reifenden Ascomata von *Corynelia tropica* sind flaschenförmig, dick- und dunkelwandig und am Scheitel in einen dicken, von einem weiten Mündungskanal durchbohrten Schnabel ausgezogen. Die sich in ihrem Inneren entwickelnden Asci sind gestielt; der Stiel wächst bis zur Sporenreife weiter. Die Ascuswand ist homogen dick und löst sich bei der Sporenreife auf, wobei die einzelligen, dickwandigen, bräunlichen Ascosporen durch die nachstoßenden Asci nach außen befördert werden.

Von den etwa 50 Arten dieser Ordnung wächst ein Drittel auf Blättern von *Podocarpus*, die übrigen auf Blättern und Früchten dikotyler Holzpflanzen oder parasitisch auf Ascomata anderer Ascomyceten, z. B. Cyttariales. Wie jene (s. S. 262) haben sie eine ursprünglich südliche Verbreitung, sind aber, da ihnen der Übergang von Coniferenwirten auf Pflanzen anderer Gruppen gelungen ist, bis nach Nordamerika vorgestoßen.

Pezizales. Die Schlauchpilze mit den größten und durch Form und Farbe auffallendsten Ascomata gehören – mit wenigen Ausnahmen – zu den Pezizales; diese umfassen aber auch zahlreiche Formen mit unscheinbaren, kleinen Ascomata. Sie leben saprophil auf Holz, Erde, Brandstellen oder Tierkot, manchmal aber auch symbiotisch als Mykorrhizapartner im Wurzelbereich höherer Pflanzen. Mehrheitlich entwickeln sich ihre Apothecien oberirdisch (epigäisch), andere mit meist eingeschlossenem Hymenium versteckt im Erdreich (hypogäisch). Die hypogäischen Formen werden noch meist als eigene Ordnung (Tuberales) aufgefaßt; sie sind aber untereinander nicht immer nahe verwandt und müssen sogar zu verschiedenen Familien der Pezizales mit vorwiegend epigäischen Formen gestellt werden.

Pyronema omphalodes bildet auf Brandstellen (oder auf sterilisierter Erde) ausgedehnte, orangefarbene Krusten aus dicht gedrängten, klei-

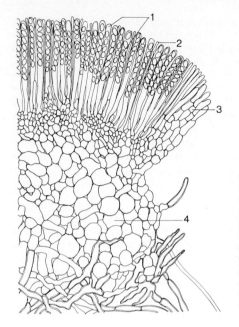

Abb. **125** Schnitt durch einen Teil des Apotheciums von *Pyronema omphalodes* mit Asci (1), Paraphysen (2), seitlichen, ein Excipulum bildenden Hüllhyphen (3) und dem mächtigen Hypothecium (4) – (150fach) (nach *Le Gal, M.*, Les Discomycètes de Madagascar, Lab. de Cryptogamie, Paris 1953, 465 S.)

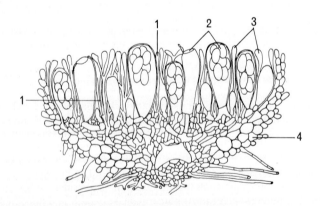

Abb. **126** *Ascophanus granuliformis.* Schematischer Schnitt durch ein Apothecium mit Hymenium (1), Asci (2) und Paraphysen (3), das von zelligem Excipulum umgeben ist (4) – (200fach) (nach *Corner, E.J.H.*, Trans. Brit. Mycol. Soc. 14 [1929] 263–291)

nen Ascomata. In den jungen Thalli entwickeln sich in Hyphenbüscheln kugelige Ascogone mit sich hakenförmig gegen die schlankeren Antheridien biegenden Trichogynen (Abb. 105, s. S. 229). Die Kopulation wird durch Kernübertritt eingeleitet (Gametangie). Die Ascogone werden nach und nach von Hüllhyphen umgeben (s. Abb. 105, S. 229); aus letzteren bildet sich allmählich ein dickes, fußartiges Hypothecium sowie eine dünne, aus Hyphen bestehende, seitliche Berandung der in Entstehung begriffenen Apothecien (Fruchtbecher). Sterile Hyphen wachsen auch zwischen den parallel stehenden Asci empor; sie werden Paraphysen genannt (Abb. 125). Die Asci sind befähigt, die Ascosporen durch den sich deckelartig öffnenden Scheitel auszuschleudern (Abb. 112a, b, s. S. 235).

Viele Pezizales haben becherförmige Fruchtkörper (Apothecien), wie *Ascophanus granuliformis*, dessen Hymenium (Abb. 126, 1) mit Asci (2) und Paraphysen (3) von einem zelligen Excipulum (4) umgeben ist. Bei derartigen Apothecien lassen sich zwei Entwicklungstypen verfolgen. Das Hymenium von *Pyronema omphalodes* liegt von Anfang an frei (gymnokarper Typ); bei *Iodophanus carneus* hingegen ist die fertile Schicht zunächst im Inneren des jungen Fruchtkörpers, dessen Deckschichten erst später aufreißen und die Fruchtschicht freigeben (hemiangiokarpe Entwicklung, in Abb. 126 angedeutet).

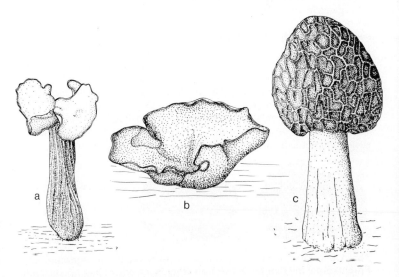

Abb. 127 Abwandlungen des Apotheciums. **a** Fruchtkörper von *Helvella crispa*. **b** Fruchtkörper von *Aleuria aurantia*. **c** Fruchtkörper von *Morchella esculenta* – (nat. Größe) (nach *Dennis*)

Die Ausgestaltung der Apothecien geht innerhalb der Pezizales noch weiter. *Aleuria aurantia* hat große, fleischige, rotorange gefärbte Apothecien, die sich auf Erdboden entwickeln (Abb. **127b**). Im vollausgebildeten, schirmartigen Fruchtkörper von *Helvella crispa* (Lorchel) hebt der gefurchte Stiel eine flache Fruchtscheibe weit über den Erdboden empor (Abb. **127a**). Bei der Morchel (*Morchella esculenta*) wird die glockenförmige Fruchtschicht durch Quer- und Längsleisten in größere und kleinere Gruben gegliedert (Abb. **127c**).

Noch weiter geht die Vergrößerung der Fruchtschicht bei den hypogäischen Trüffeln (Abb. **128**), die zum Teil als wertvollste Speise- und Gewürzpilze sehr gesucht sind (z. B. Perigord-Trüffel: *Tuber melanosporum;* Winter- und Sommertrüffel: *Tuber brumale* bzw. *Tuber aestivum*). Ihre knolligen Fruchtkörper erreichen die Größe eines Hühnereies, entwickeln sich im Boden und werden mit Hilfe von dafür abgerichteten Hunden (früher auch mit Hilfe von Schweinen) aufgespürt. In gewissen Gegenden (z. B. in Südfrankreich) wird ihr Myzel künstlich in den (meist mit Eichen bestockten) Boden gebracht. Die Fruchtkörper sind von einer dunklen, meist rauhen Rinde umgeben und von komplizierten Adersystemen durchzogen. Diese Adern führen Asci und müssen als extrem eingefältelte Fruchtschicht aufgefaßt werden. Eine Tendenz zur Einfältelung besteht schon bei den epigäischen Pezizales (z. B. *Morchella*); die Trüffel lassen sich auch von Pezizales herleiten und sind durch Übergangsformen mit ihnen verbunden. Doch bilden sie ihre Fruchtkörper hypogäisch, und die Asci entwickeln sich nicht offen, sondern sind im Fruchtkörper eingeschlossen.

Das Myzel von *Tuber aestivum* durchzieht den ihm zusagenden Boden und bildet im Laufe des Sommers Hyphenverknäuelungen (Fruchtkörperinitialen). In diesen finden zwischen haploiden Hyphenzellen somatogame Kopulationen statt; die aus ihnen hervorgehenden ascogenen Hyphen bilden Schnallen (Abb. **107**, s. S. **232**), aus deren Enden die breitkeuligen Asci entstehen. Die Zahl der einzelligen, braunen, netzig skulptierten Ascosporen variiert zwischen eins und fünf, da nicht alle ausgebildeten acht Kerne sich normal weiterentwickeln.

Abb. **128** *Tuber aestivum.* **a** Ganzer Fruchtkörper; **b** angeschnittener Fruchtkörper mit Peridie und dem als Höhlungen erkennbaren Hymenium; **c** Ascospore (a, b: 2fach, c: 550fach) (a, b: nach *Vittadini, C.*, Monographia Tuberacearum, Mediolani, 1831, c: nach *Trappe, J. M.*, Mycotaxon 9 [1979] 297–340)

Sowohl in ihrer Entwicklung als auch in ihrer Morphologie sind die über 1000 bekannten Pezizales sehr mannigfaltig. Viele von ihnen lassen sich im Laboratorium kultivieren, und einige bilden in Reinkultur regelmäßig ihre Hauptfruchtform (Teleomorphe), manchmal auch die Nebenfruchtform (Anamorphe), meist holoblastische, an derselben konidiogenen Zelle gleichzeitig oder nacheinander sympodial entstehende Konidien (vgl. S. 67).

Normalerweise sind die Asci der Pezizales operculat (Abb. 112 a, s. S. 235) mit verschiedener Ausgestaltung des Öffnungsmechanismus im Ascusscheitel. Sie sind fähig, die Ascosporen aktiv auszuschleudern. Bei Formen mit hypogäischen Ascomata ist die Fähigkeit zur aktiven Sporenausschleuderung allerdings zurückgebildet. Die Asci der verschiedenen Gruppen mit derartigen Ascomata haben zwar noch die äußere Form ihrer nächsten Verwandten mit epigäischen Ascomata, die Scheiteldeckel fehlen aber und die Ascosporen werden durch Auflösen der Ascuswand frei. Meist erfolgt die Verbreitung dieser Pilze durch Tiere.

Die Arten der Gattung *Elaphomyces* (Hirschtrüffel), welche in die selbständige Ordnung **Elaphomycetales** gestellt wird, haben knollige, zentimetergroße, an der Oberfläche charakteristisch skulptierte, derbwandige Ascomata, in deren Höhlung sich eine Masse fast kugeliger, früh verschleimender Asci mit kugeligen, braunen, dickwandigen Ascosporen entwickelt. Vermutlich ist der imperfekte Pilz *Cenococcum graniforme* Anamorphe von *Elaphomyces anthracinus*. Elaphomycetales sind Mykorrhizapartner zahlreicher Holzpflanzen. Mit den trüffelähnlichen Pezizales, deren Ascomata äußerlich ähnlich aussehen, sind sie nicht näher verwandt.

Erysiphales. Die Erysiphales (echte Mehltaupilze) gehören zu den auffallendsten Pflanzenparasiten; eine befallene Pflanze sieht oft wie mit Mehl bestäubt aus. Der weiße Belag besteht aus dem konidienbildenden, epiphytischen Myzel.

Blumeria graminis (Erysiphe graminis), der Erreger des echten Mehltaus der Gräser, überzieht die Blätter und Halme seiner Wirte mit einem dichten, manchmal polsterartigen, aus ineinander verfilzten Hyphen bestehenden Myzel. Bereits an den Keimschläuchen und jungen Hyphen bilden sich Appressorien (Haftorgane) (Abb. 19, s. S. 45 u. S. 50), aus denen feine Penetrationshyphen durch Cuticula und Epidermiszellwand des Wirtes dringen und im Inneren der Epidermiszellen zu einem ellipsoidischen Nährorgan anschwellen (Haustorium, s. S. 46). Die sich daraus entwickelnden fingerförmigen Fortsätze sind von einer durch Wirt und Parasit gemeinsam gebildeten Grenzschicht umhüllt, über die die Nahrungsaufnahme erfolgt (Abb. 129 e).

Während längerer Zeit verbreitet sich der Pilz durch Konidien, die an einfachen, hyphenartigen, senkrecht abstehenden Trägern in basipetal (von unten nach oben) gebildeten Ketten entstehen (Abb. 129 b). Anfänglich sind die Konidien innerhalb der Kette durch je einen zentralen

Porus in der Trennwand miteinander verbunden; erst kurz vor der Reife wird diese Öffnung verschlossen (Abb. 129 c, d). Solange die Konidien in der Kette verbunden bleiben, sind sie nicht keimfähig.
In älteren Myzelien entwickelt sich – meist auf der Blattoberseite – die Hauptfruchtform. Je zwei Initialhyphen umschlingen sich und verzweigen sich in ihrer ganzen Länge zu mehrkernigen, stark färbbaren Hyphen, die sich zu einem dichten homogenen Knäuel, der Fruchtkörperanlage, verflechten. Die wenigen breitkeuligen Asci entwickeln sich im Inneren des so entstehenden Fruchtkörpers; sehr oft reifen aber die Ascosporen nicht aus. Voll entwickelte Fruchtkörper (Abb. 129 a) tragen außen einige kurze, hyphenartige Anhängsel und sind mündungslos (Cleistothecien); bei Benetzung öffnen sie sich mit einem horizontal verlaufenden Riß; die ganze obere Hälfte des Fruchtkörpers wird emporgehoben und abgerissen. Die von ihrer Umhüllung befreiten Asci öffnen sich mit einem Deckelchen und schleudern die Ascosporen bis zu

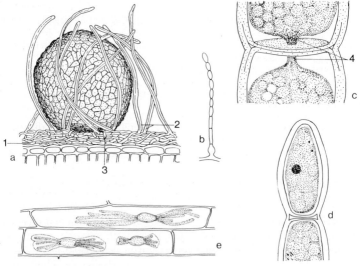

Abb. 129 *Blumeria graminis.* **a** Cleistothecium auf Myzelpolster (primäres Myzel [1]) und umgeben von den borstenartigen Hyphen des sekundären Myzels (2), an der Basis einige kurze Anhängsel (3). **b** Konidienkette. **c** Zwei aneinanderstoßende Konidien innerhalb einer jungen Kette. Die beiden Konidien sind durch einen Porus (4) verbunden. **d** Endkonidie einer älteren Kette mit unterbrochener Verbindung. **e** Epidermiszellen des Wirtes mit Haustorien und deren fingerförmigen Fortsätzen – (a: 170fach, b: 200fach, c: 2000fach, d: 1000fach, e: 210fach) (a, b, e: nach *Blumer* 1967; c, d: nach *Brodie, H. J.,* Canad. J. Bot. 20 [1942] 595–601)

2 cm Entfernung in den Luftstrom, von dem sie weggetragen werden. Der Ascus ist ähnlich dem operculaten Typus (Abb. 112 e).

Blumeria graminis läßt sich wie alle anderen Mehltaupilze nicht auf Laboratoriumsnährböden kultivieren (obligat biotroph). Die Art zerfällt in eine große Zahl von Rassen, welche auf bestimmte Wirtspflanzen oder deren Varietäten spezialisiert sind. Für einzelne Rassen ergeben sich dabei manchmal überraschende Wirtsspektren. So befällt der Mehltau von *Lolium multiflorum* 65 Arten von Gramineen verschieden stark. *Lolium*-Arten werden im allgemeinen stark befallen, und der Pilz vermag auch seine Hauptfruchtform auf diesem Wirt zu bilden. Auf anderen Wirten ist der Befall aber nur schwach, und Cleistothecien entstehen nicht (Nebenwirte).

Die mehr als 500 bekannten Mehltauarten lassen sich in mehrere Gattungen gliedern, die sich in ihren Nebenfruchtformen, in der Zahl der ausgebildeten Asci sowie in den Fruchtkörperanhängseln unterscheiden. Nur je einen Ascus im Fruchtkörper haben die Arten der Gattungen *Sphaerotheca* und *Podosphaera*; die Arten der Gattungen *Podosphaera* und *Uncinula* können an ihren charakteristisch gebauten Fruchtkörperanhängseln leicht erkannt werden (Abb. 130 a, b).

Außer *Blumeria graminis* sind weitere Mehltaupilze von praktischer Bedeutung, so *Podosphaera leucotricha* (Apfelmehltau), *Microsphaera alphitoides* (Eichenmehltau), *Uncinula necator* (echter Mehltau der Weinrebe) und *Sphaerotheca mors-uvae* (amerikanischer Stachelbeermehltau).

Leotiales. Die Leotiales sind Ascomyceten mit die Fruchtschicht entblößenden Ascomata (Apothecien) und inoperculaten Asci (z. B. ähnlich Abb. 112 f), deren meist amyloider Ringwulst wie bei den Xylaria-

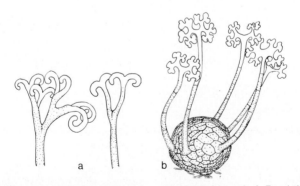

Abb. 130 a Fruchtkörperanhängsel von *Uncinula bicornis*. b Fruchtkörper mit Anhängseln von *Podosphaera aucupariae* – (a: 400fach, b: 150fach) (nach *Blumer, S.*, Echte Mehltaupilze [Erysiphaceae], G. Fischer, Jena 1967, 436 S.)

ceae (s. S. 269) ausgestaltet sein kann. Die Ordnung umfaßt mehrere tausend Arten. Wegen ihrer kleinen, oft leicht zu übersehenden Ascomata sind auch in der gemäßigten Zone längst nicht alle Formen bekannt.

Hyaloscypha lachnobrachya durchwächst tote, am Boden liegende Blätter von Bäumen (z. B. *Alnus*) und bildet darauf weißliche, dem Substrat anliegende Apothecien von etwa 0,25 mm Durchmesser (Abb. 131). Die Asci enthalten je vier Ascosporen. In ihrem verdickten Scheitel ist ein sich mit Jodlösung (z. B. Melzer-Reagens) blau färbender Apikalapparat eingeschlossen, der einen feinen, nach außen führenden Porus umschließt und befähigt ist, die Ascosporen aktiv auszuschleudern. Das Apothecium steht auf einem kurzen Stiel (Abb. 131, 1), aus diesem breitet sich eine becherförmige Wand (Excipulum, 2) aus, die ihrerseits das Hymenium mit Asci (3) und Paraphysen (4) umschließt (Abb. 131).

Wie *Hyaloscypha lachnobrachya* bilden die meisten Helotiales ihre Apothecien auf abgestorbenen Pflanzenteilen, doch gehören in diese Verwandtschaft auch einige wichtige Pflanzenparasiten, beispielsweise *Pseudopeziza trifolii,* der Erreger des Klappenschorfes bei Kleearten, *Sclerotinia trifoliorum,* der Erreger des Kleekrebses, sowie *Molininia fructigena* und *Molininia laxa* als Erreger von Fruchtfäulen und Blütendürre bei Kern- und Steinobstarten.

Die Keimhyphen aus Konidien (seltener Ascosporen) von *Molininia laxa* dringen durch die Blüten in die Zweige von Steinobstbäumen, und das sich entwickelnde Myzel tötet diese ab (Zweigdürre). Später verur-

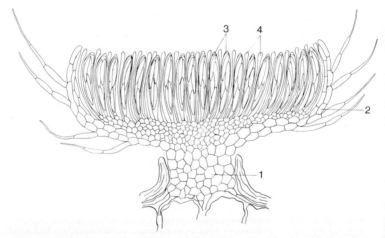

Abb. **131** *Hyaloscypha lachnobrachya.* Schnitt durch ein Apothecium mit Stiel (1), Excipulum (2), Asci (3) und Paraphysen (4) – (250fach)

sacht der Pilz Fruchtfäule; der überwintert in den Fruchtmumien, auf denen meist ausgedehnte Überzüge mit der Konidienform (*Monilia cinerea*) erscheinen. Seltener bilden sich die Apothecien der Hauptfruchtform. Aus Fruchtmumien, die in oder auf der Erde liegen, sprießen auf oft recht langen Stielen sitzende Becher, welche innen vom Hymenium bekleidet sind.

Neben becherförmigen Apothecien treten innerhalb der Leotiales – ähnlich wie bei den Pezizales (s. S. 253) – andere Fruchtkörperformen auf. Die aus humoser Erde sprießenden Fruchtkörper von *Trichoglossum hirsutum*, als Beispiel, tragen auf kurzem Stiel eine schwarze, längliche Keule (Erdzunge), deren Außenseite vollständig vom Hymenium bekleidet ist. Bei manchen Pilzen aus der Verwandtschaft von *Trichoglossum*, in der Familie Geoglossaceae, ist ähnlich wie bei *Helvella crispa* unter den Pezizales (Abb. **127 a**) das Apothecium hutartig und langgestielt (z. B. *Cudonia confusa*).

Die für die systematische Einteilung wichtigen Merkmale sind von NANNFELDT (1932) zusammengestellt worden. Große Bedeutung kommt dabei der Apothecienwand (Excipulum) zu; in Abb. **132** sind verschiedene Wandtexturen dargestellt. Daneben sind Form und Größe

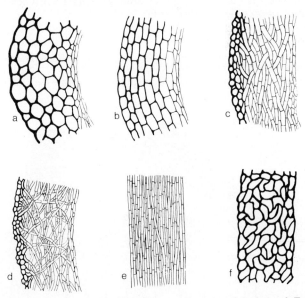

Abb. **132** Wandtexturen der Helotiales. **a** Textura globulosa; **b** Textura prismatica; **c** Textura oblita; **d** Textura intricata; **e** Textura porrecta; **f** Textura epidermoidea – (schematisch, ca. 500fach) (nach *Hütter, R.*, Phytopath. Z. 33 [1958] 1–54)

der Apothecien, Ausgestaltung der Asci, Ascosporen und Paraphysen zu beachten.

Auf Laboratoriumsnährböden wachsen die Helotiales meist gut, einige fruktifizieren auch. Unter den relativ häufig ausgebildeten Neben-fruchtformen dominieren, ähnlich wie bei den Sphaeriales (s. S. 265), Fruktifikationen mit Phialiden (vgl. Abb. 35, S. 62).

Cyttariales. Die in manchen Merkmalen den Helotiales ähnelnden, in anderen abweichenden Vertreter der Ordnung, die sämtlich zu einer Gattung (*Cyttaria*) gehören, wachsen parasitisch auf der südlichen Buche *Nothofagus*. Die Apothe-cien sind in kugeligen, fleischigen, oft mehrere Zentimeter großen Stromata vereinigt. Die eigenartigen Asci lassen sich weder dem operculaten noch dem inoperculaten Typ eindeutig zuordnen.

Phacidiales. Die phacidialen Pilze haben eine im Vergleich zu den helo-tialen verschiedene Fruchtkörperentwicklung, neben rundlichen treten auch langgestreckte Fruchtkörper auf. Die Apothecien der Phacidiales öffnen sich rissig, bei vielen Formen auch mit Längsspalten (z. B. beim Erreger der Föhrenschütte, *Lophodermium pinastri*). Einer der auffal-lendsten Pilze aus dieser Ordnung ist der Erreger des Runzelschorfes (Teerfleckenkrankheit), *Rhytisma acerinum*. Er durchwuchert während des Sommers die lebenden Ahornblätter und bildet auf ihnen ausge-dehnte schwarze Flecken (Stromata), in deren kleinen Höhlungen sich eine Mikrokonidienform (*Melasmia acerina*) entwickelt. Auf abgefalle-nen Blättern reifen in diesen Stromakrusten im darauffolgenden Früh-jahr zahlreiche längliche Apothecien, welche sich mit Längsrissen öff-nen, das helle Hymenium entblößen und den Krusten ein runzeliges Aussehen vermitteln. Für die Ordnung typische Apothecien hat die re-

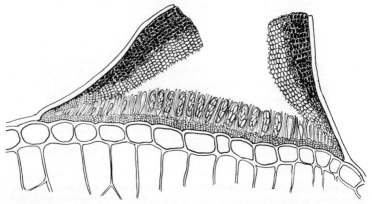

Abb. 133 *Phacidina gracilis.* Schnitt durch ein Apothecium – (250fach) (nach *von Arx* u. *Müller* 1954)

lativ seltene *Phacidina gracilis* auf Blättern verschiedener *Lycopodium*-Arten (Abb. 133). Junge Fruchtkörper sehen aus wie ins Substrat eingesenkte, knollige Scheiben; in ihrem Inneren entwickeln sich in einer horizontalen Schicht die Asci. Die Deckschicht reifer Fruchtkörper reißt im Zentrum auf, und ihre Teile öffnen sich klappenartig. Bei manchen Arten erfolgt das Aufreißen entlang eines vorgebildeten Spaltes.

Lecanorales. Die Flechten (Lichenes) als Komplexe von lebenden Algen und Pilzen (vorwiegend Ascomyceten) haben durch HENSSEN u. JAHNS (1974) eine umfassende Darstellung erfahren, auf die wir ausdrücklich verweisen. Von den Pilzkomponenten kann ein Teil zwanglos zu Ordnungen gestellt werden, welche auch nichtlichenisierte Pilze umfassen. Ausschließlich Flechtenpilze sind die Lecanorales, Gyalectales und Verrucariales sowie die Caliciales (mit wenigen Saprobien).

Die Lecanorales – mit mehr als 10000 Arten von allen Ordnungen der Ascomycetes die größte – umfassen sehr verschiedenartige Typen von Flechtenpilzen; eine überzeugende Unterteilung in kleinere Ordnungen ist zur Zeit noch nicht möglich; immerhin können sechs Unterordnungen unterschieden werden. Lecanorale Ascomycetes haben apothecienartige, sich durch harte Konsistenz und lange Lebensdauer auszeichnende Ascomata, unitunicate, inoperculate Asci mit meist deutlich verdickten Wänden (Abb. 112h, i, s. S. 235) sowie meist durch gallertartige Substanzen verklebte Hymenien. Wie bei den Helotiales ist die Ausgestaltung des Ascusscheitels uneinheitlich; neben den häufigen Vertretern mit amyloidem Ringwulst gibt es auch viele ohne positive Jodreaktion. Relativ häufig färben sich auch die Gallertauflagerungen im Hymenium bei Jodbehandlung blau.

Ostropales. Die durch ellipsoidische, dem Substrat eingesenkte Ascomata ausgezeichnete *Ostropa barbara* wächst saprobisch auf Holz. Die Ascomata sind in trockenem Zustande geschlossen, feucht öffnen sie sich weit apothecienartig mit einem den ganzen Scheitel überziehenden Spalt. Ihre Wand besteht aus einer dunklen Masse von netzartig verflochtenen Hyphen und enthält zahlreiche Kristalleinschlüsse (Abb. 134). Die Asci sind zylindrisch, sehr lang und dünn, im Scheitel mit einem nichtamyloiden Ringwulst versehen, und sie enthalten parallel liegende, ebenfalls sehr lange und dünne, querseptierte Ascosporen. *Ostropa barbara* gehört mit etwas über 100 weiteren Ascomyceten zu der erst kürzlich klar definierten Ordnung Ostropales (SHERWOOD 1977). Sie wachsen meist saprobisch, einige sind aber Blattparasiten oder in Flechtensymbiose lebende Pilze (z. B. *Conotrema*).

Graphidales. Die beiden Familien der Ordnung, Graphidaceae und Thelotremataceae, werden bisweilen zu den Ostropales (s. oben) gestellt. Sie ähneln sich stark im Aufbau der Ascomata, unterscheiden sich aber durch die bei den Graphidales recht dickwandigen Ascosporen.

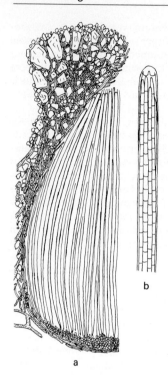

Abb. 134 *Ostropa barbara.* **a** Schnitt durch einen Teil eines Ascoma, Wand mit deutlichen Kristalleinschlüssen. **b** Ascus mit Ascosporen – (a: 200fach, b: 1000fach) (nach *Sherwood*)

Gyalectales. Verwandtschaftliche Beziehungen dieser Ordnung bestehen zu den eben erwähnten Thelotremataceae. Sie zeichnen sich durch dünnwandige Asci mit oder ohne Apikalstrukturen und verschieden gestaltete, stets dünnwandige Ascosporen aus.

Caliciales. Die apothecienartigen Ascomata der Caliciales sind wie die der Lecanorales dauerhaft und langlebig, doch haben die meist zylindrischen Asci, geordnet in einem Hymenium zusammen mit Paraphysen, eine einfache, zarte Wand, die frühzeitig aufgelöst wird. Die befreiten reifen Ascosporen werden zwischen den stetig weiterwachsenden Paraphysen über die Ascusschicht gestoßen und bilden da gesamthaft eine pulverige Masse, das Mazädium. Die Ascosporen sind recht vielgestaltig, doch fehlen lang zylindrische oder fädige Formen. Einige Arten bilden ihre Asci in Ketten (Abb. **110**, s. S. 234).
Caliciales sind mehrheitlich Flechtenpilze; einige können aber auch ohne Symbiose mit Algen saprophytisch auf Holz wachsen. Auch diese Ordnung ist mit weniger als 200 Arten verhältnismäßig klein.

Sphaeriales. *Neurospora sitophila* und *Neurospora crassa* waren früher als „roter Brot- oder Bäckerschimmel" sehr gefürchtet. Die Ascosporen ertragen hohe Temperaturen (bis 75 °C); die Hyphen wachsen sehr schnell, beispielsweise in nicht ganz durchgebackenem Brot, und bilden rasch große Mengen exogener, in Ketten verbundener Makro- sowie phialidische Mikrokonidien. Die Konidien haben ein geringes Gewicht, sie werden leicht verbreitet, keimen sofort und entwickeln sich auf geeigneten Substraten rasch zu neuen Kolonien, welche die asexuelle Entwicklung fortsetzen. *Neurospora*-Kontaminationen können die Arbeiten in mikrobiologischen Laboratorien erschweren. Andererseits sind die genannten *Neurospora*-Arten bewährte Forschungsobjekte der Genetik und der Physiologie.

Beide erwähnten Arten sind heterothallisch (Abb. 63, S. 115). Die Befruchtung der Ascogone erfolgt durch Zellkerne aus Konidien oder Hyphen des Partnermyzels.

In den Ascogonen treten die Kerne zu Paaren zusammen, in üblicher Weise entstehen ascogene Hyphen und daran Asci nach dem Hakenty-

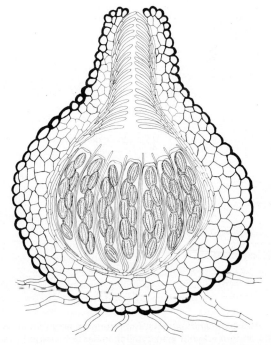

Abb. **135** *Neurospora terricola*. Schnitt durch ein Perithecium – (200fach)

pus (Abb. 106, s. S. 231). Die reifen Asci sind zylindrisch oder bauchig, schließen charakteristische Apikalapparate ein (sphärialer Typus, Abb. 112I, s. S. 235) und enthalten einzellige, braune, mit Längswülsten skulptierte Ascosporen.

Andere Arten von *Neurospora*, z. B. *Neurospora terricola* (Abb. 135), sind homothallisch.

Die meisten Sordariaceae, zu denen *Neurospora* gestellt wird, haben einzeln stehende Ascomata (Perithecien) und einen verhältnismäßig wenig hervortretenden Ringwulst im Ascusscheitel (Abb. 112I). Ihre

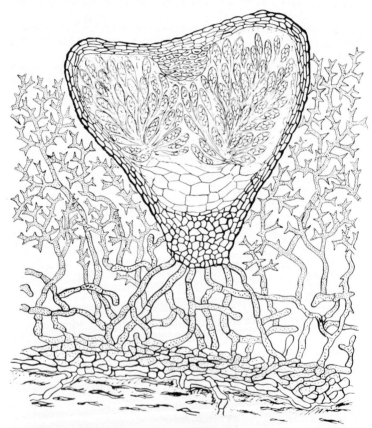

Abb. 136 *Nitschkia acanthostroma.* Schnitt durch einen Fruchtkröper. Im Fruchtkörperinnern erkennt man deutlich in der Scheitelpartie den Quellkörper – (200fach) (nach *von Arx* u. *Müller* 1954)

Taxa unterscheiden sich durch die Ascosporen, die oft Keimporen besitzen (Abb. 5, s. S. 21) und in einigen Gattungen mit kompliziert gebauten, borstigen Anhängseln besetzt sind. In die Nähe dieser Familie gehören auch die Coronophoraceae. Sie besitzen oft kreiselförmige Ascomata ohne vorgebildete Mündung, dafür aber auf der Innenseite des Scheitels einen aus fleischig-gelatinösen Zellen bestehenden Quellkörper, der nach Wasseraufnahme quillt, die Ascomata unter Druck aufsprengt und gleichzeitig die Asci gesamthaft nach außen wirft (z. B. *Nitschkia acanthostroma*, Abb. 136). Die Asci sind länger oder kürzer gestielt, im Ascoma auf verschiedener Höhe angeordnet, zartwandig und haben keinen oder nur einen stark reduzierten Apikalapparat.

Auch *Chaetomium* (Abb. 115 u. 116, S. 240 ff.) gehört in die Nähe der Sordariaceae. Wegen der einfacher gebauten Asci wird die Gattung aber meist in eine eigene Familie oder sogar in eine eigene Ordnung Chaetomiales gestellt.

Nectria cinnabarina (Hypocreaceae) besiedelt dürre Zweige. Die hell gefärbten Perithecien sitzen gruppenweise auf einem sterilen Polster (Stroma) aus Pilzgewebe (Abb. 137). Bei anderen Vertretern der Fami-

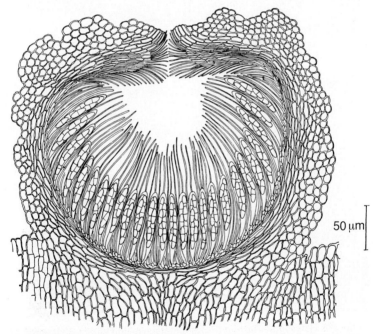

50 μm

Abb. 137 *Nectria cinnabarina.* Stromapartie mit einem Perithecium – (250fach) (nach *Müller* u. *von Arx* 1962)

lie sind die Perithecien in polsterförmige oder aufrechte Stromata einge-
senkt, oder sie entwickeln sich freistehend ohne stromatische Strukturen
wie bei *Nectria haematococca* (vgl. Abb. 117, S. 242).

Als Anamorphen bilden Nectriaceae formenreiche Phialokonidien,
z. B. *Fusarium* (Abb. 183, s. S. 324). Die Hypocreaceae sind typische
Sphaeriales und unterscheiden sich von anderen Familien nur durch die
hell gefärbten Perithecien; die Asci (Abb. 112 d, s. S. 235) sind nach
demselben Prinzip gebaut wie die anderer Sphaeriales.

Polystigma rubrum (Polystigmataceae) durchwuchert Blätter von *Pru-
nus*-Arten und bildet dann ausgedehnte Pseudostromata (vgl. S. 245),
die auf den grünen Blättern als scharf begrenzte Flecken erscheinen.
Während der parasitischen Phase entwickeln sich in kleinen Höhlungen
Konidien. Im Herbst oder im darauffolgenden Frühjahr bilden sich die
im Stroma eingesenkten Perithecien (Abb. 138). Ähnlich verhält sich

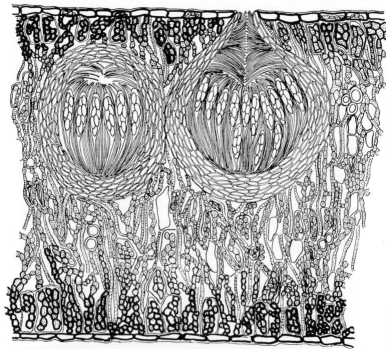

Abb. 138 *Polystigma rubrum* (Polystigmataceae) auf einem Blatt von *Pru-
nus domestica* mit Pseudostroma und zwei Perithecien im Medianschnitt –
(250fach) (nach *von Arx* u. *Müller* 1954)

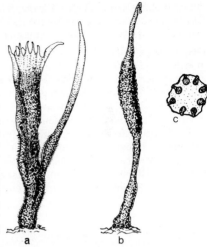

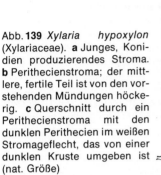

Abb. **139** *Xylaria   hypoxylon* (Xylariaceae). **a** Junges, Konidien produzierendes Stroma. **b** Perithecienstroma; der mittlere, fertile Teil ist von den vorstehenden Mündungen höckerig. **c** Querschnitt durch ein Perithecienstroma mit den dunklen Perithecien im weißen Stromageflecht, das von einer dunklen Kruste umgeben ist (nat. Größe)

a   b

auch die in Grasblättern (z. B. *Agropyron*) wuchernde *Phyllachora graminis*; nur reifen bei dieser die Perithecien schon auf den lebenden Blättern. Beide Pilze sind obligat biotroph, während *Nectria cinnabarina* gut auf Agarnährböden wächst.

Auf alten Laubholzstrünken fallen manchmal die einige Zentimeter hohen, aufrechten, dunklen, oben oft geweihartig verzweigten Stromata von *Xylaria hypoxylon* auf (Abb. **139**). Außen sind sie von einer dunklen Rinde aus kleinen, derbwandigen Zellen umgeben, innen sind sie hell und aus dicht verwobenen Hyphen aufgebaut. Die mehlig bereiften Zweigenden junger Stromata tragen konidienbildende Hyphen, an denen an kleinen Dornen kleine, einzellige, ellipsoidische Konidien entstehen. Später entwickeln sich im Stromainnern, peripherisch dicht gedrängt, kugelige, nach außen mündende Perithecien mit zylindrischen Asci, welche im Scheitel einen amyloiden Ringwulst aufweisen (Abb. **112 f, g**). Die einzellige, braune Ascospore der Xylariaceae hat einen deutlichen Keimspalt (Abb. **5**, s. S. 21).

Die Sphaeriales, von welchen hier nur die größeren Familien berücksichtigt sind, umfassen mehrere tausend Arten, die sich in der Ausgestaltung der Ascomata und Stromata, in den verschieden gestalteten Ascusscheiteln (Abb. **112**) und in den Ascosporen oft stark voneinander unterscheiden; die einzelnen Familien unterscheiden sich auch in der Art der zugehörenden Anamorphen, und es ist schon verschiedentlich versucht worden, die große und uneinheitliche Ordnung zu unterteilen. Andererseits umfaßt sie noch einige Familien von lichenisierten Pilzen, so die Pyrenulaceae, die Microglaenaceae und die Strigulaceae.

Die Meliolales, Coryneliales, Clavicipitales, Diaporthales, Sphaeriales und Ophiostomatales sowie Microascales bilden die früher als einheitlich aufgefaßte Gruppe „Pyrenomycetes".

Diaporthales. Auf dünnen Ästen und Zweigen von *Ulmus*-Arten wächst manchmal *Diaporthe eres*. Ihre Thalli entwickeln sich im lebenden oder absterbenden Periderm, und die gesunden Gewebeteile schließen sich mit einer Schicht aus dickwandigen Zellen von der Infektionsstelle ab. Innerhalb dieser Grenzschicht sowie unmittelbar unter der Rinde bildet der Pilz seinerseits einige Lagen dickwandiger, rundlicher Zellen, die makroskopisch als dunkle Saumlinien erkennbar sind (Abb. **140**, 1). Beginnt der Pilz zu fruktifizieren, so bildet sich nahe der Rinde zunächst ein aus dicht verwobenen Hyphen bestehendes Ektostroma, in dem sich Konidienhöhlungen entwickeln. In diesen werden an kurzen Trägerzellen zweierlei Sporen abgeschnürt; die einen sind wenige tausendstel Mil-

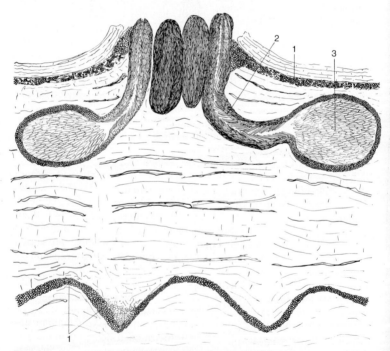

Abb. **140** *Diaporthe eres* (Diaporthales). Schnitt durch eine Stromapartie mit den dunklen Saumlinien (1), den langen Perithecienmündungen (2) und den sich von der Wand lösenden Asci (3) – (50fach) (nach *Müller* u. *von Arx* 1962)

limeter lang, spindelförmig, die anderen fädig und am Ende etwas ein-
gekrümmt. Die letzteren sind nicht keimfähig.

Später entwickelt sich unter dem Ektostroma das aus kleinen, länglichen
Zellen aufgebaute Entostroma, in dem nach und nach in größeren oder
kleineren Gruppen kugelige oder ellipsoidische, sehr häufig in einem
Ring angeordnete Perithecien heranwachsen. Diese brechen mit langen
Mündungen gegen das Zentrum und nach außen hervor (Abb. **140**, 2).
Ihre Höhlungen sind von spindelförmigen Asci angefüllt; diese trennen
sich während ihrer Reifung durch Verschleimen der Basis von der Wand
und werden oft zuletzt samt den Sporen nach außen gepreßt.

Unter den zahlreichen auf Ästen und Zweigen oder Rinde von Holzge-
wächsen meist ziemlich versteckt wachsenden Ascomyceten haben die
Diaporthales einen besonders großen Anteil. Neben Vertretern, welche
das Wirtsgewebe mit relativ schwach entwickelten Stromapartien
(Pseudostromata) durchdringen wie *Diaporthe eres*, kennen wir auch
solche mit mächtig entwickelten Stromata, von denen das ursprüngliche
Wirtsgewebe vollständig verdrängt oder absorbiert wird. Ein Vertreter
dieser Gruppe ist *Diaporthella aristata* auf Zweigen von *Betula*-Arten
(Abb. **141**). Andere diaporthale Pilze haben einzeln stehende Perithecien (z. B. *Sydowiella fenestrans* auf Stengeln von *Epilobium angustifo-
lium*, Abb. **142**).

Die meisten Diaporthales wachsen auf Laboratoriumsnährböden gut,
bilden aber nur ausnahmsweise Perithecien, oft dagegen Konidien.

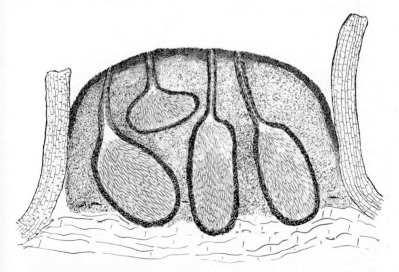

Abb. **141** *Diaporthella aristata*. Schnitt durch eine Stromapartie – (50fach)
(nach *Müller* u. *von Arx* 1962)

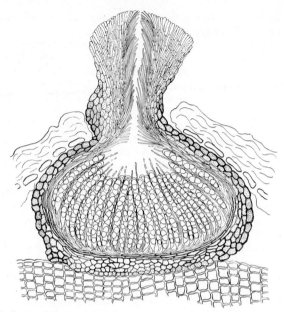

Abb. **142** *Sydowiella fenestrans.* Schnitt durch ein Perithecium – (250fach) (nach *Müller* u. *von Arx* 1962)

Viele von ihnen sind Pflanzenparasiten, die durch Wunden in ihre Wirte eindringen und oft entweder mit Hilfe von Toxinen Gewebepartien abtöten oder Gefäße verstopfen (z. B. *Endothia parasitica*, der Erreger des Kastanienkrebses). Unter den Diaporthales finden sich aber auch Blattparasiten, so *Mamiania fimbriata* auf *Carpinus betulus*, der Hainbuche.

In die nähere Verwandtschaft der Diaporthales gehören die im Meerwasser auf organischen Substraten lebenden Halosphaeriaceen. Die Pilze dieser Familie haben wie die prototunicaten Ascomyceten relativ früh verschleimende Asci; die Ascosporen gelangen aber ohne weiteres durch die Fruchtkörpermündungen in das umgebende Wasser und können mit Hilfe ihrer artcharakteristischen schleimigen Anhängsel an geeigneten Substraten haften bleiben.

Clavicipitales. Der Mutterkornpilz, *Claviceps purpurea,* lebt als fakultativer Parasit auf Gramineen (Gräser, z. B. Roggen). Im Frühjahr gelangen Ascosporen des Pilzes an die Narben der Wirtsgräser. Die Hyphen dringen in die Fruchtknoten ein, bilden unter Zerstörung des Wirtsgewebes ein dichtes Myzel und nach kurzer Zeit Konidien in großen Massen (*Sphacelia*-Stadium); die gleichzeitige Ausscheidung einer süßen Flüssigkeit (Honigtau) lockt Insekten an, die den Pilz auf gesunde

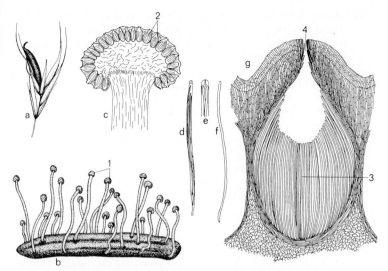

Abb. 143 *Claviceps purpurea.* **a** Roggenährchen mit Sklerotium; **b** Sklerotium, das mit Perithecienstromata (1) auskeimt; **c** Schnitt durch das Köpfchen eines Perithecienstromas mit randständigen Perithecien (2); **d** Ascus; **e** Ascusspitze mit Scheitelporus; **f** Ascospore; **g** Schnitt durch ein Perithecium mit Hymenium (3) und Mündung (4) – (a: ca. nat. Größe, b: 2fach, c: 30fach, d: 500fach, e, f: 1000fach, g: 200fach)

Pflanzen übertragen. Später entwickelt sich aus dem Myzel ein weit aus den Ähren ragendes, hornartiges Sklerotium (Abb. 143 a).

Nach der Winterruhe auf dem Boden keimt dieses mit zahlreichen gestielten, köpfchenförmigen, purpur bis violett gefärbten Stromata aus (Abb. 143 b), und in jedem der Köpfchen entwickeln sich peripher viele flaschenförmige Perithecien (Abb. 143 g). Die Perithecienbildung wird durch Kopulation zwischen mehrkernigen Ascogonen und Antheridien eingeleitet; aus den Ascogonen wachsen paarkernige ascogene Hyphen, an denen ähnlich wie bei *Daldinia concentrica* (Abb. 106) an Haken lange, dünne Asci mit fädigen Ascosporen gebildet werden (Abb. 143 d, e). Die Asci haben einen verdickten Ringwulst im Scheitel (Abb. 112 k, S. 235).

Nach den Arzneivorschriften vieler Länder ist *Claviceps purpurea*, meist als einziger pilzlicher Organismus, offizinell. Die von ihm produzierten Alkaloide (s. S. 128) dienen der Behandlung verschiedener Krankheiten und unterstützen den Arzt bei der Geburtshilfe. Überdies war der Pilz Ursache der als „Kribbelkrankheit" und „heiliges Feuer" bezeichneten, in früheren Zeiten gefürchteten Vergiftungserscheinung. Die für die

Gewinnung der Wirkstoffe wichtigen Pilzsklerotien werden in besonderen, künstlich infizierten Roggenfeldern geerntet; neuerdings ist die Produktion von Mutterkorn-Alkaloiden auch mit Hilfe von Myzel möglich, das in Fermentern unter kontrollierten Bedingungen wächst.

Zu den Clavicipitales gehören weitere Pilze, die vorwiegend Monokotyledonen parasitieren, z.B. *Epichloë typhina* (Erstickungsschimmel von Gramineen). Andere Vertreter der Ordnung befallen Insekten (*Cordyceps*) oder größere Pilzfruchtkörper (z.B. *Elaphomyces*-Arten durch andere *Cordyceps*-Arten, Hutpilze durch *Hypomyces*).

Dothideales. Die mehreren tausend Ascomycetes mit bitunicaten Asci (vgl. S. ·238) werden hier in eine einzige Ordnung gestellt; andere Systeme unterscheiden mehrere Ordnungen. Die Ascomata sind nur ausnahmsweise größer als 1 mm, im übrigen aber ebenso vielgestaltig wie bei den unitunicaten Ascomyceten; wie bei jenen können sie auch zu größeren Komplexen (Stromata) vereinigt sein. Anamorphe sind häufig Coelomyceten.

Der Apfelschorfpilz, *Venturia inaequalis* (Abb. 144) lebt parasitisch auf Blättern, später auch auf Früchten des Apfelbaumes und zerstört deren Epidermis. Im Frühjahr gelangen Ascosporen auf die jungen Blätter, keimen aus, und die Keimhyphen dringen unter die Cuticula. Subcuticulär breitet sich darauf ein dunkles Myzel aus; seine Nahrung bezieht es aus den Epidermiszellen. Nach einiger Zeit brechen büschelweise knorrige Konidienträger nach außen hervor und bilden an ihren Enden nacheinander einige birnenförmige, leicht abfallende Konidien (Annelloko-

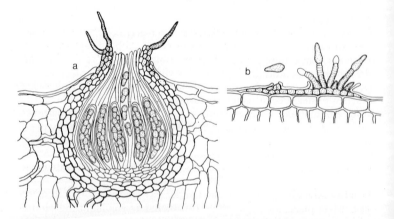

Abb. 144 *Venturia inaequalis.* **a** Schnitt durch den Fruchtkörper (Pseudothecium) der Hauptfruchtform mit Asci und Paraphysen sowie Mündungsborsten). **b** Schnitt durch ein Konidienlager – (250fach) (nach *Müller* u. *von Arx* 1962)

nidien, *Spilocaea pomi*, S. 320), die neue Infektionen auslösen können (Abb. **144 b**). Der Schorfbefall ist besonders in kühlen, regnerischen Perioden heftig; im heißen Sommer kommt es zu einem gewissen Stillstand, im Herbst dagegen äußert sich die Krankheit wiederum stärker. Sie erfaßt nun auch die jungen Früchte, verursacht auf diesen dunkle, unansehnliche Flecken und Risse, durch die Fäulniserreger eindringen können. Die Krankheit schreitet während der Fruchtlagerung fort und verursacht auch dabei Verluste.

Die weitere Entwicklung des Pilzes erfolgt nach dem Laubfall im Herbst. Das gesamte Gewebe der am Boden liegenden Blätter wird durchwuchert; aus einzelnen Hyphenzellen bilden sich Fruchtkörperinitialen, die sich durch Zellteilung allmählich vergrößern. In deren Innerem differenzieren sich weibliche Geschlechtszellen (Ascogone), die durch Kerne eines kompatiblen Partners von außen befruchtet werden (s. S. 229), in ascogene Hyphen auswachsen und an Haken Asci bilden. Die Entwicklung der Ascomata erfolgt ähnlich wie bei *Nectria haematococca* (s. S. 242 u. Abb. **117**), nur ist die Ausbildung des Mündungskanals weniger differenziert und erfolgt durch Lyse der äußeren Ascomawand. Die Reifezeit der Ascosporen fällt in der Regel mit dem Austrieb der Wirtsbäume zusammen.

Rundliche Ascomata mit Mündungen wie bei den Venturiaceae bilden auch die Vertreter anderer Familien, so der Pleosporaceae (z. B. *Leptosphaeria nodorum*, Anamorph *Septoria nodorum*, der wichtigste Erreger der Blatt- und Spelzendürre des Weizens; *Leptosphaeria maculans*, Anamorphe *Phoma lingam*, Erreger der Stengelfäule bei *Brassica*-Arten).

Die lichenisierten Verrucariaceae, die manchmal mit einigen kleineren Familien zur Ordung Verrucariales zusammengefaßt werden, ähneln den Venturiaceae und Pleosporaceae äußerlich und in der Fruchtkörperentwicklung, zeigen aber deutliche Unterschiede im Aufbau der Wände ihrer Ascomata.

Zu den Dimeriaceae rechnet man bitunicate Ascomycetes mit kugeligen Ascomata, die auf Blattoberflächen oder auf extramatrikalen, blattbesiedelnden Ascomycetes (z. B. auf Meliolales) wachsen. Die tropische *Eumela chioccae* (Abb. **145 a**) überzieht die Wirtsblätter mit braunem Myzel. Aus Appressorien (s. Abb. **19**, S. 45) oder Stomatopodien (in Spaltöffnungen verankerte Hyphenknäuel) dringen Hyphen in die Schließzellen ein und bilden Haustorien (Abb. **20**, s. S. 45). Die rundlichen, perithecienartigen Fruchtkörper sitzen gruppenweise im oberflächlichen Myzel.

Auch die Capnodiaceae (Rußtaupilze) besiedeln Blattoberflächen, ernähren sich aber nicht parasitisch, sondern verwerten Blattausscheidungen oder Blattlaussekret. Durch den Pilzüberzug erscheinen die Blätter wie berußt. Die Hyphen der Capnodiaceae sind im typischen Falle an den Querwänden regelmäßig eingeschnürt und ihre Fruchtkörper oft

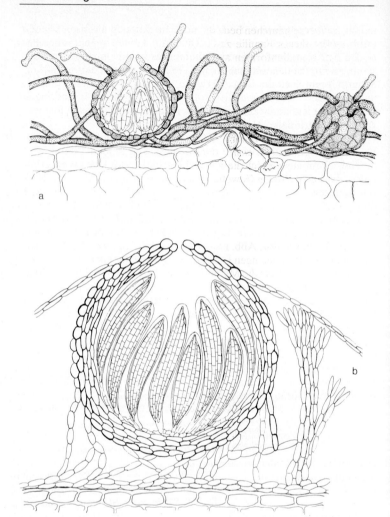

Abb. 145 **a** Schnitt durch eine mit *Eumela chioccae* besiedelte Blattpartie
von *Chiocca racemosa* (Rubiaceae). **b** Schnitt durch einen Fruchtkörper
von *Limacinia nivalis* auf Heidelbeerzweigen – (500fach) (a: nach *Müller* u.
von Arx 1962; *Müller, E.*, Sydowia 18 [1965] 86–105)

von einem Myzelhäutchen bedeckt (z. B. *Limacinia nivalis,* Abb. **145 b**). Einige Pilze dieser Familie zeichnen sich durch die Ausbildung verschiedener Konidienformen aus.

In anderen Gruppen mit mehr oder weniger kugeligen Ascomata lösen die sich in Büscheln entwickelnden Asci Höhlungen (Loculi) aus dem Inneren der Ascomata; sie stehen bei der Reife parallel oder in Form einer Rosette dicht gedrängt nebeneinander. Zu diesen Pilzen gehören z. B. die Gattungen *Mycosphaerella* und *Dothidea* (mit knolligen Stromata und in deren Innern kugeligen Ascoma-Höhlungen [Loculi]) sowie *Leptosphaerulina australis* (Abb. **118**, s. S. 243).

Eigenartig entwickeln sich die Ascomata von *Myriangium duriaei.* Basal sind sie aus zartzelligem Gewebe aufgebaut und von einer dunklen Kruste umgeben. Distal differenzieren sich fertile Partien, in denen aus befruchteten Ascogonen dikaryotische Hyphen wachsen und das Stroma durchwuchern. Aus einzelnen dikaryotischen Zellen, im Ascoma regellos verteilt, entwickeln sich kugelige, bitunicate Asci (ähnlich wie bei *Cookella microscopica,* Abb. **146**). Durch Aufreißen und Wegbröckeln der Deckschichten gelangen sie sukzessive an die Oberfläche und entleeren sich. Typisch für die Myriangiaceae sind die stets einzeln in eigenen Höhlungen liegenden Asci; sie sind entweder unregelmäßig in der ganzen fertilen Partie verteilt oder entwickeln sich in einer Schicht. Die

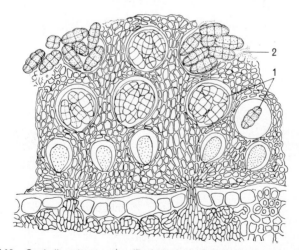

Abb. **146** *Cookella microscopica* (Dothideales). Schnitt durch einen Fruchtkörper. Die Asci (1) befinden sich in eigenen Höhlungen und entleeren sich, nachdem die deckenden Schichten des Fruchtkörpers aufgelöst sind (2) − (300fach) (nach *von der Arx, J. A.,* Persoonia 2 [1963] 421−475)

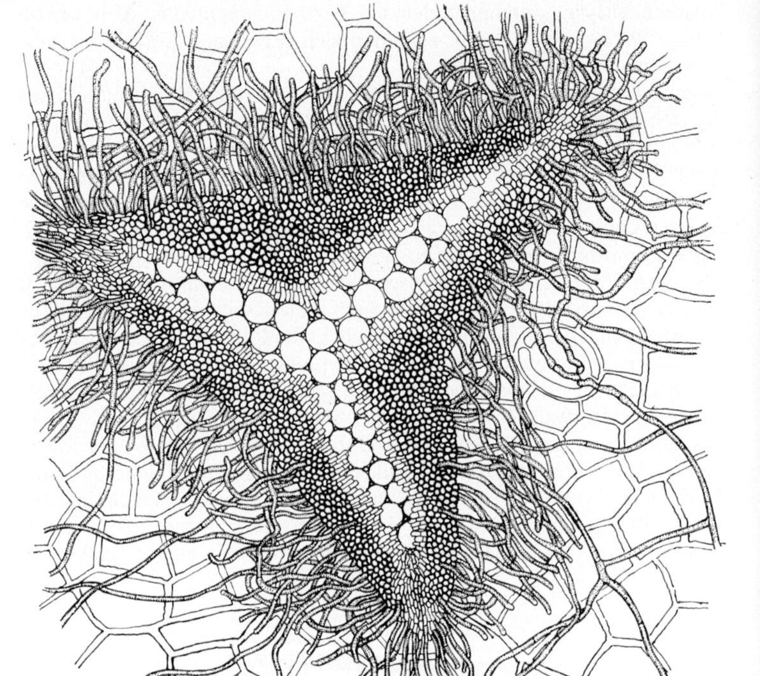

Abb. 147 *Lembosina gontardii* auf *Arctostaphylos uva-ursi*. **a** Fruchtkörper in Aufsicht mit Mündungsspalt und entblößten Asci. **b** Fruchtkörper im Schnitt – (450fach) (nach *Müller, E.*, Nova Hedwigia 6 [1963] 147–149)

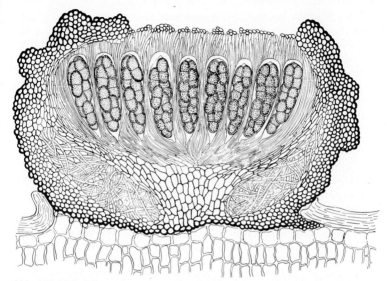

Abb. **148** *Holmiella sabina.* Schnitt durch einen apothecienartigen Fruchtkörper – (200fach) (nach *Müller* u. *von Arx* 1962)

Familie ist vor allem in wärmeren Gebieten verbreitet; ihre Vertreter sind oft parasitisch auf Schildläusen oder Pflanzen (z. B. *Elsinoe veneta* auf Ruten von *Rubus idaeus,* Himbeere).

In den Familien Parmulariaceae und Asterinaceae sind Pflanzenparasiten mit apothecienartigen oder schildförmigen Ascomata vereinigt. Ein Teil von ihnen lebt im Inneren der Wirte und ihre Fruktifikationen brechen später nach außen hervor; andere überziehen die Wirte mit Myzel, und die Ascomata sind von Anfang an oberflächlich. Die Ernährung ist durch ein im Wirtsgewebe parasitierendes Myzel oder durch Haustorien (s. S. 50) sichergestellt. Dazu gehört z. B. *Lembosina gontardii* (Abb. **147**), einer der wenigen Vertreter dieser Gruppen in der nördlichen gemäßigten Zone. Bitunicate Pilze mit apothecienartigen Ascomata sind auch die Vertreter der Patellariaceae, z. B. *Holmiella sabina* (Abb. **148**) auf *Juniperus*, sowie Vertreter der Flechtengattung *Rhizocarpon*, z. B. die Landkartenflechte auf nacktem, saurem Fels (*Rhizocarpon geographicum*).

Basidiomycota

Die Abteilung Basidiomycota mit ca. 30 % aller bekannten Pilze hat sich phylogenetisch wahrscheinlich parallel zu den Ascomycota (s. S. 216) entwickelt. Die beiden Abteilungen haben zahlreiche morphologische Merkmale und Verhaltenseigenschaften gemeinsam. Das dem Ascus homologe Organ ist die Basidie; auch sie ist in der Regel Sitz der Karyogamie, der Meiose und der Basidiosporendifferenzierung, die aber nicht im Inneren, sondern in besonderen Auswüchsen (Sterigmen) erfolgt und oft als exogene Sporenbildung, ähnlich wie bei den einsporigen Sporangiolen oder Merosporangien der Zygomyceten, aufgefaßt wird (s. S. 207). Neben einzelligen treten durch Septen unterteilte Basidien auf, oder die Differenzierung von Basidiosporen ist unterdrückt; an deren Stelle entwickeln sich nach der Meiose den Konidien entsprechende Propagationselemente.

Wie bei den Ascomycota erfolgt die vegetative Ausbreitung durch regelmäßig septierte Hyphen oder durch Sproßzellen. Bisweilen entspricht die Hefeform der haploiden, das Myzel der Dikaryophase, die bei den Basidiomycota wie bei den Taphrinales (Ascomycetes, s. S. 224) ernährungsphysiologisch selbständig ist. Das dikaryotische Myzel bildet im Bereich der Septen manchmal Schnallen (s. S. 232) und seine Zellen sind durch charakteristische, gruppenspezifische Poren miteinander verbunden. Die Zellwände sind mehrschichtig (die der Ascomycota zweischichtig) und enthalten Chitin und Glucane. Die Sprossung der Hefezellen erfolgt durch kragenförmiges Aufreißen der Mutterzellwand oder holoblastisch-sympodial (Abb. 188, s. S. 329).

Innerhalb der Basidiomycota unterscheiden wir zwei Klassen, die Ustomycetes und die Basidiomycetes; ihre Differentialmerkmale sind in Tab. 24 (s. S. 202) zusammengestellt.

Ustomycetes

Wie die übrigen Basidiomycota haben die Ustomycetes lamellär-mehrschichtige Zellwände aus Chitin, Glucanen, Mannan und anderen Polysacchariden. Sie durchlaufen eine Folge von drei Entwicklungsphasen: haploid (meist nur Sproßzellen), dikaryotisch (ein ernährungsphysiologisch selbständiges, septiertes Myzel) und diploid. An den Septen des dikaryotischen Myzels findet man in der Regel Schnallen (s. S. 232). Die Septenporen sind einfach wie bei den Ascomycetes (Abb. 9, s. S. 25), doch fehlen die Woronin-Körperchen (s. S. 26). Fruchtkörper sind unbekannt. Die Meiosporangien gehen aus charakteristischen, dickwandigen Brandsporen (Ustosporen, manchmal als Chlamydosporen bezeichnet) hervor, welche innerhalb (interkalar) oder an den Enden von dikaryotischen Hyphen (terminal), gelegentlich an den Schnallen entstehen. In ihnen erfolgt die Karyogamie; sie sind vergleichbar mit den Stielzellen der Taphrinomycetidae (s. S. 224). Das Meiosporangium ist zwar zum Ascus und zur Basidie homolog, doch verläuft die Sporenbildung verschieden; es wird deshalb als Promyzel bezeichnet. Nach der Meiose septiert es sich quer in vier Zellen, ähnlich wie die Basidien der

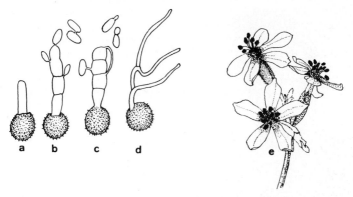

Abb. **149** Keimung der Brandsporen. **a–c** Sporidienbildung bei *Ustilago* (Ustomycetes); **d** Keimung mit Hyphen bei Ustilago; **e** Habitusbild von *Ustilago violaceae* auf *Silene* – (a–d: 500fach, e: $^1/_2$ natürliche Größe) (a–d: nach *Blumer*, e: nach *Poelt, J., H. Jahn*, Sammlung Naturk. Tafeln, Mitteleuropäische Pilze, hrsg. v. *E. Cramer*, Hamburg 1963)

Uredinales (s. S. 312), die Bildung von Basidiosporen unterbleibt jedoch. Statt dessen sprossen aus seinen Zellen mehrere Konidien (Sporidien, Abb. **149 a, b**). Diese vermehren sich durch Sprossung nach Art der Abb. **188 b** oder kopulieren paarweise zum Dikaryon. Manchmal bilden sich auch Kopulationsbrücken zwischen den Zellen des Promyzels (Abb. **149 c**).

Zu den Ustomycetes gehören die pflanzenpathogenen Ustilaginales (unter Ausschluß der Tilletiales, vgl. S. 299) sowie einige Saprobien mit den zu Sporobolomycetales gehörenden Anamorphen (vgl. S. 328). Die letzteren fassen wir provisorisch als Rhodosporidiaceae zusammen. Auszuschließen sind die Filobasidiaceae (vgl. S. 311), welche sich unter anderem in ihren Septenporen deutlich unterscheiden.

Ustilaginales. *Ustilago violacea,* der Erreger des Antherenbrandes der Nelkengewächse (Caryophyllaceae), entwickelt seine violettbraunen Brandsporenlager anstelle der Pollen in den Antheren seiner Wirte.

Bei der roten Waldnelke, *Silene diolca,* erfolgt die Infektion meist an den Keimlingen. An den Samen haftende Brandsporen keimen gleichzeitig mit jenen aus. Zunächst erfolgt innerhalb der Brandsporen die Karyogamie, dann bildet sich eine Keimhyphe, in der die Meiose stattfindet, und die Keimhyphe wird zum vierzelligen Promyzel, das der Basidie entspricht. Aus jeder Zelle entwickelt sich eine ellipsoidische, dünnwandige Sporidie (haploide Sproßzelle); die Sporidien kopulieren paarweise, und das entstehende dikaryotische Myzel vermag in die Keimlingsgewebe einzudringen. Das Myzel durchwächst, ohne Sym-

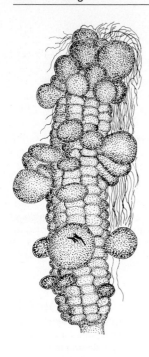

Abb. **150** Krankheitsbild von *Ustilago maydis* auf einem Kolben von *Zea mays* (Maisbeulenbrand – ($^1/_4$ nat. Größe) (nach *Dietel*)

ptome hervorzurufen, interzellulär die ganze Pflanze bis in die Blüten. In den Antheren wird das Wirtsgewebe resorbiert, und die Hyphenzellen wandeln sich in Brandsporen um. In den rein weiblichen Blüten werden die vorhandenen Staubblattanlagen, die sich normalerweise nicht weiterentwickeln, zum Wachstum angeregt, und die Blüten werden so scheinbar zwitterig. Doch entwickeln sich in ihnen keine Pollenkörner, sondern nur Brandsporen. Auch der Fruchtknoten ist in derartigen Blüten nur unvollkommen entwickelt (Abb. **149 c**).

Ustilago violacea befällt eine große Zahl verschiedener Nelkengewächse und zerfällt in zahlreiche wirtsspezifische Kleinarten, die zum Teil eigene Namen tragen. Wie *Ustilago violacea* rufen auch andere Brandpilzarten organspezifische Krankheiten hervor, beispielsweise *Ustilago maydis* den Maisbeulenbrand (Abb. **150**).

Von dem für *Ustilago violacea* geschilderten Entwicklungsschema gibt es mancherlei Abweichungen. So kann eine Sporidie mit einer Zelle der Probasidie kopulieren, oder zwei komplementärgeschlechtliche Promyzelzellen fusionieren (Abb. **149 c**). Bei *Ustilago tritici,* dem Erreger des Weizenflugbrandes, der seine Brandlager in den Ovarien des Weizens ausbildet und während der Blüte die Brandlager überall zerstreut, keimen die Brandsporen mit einem septierten, schwach verzweigten Myzel aus, und die Kopulation erfolgt zwischen den Hyphen. Die Ustilaginales umfassen mehrere hundert, Angiospermen befallende Arten. Sie sind fakultativ biotroph und vermehren sich auf Laboratoriumsnährböden mit Sproßmycel. Die früher mit ihnen vereinigten Tilletiales weichen sowohl morphologisch wie in ihrem Verhalten stark ab; es sind Basidiomycetes, die sich zwanglos an andere Gruppen anschließen (s. S. 299).

Rhodosporidiaceae. *Rhodosporidium sphaerocarpum*, eine meist im Meerwasser lebende Saprobie, vermehrt sich vegetatitv mit Sproßzellen in orange oder rötlich gefärbten Kolonien (*Rhodotorula*, s. S. 328). Unter bestimmten Ernährungsbedingungen können zwei gemeinsam kultivierte kompatible Kulturstämme die Teleophase einleiten. Gelangen zwei Sproßzellen (Abb. 151, 1) in unmittelbaren Kontakt, verbinden sie sich mit Hilfe kurzer Hyphenbrücken (Abb. 151, 2); der Zellkern der männlich determinierten Zelle wandert in die weibliche Zelle, welche mit einer dikaryotischen Hyphe keimt und einen begrenzten Thallus aus verzweigten, mit Schnallen versehenen Hyphen bildet. Aus den Schnallen (Abb. 151, 3) oder aus den Hyphenenden entwickeln sich dabei dickwandige, bräunliche Probasidien (Abb. 151, 4), in denen die Karyogamie vollzogen wird. Die Probasidien vermehren sich durch Spros-

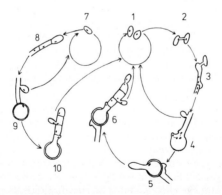

Abb. 151 Schematische Darstellung der Entwicklung von *Rhodosporidium sphaerocarpum*. 1 = Sproßzellen zweier verschiedener Kulturstämme, 2 = Plasmogamie, 3 = dikaryotisches (Schnallen-)Myzel, 4 = Probasidienentwicklung, 5 = auskeimende Probasidie, 6 = Probasidie mit basidienartigem Promyzel und Sporidien, 7 = Sproßzelle eines Stammes mit Fähigkeit zur direkten Sporulation, 8 = einkerniges Myzel ohne Schnallen, 9 = Bildung von Probasidien und von Blastokonidien, 10 = ausgekeimte Probasidie mit Sporidie – (nach *Newell, S. Y., J. W. Fell*, Mycologia 62 [1970] 272–281)

sung oder bilden unter bestimmten äußeren Bedingungen ein basidien-
artiges Promyzel (Abb. **151**,5). Die aus dessen Zellen hervorgehenden
Sporidien wachsen entweder wieder zu einer Sproßkolonie aus oder kopulieren mit geeigneten Partnern. Bestimmte Stämme des Pilzes gehen
aber auch direkt (ohne sichtbare Befruchtung) in die Zygophase über
(Abb. **151**, 7–10); in den daraus hervorgehenden Sproßmyzelien lassen
sich dann aber keine Schnallen feststellen.
Wesentliche Unterschiede zu der Entwicklung der Ustilaginales bestehen somit bei derartigen Pilzen nicht. Die orange oder rötliche Färbung
der Sproßzellkolonien von *Rhodosporidium* ist durch Carotinoide wie
bei imperfekten *Rhodotorula*-Arten bedingt. Eigenartig ist bei diesen
auch die Zusammensetzung der Zellwand aus Chitin und Mannan (vgl.
Tab. **12**, S. 83). Beide Eigenheiten teilen sie mit den heute oft mit
ihnen vereinigten Sporobolomycetaceae (s. S. 328). Auch für die Gattung *Sporobolomyces* selber ist in einzelnen Fällen ein zur Gattung
Aessosporon gestelltes Teleomorph gefunden worden.

Basidiomycetes

Basidiomycetes wachsen nach meist kurzer Haplophase und somatoga-
mer Gametangie zwischen Hyphenzellen oder Sporen mit dikaryotischem, vegetativem Myzel, das sich selbst ernährt. Morphologisch differenzierte Geschlechtszellen fehlen (Ausnahme: Rostpilze). Die Hyphen
sind wie die der Ascomycetes regelmäßig septiert, die Wände zwischen
den Zellen einer Hyphe sind Dolipor-Septen (Abb. **9 d, e**, s. S. 25). Die
Variabilität der Fruchtkörper-Formen ist fast noch größer als bei den
Ascomycetes. Basidiomata können in einigen Gruppen ansehnliche
Größen und Gewichte bis zu mehreren Kilogramm erreichen.

A Teleomorph

1. Plasmogamie. Die geschlechtliche Reproduktion wird bei den Basidiomycetes, da morphologisch differenzierte Sexualorgane fehlen,
durch Kern- und Plasmaübertritt (Plasmogamie) von einer haploiden
Zelle zu einer anderen eingeleitet (Somatogamie). Der Ort des Kern-
übertritts ist gewöhnlich nicht streng festgelegt; die Befruchtung erfolgt
manchmal schon zwischen Keimhyphen der Basidiosporen. Nur in einigen Fällen, z. B. bei Rostpilzen, kann die Befruchtung zwischen speziellen Empfängnishyphen und Spermatien (kleinen, konidienähnlichen,
männlichen Zellen) stattfinden. Im Gegensatz zu den meisten Ascomycetes ernährt sich das aus der Befruchtung hervorgehende dikaryotische
Myzel selbständig. Die haploide Phase im Entwicklungsgang ist bei vielen Basidiomycetes kurz, fast die ganze Thallusentwicklung spielt sich
bei ihnen in der Dikaryophase ab. Manchmal, z. B. bei heterözischen
Rostpilzen (s. S. 314), sind die Enährungsansprüche und die parasiti-

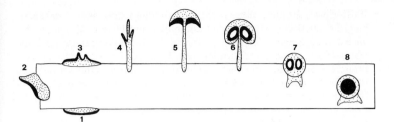

Abb. **152** Typen von Basidiomata (schematisch). 1 = corticioid, 2 = stereoid, 3 = odontioid, 4 = clavarioid, 5 = agaricoid, 6 = secotioid, 7, 8 = gastroid. (Das Hymenium ist dick schwarz bezeichnet. – (nach *Oberwinkler, F.*, in *W. Frey* u. Mitarb.)

schen Eigenschaften der haploiden und der dikaryotischen Phase verschieden; dies äußert sich im Befall von systematisch verschiedenen Wirten.

2. Fruchtkörper und Fruchtlager (Basidiomata). Die Dikaryophase ist bei den Basidiomycetes zwar wie bei den Ascomycetes Voraussetzung der sexuellen Reproduktion, doch besteht keine unmittelbare Beziehung zwischen Plasmogamie und Bildung des Teleomorph. Die Induktion der Fruktifikation hängt vielmehr von äußeren Bedingungen ab (z. B. Ernährung, klimatische Faktoren) und kann für ein entwickeltes Dikaryon beliebig wiederholt werden. Eine einzige erfolgreiche Plasmogamie kann demnach Anlaß zur Produktion von Basidiosporen in der Größenordnung von vielen Milliarden sein.

Im einfachsten Falle sind die Basidiomyceten fruchtkörperlos, wobei die Meiosporangien aus Hyphenzellen hervorgehen; sie stehen dann einzeln oder in kleinen Büscheln im Thallus verteilt. Etwas weiter entwikkelt ist der corticioide Fruchtkörper, der als dünne Schicht aus Hyphen und Meiosporangien das Substrat (meist Holz oder Erdboden) überzieht (Abb. **152**, 1). Hebt sich die Kruste seitlich vom Substrat ab, wird der Fruchtkörper konsolenförmig (stereoid, Abb. **152**, 2); die Ausbildung eines Stieles hebt das Hymenium noch mehr vom Substrat ab, der Fruchtkörper ist clavarioid oder hutförmig (agaricoid, Abb. **152**, 3, 4). In anderen Fällen bleiben die Fruchtkörper von Hüllen umschlossen (secotioid oder gastroid, Abb. **152**, 5 – 8). Oft geht diese Entwicklung mit einer Vergrößerung des Hymeniums und damit einer Vermehrung der Meiosporangien durch Ausbildung von netzig angeordneten Adern (meruloid), von Stacheln (hydnoid), Poren (poroid), Röhren (boletoid) oder Lamellen einher.

Bei den komplexeren Formen von Basidiomata lassen sich verschiedene Entwicklungstypen unterscheiden. Die gymnokarpe Entwicklung von *Cantharellus infundibuliformis*, einem Verwandten des Eierschwammes

(Pfifferling), beginnt die Fruchtkörperbildung mit einer Verknäue-
lung der im Boden wuchernden dikaryotischen Hyphen zu einem zunächst kugeligen, später kegelförmigen Fruchtkörper-Primordium
(Abb. 153a). Dieses wächst relativ rasch an die Bodenoberfläche, ver-
breitert sich im Scheitel (Abb. 153b, c) und wächst dann dachförmig
nach den Seiten (Abb. 153d, e), wobei es sich ständig vergrößert und
sich über die Erde hebt. An der Unterseite der hutförmigen Scheitelpartie erscheinen nach und nach Büschel von Basidien (Abb. 153f, g); die
Basidienbildung schreitet von innen nach außen fort. An der Unterseite
stülpen sich allmählich Leisten auf, die zuletzt den Lamellen der Agaricales ähnlich sind.

Hemiangiokarp ist die Entwicklung von *Amanita muscaria* und *Amanitopsis vaginata* (Abb. 166, s. S. 304). Auch hier verknäueln sich zunächst
Hyphen zu Primordien, umgeben sich mit häutigen Hüllen (als Velum

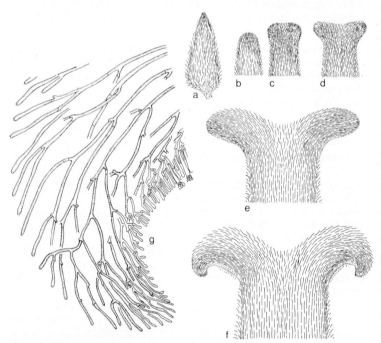

Abb. 153 *Cantharellus infundibuliformis* (Aphyllophorales), Entwicklung
eines Fruchtkörpers. **a** Primordium; **b, c** Verdickung des Primordienschei-
tels; **d–f** Hutbildung; **g** Beginn der Basidienbildung an der Hutunterseite –
(a–f: 20fach, g: 125fach) (nach *Corner, E. J. H.*, Monograph of cantharelloid
fungi, Oxford Univ. Press 1960)

universale und Velum partiale bezeichnet), die später infolge von Wachstumsvorgängen der Fruchtkörper durchreißen und so die Hymenien entblößen. Bei der angiokarpen Entwicklung bleiben die meist derben Hüllen bis nach Abschluß der Sporenreife erhalten; sie öffnen sich mit einem vorgebildeten Porus (z. B. Lycoperdales, s. S. 307) oder durch Aufreißen der Hüllen.

Die pseudangiokarpe Entwicklung endlich gleicht in den Anfangsstadien der gymnokarpen, doch biegt sich der Hutrand nach und nach gegen den Stiel und seine Hyphen verflechten sich mit den Stielhyphen. Beim Aufreißen bleibt am Hutrand ein rasch vergänglicher Ring zurück.

Basidiomata bestehen aus verschiedenen Gewebeschichten. Eine Stützfunktion hat die Trama im Innern der Hüfte und Lamellen bei Agaricales, im Zentrum der Stacheln bei Hdynaceae oder zwischen den Poren bei Porlingen. Das Trama besteht aus dikaryotischen Hyphen, an deren Septen oft Schnallen beoachtet werden können. Eine weitere Schicht ist das Hymenophor; aus ihm geht das aus Basidien (s. S. 289) und sterilen Zellen (s. S. 293) bestehende Hymenium hervor.

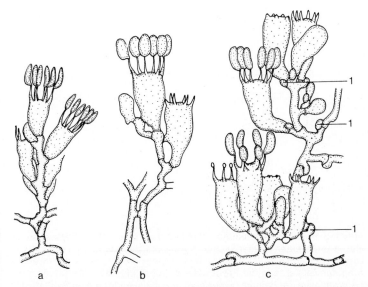

Abb. 154 Bildung von Basidien bei drei Arten der Gattung *Paullicorticium* (Aphyllophorales). **a** *P. pearsonii*, ohne Schnallen; **b** *P. anasatum*, Schnallen (1) nur an der Basis der Basidien; **c** *P. allantosporum*, Schnallen (1) an allen Querwänden des dicken dikaryotischen Myzels – (500fach) (nach *Oberwinkler, F.*, Sydowia 19 [1965] 1–72)

3. Basidienbildung. Man unterscheidet drei Typen der Basidienbildung (a–c).

a) Schnallentypus. Während bei den Ascomycetes die Bildung von Schnallen (s. Abb. 107, S. 232) nur bei wenigen Arten bekannt ist, stellt sie bei den Basidiomycetes eine annähernd regelmäßig verwirklichte Vorstufe für die Basidienbildung dar. Dagegen sind Haken (s. S. 231) nicht bekannt. Die Schnallen sind nicht so eng mit der Bildung von Basidien verknüpft wie die Haken mit der Ascusbildung. Wohl gibt es Arten, bei denen aus den Schnallen stets Basidien hervorgehen (z. B. *Paullicorticium anasatum*, Abb. 154), bei zahlreichen anderen können Schnallen bei jeder Querwandbildung innerhalb des Fruchtkörpers vorkommen, und bei einer dritten Gruppe treten die Schnallen überhaupt bei jeder Querwand der dikaryotischen Hyphen auf. In einzelnen Fällen entstehen Schnallen in doppelter Anzahl oder in Wirteln, manchmal wachsen sie wiederum zu Seitenhyphen aus.

Die Schnallenbildung erfolgt nach dem in Abb. 107 gegebenen Schema.

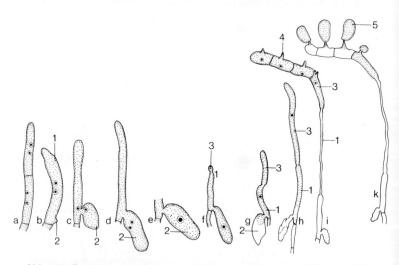

Abb. 155 Basidienentwicklung bei *Helicogloea lagerheimii* (Septobasidiales). **a** Ende einer dikaryotischen Hyphe mit paarkernigen Zellen. **b** Am Grunde der Endzelle (1) stülpt sich die Probasidie (2) aus. **c, d** Einwanderung der Zellkerne in die Probasidie. **e** Probasidie nach der Karyogamie. **f** Auswachsen der Basidie (3) aus dem Scheitel der terminalen Hyphenzelle (1). **g, h** Einwanderung des diploiden Kernes und des Plasmas aus der Probasidie (2) in die Basidie (3). **i** Junge Basidie nach der Meiose und Septierung, Bildung von Sterigmen (4). **k** Reife Basidie mit Basidiosporen (5); die Probasidie ist inzwischen entleert – (500fach) (nach *Baker, G. E.*, Ann. Missouri Bot. Gard. 23 [1923] 69–128)

b) Knospentypus. Manche Basidiomycetes bilden keine Schnallen; bei ihnen gehen die Basidien aus den Endzellen der dikaryotischen Hyphen oder aus seitlichen Ausknospungen hervor.

Innerhalb kleiner Gruppen von offensichtlich verwandten Basidiomyceten können die einen Arten Schnallen bilden, die anderen nicht. So hat *Paullicorticium allantosporum* ein typisches Schnallenmyzel (Abb. 154c), *Paullicorticium anastasum* nur unmittelbar unter den Basidien Schnallen (Abb. 154b), während sie bei *Paullicorticum pearsonii* gänzlich fehlen (Abb. 154a). Das Fehlen von Schnallen wird als Rückbildung gedeutet.

c) Probasidientypus. Innerhalb der Septobasidiales (s. S. 311) kann der Basidie (die dann als Metabasidie bezeichnet wird) eine Probasidie vorangehen, in der die Karyogamie stattfindet. Bei *Helicogloea* (Abb. 155) ist es eine einfache Ausstülpung der terminalen Zelle einer dikaryotischen Hyphe, bei *Uredinella coccidiophaga* hat sie eine charakteristische Form (Abb. 156) und verdickte Zellwände. Bei den Rostpilzen übernehmen die Teleutosporen (s. S. 314) die Funktion der Probasidie; sind sie mehrzellig, so findet in jeder Zelle die Karyogamie statt. Erst später keimen die Probasidien mit Basidien aus. Der Probasidientypus entspricht dem Stielzellentypus der Taphrinales unter den Ascomycetes.

4. Basidientypen. Wie bei den Asci gibt es auch bei den Basidien keine einheitliche Ausprägung der Form und des Verhaltens. Die phylogene-

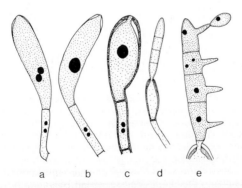

Abb. 156 Basidienentwicklung bei *Uredinella coccidiophaga* (Septobasidiales). **a** Endzelle der dikaryotischen Hyphe mit den beiden haploiden Kernen. **b** Junge Probasidie nach der Karyogamie. **c** Reife Probasidie mit dicken Zellwänden. **d** Auskeimen der Probasidie mit einer Basidie. **e** Basidie nach der Meiose, in der oberen Zelle hat schon eine Mitose stattgefunden; der eine Tochterkern ist in die junge Basidiospore gewandert, der andere wird zurückbleiben und degenerieren – (650fach) (nach *Couch, J. N.*, Mycologia 29 [1937] 665–673)

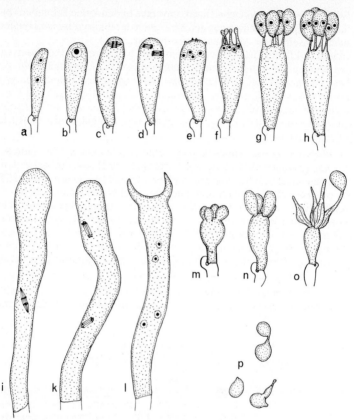

Abb. 157 Basidientypen der „Holobasidiomycetidae." **a–h** *Flammula dilepis* (Agaricales) mit chiastischen Basidien. **a** Junge, noch dikaryotische Basidie; **b** Basidie nach der Karyogamie; **c** Meiose, erster Teilungsschritt; **d** Meiose, zweiter Teilungsschritt; **e–f** Bildung der Sterigmen; **g** Bildung der Basidiosporen, in die aus der Meiose hervorgegangene Kerne eingewandert sind; **h** Basidiosporen mit je zwei aus nachträglichen Mitosen hervorgegangenen Kernen. **i–l** *Clavaria cristata* (Aphyllophorales) mit stichischen Basidien. **i** Basidie in Meiose, erster Teilungsschritt; **k** Meiose, zweiter Teilungsschritt; **l** Basidie nach Meiose und Sterigmenbildung. **m–p** *Gloeotulasnella traumatica* (Tulasnellales). **m–n** Junge Basidie mit sich bildenden Sterigmen, die sich in **n** schon durch eine Querwand vom Metabasidium abgeschnürt haben. **o** Reife Basidie mit zum Teil leeren Sterigmen. **p** Keimende Basidiosporen mit Sekundärsporen – (500fach) (a–h: *Banerjee S., B. Nandi*, Caryologia 15 [1962] 357–366, i–l: nach *Juel, H. O.,* Act. Reg. Soc. Sci. Upsal. ser. IV., 4, Bd. 6 [1916] 1–40, m–p: *Olive, L. S.,* El. Mitchell Sci. Soc. 62 [1946] 65–71)

tische Entwicklung der Basidie hat aber ganz andere Wege eingeschlagen; am augenfälligsten ist die Bildung von septierten neben unseptierten Basidien.

a) Holobasidie. Bei der einzelligen Basidie (Holobasidie) erfolgt die Sporenbildung in der Scheitelregion (Abb. **157a–h**). Unterschiede bestehen in der Orientierung der Kernteilungsfiguren. Liegt die Kernspindel des ersten Meioseschrittes etwa in der Mitte und parallel zur Achse, bezeichnet man die Basidie als **stichisch**; die beiden Spindeln des zweiten Teilungsschrittes ordnen sich meist in deutlich verschiedenen Ebenen, nie aber in der Scheitelregion an (z. B. *Clavaria cristata*, Abb. **157i–l**). In der **chiastischen** Basidie dagegen erfolgen beide meiotischen Teilungsschritte in der Scheitelregion meist auf ungefähr gleicher Höhe; die Spindeln richten sich quer zur Achse aus (z. B. *Flammula dilepis*, Abb. **157a–d**). Einzellig sind auch die etwas abweichend gebauten Basidien der Tulasnellales mit oft dicken Sterigmen, die sich im Alter manchmal durch Querwände vom Basidienkörper absetzen (Abb. **157m–p**) und die gegabelten Basidien der Dacrymycetales (Abb. **158a–c**).

b) Phragmobasidie. Auch die septierte Phragmobasidie kann stichisch oder chiastisch sein; je nachdem erfolgt die Septierung quer (z. B. *Helicogloea lagerheimii*, Abb. **155i, k**) oder parallel zur Achse (z. B. *Sebacina incrustans*, Abb. **158f**); sie sind meist vier-, selten mehrzellig; die Wandbildungen folgen unmittelbar nach der Meiose.

Zwischen allen Typen gibt es Übergänge, sei es, daß bei der Phragmobasidie die Septen ausfallen, bei der Holobasidie nachträglich noch Querwände gebildet werden oder die Septen schräg verlaufen (z. B. *Atractobasidium corticioides*, Abb. **158d, e**).

5. Sporenbildung. In der Basidie wickelt sich in der Regel die Meiose ab, sehr häufig vorher schon die Karyogamie. Manchmal folgt, wie bei den Ascomycetes, auf die beiden Teilungsschritte der Meiose noch eine Mitose, so daß ebenfalls acht Basidienkerne auftreten. Aber weit seltener als bei den Ascomycetes entwickeln sich bei den Basidiomycetes auch acht Basidiosporen. Normalerweise reifen nur vier, wobei sich im einen Fall die haploiden Kerne paarweise auf die Basidiosporen verteilen, im andern Fall die Hälfte der Kerne im Innern der Basidie degeneriert. Im Unterschied zu den Ascomycetes werden die Sporen nicht im Inneren, sondern in besonderen Basidienauswüchsen, den Sterigmen, differenziert. Häufig gliedern sich die Sterigmen in Protosterigma und Spiculum (Abb. **158a–c**). Bei *Schizophyllum commune* (Agaricales) wächst die Basidiospore aus einer Verdickung des Sterigmenscheitels heraus. Aus der Basidie wandern zwei Kerne in die junge Sporenblase, die von der Sterigmenwand basal becherförmig umschlossen ist.

Viele Basidiomycetes schleudern ihre Basidiosporen (Ballistosporen) aktiv weg, doch ist die Kraft und damit auch die Schußdistanz meist ge-

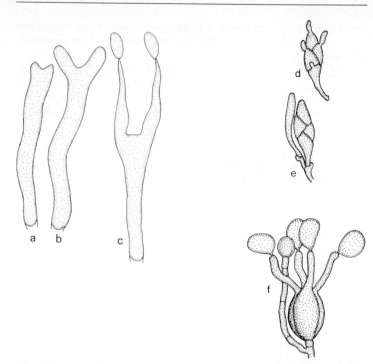

Abb. **158a–c** Basidien von *Dacrymyces nigrescens*, drei verschiedene Entwicklungsstadien. **c** Reife Basidien mit Sterigmen, die sich in das Protosterigma, das darauf an der Spitze sitzende Spiculum und die aus dem Spiculum hervorgehende Basidiospore einteilen lassen. **d–e** Intermediärer Basidientyp von *Atractobasidium corticioides* mit schräg verlaufender Septierung. **f** *Sebacina incrustans* (Tremellales) – (500fach) (a–c: nach *Lowy, B.*, Bull. Torrey Bot. Cl. 81 [1954] 300–304, d–e: nach *Martin, G. W.*, Bull. Torrey Bot. Cl. 62 [1935] 339–343, f: nach *Oberwinkler, F.*, Ber. Bayer. Bot. Ges. 36 [1963] 41–55)

ring (0,1–0,2 mm) genügt aber offensichtlich, um die an der Oberfläche des Hymeniums liegenden Basidiosporen in den Luftstrom zu bringen. Kurz vor dem Schleudern bildet sich ein Flüssigkeitstropfen am Hilum (Punctum lacrymans) (*Schizophyllum commune*, Abb. **159**), vergrößert sich, und die Spore wird mitsamt dem Tropfen weggeschossen. Elektronenmikroskopische Untersuchungen zeigen, daß der Tropfen von einer Zellwand umgeben ist (der Fortsetzung der Sterigmenwand, Abb. **159**). Bei der raschen Vergrößerung des Flüssigkeitstropfens wird die Spore vom Sterigmenspiculum gerissen und dadurch befreit.

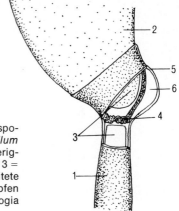

Abb. 159 Mechanismus der Basidiosporenabschleuderung bei *Schizophyllum commune* (Aphyllophorales). 1 = Sterigma, 2 = Basidiospore (Ballistospore), 3 = Ektoplast, 4 = Hilum, 5 = ausgeweitete Sterigmenwand, 6 = Flüssigkeitstropfen – (3500fach) (nach *Wells, K.*, Mycodogia 57 [1965] 236–261)

Wahrscheinlich ist dies aber nicht der einzig mögliche Mechanismus. Bei Lamellen- und Röhrenpilzen gelangen die Basidiosporen nicht unmittelbar in den Luftstrom. Die Schleuderdistanz ist bei ihnen so bemessen, daß sie in die Mitte der Röhre bzw. zwischen zwei Lamellen gelangen und von hier aus frei fallen.

6. Sporenkeimung. Bei der Mehrheit der Basidiomyceten erfolgt die Keimung der Basidiosporen mit Keimhyphen, die sich zu Myzelien weiterentwickeln. Die Keimung der Basidiosporen mit Sproßzellen (repetitiv), wie bei den Taphrinomycetidae unter den Ascomyceten, ist ebenfalls weit verbreitet. Dabei zeigt es sich, daß ganze Ordnungen entweder dem einen oder dem andern Keimungstyp folgen; die repetitive Keimung ist z. B. unter den Ordnungen mit Holobasidie für die Exobasidiales, Tulasnellales und Dacrymycetales, unter den Ordnungen mit Phragmobasidie für die Tremellales, Auriculariales und Septobasidiales typisch.

7. Sterile Zellen des Hymeniums. Die sich im Hymenium der Basidiomyceten neben den Basidien entwickelnden sterilen Zellen wurden früher fast allgemein als Cystiden bezeichnet. Da ihre Entwicklung unterschiedlich ist, und sie sich auch morphologisch und funktionell unterscheiden, müssen für sie verschiedene Begriffe verwendet werden. Leider ist die Nomenklatur noch verworren.

Sterile Hyphenelemente, welche aus dem Fruchtkörperinneren (Trama) stammen und ihren Hyphencharakter beibehalten, werden Hyphidien genannt. Sie gehören zum fruktifikativen Hyphensystem des Pilzfruchtkörpers, treten im jungen Hymenium zeitlich häufig vor den Basidien auf und stehen manchmal dicht parallel nebeneinander. Zuweilen sind

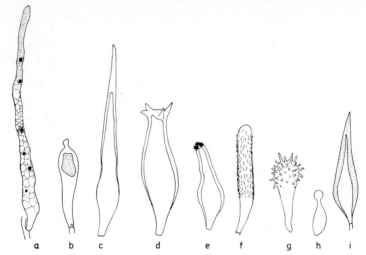

Abb. 160 Sterile Elemente des Hymeniums. **a** Gloeocystide von *Peniophora livida*; **b** Gloeocystide von *Pholiota squarrosa*; **c** Hymenialcystide (Lamprocystide) von *Peniophora livida*; **d** von *Pluteus cervinus*; **e** von *Inocybe geophylla* (mit Scheitelkristallen); **f** Hymenialcystiden (Leptocystiden) von *Geopetalum carbonarium*; **g** von *Mycena galericulata* (Cheilocystiden); **h** von *Conocybe tenera*; **i** Seta von *Hohenbuehelia petaloides* – (a–g, i: 500fach, h: 250fach) (a, c: nach *Whelden, R. M.*, Am. J. Bot. 23 [1936] 539–545, b, d–e, g–i: nach *Horak*, f: nach *Romagnesi, H.*, Les Russules, Bordas 1967, 998 S.)

sie an ihren Enden dicht verzweigt (Dendro- oder Dichohyphidien), oder sie gleichen den vegetativen Hyphen (Haplohyphidien).

Die echten Cystiden entwickeln sich entweder gemeinsam mit den Basidien im Subhymenium (Hymenialcystiden) oder in tieferen Schichten (Tramalcystiden); die letzteren unterscheiden sich von den Hyphidien durch ihren charakteristischen, nicht hyphenartigen Bau und treten in der Regel gleichzeitig mit den Basidien auf. Saftführende Cystiden mit ölig-harzigem Inhalt nennt man Gloeocystiden; meist handelt es sich dabei um Tramalcystiden (Pseudocystiden). Sind die Cystiden dünnwandig, so spricht man von Leptocystiden, haben sie dicke, glasige, oft brüchige Wände, von Lamprocystiden (Abb. 160).

Besondere Arten oft dickwandiger Borsten (Setae) entspringen im Subhymenium und überragen die Basidien deutlich (Abb. 160 i).

B Anamorph

Im Vergleich zu den Ascomycetes ist die asexuelle Fruktifikation bei den Basidiomycetes weniger deutlich von der sexuellen Fruktifikation getrennt (Ausnahme: Uredinales). Deshalb sind sie – sofern sie überhaupt erkannt wurden – in der Vergangenheit nur selten mit eigenen Namen versehen und deshalb im System der „Fungi imperfecti" (s. S. 318) kaum berücksichtigt worden. Asexuelle Fruktifikationsformen sind aber unter den Basidiomycetes fast ebenso häufig und ebenso vielfältig und art- oder gruppenspezifisch wie unter den Ascomycetes (KENDRICK 1979). Sie entwickeln sich dabei nicht nur in der haploiden Phase (wie die Ascomycetes), sondern oft noch häufiger in der dikaryotischen Phase (z. B. Abb. **162**).

C Systematische Einteilung

Die herkömmliche Einteilung der Basidiomycetes beruht auf zwei verschiedenen Prinzipien; je nach dem Gewicht, das man den zugrundeliegenden Merkmalen zumißt, wird das eine oder das andere bevorzugt. Praktisch einfach zu handhaben ist die Einteilung nach der Basidienmorphologie in die Unterklassen Holobasidiomycetidae (Holobasidie) und Phragmobasidiomycetidae (Phragmobasidie). Mehr und mehr zeigt sich aber, daß damit die natürlichen Verwandtschaftsbeziehungen nur ungenügend berücksichtigt werden können. Die Einteilung in Homobasidiomycetidae und Heterobasidiomycetidae scheint dafür besser geeignet. Zu den Heterobasidiomycetidae gehören Ordnungen mit repetitiver Basidiosporenkeimung (s. S. 293), meist gekoppelt mit Phragmobasidie, mit angeschwollenen Sterigmen auf den Basidien und mit gelatinösen Basidiomata. Da aber auch Holobasidiomycetidae teilweise repetitive Sporenkeimung haben und weitere Merkmalsgruppen (z. B. Septenporen) in Betracht gezogen werden müssen, ist auch diese Einteilung im Moment noch fragwürdig. Es erscheint deshalb zweckmäßiger, auf eine Zusammenfassung der Ordnungen zu Unterklassen zu verzichten.

Die frühere Definition der Ordnungen nach Form der Basidien und Basidiomata wird ebenfalls stark angezweifelt. Dies betrifft vor allem die großen Ordnungen der Agaricales s. l. (Blätterpilze inklusive Röhrlinge = Boletales) und die Aphyllophorales (Nichtblätterpilze). Die Entwicklung von sehr einfachen (krustigen) zu komplexen (agaricoiden, gastroiden) Basidiomata (s. S. 285) muß sich in mehreren voneinander unabhängigen Verwandtschaftskreisen abgespielt haben, was in einer neuen systematischen Anordnung berücksichtigt werden müßte. Dieser Umbau ist zwar im Gange, doch vorderhand nur für wenige Beispiele überzeugend bearbeitet. Wir stützen uns deshalb auf das herkömmliche System. Die Tab. **30** mit kurzen und unvollständigen Angaben über die berücksichtigten Ordnungen muß unter diesem Blickwinkel verwendet werden.

Exobasidiales. *Exobasidium vaccinii-uliginosi* befällt die Moorheidelbeere (*Vaccinium uliginosum*) und reizt sie zu einem verstärkten Wachstum; die befallenen Triebe sind länger, die Blätter größer und dicker als bei gesunden Pflanzen, und oft äußert sich der Pilzbefall noch

Tabelle **30** Ordnungen der Basidiomycetes

Ordnung	Basidie	Fruchtkörper	Einteilung nach Basidie	Sporenkeimung
Aphyllophorales	Holobasidie	ausgebreitet, krustig, konsolenförmig, keulig, hutförmig, ästig, usw.	Holobasidiomycet „Hymenomycet"	Homobasidiomycet
Agaricales	Holobasidie	zentral oder seitlich gestielter Hut mit Lamellen oder Röhren (= Boletales)	Holobasidiomycet, „Hymenomycet"	Homobasidiomycet
Lycoperdales	Holobasidie	keulig, kugelig, im Innern mit Kammern, diese mit geschlossenen Hymenien ausgekleidet	Holobasidiomycet, „Gastromycet"	Homobasidiomycet
Sclerodermatales	Holobasidie ohne Sterigmen	knollig, im Innern mit Kammern, diese mit Büscheln von Basidien ausgekleidet	Holobasidiomycet, „Gastromycet"	Homobasidiomycet
Nidulariales	Holobasidie	schüsselförmig, im Innern mit Peridiolen	Holobasidiomycet, „Gastromycet"	Homobasidiomycet
Phallales	Holobasidie	jung mehr oder weniger kugelig, später z. T. herauswachsend und ganze Fruchtschicht entblößend	Holobasidiomycet, „Gastromycet"	Homobasidiomycet
Exobasidiales	Holobasidie	ausgebreitetes Fruchtlager	Holobasidiomycet, Pflanzenparasiten	Heterobasidiomycet
Dacrymccetales	nicht septierte Basidie mit gegabeltem Apex	krustig, oft gelatinös, Hymenium offen	Holobasidiomycet	Heterobasidiomycet
Tulasnellales	unseptierte Basidie mit bauchigen Sterigmen	krustig, Hymenium offen	Holobasidiomycet	Heterobasidiomycet

Tabelle 30 (Forts.)

Ordnung	Basidie	Fruchtkörper	Einteilung nach	
			Basidie	Sporen-keimung
Tilletiales	Holobasidie ohne Sterigmen	Probasidien (Brand-sporen) in Lagern	Holobasi-diomycet	Heterobasi-diomycet
Tremellales	Basidie in der Längs-achse sep-tiert = Phragmo-basidie	krustig, pustel-förmig, manchmal gestielt, keulig usw.; oft gelatinös	Phragmo-basidio-mycet	Heterobasi-diomycet
Auricu-lariales	Basidie quer septiert = Phragmo-basidie	pustelförmig, ohrmuschelförmig, keulig, gestielt, gelatinös	Phragmo-basidio-mycet	Heterobasi-diomycet
Septobasi-diales	Basidie quer septiert, Phragmo-basidie	ausgebreitet, krustig, mit Schildläusen vergesellschaftet	Phragmo-basidio-mycet Tier-parasiten	Heterobasi-diomycet
Uredinales	Basidie quer sep-tiert Phragmo-basidie	Probasidien (Teleu-tosporen) in Lagern	Phragmo-basidio-mycet, Pflanzen-parasiten	Homobasi-diomycet

in einer Rotfärbung der infizierten Organe. Im Schnitt durch krankes Gewebe erkennt man intercellulär feine (dikaryotische) Pilzhyphen. Mit fortschreitender Duchwucherung verdichtet sich das Myzel zwischen Epidermis und Schwammgewebe und bildet schlanke Basidien. Diese wachsen – ebenfalls intercellulär – zur Blattunterseite, durchbrechen büschelweise die Cuticula (Abb. **161**) und bilden oberflächliche, makro-skopisch an der mattweißen Verfärbung erkennbare, oft weit ausge-dehnte Lager. Die Basidien sind stichisch (s. S. 291) und tragen zwei bis vier Sterigmen; die länglichen, oft septierten Basidiosporen sind schwach gekrümmt; sie keimen repetitiv und bilden zunächst – wie *Taphrina* – ein heteartiges Sproßmyzel.

Die zur Ordnung Exobasidiales (inklusive Brachybasidiales) gestellten Pilze sind Parasiten von Blütenpflanzen; sie leben in der Nordhemi-sphäre vorwiegend auf Ericaceae. Sie verursachen auf den befallenen Pflanzen Hypertrophien, Hexenbesen oder zuweilen Gallen (z.B. die

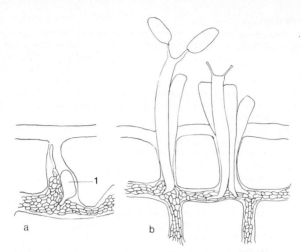

Abb. **161** *Exobasidium vaccinii-uliginosi*. **a** Intramatrikales Myzel mit junger Basidie (1); **b** intramatrikales Myzel mit jüngeren und reifen Basidien sowie Basidiosporen − (500fach)

sogenannten Alpenrosenäpfel auf *Rhododendron ferrugineum*). Als Erreger des „blister blight" auf den Blättern der Teepflanze hat *Exobasidium vexans* erhebliche wirtschaftliche Bedeutung.

Die Exobasidiales haben manches mit den Taphrinomycetidae unter den Ascomycetes gemein, so das Krankheitsbild, die Art der Fruchtlager, die repetitive Keimung der Meiosporen und die Bildung von Sproßkolonien. Sie haben aber wie die übrigen Basidiomycetes lamellärmehrschichtige Zellwände, jedoch einfache Septenporen.

Die Exobasidiales sind Holobasidiomyceten und stehen wahrscheinlich den Dacrymycetales nahe; beurteilt nach der Art der Sporenkeimung und anderen Merkmalen (z. B. Septenporen), sind es keine nahen Verwandten der Aphyllophorales, sondern eindeutig Heterobasidiomycetidae.

Dacrymycetales. Die gelatinösen Fruchtkörper von *Dacrymyces deliquescens* (gemeiner Tränenpilz) sitzen gesellig auf vermorschendem Nadelholz; sie sind höchstens 5 mm groß, hell bis rötlich gefärbt und schrumpfen beim Trocknen zu einer hornartigen Masse ein. Ihre Basidien (Abb. **158**) sind lang und schlank, oben gabelig in zwei hornförmige Sterigmen geteilt, an denen zylindrische, nach innen gebogene, vierzellige Basidiosporen entstehen. Diese keimen durch Bildung von einzelligen Konidien.

Die Vertreter der kleinen Ordnung Dacrymycetales zeichnen sich durch gegabelte Basidien aus. Auch bei ihnen keimen die Basidiosporen repetitiv; sie sind also wie die Exobasidiales Heterobasidiomycetidae. Habituell gleichen ihre gelatinösen Basidiomata denen der Tremellales; diese Pilze wurden oft auch als eigene Familie zu dieser Ordnung gestellt, unterscheiden sich jedoch deutlich durch Form und Septierung der Basidien (Abb. 158, S. 292).

Tulasnellales. Die kleine Ordnung Tulasnellales wurde früher ebenfalls zu den Tremellales gestellt. Sie umfaßt unauffällige Holzbewohner mit krustigen Basidiomata. Die sonst nicht septierten Basidien tragen apikal dickbauchige, manchmal tropfenförmige Sterigmen, die durch erst bei der Basidiosporenbildung angelegte Querwände vom Basidienrumpf (Metabasidium) abgesetzt werden. Auch bei ihnen ist die Basidiosporenkeimung repetitiv (Abb. 157 m–p).

Tilletiales. *Tilletia caries,* der Erreger des Steinbrandes (Stinkbrandes) des Weizens, bildet Brandlager in den Fruchtknoten; Spelzen und Samenschalen bleiben erhalten, während das Innere des Kornes mit kugeligen, dickwandigen, netzig skulptierten, dunklen Brandsporen gefüllt wird. Die während des Dreschens aufgeschlagenen Brandkörner verstäuben dabei ihre Sporen, welche sich an die gesunden Körner heften. Nach der Aussaat keimen die Sporen gleichzeitig mit dem Weizen. Karyogamie und Meiose können schon in den Brandsporen erfolgen. Jede Brandspore keimt mit einer schlanken Holobasidie (in Analogie zu den Ustilaginales, s. S. 281, oft ebenfalls als „Promyzel" bezeichnet). Die haploiden Kerne (nach ein oder zwei Mitosen 8 oder 16) wandern zur Basidienspitze, wo sich das Plasma konzentriert und sich später oft von der praktisch leeren Basis durch eine Querwand abgrenzt. Apikal bilden sich – ohne Sterigmen – fädige Basidiosporen, die früh paarweise kopulieren (Abb. 162); das sich aus ihnen entwickelnde dikaryotische Myzel infiziert Weizenkeimlinge. Am Myzel wie an den Basidiosporen bilden sich sichelförmige Konidien (Abb. 162 a). Infizierte Pflanzen zeigen oft ein etwas gehemmtes Wachstum; die Brandkörner (Brandbutten) bil-

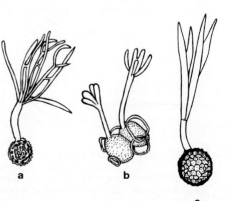

Abb. 162 Tilletiales: Probasidien (Brandsporen) und Basidien. **a, o** *Tilletia*-Arten; **b** *Urocystis* – (500fach) (a, b: nach *Blumer* 1963, c: nach *Zogg, H.*, Ber. Schweiz. Bot. Ges. 77 [1967] 49–56)

a   b   c

den sich jedoch gleichzeitig mit den gesunden Körnern. Ähnlich verhält sich auch *Urocystis tritici* mit in Längsreihen angeordneten Brandlagern in den Blättern, welche dadurch dunkel gestreift erscheinen (Blattstreifenbrand des Weizens, Abb. 162 b).

Die Tilletiales, in den meisten Darstellungen mit den Ustilaginales vereinigt, sind eine selbständige Ordnung der Basidiomycetes und mit den Ustilaginales s. str. nicht näher verwandt. Ihre Meiosporangien sind – trotz der später möglichen Querwandbildung – Holobasidien, denen als Funktion allerdings oft nur noch die Basidiosporenbildung bleibt, während Karyogamie und Meiose schon in der Probasidie (Brandspore) abgewickelt werden. Die Basidiosporen keimen – meist nach Plasmogamie – mit Myzel oder mit einer Konidie, die ihrerseits in ein Myzel auswächst. Sproßmyzel fehlt; Tilletiales sind demnach Holobasidiomycetidae und – wegen der möglichen Keimung mit Konidien – Heterobasidiomycetidae; die Basidiosporen werden – im Gegensatz zu den Sporidien der Ustilaginales – aktiv weggeschleudert.

Alle Tilletiales sind Parasiten höherer Pflanzen; sie sind fakultativ biotroph.

Aphyllophorales. Auf der Unterseite von Koniferenholzstücken findet man gelegentlich die gräulichen oder gelblichen Hyphenüberzüge von

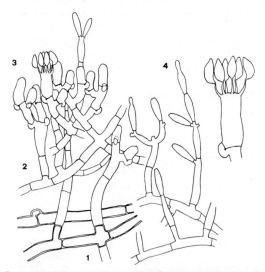

Abb. **163** *Botryobasidium medium*. links: Schnitt durch einen Teil des Basidioma. 1 = Basalhyphen (meist ohne Schnallen), 2 = Subhymenialhyphen, 3 = Basidien, 4 = *Haplotrichum*-Anamorph. rechts: Basidie mit fast reifen Basidiosporen – (300-, resp. 600-fach) (nach *Eriksson J.*, *L. Ryvarden*, The Corticiaceae North Europe 2 [1973] 1–287)

Botryobasidium medium (Abb. **63**). Aus den meist schnallenlosen vege-tativen Hyphen wachsen basidientragende, verzweigte Systeme von Schnallenmyzel als ein mehr oder weniger dichtes Polster. An den Zweigenden bilden sich – meist in sympodialer Folge – zylindrische Ba-sidien mit meist sechs Sterigmen, aus denen sich breit schiffchenförmige Basidiosporen entwickeln. Daneben bildet der Pilz ein *Haplotrichum*-Anamorph. Aus zähnchenartigen Fortsätzen der konidiogenen Zellen sprossen akropetale Ketten von holoblastischen (s. S. 60), spindeligen, einzelligen Konidien (Abb. **163**, 4; vgl. Abb. **152**, S. 285).

Komplexer sind die Basidiomata von *Fomes fomentarius* (Zunder-schwamm), eines Wundparasiten überalterter Buchen oder Birken. Er verursacht Weißfäule durch Abbau des Lignins, wobei die Cellulose größtenteils zurückbleibt. Im Anfangsstadium ist das befallene Kern- und Splintholz weißstreifig, und die gesunden Partien grenzen sich ge-gen die faulen Stellen durch dunkle Zonen ab. Die sich später an er-krankten Bäumen entwickelnden Basidiomata (Abb. **164a**) sind konso-lenförmig. Oberseits sind sie gewölbt und von einer harten, glänzenden, je nach Alter helleren oder dunkleren Hyphenkruste überzogen. Diese bedeckt die aus locker verflochtenen Hyphen zusammengesetzte Tra-ma, welche unterseits das aus dicht nebeneinanderstehenden, röhren-förmigen Elementen (Poren) zusammengesetzte Hymenium trägt; die Basidien entwickeln sich aus den Porenwänden. Da der Fruchtkörper stets weiterwächst und im Winter nicht abstirbt, entwickelt sich jedes Jahr eine neue Hymenialschicht; der Fruchtkörper erhält dadurch ober-seits eine deutliche Rillung, und im Schnitt erkennt man die jahresring-artige Schichtung des Hymeniums (Abb. **164b**).

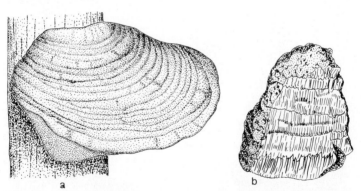

a   b

Abb. **164** *Fomes fomentarius*, **a** Habitusbild eines mehrjährigen Frucht-körpers; **b** Schnitt durch den Hut mit den Jahresringen entsprechenden Hymenialschichten – (a: ¹/₃ nat Größe, b: nat Größe) (a: nach *Hennings, P.*, Hymenomycetinae, Nat. Pfl. fam., I. Teil, Abt. 1 [1900] 105–276, b: nach *Poelt, J.*, *H. Jahn*, Mitteleurop. Pilze, Hrsg. v. *E. Cramer*, Hamburg 1963)

Der Zunderschwamm hatte früher eine große Bedeutung für das Anmachen von Feuer. Die Trama wurde vom umliegenden Gewebe befreit, gekocht, getrocknet, geklopft und anschließend mit Salpeterlösung getränkt. Der so vorbereitete Zunder läßt sich durch auftreffende Funken zum Glimmen bringen.

Viele Arten der Aphyllophorales sind Baumparasiten oder, wie der Hausschwamm, *Serpula lacrymans*, Zerstörer verbauten Holzes. Dieser setzt sich an feuchten Stellen im Gebälk usw. fest und baut zunächst das Holz in der Umgebung der Infektionsstelle ab. Er greift dann weiter um sich, bildet in Spalten oder dunklen Hohlräumen weiße, watteähnliche Myzelfilze und vermag sogar mit einzelnen Myzelsträngen Mauerwerk zu durchdringen, um sich weiter auszubreiten. Die Fruktifikation erfolgt auf der Holzoberfläche; der Pilz bildet flache, bräunliche Fruchtkörperkuchen, an deren Oberfläche sich leistenartige, netzig verbundene Wülste bilden, wodurch das Hymenium gefältelt erscheint. Hier stehen die schlanken Basidien mit je vier Sterigmen und braunen Basidiosporen dicht gedrängt nebeneinander, Cystiden fehlen.

Noch anders sind die Fruchtkörper von *Cantharellus infundibuliformis* und von *Cantharellus inconspicuus* (Abb. **165 d**) gebaut. Die gymnokarpe Entwicklung führt bei *Cantharellus infundibuliformis* (vgl.

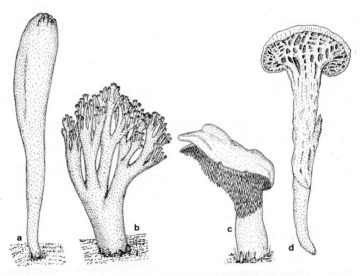

Abb. **165** Basidiomata von Aphyllophorales. **a** *Clavariadelphus pistillaris*; **b** *Ramaria botrytis*; **c** *Hydnum repandum*; **d** *Cantharellus inconspicuus* – (ca. natürliche Größe) (a, b: nach *Hennings, P.*, Hymenomycetinae, Nat. Pfl. fam., I. Teil, Abt. 1 [1900] 105–276, c: nach *Poelt* u. *Jahn*, d: nach *Corner*)

Abb. **153,** S. 286) zu einem Pilzhut, dessen Hymenophor (Fruchtschicht tragender Teil des Basidioma) nie durch Hüllen oder Häute bedeckt ist (Basidioma ohne Velum). Auf der Unterseite des Hutes bilden sich vom zentralen Stiel aus radial verlaufende Leisten; fortschreitend von innen nach außen entwickeln sich in dem so entstehenden Lamellenhymenophor Basidien mit Basidiosporen. Diese gymnokarpe Fruchtkörperentwicklung erfolgt ähnlich wie bei einigen Vertretern der Agaricales (s. S. 305).

Bei *Hydnum repandum,* dem Semmelstoppelpilz, der wie *Cantharellus*-Arten als Speisepilz Verwendung findet, ist die Unterseite des gestielten hutförmigen Fruchtkörpers dicht mit Stacheln besetzt (Abb. **165 c**), an deren Außenseiten sich die Basidien entwickeln.

Mit diesen wenigen Beispielen kann die Vielgestaltigkeit der Fruchtkörper bei den Aphyllophorales nur angedeutet werden. Die Fruchtkörper (krustenförmig = resupinat; konsolenförmig; einfach oder verzweigt keulenförmig; hutförmig, zentralgestielt) und die Beschaffenheit des Hymenophors (glatt, wulstig, röhrenförmig, stachelig, mit Leisten oder Lamellen besetzt) waren früher als auffällige Merkmale die wichtigsten Grundlagen für die Unterscheidung von Familien und Gattungen. Es hat sich aber gezeigt, daß mit der Wahl dieser Merkmale allein heterogene Elemente in einer Familie zusammengebracht und andererseits nahe verwandte Formen im System weit auseinandergerissen wurden. Das gegenwärtig im Umbau begriffene System der Aphyllophorales möchte dies vermeiden. Die Verwandtschaften kommen besser zum Ausdruck in den Merkmalen der Basidien, Form und Entwicklung der Basidiosporen, des gesamten Hymeniums, Vorkommen von Cystiden, Borsten usw. und in den histologischen Eigenheiten der Fruchtkörper (innerer Aufbau, chemische Reaktionen der Zellen, z. B. mit KOH). Bei der Wertung von Merkmalen in der angedeuteten Rangordnung entstehen Familien mit natürlich verwandten Gattungen und Arten, die einander äußerlich allerdings manchmal recht unähnlich sind. So bestehen die Familien der Thelephoraceae (mit oft eckigen oder warzigen Basidiosporen und schlanken Basidien) und der Hymenochaetaceae (mit verzweigten Hymenialborsten und braunen, sich mit KOH dunkel färbenden Tramahyphen) aus Arten mit krustenförmigen, mit konsolenförmigen wie auch mit hutförmigen Fruchtkörpern, deren Hymenophor flach, stachelig oder in Poren aufgeteilt sein kann. In einigen Zusammenstellungen sind solche Familien auch als selbständige Ordnungen aufgefaßt, über deren Umfang und Definition aber noch Unklarheit herrscht (z. B. Polyporales, Cantharellales, Poriales, Thelephorales, Hymenochaetales, vgl. auch Abb. **152,** S. 285).

Agaricales. Im Gegensatz zu den Aphyllophorales ist die Formvariation der Basidiomata bei den Agaricales relativ gering. Typisch ist der zentral gestielte Hut (Abb. **166**) mit Hymenien an radiär verlaufenden, fleischi-

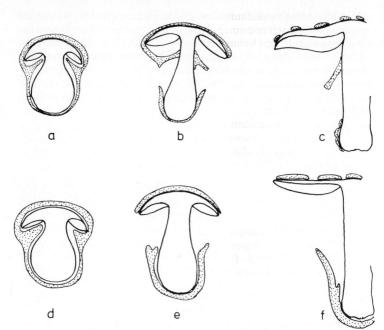

Abb. 166 Heminangiokarpe Fruchtkörperentwicklung von **a–c**: *Amanita muscaria*. **a** Schnitt durch einen jungen, von den Hüllen umschlossenen Fruchtkörper; **b** sich entwickelnder Fruchtkörper, das „Velum universale" ist an der Stielbasis als Becher, auf dem Hut in Form von Fetzen erhalten; **c** reifer Fruchtkörper mit Stielmanschette. **d–f** *Amanitopsis vaginata*. **d** Schnitt durch einen jungen, geschlossenen Fruchtkörper; **e** Schnitt durch einen halbreifen Fruchtkörper, das Velum universale beginnt zu reißen; **f** reifer Fruchtkörper mit Stielscheide – (schematisiert, ca. ¹/₄ nat. Größe)

gen Lamellen oder in dicht gedrängten Röhren (Boletaceae). Bei einigen Formen ist der Stiel seitlich inseriert oder stiellose Hüte haften seitlich am Substrat. Unterschiede in der Ausbildung der Basidiomata, z. B. ihrer Hüllen, gründen auf unterschiedlicher Entwicklung (gymnokarp, hemiangiokarp, pseudangiokarp, angiokarp, s. S. 286 ff.) sowie – ähnlich wie bei Aphyllophorales – auf unterschiedlicher Ausbildung des Fruchtfleisches (Trama, z. B. Russulaceae, s. S. 306).

Bei *Agaricus bisporus* (Kulturchampignon, s. S. 131) sind die Basidiosporen paarkernig und die aus ihnen hervorgehenden Myzelien dikaryotisch. Die Brut (vegetatives Myzel) wird unter keimfreien Bedingungen herangezogen und dann in die Kulturbehälter oder Kulturbeete gebracht. Bei der Entwicklung der Fruchtkörper bilden sich zunächst kleine, knollige Myzelverdichtungen, die sich bei ihrer raschen Vergrößerung in einen Stielteil und einen Hut differenzieren. Anfänglich sind sie von einer zarten Hülle (Velum universale) umgeben, die aber rasch verschwindet (Abb. **166a–c**). Im unteren Teil des Hutes entsteht darauf eine sich vom Stile zum Hutrand hinziehende linsenförmige Höhlung, in die von oben her radial verlaufende Wülste, die späteren Lamellen, wachsen. Mit dem Hut dehnt sich die dünne Randschicht unter der Lamellenhöhlung (Velum partiale) immer mehr aus, bis sie zuletzt durchreißt. Die Reste bleiben dann als bewegliche, die Stiele rings umgebende Manschetten erhalten. Inzwischen entwickeln sich auf den Lamellen dicht gedrängt schlankkeulige Basidien mit je zwei Sterigmen, aus denen je eine paarkernige Basidiospore hervorwächst.

Agaricus bisporus folgt wie die meisten Agaricales dem hemiangiokarpen Entwicklungstypus, bei dem das Hymenium im Inneren des Fruchtkörpers angelegt wird. Ebenfalls zu diesem Typus gehört *Amanita muscaria*, der Fliegenpilz. Da bei diesem aber das Velum universale derber beschaffen ist, bleibt es länger erhalten, seine Reste umkleiden die Stielbasis als Scheide (als Ringsystem) und liegen auf der roten Huthaut als weiße Fetzen (Abb. **166d–f**). Aber auch beim Fliegenpilz legt sich das Velum partiale als Manschette um den Stiel, während bei den Haarschleierlingen (Cortinariaceae) das feine, haarartige Velum partiale beim Stiel durchreißt und als Cortina (Haarschleier) am Stiel und Hutrand herunterhängt.

Neben der hemiangiokarpen Entwicklung treten bei den Agaricales noch weitere Typen auf. Bei den gymnokarpen Formen (ähnlich wie bei *Cantharellus infundibuliformis*, Abb. **153**) wachsen Lamellen frei aus der Unterseite des sich bildenden Hutes hervor. Innerhalb der Agaricales findet man diesen Entwicklungstypus bei einigen *Clitocybe*-Arten; doch ist er nicht typisch für diese Gruppe. Die pseudangiokarpen Formen gleichen anfangs den gymnokarpen, doch biegt sich der Hutrand nach und nach gegen den Stiel, und seine Hyphen verflechten sich zunächst mit den Stielhyphen. In bestimmten Phasen gleichen derartige Hüte den hemiangiokarpen Fruchtkörpern von *Agaricus*. Meist ist der zurückbleibende Stielring vergänglich und in älteren Fruchtkörpern kaum mehr sichtbar.

Die angiokarpe Entwicklung, bei der die Hymenien bis spät eingeschlossen bleiben, tritt bei secotioiden Formen auf (Abb. **152,6**). Bei *Elasmomyces mattirolianus*, einem zentral gestielten Hutpilz des südlichen Europas, kleidet das Hymenium die in mehr oder weniger deutlich in Reihen angeordneten Höhlungen im Fruchtfleisch (Trama) aus. Es läßt sich unschwer erkennen, daß sich die fertile Tramazone aus dicht gepackten, anastomisierenden Lamellen zusammensetzt (Abb. **167b**). Diese dürfen aber nicht mit radiär verlaufenden Tramaplattenkanten verwechselt werden, welche außen an der Hutunterseite hervortreten (Abb. **167a**). *Elasmomyces* ist mit der agaricoiden Gattung *Russula*

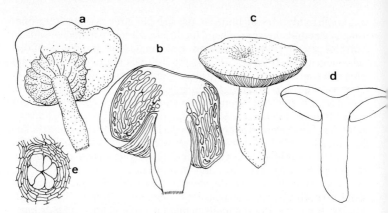

Abb. 167 a, b, e *Elasmomyces mattirolianum*. a Ganzer Fruchtkörper; b Fruchtkörperschnitt; e Sphärocyten, umgeben von Tramageflecht. c, d *Russula emetica*. c ganzer Fruchtkörper; d Fruchtkörperschnitt; e Nest von Sphaerocyten – (a–d: halbe nat. Größe, e: 125fach) (a, b: nach *Fischer, E., Nat. Pfl. fam. 7a* [1933] 1–122, c, d: *Moreau, C.,* Larousse des champignons, Lechevalier, Paris 1978, e: *Reijnders, A. F. M.,* Dével. Carpophores Agaricales, hrsg. v. *W. Junk,* Den Haag 1968, 412 S.)

verwandt (Russulaceae, Abb. 167 c, d); wie bei deren Arten sind die Basidiomata hartfleischig und brüchig und enthält das Trama Nestec von Sphaerocyten (Abb. 167 e). Ebenso sind die Basidiosporen beider Gruppen oberflächlich warzig, dornig oder netzig skulptiert und amyloid (Blaufärbung mit Jod).

Die secotioiden Basidiomyceten – früher als Agaricogastrales in einer eigenen Ordnung zusammengefaßt – werden heute bei ihren Verwandten unter den typischen Agaricales angeschlossen. Neben den Russulaceae haben auch die Boletaceae mit dicht gepackten Röhren anstelle der Lamellen (Abb. **168b**; z. B. *Boletus* agaricoid und *Gastroboletus* secotioid), die Coprinaceae mit steilen Runddachhüten und reif sich auflösendem Fruchtfleisch (Abb. **168a**; z. B. *Coprinus* agaricoid und *Montagnea* secotioid) und die Rhodophyllaceae mit rötlichen Basidiosporen (z. B. *Rhodophyllus* agaricoid und *Rhodogaster* secotioid) secotioide Verwandte.

Unter den mehr als 10 000 Agaricales finden sich zahlreiche Arten mit eßbaren, wohlschmeckenden Fruchtkörpern neben solchen, die giftige, zum Teil lebensgefährliche Stoffe enthalten (vgl. Umschlagsseiten). Zahlreiche Agaricales leben saprobisch, viele von ihnen sind Mykorrhiza-Partner von höheren Pflanzen (z. B. Waldbäumen), und einige verursachen Pflanzenkrankheiten, so *Armillariella mellea* an zahlreichen Holzpflanzenarten oder *Mycena citricolor* als Erreger einer Blattkrank-

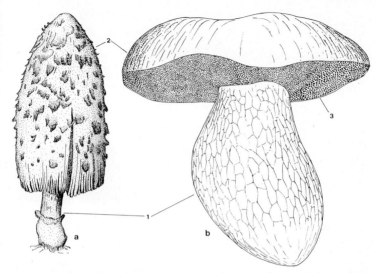

Abb. 168 Fruchtkörper von a *Coprinus comatus*, c *Boletus edulis*. 1 = Stiel, 2 = Hut, 3 = Hutunterseite mit Röhren (a: ¹/₄ nat. Größe, b: ¹/₃ nat. Größe) (a: nach *Poelt, J., H. Jahn*, Mitteleurop. Pilze, hrsg. v. *E. Cramer*, Hamburg 1963, b: nach *Horak*)

heit des Kaffeestrauches. Agaricales sind in allen Klimaten der Erde verbreitet, in den Tropen jedoch nur ungenügend bekannt.

Wie die Aphyllophorales werden auch die Agaricales mehr und mehr in verschiedene selbständige Ordnungen unterteilt (vgl. S. 295), z. B. Boletales, Russulales, Agaricales s. str.; einige bisher zu den Agaricales gestellte Gattungen müßten in einem neuen System den Polyporales zugeteilt werden.

Lycoperdales. Die zuletzt eigroßen, umgekehrt birnförmigen bis keuligen, außen kleiig bereiften Fruchtkörper des Flaschenstäublings (*Lycoperdon perlatum*) brechen während ihrer Entwicklung aus dem Boden hervor und gliedern sich in einen sterilen Stielteil und einen fertilen Kopfteil. Sie sind von einer zweischichtigen Peridie, bestehend aus einer pseudoparenchymatischen Exoperidie und einer häutigen, zähen Endoperidie, umgeben. In reifen Fruchtkörpern zerfällt die Exoperidie und legt die sich mit einem scheitelständigen Porus öffnende Endoperidie frei. Das Innere des Kopfteiles (Gleba) ist gekammert, und die Kammern sind mit dem Hymenium ausgekleidet. Die Wandschichten wandeln sich bis zur Reife in Capillitiumfasern um; die ganze Gleba wird zu

308 Fungi

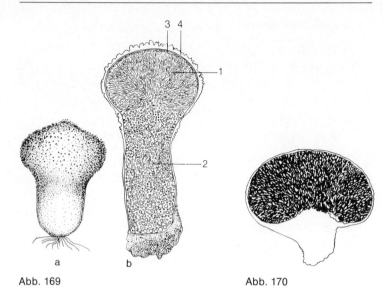

a   b

Abb. 169   Abb. 170

Abb. 169 *Lycoperdon perlatum*. **a** Habitus: **b** Schnitt durch einen Fruchtkörper mit fertiler (1) und steriler Gleba (2), Endoperidie (3) und Exoperidie
(4) – (¹/₂ nat. Größe) (a: nach *Fischer, E.*, Natürl. Pfl. fam. 7a [1933] 1–122, b:
nach *Rehsteiner, H.*, Bot. Ztg. 50 [1892])

Abb. 170 *Scleroderma verrucosa*, Schnitt durch einen Fruchtkörper – (nat.
Größe) (nach *Poelt, J., H. Jahn*, Mitteleurop. Pilze, hrsg. v. *E. Cramer*, Hamburg 1963)

einem wolligen Ball. Alte Fruchtkörper stäuben bei Berührung den Spo-
renstaub in kleinen Wolken nach außen (Abb. 169).
Die Lycoperdales, die unter anderem auch die Erdsterne (*Geastrum*)
umfassen, sind eine kleine Ordnung mit ungefähr 200 Arten. *Calvatia
gigantea*, der Riesenbovist, gedeiht in ungedüngten Wiesen. Seine weißen, knolligen, bis zu 5 kg schweren Basidiomata gehören zu den größten unter den bekannten Pilzfruchtkörpern.

Sclerodermatales. Die knollenförmigen, etwa faustgroßen Fruchtkörper
von *Scleroderma bovista* (Kartoffelbovist) wachsen auf sauren Böden.
Die Fruchtkörperperidie ist einschichtig, dabei aber hart und dick, außen glatt oder schuppig. Bei *Scleroderma* erscheint die Gleba gekammert, doch sind die Basidien regellos, meist in Nestern eingestreut und
kleiden die Kammern nicht als geschlossene Hymenien aus. Den Basidien fehlen Sterigmen, und die vier relativ großen, dunklen Basisdiospo-
ren sind außen skulptiert (Abb. 170).

Auch die Sclerodermales sind eine kleine Ordnung von etwas über 100 Arten; sie schließen außer den Verwandten von *Scleroderma* z. B. noch den Wetterstern (*Astraeus hygrometricus*) ein.

Nidulariales. *Cyathus striatus* (gestreifter Teuerling) hat kreiselförmige, außen gestreifte, oben flache und durch einen Deckel (Epiphragma) verschlossene Fruchtkörper (Abb. **171**). Das Epiphragma reißt bei der Reife auf und gibt den Blick auf die ellipsoidischen Peridiolen frei, welche an der inneren Wand sitzen. Peridiolen können als selbständige, von einer Wand umschlossene Glebakammern aufgefaßt werden. Sie stehen auf einem hohlen Stiel, in dessen Höhlung der aufgewundene, fädige Funiculus eingeschlossen ist. Fallen Regentropfen in den Fruchtbecher,

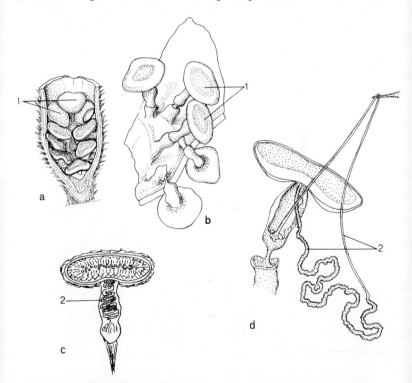

Abb. **171** *Cyathus striatus*. **a** Schnitt durch einen Fruchtkörper mit Peridiolen (1); **b** Teil der Fruchtkörperporidio mit aufsitzenden Peridiolen; **c** Schnitt durch eine Peridiole mit dem im hohlen Stile aufgewundenen Funiculus (2); **d** aufgeschnittene Peridiole mit herausgezogenem Funiculus – (a: nat. Größe, b: 2fach, c, d: 4fach) (a, b, d: nach.*Tulasne*, c: nach *Brodie, H.J.,* Canad. J. Bot. 29 [1951] 224–234)

reißt die Stielscheide durch, der Funiculus entrollt sich und die Peridiole wird weggeschossen. Die Funiculi dienen als Schlingen, mit deren Hilfe sich die Peridiolen an Pflanzenteile hängen (Abb. 171 d).

Phallales. *Phallus impudicus* (Stinkmorchel) wächst auf Waldboden und bildet zunächst weiße, eigroße, von einer komplizierten Hülle umschlossene „Hexeneier". Die Peridie besteht aus zwei Häuten, zwischen denen eine dicke Gallertschicht eingelagert ist. Innerhalb des Hexeneis erstreckt sich von der Basis bis zum Scheitel ein zentrales säulenartiges Gewebe (Stiel), an dessen apikalem Ende die Gleba liegt. Später durchbricht der Innenteil samt der Gleba die Hülle und streckt sich rasch empor. Bei voller Entfaltung hängt vom rutenförmigen Stiel des Fruchtkörpers die wabige Gleba herunter (Abb. 172) und strömt einen unangenehmen Aasgeruch aus, durch den Insekten angelockt werden, welche die Sporenverbreitung besorgen.

Unter den Phallales gibt es gegen 50 vorwiegend tropische Arten, deren Fruchtkörper sich durch bizarre Formen und auffallende Farben auszeichnen.

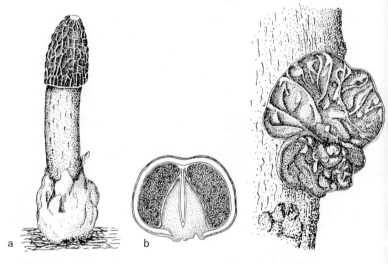

a   b

Abb. 172   Abb. 173

Abb. **172** *Phallus impudicus*. **a** Habitus; **b** Schnitt durch ein Hexenei – ($^1/_2$ nat. Größe) (nach *Fischer, E.*, Natürl. Pfl. fam. 7 a [1933] 1–122)

Abb. **173** *Auricularia auricula-judae*, Habitus ($^1/_2$ nat. Größe) (nach *Poelt, J.*, *H. Jahn*, Mitteleurop. Pilze, hrsg. v. *E. Cramer*, Hamburg 1963)

Tremellales. *Exidia glandulosa* verursacht in den Ästen und Zweigen von Laubbäumen eine Weißfäule. Die im Frühsommer gebildeten Basidiomata sind kraus, hirnartig und manchmal ausgedehnt; sie liegen in trockenem Zustande als dünne, harte Krusten, feucht als gallertige Polster auf dem Holz. Die fertile Oberseite besteht aus locker verflochtenen Hyphen, aus denen die längsseptierten (chiastischen) Basidien hervorgehen (Abb. **158 f**, s. S. 292).

Die etwa 200 Arten bilden verschiedene Formen von Fruchtkörpern, bei denen unter feuchten Bedingungen die Hyphenwände stark aufquellen, wodurch die Basidiomata groß und gallertig werden. Trockenheit führt zum Schrumpfen der Zellwände; die Fruchtkörper sind dann klein und unscheinbar, manchmal nur unauffällige Krusten. Manche Formen ähneln äußerlich Corticiaceae (Aphyllophorales, s. S. 300); sie unterscheiden sich jedoch deutlich durch die längsseptierten Basidien sowie durch repetitive Sporenkeimung (s. S. 293).

Sproßkolonien bilden die Vertreter der in die Nähe der Tremellales gehörenden Filobasidiaceae. Basidiomata fehlen, die gestielten, keuligen Basidien haben keine Sterigmen, und die auf dem Basidienscheitel sitzenden Basidiosporen sprossen z. T. in längere Ketten von Sekundärsporen aus, z. B. *Filobasidiella*-Arten (Anamorphe: *Cryptococcus*, Tab. **19**, S. 152).

Auriculariales. *Auricularia auricula-judae* (Judasohr) bildet seine fleischigen, an Ohrmuscheln erinnernden Fruchtkörper an alten Laubholzästen, vor allem an Holunder. Das aus locker verflochtenen Hyphen bestehende Hymenophor ist unregelmäßig grubig, von Leisten durchzogen (Abb. **173**) und trägt das aus Basidien und fädigen Paraphysen zusammengesetzte Hymenium. Die Basidien entspringen direkt den Hymenophorhyphen; in ihnen wickelt sich die Karyogamie und nach den zwei Teilungsschritten der Meiose die Bildung von drei Querwänden ab; jede der vier Basidienzellen bildet danach ein Sterigma, das an die Oberfläche des Hymeniums wächst und an dem sich eine längliche, gekrümmte, zuletzt vierzellige Basidiospore entwickelt. Bei der Sporenkeimung entspringt jeder Sporenzelle zunächst ein Büschel hakenförmig gekrümmter Konidien, die später zu einem Myzel auswachsen.

Die Auriculariales umfassen gegen 100 Arten. Manche von ihnen ähneln in den Fruchtkörpern den Tremellales, doch sind die Basidien querseptiert (stichisch); die Basidien keimen jedoch ebenfalls mit Konidien (Heterobasidiomyceten).

Septobasidiales. *Septobasidium pseudopedicillatum* wächst auf *Fraxinus*-Stämmen, ist aber auf komplizierte Weise mit Schildläusen vergesellschaftet. Die parasitierten Schildläuse setzen sich auf ihrem Wirt fest, die Pilzhyphen wachsen aus ihnen heraus und bilden zunächst ein dem Substrat anliegendes Hyphengeflecht. Aus diesem erheben sich zahlreiche, senkrechte, starre Hyphen, die ein aus Hyphen verflochtenes Dach tragen, hier findet sich auch die Fruktifikation (Abb. **174**). Zunächst entwickeln sich dickwandige Probasidien (Sklerobasidien), in denen sich die Karyogamie abspielt und die mit später vierzelligen Metabasidien auskeimen. Die Basidiosporen sind länglich; sie vermögen wiederum junge Läuse zu infizieren. Die kranken Insekten gehen an dieser Infektion nicht ein, doch bleiben sie in ihrer Entwicklung zurück, bilden auch keinen Schild und pflanzen sich nur ausnahmsweise fort. Unter dem Pilzdach halten sich stets auch zahlreiche gesunde Tiere auf und profitieren von dessen Schutz.

Viele der etwa 200 Septobasidiales leben auf Insekten, vor allem auf Schildläusen, und gehen mit ihnen ähnlich komplizierte Lebensgemeinschaften ein wie *Septobasidium pseudopedicillatum*.

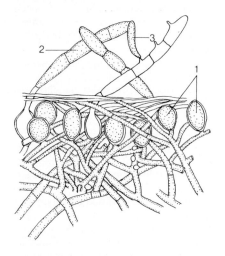

Abb. **174** *Septobasidium pseudopedicillatum*.
Schnitt durch das Hymenium mit Probasidien (1), Basidien (2) und Basidiosporen (3) – (450fach) (nach *Couch, J. N.*, Elisha Mitchell Sc. Soc. 51 [1935] 1–77)

Uredinales (Rostpilze) (s. Tab. **31**). Gelangen (haploide) Basidiosporen von *Puccinia graminis* (Schwarzrost des Getreides) im Frühjahr auf Blätter der Berberitze (*Berberis vulgaris*), so bilden sie unter geeigneten Bedingungen Keimhyphen, die direkt in das Blatt eindringen. Zunächst durchwuchern sie – vorzugsweise intracellulär – das Wirtsgewebe, später verknäueln sie sich zwischen Palisadengewebe und oberer Epidermis zu rundlichen Polstern, aus denen sich kleine, nach außen mündende Gehäuse (Spermogonien, zuweilen auch Pyknidien genannt) entwickeln. In deren Inneren werden kleine farblose Zellen (1. Sporenform – Spermatien, als O bezeichnet) abgeschnürt. Diese sind nicht imstande, selbständig zu einem neuen Myzel auszuwachsen und die Infektion weiterzutragen. Hingegen können sie männliche Kerne für die Befruchtung liefern; die Kerne werden von (weiblichen) Empfängnishyphen, die aus dem Blattinnern hervorbrechen, übernommen. Häufig erfolgt die Be-

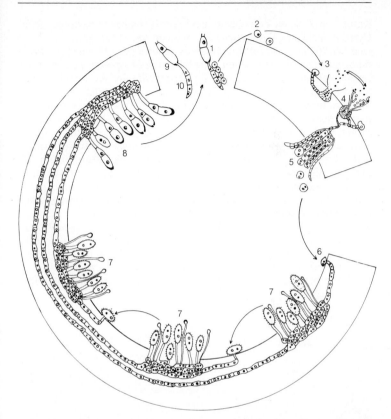

Abb. 175 *Puccinia graminis*, Schema der Entwicklung. 1 = Basidiosporen, 2 = auf ein Berberitzenblatt gelangende Basidiosporen, 3 = Infektion, Bildung von haploidem Myzel und von Spermogonien (Pyknidien), 4 = Befruchtung der aus dem Blatt ragenden Empfängnishyphen durch Spermatien, 5 = Bildung von Aecidien mit dikaryotischen Aecidiosporen, 6 = Infektion einer Graminee durch eine Aecidiospore, 7 = Bildung von verschiedenen Generationen von Uredosori mit dikaryotischen Uredosporen, 8 = Bildung von Teleutosori mit zweizelligen, dikaryotischen Teleutosporen (Probasidien), 9 = abgefallene Teleutospore, die im Frühjahr Basidien (10) bildet – (nach *Blumer* 1963)

fruchtung aber auch zwischen Hyphenzellen verschiedener Thalli im Blattinneren (*Puccinia graminis* ist heterothallisch) (Abb. 175).
Fast gleichzeitig mit der Entwicklung von Spermogonien verknäueln sich die Pilzhyphen auch unter der Epidermis der Blattunterseite (Aecidienanlagen). Nach der Befruchtung werden die komplementären

Kerne von Zelle zu Zelle bis in diese Aecidienanlagen weitergegeben. Hier lösen sie eine Differenzierung in einen sporenführenden Teil und eine sich später becherförmig öffnende einschichtige Wand (Pseudoperidie) aus. Die dikaryotischen Aecidiosporen (2. Sporenform, als I bezeichnet) bilden sich in Ketten; sie werden von der Aecidienbasis aus sukzessive abgeschnürt und gelangen dann in den Luftstrom.

Mit dem Kernphasenwechsel (von haploid zu dikaryotisch) ist eine Änderung der parasitischen Eigenschaften des Pilzes verbunden. Aecidiosporen vermögen nicht mehr *Berberis* zu infizieren, hingegen Gramineen, z. B. Getreidearten. Sie lassen ihre Keimhyphen durch die Stomata in die Wirtsblätter und -halme eindringen; je nach Witterung bilden sich dann in mehr oder weniger kurzen Zeitabständen mehrere Generationen von Lagern mit einzelligen, gelblichen Sommersporen (Uredosporen = 3. Sporenform, meist als II bezeichnet). Die Uredosporen vermögen auf den Gramineenwirten neue Infektionen auszulösen, und innerhalb weniger Wochen kann in einem Weizenfeld nicht nur jede Pflanze infiziert sein, sondern sie sind mit tausenden von Uredolagern besetzt. In reifendem Getreide entwickeln sich darauf die fast schwarzen Lager der Wintersporen (Teleutosporen = 4. Sporenform, als III bezeichnet). Sie sind zweizellig, ziemlich dickwandig, braun und sitzen dicht gedrängt

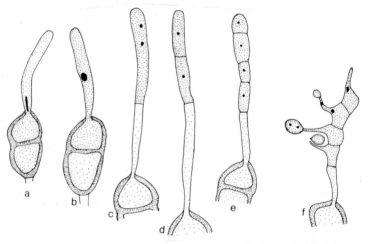

Abb. 176 Teleutosporenkeimung von *Puccinia purpurea*. a Einwanderung des diploiden Kernes einer Teleutosporenzelle in die junge Basidie. b Basidie mit diploidem Kern. c–e Meiose in zwei aufeinanderfolgenden Schritten; die Querwandbildung in der jungen Basidie erfolgt unmittelbar nach jedem Teilungsschritt. e Vierzellige Basidie. f Basidie mit Sterigmen und Basidiosporen; in diesen befinden sich nach einer Mitose je zwei Kerne – (660fach) (nach *Kulkarni, U. K.,* J. Univ. Poona, Sci. Techn. Sect. 24 [1963]

Tabelle **31** Entwicklungszyklen der Rostpilze

Entwicklungs-gang	Wirtswechsel	ausgebildete Sporenformen				
		Spermatien	Aecidio-sporen	Uredosporen (mehrere Gene-rationen)	Teleutosporen	Basidio-sporen
Kurzbezeichr.		0	I	II	III	
Eutypus	+ oder –	+ (–)	+	+	+	+
Brachytypus	–	+ oder –	–	+	+	+
Opsistypus	+ oder –	+ oder –	+	–	+	+
Mikrotypus	–	+ oder –	–	–	+ mit Keimruhe	+
Leptotypus	–	+ oder –	–	–	+ sofort keimend	+
Endotypus	–	+ oder –	+	–	–	+
imperfekte Rostpilze	–	+ oder –	–	+	–	–

an kürzeren oder längeren Stielen. Mit den Stoppeln bleiben sie am Boden, überwintern und keimen im Frühjahr mit Basidien aus (s. Abb. 175), an denen sich nach Art der Abb. 176f einzellige Basidiosporen entwickeln (5. Sporenform).

Puccinia graminis zerfällt in zahlreiche physiologische Rassen, die nicht nur auf bestimmte Gattungen und Arten von Gramineen, sondern auch auf deren einzelne Rassen (z. B. Weizensorten) spezialisiert sind. Der Pilz gehört zu den gefährlichsten Pflanzenparasiten. Er fordert alljährlich von der Weltgetreideernte einen ins Gewicht fallenden Tribut und gehört deshalb zu den bestuntersuchten Pilzen. Er läßt sich gelegentlich auch auf Nährböden kultivieren. Auch bei einigen andern Rostpilzarten ist die Reinkultur auf Laboratoriums-Nährmedien gelungen, doch muß die große Mehrzahl der Rostpilze als obligat biotrophe Organismen betrachtet werden.

Die Rostpilze sind weltweit verbreitete Parasiten von Farnen und Blütenpflanzen mit mehr als 5000 meist streng auf ihre Wirtspflanzen spezialisierten Arten. Biologisch und in ihrer Entwicklung sind sie außerordentlich mannigfaltig. Neben Arten mit obligatem Wirtswechsel (Heterözie) zwischen der haploiden und der dikaryotischen Phase gibt es solche, die ihre ganze Entwicklung auf derselben Wirtspflanze abwickeln (Autözie); neben Arten mit vollständigem Entwicklungsgang (Euformen), wie *Puccinia graminis*, gibt es andere mit abgekürztem Entwicklungsgang, die eine oder mehrere Sporenformen unterdrücken (Brachyformen, Opsisformen, Mikroformen, Leptoformen, Endoformen, s. Tab. 31). In Klimaten mit kurzer Vegetationsperiode treten derartige abgekürzte Entwicklungszyklen besonders häufig auf. Andererseits können auch durch Wiederholung einzelner Generationen verlängerte Entwicklungszyklen, z. B. durch Aecidienwiederholung, auftreten. Häufiger ist die Wiederholung allerdings bei den Uredogenerationen. Imperfekte Rostpilze, von denen nur Uredogenerationen bekannt sind, runden das Bild der vielseitigen Möglichkeiten ab.

Systematisch lassen sich die Uredinales nach der Bildung der Teleutosporen (gestielt oder ungestielt, einzeln oder in Ketten) sowie der Aecidienmorphologie in verschiedene Familien gliedern; die größte ist die der Pucciniaceae. Bei ursprünglichen Formen, z. B. bei Farne bewohnenden Pucciniastraceae, sind die Teleutosporen im Wirtsgewebe eingeschlossen, bei den abgeleiteten Cronartiaceae und bei manchen Pucciniaceae brechen sie aus dem Wirtsgewebe heraus und werden mit dem Wind verbreitet.

Die Aecidien können von einer dauerhaften Pseudoperidie umgeben sein; fehlt diese, dann nennt man die entsprechenden Sporenlager Caeomata (sing. Caeoma). Ein Spezialfall von Aecidien liegt auch beim Gitterrost des Birnbaumes, *Gymnosporangium sabinae*, vor. Die weit aus dem Blatt herausragenden Aecidien sind anfangs geschlossen und werden bei der Reife zerschlitzt und gitterartig durchbrochen. Die

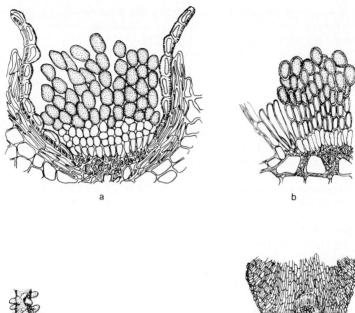

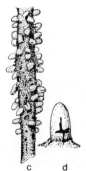

Abb. 177 Aecidientypen der Uredinales. **a** Typische Aecidie mit Pseudoperidie und sich in Ketten bildenden Aecidiosporen von *Puccinia persistens* auf *Thalictrum minus*. **b** Aecidie vom *Caeoma*-Typ von *Phragmidium tuberculatum* auf *Rosa canina*. **c, d** Aecidien vom *Peridermium*-Typ, hervorgerufen durch *Cronartium ribicola* auf Zweigen von *Pinus silvestris*. **e** Aecidie vom *Roestelia*-Typ, hervorgerufen durch *Gymnosporangium sabinae* auf Blättern von *Pirus communis* – (a, b: 500fach, c: nat. Größe, d: 10fach, e: 30fach) (a, b: nach *Savulescu*, Tr., Monogr. Ured. Romana, Bukarest 1, 2 [1953] 1166 S., c: nach *Dietel, P.,* Uredinales. Nat. Pfl. fam. I. Teil, Abt. 1 [1900] 24–81, d: nach *Viennot-Bourgin, G.,* Camp. paras. plantes cult. 1, 2 [1953] 1850 S.)

Aecidien von *Cronartium ribicola* (Blasenrost der Weymouthskiefer) auf Ästen von *Pinus strobus* und anderen fünfnadeligen *Pinus*-Arten sind blasenförmig aufgetrieben (Abb. **177**).

Neben *Puccinia graminis* gibt es unter den Rostpilzen noch zahlreiche weitere wichtige Pflanzenparasiten, darunter besonders viele Roste unserer Getreidearten (Gelbrost des Weizens = *Puccinia glumarum*, Braunrost des Weizens = *Puccinia triticina*, Braunrost des Roggens = *Puccinia dispersa*, Maisrost = *Puccinia sorghi*), die sich biologisch ähnlich verhalten. Auf fünfnadeligen *Pinus*-Arten (*Pinus strobus, Pinus cembra*) tritt manchmal *Cronartium ribicola* verheerend auf, nur ist es in diesem Falle wie übrigens auch beim Gitterrost des Birnbaumes (*Gymnosporangium sabinae*) die Haplophase, die wirtschaftliche Schäden verursacht.

Zusammen mit den Septobasidiales und eventuell mit Teilen der heutigen Auriculariales nehmen die Rostpilze innerhalb der Basidiomycetes eine eigenartige Stellung ein, für deren Beurteilung allerdings die Informationen noch unzureichend sind. Sie bilden keine Schnallen und die Septenporen sind einfach wie bei den Exobasidiales (und Ascomycetes).

Deuteromycota (Fungi imperfecti)

Zu den Deuteromycota stellen wir Anamorphen von Asco- und Basidiomycota sowie die diesen ähnlichen Pilze mit ausschließlich asexueller Fruktifikation ohne Kernphasenwechsel. Die völlige Einordnung dieser Organismen in das System der Asco- und Basidiomycota ist zur Zeit nicht möglich, ihre Zusammenfassung in einem selbständigen Form-Taxon und ihre spezielle Benennung deshalb aus praktischen Gründen gerechtfertigt.

Die engen Beziehungen zu Ascomycota und Basidiomycota kommen in der Morphologie wie auch im Chemismus zum Ausdruck. Nicht nur gehören viele von ihnen tatsächlich in die Lebenszyklen von solchen Pilzen, auch ihre Hyphen, Septen, Septenporen, ihr Zellwandaufbau und -chemismus, die Zusammensetzung ihrer DNS-Basen (s. S. 78) stimmen, soweit sie untersucht worden sind, in den einen Fällen mit denen der typischen Ascomyceten, in anderen Fällen mit den Basidiomyceten überein. Außerdem ist eine derartige Beziehung naheliegend, wenn nur asexuell wachsende Arten in dieselbe Formgattung wie gesicherte Anamorphe von Asco- oder Basidiomycota gestellt werden, z. B. trifft dies zu für alle zur Formgattung *Penicillium* (und Verwandten) gestellten Fungi imperfecti (z. B. Abb. **122**, S. 249: *Penicillium*-Anamorph von *Talaromyces*, Ascomycetes) oder für alle *Haplotrichum*-Arten, die mit Anamorphen aus der Gattung *Botryobasidium* (Basidiomycetes) zusammen eingeordnet werden (Abb. **163**, s. S. 300).

Auch die „Fungi imperfecti" sind in einem hierarchischen System geordnet. Ihre Ordnungen, Familien und Gattungen werden als Formtaxa bezeichnet, um klarzustellen, daß ihre Glieder einander ähnlich, aber nicht miteinander verwandt sein müssen.

In den meisten Fällen werden von den Fungi imperfecti Konidien als Keime gebildet (s. S. 59); manchmal können aber auch Chlamydosporen (s. S. 50), Bulbillen (s. S. 53) oder Sklerotien als Verbreitungseinheiten dienen.

1. Fruktifikationsform. Konidien können direkt am Myzel gebildet werden, wobei die konidienbildenden Zellen aus den Substrat- oder Lufthyphen hervorgehen oder an besonderen, hyphigen Konidienträgern (Conidiophoren) entstehen. Andere konzentrieren ihre conidiogenen Zellen in besonderen Strukturen, den **Conidiomata**, die im Prinzip den Fruchtkörpern der Asco- und Basidiomyceten entsprechen. Diese sind sehr unterschiedlich gebaut. Sie können als einfache Lager mit kompakter zelliger Basalschicht und darauf dicht gedrängt nebeneinanderstehenden conidiogenen Zellen ausgestaltet sein (Acervuli, z. B. Abb. **186**, S. 327), den Perithecien der Sphaeriales (s. S. 365) gleichen (Pyknidien, z. B. Abb. **187**, S. 328) oder zu Höhlungen in komplexen, stromatischen Knollen zusammengefaßt sein. Die früher vertretene strikte Unterteilung der Imperfekten in Moniliales (Konidien frei im Myzel), Melanconiales (Konidien in Acervuli) und Sphaeropsidales (Konidien in Höhlungen von Pyknidien und Stromata) ist zwar für die Mehrheit anwendbar, genügt aber nicht für die Gesamtheit der imperfekten Pilze. Wir ziehen es deshalb vor, sie – vor allem für das praktische Bestimmen – in Hyphomyceten (umfassend dargestellt durch CARMICHAEL u. Mitarb. 1980) und Coelomyceten (SUTTON 1980) zu unterteilen. Übergangsformen zwischen Hyphomyceten und Coelomyceten sind z. B. Formen mit Synnemata (gebündelten Conidiophoren, z. B. *Rhombostilbella*, Abb. **41**, s. S. 65) oder Sporodochien (zellige Knollen mit oberflächlichen conidiogenen Zellen, s. S. 53). Pilze, von denen nur oder vorwiegend Sproßzellen bekannt sind, werden bei den Blastomyceten eingereiht.

Eine weitere Schwierigkeit für den Entscheid, welcher Fruktifikationsform ein Imperfekt tatsächlich zugeordnet werden sollte, ergibt sich manchmal in Reinkulturen. Die Konidienbildung in ganz jungen Thalli kann zunächst frei im Myzel erfolgen, später können die Konidienstrukturen zu Lagern zusammentreten, und zuletzt entwickeln sich Pyknidien. Nur die Betrachtung der gesamten Entwicklung dieser Pilze (Ontogonese) ermöglicht das Erkennen der maßgebenden höchstentwickelten Fruktifikationsform.

2. Entstehung der Konidien. Wie im allgemeinen Teil ausführlich dargestellt (s. S. 60 ff.) entwickeln sich die Konidien nach zwei Grundtypen, nämlich durch Gliederung schon bestehender Hyphen (Thallokonidien) und durch Zellsprossung (Blastokonidien). Innerhalb beider Grundtypen lassen sich eine Anzahl weiterer Entwicklungsmöglichkeiten unterscheiden. Es hat sich aber gezeigt, daß die verwandtschaftlichen Bezie-

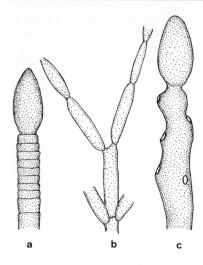

Abb. **178** Anamorphe von Arten der Gattung *Venturia*. **a** *Spilocaea*-Anamorph von *Venturia inaequalis*: annelidisch (basipetale Bildung). **b** *Karakulinia*-Anamorph von *Venturia carpophila*: akropetale Ketten von Blastokonidien. **c** *Fusicladium*-Anamorph von *Venturia pirina*: sympodiale Konidienbildung an wachsenden Konidienträgern − (ca. 1000fach) (nach *Madelin, M.F.,* in *B.C. Kendrick*, The whole fungus, Nat. Mus. of Canada, Ottawa and The Kananaskis Found, 1979, S. 63−79)

a   b   c

hungen (z.B. beurteilt nach den Anamorphen von Ascomyceten und Basidiomyceten) mit Hilfe der Konidienentwicklung nicht immer erfaßbar sind. Innerhalb der Ascomycetengattung *Venturia* (s. S. 274) treten drei artspezifische Möglichkeiten der Konidienentwicklung auf (Abb. **178**). Andererseits können Konidienformen mit demselben Entwicklungstyp Anamorphe von ganz unterschiedlichen, untereinander nicht verwandten Ascomyceten sein. Hingegen ist die Art der Konidienentwicklung für die Differenzierung von Formgattungen der Imperfekten eine unerläßliche Grundlage.

3. Merkmale der Konidien. Form, Septierung und Färbung der Konidien repräsentieren eine dritte Gruppe von Merkmalen, die zur Anordnung der Fungi imperfecti in einem Form-System herangezogen werden.

Form. Kugelig, zylindrisch, ellipsoidisch, linsenförmig, bikonisch, spindelig, keulig, eiförmig, spiralig oder schraubig gedreht (helicoid, Abb. **179a**), fingerartig verzweigt (staurospor, Abb. **179b**), aus netzig verbundenen Zellen zu Hohlkugeln zusammengesetzt (Abb. **179c**).

Septierung. Einzellig (unseptiert, amerospor), zweizellig (einfach septiert, didymospor), mehrfach querseptiert (phragmospor), mauerförmig septiert (mit Quer- und Längssepten, dictyospor).

Färbung. Ungefärbt oder hell (hyalin, hyalospor), dunkel gefärbt (meist bräunlich; phaeospor).

Weitere Merkmale. Verschiedenartige Skulptierung; schleimige, fädige, borstige Anhängsel, Keimspalten.

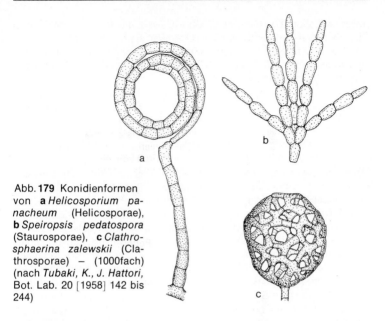

Abb. 179 Konidienformen von **a** *Helicosporium panacheum* (Helicosporae), **b** *Speiropsis pedatospora* (Staurosporae), **c** *Clathrosphaerina zalewskii* (Clathrosporae) – (1000fach) (nach *Tubaki, K., J. Hattori,* Bot. Lab. 20 [1958] 142 bis 244)

Die größeren Gruppen (Formfamilien) werden oft nach dem Grad der Konidienseptierung in Amerosporae, Phaeosporae, Hyalodidymae, Phaeodidymae, Dictyosporae usw. unterteilt. Daß bei solchen formalen Gruppierungen unter Umständen nächstverwandte Pilze auseinandergerissen und auf weit entfernte Formtaxa verteilt werden, ist eine Konsequenz der künstlichen Gruppierung, die durch die Einfachheit der Handhabung gerechtfertigt wird.

Einteilung der Fungi imperfecti. Ein allgemein annehmbares Prinzip für die Einteilung der Imperfekten fehlt bis heute. Weder ihre Anordnung nach Fruktifikations- und Sporenformen nach den herkömmlichen Systemen, noch nach der neuerdings mehr berücksichtigten Konidienontogenese oder nach den nachgewiesenen oder vermuteten Beziehungen zu bestimmten Taxa der Ascomycetes oder der Basidiomycetes werden den praktischen Bedürfnissen gerecht. Kein bisheriges System vermag in befriedigender Weise die Arten zu erfassen, welche mehr als eine asexuelle Fruktifikationsform haben. So sind die Formen der Gattung *Fusarium* (vgl. Abb. 183), welche nur ihre einzelligen, stäbchenförmigen oder ellipsoidischen Mikrokonidien bilden, mit den üblichen Bestimmungsschlüsseln nicht bestimmbar. Ebensowenig besteht die Möglichkeit, Formen einzuordnen, welche neben einer Hyphomycetenform eine Pyknidienform oder neben enteroblastischer auch holoblastische Konidienentwicklung haben. Auf Grund der zur Verfügung stehenden Literatur (vor allem CARMICHAEL u. Mitarb. 1980 und SUTTON 1980) lassen sich aber zwei genügend trennbare Gruppen, die Hyphomyceten und die Coelomyceten, unterscheiden, während hefeähnliche imperfekte Pilze, Blastomyceten nach LODDER (1970) oder BARNETT et al. (1979) bestimmt werden können.

Falls eine bestimmte Pilzart verschiedene Fruktifikationsformen hat, ist der Name der höchstentwickelten Fruktifikationsform (der am meisten differenzierten) zu benutzen; absolute Priorität hat der Name der Teleomorphe (s. S. 162). In der Phytopathologie und in weiteren Anwendungsgebieten ist es allerdings üblich, eingebürgerte Namen der einzelnen Stadien weiter zu benützen, auch wenn sie nach den Nomenklaturregeln verworfen werden müßten.

Hyphomyceten (Moniliales). *Penicillium notatum*, der ursprüngliche Produzent von Penicillin (s. S. 138), bildet in der Natur und auf festen Nährböden Thalli aus farblosen, septierten Hyphen. Daraus erheben sich aufrechte Konidienträger nach Art der Abb. 180; sie bilden in der Scheitelregion zumeist primäre, gelegentlich auch sekundäre Verzweigungen (Metulae I und II), auf deren Scheitel je ein Büschel von Phialiden sitzt, die in basipetaler Folge enteroblastische (s. S. 60), in langen Ketten verbundene, in Masse grün gefärbte Konidien ausstoßen. Der Träger samt Konidienketten erscheint unter der Lupe als kleiner Pinsel (lat. „penicillus", daher Pinselschimmel). Die Gattung *Penicillium* umfaßt etwa 150 Arten (RAPER u. THOM 1949, PITT 1979), von denen etwa ein Drittel Anamorphe von Eurotiales (z. B. *Eupenicillium, Talaromy-*

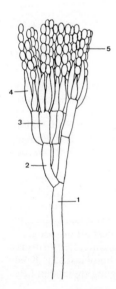

Abb. **180** *Penicillium chrysogenum.* 1 = Konidienträger; 2, 3 = Metulae I und Metulae II; 4 = Phialiden; 5 = Konidienketten – (ca. 600fach)

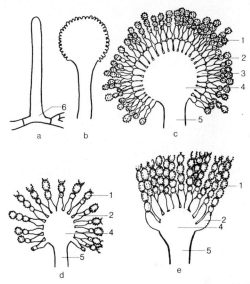

Abb. 181 *Aspergillus* (Moniliales). **a–c** *Aspergillus niger*. **a** Anlage eines Konidienträgers; **b** beginnende Differenzierung des konidienbildenden Apparates; **c** Köpfchen mit Metulae, Phialiden und Konidien. **d** *Aspergillus niveo-glaucus*. **e** *Aspergillus fumigatus*. 1 = Phialokonidien, 2 = Phialiden, 3 = Metulae, 4 = Bläschen (Vesikel), 5 = Konidienträger, 6 = Fuß des Trägers (in **a**) – (a–c: 170fach, d, e: ca. 400fach) (a–d: nach *Raper* u. *Fennell*)

ces) sind. Bei den Vertretern der Formgattung *Aspergillus* (z. T. ebenfalls Anamorphe von Eurotiales, z. B. *Eurotium, Emericella* u. a.) bilden sich die Phialiden teils unmittelbar auf einer apikalen Anschwellung des (unverzweigten) Trägerscheitels, teils auf diesen aufsitzenden Metulae; Beispiele und deren Entwicklung sind in Abb. 181 dargestellt.

Arthrinium cuspidatum kommt auf alten Stengeln von *Juncus*-Arten vor. Seine braunen, kurzgliedrigen Hyphen breiten sich über das Substrat aus, einige dringen ins Wirtsgewebe ein. Aus dem oberflächlichen Myzel differenzieren sich liegende oder manchmal aufrechte Konidienträger, welche sich durch kräftige, dunkelgefärbte und in kurzen Abständen aufeinanderfolgende Querwände auszeichnen. Die eigenartig geformten Konidien (Abb. 183b) werden an dornenartigen, seitlichen Ausstülpungen gebildet und fallen leicht ab.

Bei einer ähnlichen, auf *Luzula* vorkommenden Art sind die hornartigen Enden der Konidien einwärts (bei *Arthrinium cuspidatum* auf *Juncus* nach außen) gebogen (Abb. 182a).

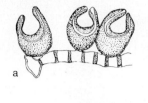

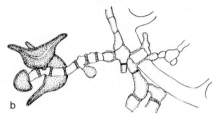

Abb. **182 a** *Arthrinium luzu-lae* (Parasit von *Luzula*-Arten), Konidienträger mit Radulasporen und amboßförmiger Endzelle. **b** *Arthrinium cuspidatum* (Parasit von *Juncus*-Arten), Teil eines Thallus mit Hyphen, Konidienträger und Konidien – (500fach) (nach *Ellis, M. B.*, Dematiaceous Hyphomyetes, CMI, 1971)

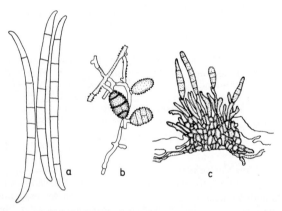

Abb. **183** Moniliales. **a** *Fusarium solani*, Konidien. **b** *Pithomyces chartarum*, Konidien in verschiedenen Stadien ihrer Entwicklung. **c** Konidienpolster von *Cercospora personata*, einem epidemisch auftretenden Blattflekkenerreger der Erdnuß – (a: 700fach, b: 500fach, c: 400fach) (a: nach *Toussoun, T. A., P. E. Nelson*, A pictorial guide ident. Fusaria, Penn. State Univ. Press, 1968, 1–57, b: nach *Ellis, M. B.* Mycol. Pap. 76 [1960], c: nach *Woodroof, N. C.*, Phytopath. 23 [1933] 627–640)

Zu den Moniliales gehören auch zahlreiche wichtige Pflanzenparasiten, so Welkerreger aus den Gattungen *Fusarium* (z. B. *Fusarium solani* mit Makrokonidien, Abb. **183a**, Mikrokonidien und Chlamydosporen) und *Verticillium* (ähnlich Abb. **45 a, b**) oder Blattfleckenkrankheiten, so

Cercospora personata auf den Blättern der Erdnuß (*Arachis hypogaea*, Abb. **183 c**). Unter Umständen verursachen derartige Pilze hohe Ertragsausfälle. *Pithomyces chartarum* (Abb. **183 b**) dagegen ist verantwortlich für eine Vergiftung von Weidevieh in ariden Zonen durch pilzbefallenes Gras (Mykotoxikosen, s. S. 151).

Hautpilze (Dermatophyten) von Tieren und dem Menschen sporulieren im Laboratorium meist als Moniliales. Wenn auch von einigen von ihnen die Bildung eines Teleomorph nachgewiesen ist (vgl. Gymnoascaceae, S. 251), sind in der Praxis immer noch die herkömmlichen Namen für den Anamorph im Gebrauch. Die Konidienbildung dieser Pilze wird heute als ,,thallisch" (s. S. 60) interpretiert, so von *Trichophyton* (Abb. **184 b, g** u. **185 a**), *Epidermophyton* (Abb. **184 b**) und *Microsporum* (Abb. **184 c–g**). Viele von ihnen bilden neben relativ großen, meist querseptierten Makrokonidien auch (zuweilen ausschließlich) Mikrokonidien (,,Aleuriokonidien").

Zu den Hyphomyceten gehört mehr als die Hälfte der Deuteromycetes. Die systematische Einteilung dieser Pilze ist schwierig. Versuche, die herkömmliche Einteilung in Formfamilien, durch eine sinnvollere An-

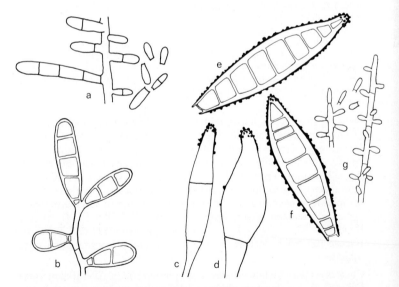

Abb. **184** Asexuelle Fruktifikationen der Dermatophyten (vgl. Abb. **185**). **a** *Trichophyton terrestre*, einzige Konidienform. **b** *Epidermophyton floccosum*, einzige Konidienform. **c–g** *Microsporum canis*. **c, d** Entwicklungsstadien von Makrokonidien; **e, f** reife Makrokonidien; **g** Mikrokonidien – (ca. 1000fach)

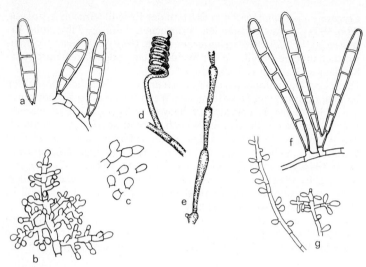

Abb. 185 Asexuelle Fruktifikationen der Dermatophyten (Moniliales, Deuteromycetes). **a–c** *Trichophyton mentagrophytes*. **a** Makrokonidien („Spindeln", fuseaux); **b** Mikrokonidien an verzweigtem Träger („en grappe"); **c** einzelne Mikrokonidien. **d** Schraubenanhängsel, wie es bei mehreren Dermatophyten beobachtet werden kann. **e** Keulenhyphe („racquet" hypha), bei Dermatophyten und Gymnoascaceae (Eurotiales, Ascomycetes) weit verbreitet. **f, g** *Trichophyton rubrum*. **f** Makrokonidien; **g** Mikrokonidien – (a, b, d–g: ca. 1000fach, c: ca. 1500fach)

ordnung zu ersetzen, haben leider noch nicht zu einem überzeugenden, alle hierher zu stellenden Pilze erfassenden System geführt. *Penicillium, Verticillium, Fusarium* und die Dermatophyten werden deshalb immer noch zur Formfamilie Moniliaceae (keine Ausbildung von Melanin und deshalb farblose oder nur leicht pigmentierte Hyphen und Konidienstrukturen), *Arthrinium, Pithomyces* und *Cercospora* dagegen wegen ihrer mit Melanin gefärbten Hyphen oder Konidien zu den Dermatiaceae gestellt. In einigen Anordnungen werden noch Stilbaceae (Fruktifikationen mit Koremien, z. B. *Rhombostilbella*, Abb. **41**) und Tuberculariaceae mit Sporodochien (s. S. 53) als weitere Formfamilien unterschieden.

Coelomyceten (Melanconiales und Sphaeropsidales). Auf zahlreichen Dikotyledonen (zweikeimblättrige Pflanzen) auch auf wirtschaftlich wichtigen Kulturpflanzen, wie Banane, Gartenbohne und Klee, tritt als Erreger von Blattflecken, Stengel- und (oder) Fruchtfäule *Colletotrichum gloeosporioides* in verschiedenen Varietäten auf. Einige dieser Varietäten konnten als Konidienformen von *Glomerella cingulata*

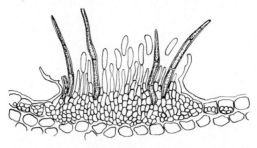

Abb. 186 *Colletotrichum gloeosporioides* (Melanconiales, Deuteromycetes), Schnitt durch ein Konidienlager (Acervulus) mit Setae — (330fach)
(nach *von Arx, J. A.,* Verh. K. Nederl. Akad. Wetensch. Afd. Natuurkunde,
Tweede Reeks, Deel 51, No. 3 [1957] 1—153)

(Sphaeriales, Ascomycetes) identifiziert werden, andere haben jedoch
keine Hauptfruchtformen. Gelangt eine Konidie auf einen geeigneten
Wirt, so keimt sie, sofern genügend Feuchtigkeit vorhanden ist, mit einem Keimschlauch aus, und daran entsteht ein Appressorium (s. S. 45),
von dem aus eine Infektionshyphe in das Wirtsgewebe eindringt. Der
Pilz breitet sich aus, tötet einzelne Wirtszellen und auch ganze Gewebeteile ab, und schließlich sporuliert er in den nekrotischen Bereichen. In
der abgestorbenen Epidermis bildet er Acervuli (Fruchtlager), aus denen lange Trägerzellen (Konidienträger) dicht nebeneinander empor-
wachsen. Aus den Trägerzellen sprossen einzellige, farblose, ellipsoidische Konidien; unter bestimmten äußeren Bedingungen entwickeln sich
in den Lagern auch dunkle Borsten (Abb. 186).
Die melanconialen Coelomyceten umfassen mehr als tausend Arten, die
zum Teil (wie auch die sphaeropsidalen, s. unten) als Nebenfruchtformen zu inoperculaten Discomyceten oder zu Pyrenomyceten gehören.
Viele von ihnen sind Pflanzenparasiten, so neben *Colletotrichum gloeosporioides* die *Gloeosporidiella*-Nebenfruchtformen von *Drepanope-
ziza*-Arten (Helotiales) auf *Ribes*, welche Blattfleckenkrankheiten verursachen.

Phoma herbarum lebt saprophytisch auf dürren, krautigen Stengeln und
bildet darauf seine dunklen Fruchtkörper (Pyknidien): Eine Hyphenzelle schwillt an, teilt sich ähnlich wie ein Fruchtkörperprimordium von
Leptosphaerulina australis in allen Richtungen (s. Abb. 118 u. S. 243)
und wächst zu einem kugeligen Gehäuse heran. In einer lysogenen, zentralen Höhlung breitet sich zunächst eine Masse kleiner, ellipsoidischer
Zellen aus. Diese stellen bei der Vergrößerung des Fruchtkörpers
Wachstum und Vermehrung ein und legen sich als dünne Schicht an die
Innenseite der Fruchtkörperwand. Bei der bald beginnenden Sporenbildung sprosst jede der kleinen Zellen wiederholt an der gleichen Stelle.

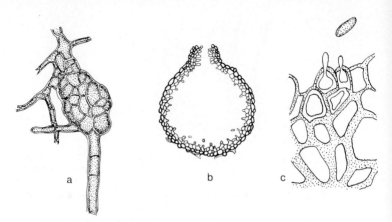

Abb. **187 a** Pyknidienprimordium von *Phoma herbarum*. **b** Pyknidie von *Phoma* sp. (Schnitt). **c** Konidienbildung bei *Phoma herbarum* – (a: 660fach, b: 80fach, c: 1000fach) (a, c: nach *Boerema, G. A.*, Persoonia 3 [1964] 9–16, b: nach *Boerema, G. A.* u. Mitarb., Persoonia 4 [1956] 47–48)

Die einzelligen, ellipsoidischen Konidien bleiben in Ketten verbunden und liegen bis zur Reife in der Pyknidienhöhlung (Abb. **187**).
Die einige tausend Arten von sphaeropsidalen Coelomyceten sind in mehrere Familien gegliedert. *Phoma* gehört zu den Sphaeropsidaceae; andere Vertreter dieser Familie bilden ihre Fruchtkörper auf oder in Stromata (s. S. 244). Als Leptostromaceae werden Sphaeropsidales mit schildförmigen Pyknidien, als Discellaceae solche mit becherförmigen (an Apothecien erinnernden) Fruchtkörpern zusammengefaßt. Die äußeren Formen der Fruchtkörper gleichen demnach denen der Pyrenomyceten und Discomyceten (Ascomycetes, Unterklasse Euascomycetidae).

Blastomyceten (imperfekte = anascospore „Hefen"). Hefeähnliche Pilze, die sich nur asexuell entwickeln, ähneln oder gleichen (abgesehen von den fehlenden Teleomorphen) entweder den Endomycetes (z. B. *Candida*, Abb. **11**, S. 28), Ustomycetes (Sporobolo mycetales, z. B. *Sporobolomyces, Rhodotorula*, Abb. **188 a, b**) oder Basidiomycetes (Filobasidiaceae, z. B. *Apiotrichum*, Abb. **188 c**).
Candida (in der eingeschränkten Umschreibung nach ARX u. WEIJMAN) umfaßt Hefen mit holoblastischer, multilateraler Sprossung (vgl. Abb. **100**, S. 219). Die Vertreter von *Sporobolomyces* sind oft gelblich oder rötlich gefärbt und bilden ihre Sproßzellen an einem sporenbildenden Locus in basipetaler Sukzession, ähnlich den Phialiden; allerdings ist die Öffnung nach einer Anzahl Sprossungen von einer entsprechen-

Abb. **188 a** Bildung von Ballistosporen (Konidien) bei *Sporobolomyces roseus*. **b** Enteroblastisch-phialidische Bildung von Sprosszellen (Konidien) bei *Rhodotorula*. **c** Holoblastisch-sympodiale Bildung von Sprosszellen (Konidien) bei *Apiotrichum* (a–c: 1000fach) (a: nach *Lodder, J., N.J. W. Kreger-van Rij*, The Yeasts, North-Holland Publ. Co., Amsterdam 1952, b, c: *von Arx, J. A., A. C. M. Weijman*, Ant. van Leeuwenhoek 45 [1979] 547–555)

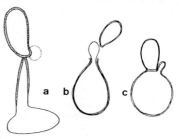

den Zahl von ,,Collaretten" umgeben, und die Wand der Mutterzelle baut sich aus einer gleichen Zahl von Schichten auf (Abb. **188 b**). *Sporobolomyces*-Arten haben daneben noch Ballistosporen (Abb. **188 a**), welche aktiv weggeschleudert werden. Die zu den Gattungen *Apiotrichum* und *Trichosporon* gehörenden Arten haben verwandtschaftliche Beziehungen zu den Filobasidiaceae (s. S. 311); sie bilden manchmal Myzel mit Schnallen und Dolipor-Parenthesom-Septen. Bei ihnen entwickeln sich die Sproßzellen im typischen Falle holoblastisch-sympodial (Abb. **188 c**).

Die nahe verwandtschaftliche Beziehung von imperfekten Hefen zu den Endomycetes respektive zu den Basidiomycota läßt sich auch chemisch belegen. Arten mit nur Spuren von Chitin in den Zellwänden und einem prozentualen GC-Anteil (Tab. **10**, S. 78) an den DNS-Basen von unter 50 gehören in die Nähe der Endomycetes, solche mit einem Anteil von über 5 % Chitin in den Zellwänden und mehr als 50 % G + C der DNS zu den Basidiomycota.

Literatur

Die Gesamtheit der Veröffentlichungen über Pilze und über die mit ihnen zusammenhängenden Probleme läßt sich heute praktisch nicht mehr überblicken. Allein die von uns benutzte Literatur ist sehr umfangreich, und auf ihre vollständige Aufzählung müssen wir nicht nur aus Platzgründen verzichten. Allzuviele, zum größten Teil nur dem Spezialisten dienende Hinweise würden den Überblick erschweren.
Die folgende Zusammenstellung soll eine Auswahl bei der Vertiefung in besondere Fragestellungen erleichtern. Wo immer möglich, zitieren wir neuere, zusammenfassende Werke, in denen auch vollständigere Literaturhinweise zu finden sind, und ordnen diese in alphabetischer Reihenfolge nach ihren Autoren an. Mykologische Zeitschriften, die wir als Ergänzung dazu ebenfalls anführen, werden mit ihren Titeln und weiteren für das Auffinden wichtigen Angaben erwähnt.

Bücher und monographische Einzelarbeiten

Die Liste ist in allgemeine und systematische Mykologie unterteilt. Die Zuordnung richtet sich nach dem Aufbau der betreffenden Publikation. Ein nach dem Pilzsystem gegliedertes Werk gehört zur systematischen Literatur, auch wenn, wie es die Regel ist, darin wesentliche Informationen allgemeinen Charakters enthalten sind. Entsprechendes gilt umgekehrt für systematische Rückschlüsse aus allgemein-mykologischen Darstellungen. Aussagen zur allgemeinen Mykologie finden sich außerdem in Schriften über allgemeine Botanik, Biochemie usw.

Allgemeine Mykologie

Ahmadijan, V., M. E. Hale (Hrsg.) 1973: The Lichens. Academic Press, New York; 697 S.

Ainsworth, G. C. 1971: Ainsworth and Bisby's Dictionary of the Fungi. 6. Aufl. Commonwealth Mycological Institute, Kew, England; 663 S. – Alphabetische Zusammenstellung definierter mykologischer Begriffe und Namen höherer Taxa bis zu den Gattungen.

Ainsworth, G. C. 1976: Introduction to the history of Mycology. Cambridge Univ. Press, Cambridge; 359 S.

Ainsworth, G. C., P. K. C. Austwick 1973: Fungal Diseases of Animals. 2. Aufl. Commonwealth Agricultural Bureaux, Farnham Royal, Slough, England; 216 S.

Ainsworth, G. C., A. S. Sussman (Eds.): The Fungi. An Advanced Treatise. Academic Press, New York. 1965: Vol. I. The Fungal Cell; 748 S. 1966: Vol. II. The Fungal Organism; 805 S. 1968: Vol. III. The Fungal Population Ecology; 738 S. – Zusammenfassende Arbeiten zahlreicher

Autoren über viele Aspekte der Mykologie. (Vol. IV A u. B s. Ainsworth, Sparrow, Sussman unter „Systematische Mykologie").

Batra, L. R. (Ed.) 1979: Insect-Fungus Symbiosis. Nutrition, Mutualism, and Commensalism. Allanheld, Osmun + Co., Montclair N. J. USA (Wiley + Sons, New York; 276 S.

Beckett, A., I. B. Heath, D. J. McLaughlin 1974: An Atlas of Fungal Ultrastructure. Longman, London; 221 S.

Booth, C. (Ed.) 1971: Methods in Microbiology. Vol. 4. Academic Press, London and New York. 795 S. − Mykologische Laboratoriumsmethoden, von 26 kompetenten Autoren ausführlich beschrieben.

Bötticher, W. 1974: Technologie der Pilzverwertung. Biologie, Chemie, Kultur, Verwertung, Untersuchung. Ulmer, Stuttgart; 208 S.

Buchanan, R. E., N. E. Gibbons (Eds.) 1974: Bergey's Manual of Determinative Bacteriology. 8th Ed. Williams and Wilkins, Baltimore. 1246 S. − Inhalt nichtmykologisch, umfaßt aber u. a. die fädig wachsenden Streptomycetaceae und Actinomycetaceae, von denen einige „Pseudomykosen" hervorrufen.

Buchner, P. 1965. Endosymbiosis of Animals with Plant Microorganisms. Wiley, New York; 909 S. (1953: Endosymbiose der Tiere mit pflanzlichen Mikroorganismen. Birkhäuser, Basel; 771 S.)

Buller, A. H. T. Researches on fungi. 1909: Vol. I 287 S.; 1922: Vol. II 492 S.; 1924: Vol. III, 611 S.; 1931: Vol. IV, 329 S.; 1933: Vol. V, 416 S.; 1935: Vol. VI, 513 S. Longmans Green, London. 1950: Vol. VII, University of Toronto Press, Toronto, 458 S. Faszinierende Studien über das Verhalten der Pilze.

Bu'Lock, J. D., bearbeitet und übersetzt von H. Grisebach u. W. Barz 1970: Biosynthese von Naturstoffen. BLV, München, Basel, Wien; 162 S. (Bu'Lock, J. D. 1965: The Biosynthesis of Natural Products. An Introduction to Secondary Metabolism. McGraw-Hill, New York; 149 S.)

Burnett, J. 1976: Fundamentals of Mycology. 2nd Ed. Arnold, London; 673 S. − Grundlegendes über Biologie, Entwicklung und Struktur der Pilze.

Burnett, J. H., A. P. J. Trinci (Eds.) 1979: Fungal Walls and Hyphal Growth. Cambridge University Press; 400 S.

Ciegler, A., S. Kadis, S. J. Ajl (Eds.) 1971: Microbial Toxins. Vol. VI. Academic Press, New York and London; 563 S.

Ciferri, R., P. Raedalli 1958: Bibliographia Mycopathologica 1800−1940. Sansoni, Firenze; Vol. I: 408 S., Vol. II: 399 S.

Cole, G. T., Kendrick, B. (Eds.) 1981. Biology of Conidial Fungi. Academic Press, New York; Vol. I. 486 S., Vol. II. 660 S.

Cole, G. T., R. A. Samson 1979: Patterns of Development in Conidial Fungi. Pitman, London, San Francisco, Melbourne; 190 S. − Sehr gut illustrierte Darstellung von Typen der Konidienentwicklung (dazu Lehrfilme COLE, G. T. 1978, Nrn. X 1302, X 1303, X 1304 beim Institut für den Wissenschaftlichen Film, Göttingen).

Conant, N. F., D. T. Smith, R. D. Baker, J. L. Callaway, D. S. Martin 1962 (Neudruck 1971): Manual of Clinical Mycology. 3rd Ed. Saunders, Philadelphia, London, Toronto; 765 S.

Cooke, R. 1977: The Biology of Symbiotic Fungi. Wiley + Sons, London. 282 S.

Deacon, J. W. 1979: Introduction to Modern Mycology. (Basic Microbiology, Vol. 7). Blackwell, Oxford etc.; 208 S.

Distribution Maps of Plant Pathogens. Commonwealth Mycological Institute, Kew, England. − Geographische Verbreitung pflanzenpathogener Pilze mit unregelmäßig erscheinenden Ergänzungen.

Emmons, C. W., C. H. Binford, J. P. Utz, K. J. Kwon-Chung 1977: Medical Mycology. 3rd Ed. Lea + Febiger, Philadelphia; 592 S.

Esser, K., R. Kuenen 1965: Genetik der Pilze. Springer, Berlin − Heidelberg. 497 S.

Fincham, J. R. S., P. R. Day, A. Radford 1979: Fungal Genetics (Botanical Monographs, Vol. 4). Blackwell, Oxford etc.; 636 S.

Flammer, R. 1980: Differentialdiagnose der Pilzvergiftungen. Fischer, Stuttgart; 92 S.

Frey, W., H. Hurka, F. Oberwinkler 1977: Beiträge zur Biologie der niederen Pflanzen. Fischer, Stuttgart − New York. 233 S.

Fuller, M. S. 1976: Mitosis in Fungi. Internat. Rev. Cytol. 45, 113−153.

Gareth Jones, F. B. 1976: Recent Advances in Aquatic Mycology. Elek Science, London; 749 S.

Gäumann, E. 1951: Pflanzliche Infektionslehre. 2. Aufl. Birkhäuser, Basel; 681 S.

Gedek, B. 1980: Kompendium der medizinischen Mykologie. Parey, Berlin u.

Hamburg; 395 S. – Enthält ausführliche Information über Mykotoxikosen einschließlich veterinärmedizinischer Aspekte.

Gray, W. D. 1970: The use of fungi as food and in food processing. Chemical Rubber Co. Press, Cleveland; 113 S.

Griffin, D. M. Ecology of soil fungi. Chapman u. Hall, London; 193 S.

Hale, M. E. 1974: The biology of Lichens. (2. ed.) Arnold, London; 181 S.

Harley, J. L. 1971: Fungi in ecosystems. J. appl. Ecol. 8, 627–642.

Heath, I. B. (Ed.) 1978: Nuclear Division in the Fungi. Academic Press, New York; 235 S.

Heath, I. B. 1980: Variant Mitoses in Lower Eukaryotes: Indicators of the Evolution of Mitosis? Internat. Rev. Cytol. 64, 1–80.

Henke, H. 1972: Untersuchungen an Tryptophan-Biosynthese Enzymen aus Coprinus und anderen Basidiomyceten. Diss. ETH-Zürich, Juris.Verl. Zürich, 41 S.

Herbarium I. M. I. Handbook (1960). Commonwealthway: phylogenetic Mycological Institute, Kew, England; 103 S.

Hütter, R., DeMoss, J. A. 1967: Organization of the Tryptophan pathway: a phylogenetic study of the fungi. J. of Bacteriol. 94, 1890–1907.

Ingold, C. T. 1971: Fungal Spores. Their liberation and dispersal. Clarendron Press, Oxford; 302 S.

Kadis, S., A. Ciegler, S. J. Ajl: Microbial Toxins. Academic Press, New York + London. 1971: Vol. VII; 401 S. 1972: Vol. VIII; 400 S.

Kandler, O. 1981: Archaebakterien und Phylogenie der Organismen. Naturwissenschaften 68, 192.

Karlson, P. 1977: Kurzes Lehrbuch der Biochemie. 10. Aufl. Thieme, Stuttgart; 418 S.

Kendrick, B. (Ed.) 1971: Taxonomy of Fungi imperfecti. Univ. Toronto Press, Toronto; 306 S.

Kendrick, B. (Ed.) 1979: The Whole Fungus. The Sexual-Asexual Synthesis. National Museum of Natural Sciences, National Museums of Canada and Kananaskis Foundation, Ottawa. 793 S. in 2 Bänden.

Kieslich, K. 1976: Microbial Transformations of Non-Steroid Cyclic Compounds. Thieme, Stuttgart; 1262 S.

Korzybski, T., Z. Kowszyk-Gindifer, W.

Kurylowicz 1978: Antibiotics. Origin, Nature, and Properties. Amer. Soc. Microbiol., Washington DC; 2270 S. in 3 Bänden.

Lindau, G., Sydow, P. 1908–1917: Thesaurus litteraturae mycologicae et lichenologicae. Boerntraeger, Leipzig; Band 1 (1908) 903 S.; 2 (1909) 808 S.; 3 (1Ä13) 766 S.; 4 (1915) 609 S.; 5 (1917) 526 S. Supplement, zusammengestellt von R. Ciferri. Cortina, Pavia, 1957–1960; 3100 S. (Zusammenstellung der gesamten mykologischen Literatur und zwar im „Thesaurus" bis 1910, im „Supplementum" von 1911–1930.); seither nur „Biological abstracts" respektive (seit 1967) Abstracts in Mycology).

Madelin, M. F. (ed.) 1966: The fungus spore. Proc. 18. Symp. Colston Res. Soc. Bristol. Butterworths, London, 338 S.

Margulis, L. 1976. The theme (mitotic cell division) and the variations (Protists): Implications for higher taxa. Taxon 25, 391–403.

Martin, G. W. 1951: The numbers of Fungi. Iowa Acad. Sci. 58, 175–178.

Meyrath, J., J. D. Bu'Lock: Biotechnology and Fungal Differentiation. (FEMS Symposium No. 4). Academic Press, London, New York, San Francisco; 229 S.

Moreau, C. 1974: Moississures toxiques dans l'alimentation. Masson, Paris. (2. ed.) 471 S.

Moreau, C. 1978: Larousse des champignons. Librairie Larousse, 328 S. (Zahlreiche Information über Morphologie und Biologie, sowie Bedeutung in der Natur und für den Menschen).

Müller-Kögler, E. 1965: Pilzkrankheiten bei Insekten. Anwendung zur biologischen Schädlingsbekämpfung und Grundlage der Insektenmykologie. Parey, Berlin; 444 S.

Nultsch, W. 1982: Allgemeine Botanik. Kurzes Lehrbuch für Mediziner und Naturwissenschaftler. 7. Aufl. Thieme, Stuttgart; 528 S.

Petersen, R. H. (ed.) 1971. Evolution in higher Basidiomycetes. Univ. of Tennessee Press, 562 S.

Pirozynski, K. A. 1976: Fossil Fungi. Ann. Rev. Phytopathol. 14, 237–246. – Übersicht mit älteren Literaturzitaten.

Ragan, M. A., D. J. Chapman 1978: A Biochemical Phylogeny of the Protists. Academic Press, New York; 317 S.

Rehm, H.-J. 1980: Industrielle Mikrobiologie. 2. Aufl. Springer, Berlin – Heidelberg – New York; 718 S.

Richter, G. 1982: Einführung in die Pflanzenphysiologie. 4. Aufl. Teil I: Stoffwechsel. Thieme, Stuttgart; 604 S.

Ross, I. K. 1979: Biology of fungi. McGraw-Hill, New York; 499 S.

Schlegel, H. G. 1981: Allgemeine Mikrobiologie. 5. Aufl. Thieme, Stuttgart; 559 S.

Seeliger, H. P. R., T. Heymer 1981: Diagnostik pathogener Pilze des Menschen und seiner Umwelt. Lehrbuch und Atlas. Thieme, Stuttgart + New York; 326 S.

Skinner, F. A., S. Passmore, R. R. Davenport 1980: Biology and activities of yeasts. Academic Press, New York, London usw.; 310 S.

Smith, G. 1971. An Introduction to Industrial Mycology, six ed., E. Arnold London, 390 S.

Smith, J. E., D. R. Berry (Eds.): The Filamentous Fungi. 1975: Vol. 1, Industrial Mycology; 340 S., 1976: Vol. 2, Biosynthesis and Metabolism; 520 S., 1978: Vol. 3, Developmental Mycology; 464 S.

Smith, J. E., D. R. Berry, B. Kristiansen 1980: Fungal Biotechnology. Academic Press, London usw.; 308 S.

Stevens, R. D. (Ed.) 1974: Mycology Guidebook. University of Washington Press, Seattle + London; 703 S.

Steyn, P. S. (Ed.) 1980: The Biosynthesis of Mycotoxins. A Study in Secondary Metabolism. Academic Press, New York usw.; 432 S.

Sussman A. S., H. O. Halvorson 1966: Spores, their dormancy and germination. Harper & Row, New York; 354 S.

Turian, G. 1969: Différenciation fongique. Masson, Paris; 144 S.

Turian, G. 1977: Fungal Differentiation. In: Meyrath u. Bu'Lock (s. o.)

Turner, W. B. 1971: Fungal Metabolits. Academic Press, London, New York; 446 S.

Vedder, P. J. C. 1978: Modern mushroom growing. Educaboek, Culemborg NL; 420 S.

Whittacker, R. H. 1969: New concepts of kingdoms of organisms. Science *163*, 150–160.

Woese, C. R., G. E. Fox 1977: Proc. Nat. Acad. Sci. *74*, 5088 (vgl. Kandler 1981).

Systematische Mykologie

Ainsworth, G. C./Sparrow, F. K., Sussman, A. S. 1973: The Fungi. Vol. IV A. A taxonomic review with keys: Ascomycetes and Fungi imperfecti. Vol. IV B.: Basidiomycetes and Lower Fungi. Academic Press, New York, London.

Alexopoulos, C. J. (übersetzt von M. L. Farr) 1966: Einführung in die Mykologie. Fischer, Stuttgart; 495 S.

Von Arx, J. A.: Pilzkunde. 3. Auflage. J. Cramer, Vaduz, 1976, 375 S. (Darstellung der großen Gruppen).

Von Arx, J. A. 1970: A revision of the fungi classified as *Gloeosporium*. Cramer, Lehre; 203 S.

Von Arx, J. A. 1981: The genera of fungi sporulating in pure culture. J. Cramer, Vaduz.

Von Arx, J. A., E. Müller 1954: Die Gattungen der amerosporen Pyrenomyceten. Beitr. Kryptogamenfl. Schweiz 11 (1), 1–434.

Von Arx, J. A., E. Müller 1975: A re-eavluation of the bitunicate ascomycetes with keys to families and genera. Studies in Mycol. *9*, 1–159.

Barnett, H. L. 1960: Illustrated Genera of Imperfect Fungi. Burgess, Minneapolis; 225 S.

Barnett, J. A., R. W. Payne, D. Yarrow, 1979: A guide for identifying and classifying yeasts. University Press, Cambridge, England (315 S.).

Barron, G. L. 1968: The genera of hyphomycetes from soil. Williams & Wilkins, Baltimore; 364 S.

De Bary, A. 1884: Vergleichende Morphologie und Biologie der Pilze. Engelmann, Leipzig; 558 S. Erste moderne Gesamtdarstellung der Pilze.

Benjamin, R. K. 1967: The Merosporangisporous Mucorales. Cramer, Lehre; 167 S.

Benny, G. L., J. W. Kimbrough, 1980: A synopsis of orders and families of Plectomycetes with keys to genera. Mycotaxon **12**, 1–91.

Blumer, S. 1963: Rost- und Brandpilze auf Kulturpflanzen. Fischer, Jena; 379 S.

Blumer, S. 1967: Echte Mehltaupilze (Erysiphaceae). Fischer, Jena; 436 S.

Bonner, J. T. 1967: The Cellular Slime Molds. 2. Aufl. Princeton Univ. Press, Princeton (New Jersey); 205 S.

Brefeld, O. 1872–1908: Untersuchungen aus dem Gesamtgebiet der Mykologie. Felix, Leipzig. 14 Bände.

Carmichael, J. W., Kendrick, W. B., Sigler, L. 1980: Genera of Hyphomycetes. The University of Alberta Press, 386 S.

Cooke, W. B. 1963: A laboratory guide to the fungi in polluted waters, sewage, and sewage treatment systems. U. S. Dept. Health, Education and Welfare, Cincinnati 26; 132 S.

Cooney, D. G., R. Emerson 1964: Thermophilic Fungi. Freeman, San Francisco; 188 S.

Corner, E. J. H. 1966: A Monograph of Cantharelloid Fungi. Oxford Univ. Pjess, London; 255 S.

Cummins, G. B. 1959: Illustrated Genera of Rust Fungi. Burgess, Minneapolis; 131 S.

Dennis, R. W. G. 1970: Fungus Flora of Venezuela and adjacent countries. Kew Bull. add. ser. III. 531 S.

Dennis, R. W. G. 1978: British Ascomycetes. 2. Aufl. Cramer, Lehre; 455 S.

Domsch, K. H., W. Gams 1970: Pilze aus Agrarböden. Fischer, Stuttgart, 222 S.

Donk, M. A. 1966: Check List of European Hymenomycetous Heterobasidiae. Persoonia 4, 145–335.

Eckblad, F. E. 1968: The Genera of The Operculate Discomycetes. Nytt Magasin for Botanikk 15, 1–191.

Ellis, M. B. 1971: Dematiaceous Hyphomycetes. Commonw. Mycol. Inst., Kew. 608 S.

Ellis, M. B. 1976: More Dematiaceous Hyphomycetes. Commonw. Mycol. Inst., Kew. 507 S.

Esser, K. 1976: Kryptogamen: Blaualgen, Algen, Pilze, Flechten. Praktikum und Lehrbuch. Springer, Berlin; 572 S.

Fries, E. M. 1821–1832: Systema Mycologicum. Vol. 1 (1821), 2^1 (1822), 2^2 (1823), 3^1 (1829), 3^2 (1832); Elenchus Fungorum 1 (1828), 2 (1828); Index für Systema Mycologicum und Elenchus Fungorum (1832). Dieses Werk gilt als Ausgangspunkt für die Nomenklatur der Pilze mit Ausnahme von: Myxomycetes (Linné: Species Plantarum, 1. Aufl. 1. 5. 1753) Uredinales, Ustilaginales und „Gasteromycetes" (Gastrales s. 1.; Persoon, Synopsis Methodica Fungorum, 31. 12. 1801). Der erste Teil des Werkes von Fries wird als am 1. 1. 1821 erschienen angenommen; alle im Gesamtwerk benutzten Namen haben Priorität vor den übrigen zwischen 1821 und 1832 publizierten sowie vor älteren Namen.

Gäumann, E. 1959: Die Rostpilze Mitteleuropas. Beitr. Kryptogamenfl. Schweiz, 12, 1–1407

Gäumann, E. 1964: Die Pilze. 2. Aufl. Birkhäuser, Basel; 541 S.

Gray, W. D., C. J. Alexopoulos 1968: Biology of the Myxomycetes. Ronald Press, New York; 288 S.

Guba, A. F. 1961: Monograph of Monochaetia and Pestalotia. Harvard Univ. Press, Cambridge, Mass.; 342 S.

Hawker, L. E. 1966: Fungi, an Introduction. Hutchinson, London; 216 S.

Henssen, A., H. M. Jahns, 1974: Lichenes, G. Thieme, Stuttgart, 467 S.

Horak, E. 1968: Synopsis Generum Agaricalium (Die Gattungstypen der Agaricales). Beitr. Kryptogamenfl. Schweiz, 13, 1–744

Karling, J. S. 1942: Plasmodiophorales. Selbstverlag. New York; 144 S.

Karling, J. S. 1964: Synchytrium. Academic Press, New York; 470 S.

Konrad, P., A. Maublanc 1924–1937: Icones selectae Fungorum. Band 1–6. Lechevalier, Paris.

Kreisel, H. 1961: Die phytopathogenen Großpilze (Basidiomycetes mit Ausschluß der Rost- und Brandpilze). Fischer, Jena; 284 S.

Kreisel, H. 1969: Grundzüge eines natürlichen Systems der Pilze. J. Cramer, Lehre; 245 S.

Larpent, J. P. 1970: De la cellula à l'organisme (Acrasiales, Myxomycètes, Myxobactériales). Masson & Co., Paris; 132 S.

Leedale, G. F. 1974: How many are the kingdoms of organisms? Taxon 23, 261–270.

Lister, G., A. Lister 1925: A Monograph of the Mycetozoa. 3. Aufl. British Museum London; 296 S. (Neudruck 1965: Johnson Reprint, New York).

Lodder, J., N. J. W. Kreger-van Rij 1952: The Yeasts. A Taxonomic Study. North-Holl. Publ., Amsterdam; 713 S.

Lodder, J. 1970: The Yeasts, a taxonomical study. 2. Aufl. North-Holland Publishing Corp. Amsterdam, London; 1385 S. Bearbeitung aller mit der Taxonomie zusammenhängenden Fragen durch verschiedene Autoren.

Lundquist, N., 1972: Nordic Sordariaceae s. lat. Symb. Bot. Uppsaliensis 20 (1): 1–374.

Luttrell, E. S. 1951: Taxonomy of the Pyrenomycetes. Univ. of Missouri, Columbia; 120 S.

Manier, J. F. 1950: Recherches sur les Trichomycètes. Ann. Sci. Nat. Bot. Sér. 11, *11*, 53–162

Martin, G. W. 1961: Key to the Families of Fungi. In Ainsworth 1961, S. 497–517 (s. allgemeine Mykologie).

Martin, G. W., C. J. Alexopoulos 1969: The Myxomycetes. Univ. of Iowa Press, Iowa City; 560 S.

Moser, M. 1967: Basidiomyceten II: Die Röhrlinge und Blätterpilze (Agaricales) in „Kleine Kryptogamenflora" 2 b (2)

Müller, E. „Taxonomy" in Fortschritte der Botanik *32*, 239–255 (1970), *34*, 343–360 (1972), *36*, 247–262 (1974), *38*, 264–279 (1976), *40*, 339–357 (1978), *42*, 270–287 (1980).

Müller, E., J. A. von Arx 1962: Die Gattungen der didymosporen Pyrenomyceten. Beitr. Kryptogamenfl. Schweiz *11* (2), 1–922

Mycological Studies honoring John N. Couch, 1968: The University of North Carolina Press; 280 S. (J. Elisha Mitchell Scient. Soc. *84*). Arbeiten verschiedener Autoren, meist über niedere Pilze.

Nannfeldt, J. A. 1932: Studien über die Morphologie und die Systematik der nicht-lichenisierten, inoperculaten Discomyceten. Nova Acta Reg. Soc. Sci. Upsala. ser. IV. *8*, 1–368

Olive, L. S., 1975: The Mycetozoans. Academic Press, New York, 293 S.

Oudemans, C. A. J. A. 1919–1924: Enumeratio Systematica Fungorum. Nijhoff, Den Haag. Vol.*1* (1919) 1230 S.; *2* (1920) 1069 S.; *3* (1921) 1313 S.; *4* (1923) 1231 S.; *5* (1924) 998 S. Verzeichnis der auf den verschiedensten Substraten, insbesondere Pflanzen, vorkommende Pilze, Europa.

Petrak, F.: Verzeichnis der neuen Arten, Varietäten, Formen, Namen und wichtigste Synonyme unter „Pilze", aus Justs „Botanischer Jahresbericht". Borntraeger, Leipzig. *1* in Band *48*, 2. Abt. 1920, 184–256; *2* in Band *49*, 2. Abt. 1921, 267–336; *3* in Band *56*, 2. Abt. 1928 (ausgegeben 1937), 291–697; Neudruck als: Index of Fungi 1922–1928, Commonwealth Mycological Institute, Kew, England, 1953; *4* in Band *57*, 2. Abt. 1929 (ausgegeben 1938), 592–631; Neudruck als: Index of Fungi 1929, C. M. I. 1952; *5*

in Band *58*, 1. Abt. 1930 (ausgegeben 1938), 447–570; Neudruck als: Index of Fungi 1930, C. M. I. 1952; *6* in Band *60*, 1. Abt. 1931 (ausgegeben 1939), 449–514; Neudruck als: Index of Fungi 1931, C. M. I. 1953: 7 in Band *63*, 2. Abt. 1935 (ausgegeben 1944), 805–1056; *8* Index of Fungi 1936–1939, Commonwealth Mycological Institute, Kew, England, 1950, 1–117. Verzeichnis aller Pilznamen, die zwischen 1920 und 1939 neu eingeführt wurden, womit die Liste an Saccardo, Sylloge Fungorum (siehe unten) anschließt. Als Fortsetzung wird der „Index of Fungi" herausgegeben (siehe unter Zeitschriften). C. M. I. 1969: Supplement to Petrak's lists 1920–1939, 236 S.

Pitt, J. I. 1979: The genus Penicillium and its teleomorphic states Eupenicillium and Talaromyces. Academic Press, New York, 634 S.

Rabenhorst, L.: Kryptogamenflora von Deutschland, Österreich und der Schweiz, Erster Band: Pilze. 2. Aufl. (Hrsg.: G. Winter). Kummer, Leipzig.

Winter, G. 1884: Schizomyceten: Saccharomyceten und Basidiomyceten (I. Abt.); 924 S. + Reg. (63 S.)

Winter, G. 1887: Ascomyceten: Gymnoasceen und Pyrenomyceten (II. Abt.); 928 S. + Reg. (48 S.)

Rehm, H. 1896: Ascomyceten: Hysteriaceen und Discomyceten, (III. Abt.); 1275 S. + Reg. (57 S.)

Fischer, A. 1892: Phycomyceten (IV. Abt.); 505 S.

Fischer, E. 1897: Ascomyceten: Tuberaceen und Hemiasceen (V. Abt.); 131 S.

Allescher, A. 1901: Fungi imerfecti: hyalin-sporige Sphaerioideen (VI. Abt.); 1016 S.

Allescher, A. 1903: Fungi imperfecti: gefärbt-sporige Sphaerioideen usw. (VII. Abt.); 1072 S.

Lindau, G. 1907: Fungi imperfecti: Hyphomycetes (1. Hälfte) (VIII. Abt.); 851 S.

Lindau, G. 1910: Fungi imperfecti: Hyphomycetes (2. Hälfte) (IX. Abt.); 983 S.

Schinz, H. 1920: Myxogasteres (Myxomycetes, Mycetozoa) (X. Abt.); 472 S.

Raper, K. B., D. I. Fennell 1965: The Genus *Aspergillus*. Williams & Wilkins, Baltimore; 686 S.

Raper, K. B., C. Thom, D. I. Fennell 1949:

A Manual of the Penicillia. Williams & Wilkins, Baltimore; 875 S.

Reid, D. A. 1965: A Monograph of the Stipatate Steroid Fungi. Beih. Nova Hedw. *18*, 1–382

Reijnders, A. F. M. 1963: Les problèmes du développement des carpophores des Agaricales et de quelques groupes voisins. Junk, Den Haag, 412 S.

Reynolds D. R. (ed.) 1981: Ascomycete systematics, The Luttrellian concept. Springer, New York, 242 S.

Rifai, M. A. 1968: The Australasian Pezizales in the herbarium of the R. Bot. Gardens. Kew. Verh. Koninkl. Nederl. Akad. Wetensch. afd. Natuurk. (Tweede Reeks), *57* (3), 1–295

Romagnesi, H. 1967: Les Russules d'Europe. Bordas, Paris; 1000 S.

Rose, A. H., J. S. Harrison 1969–1970: The Yeasts. Vol. 1: Biology of Yeasts; 508 S. 2: The physiology and biochemistry of Yeasts, 3: Yeast Technology. Academic Press, London, New York.

Saccardo, P. A. 1882–1931: Sylloge Fungorum omnium hucusque cognitorum. Pavia. Vol. *1* (1882); 766 S. (Pyrenomycetae); *2* (1883); 813 S. (Pyrenomycetae); *3* (1884); 860 S. (Sphaeropsideae u. Melanconieae); *4* (1886); 807 S. (Hyphomyceteae); *5* (1887); 1046 S. (Agaricineae; *6* (1888); 928 S. (Agaricineae; *7* (1888); 882 S. (übrige Basidiomyceten); *8* (1889); 1143 S. (übrige Ascomyceten) *9* (1891); 1141 S. (Supplementum); *10* (1892); 964 S. (Suppl.); *11* (1895); 716 S. (Suppl.); *12* (1897); 1053 S. (Index); *13* (1898); 1340 S. (Pilze nach Wirtsnamen geordnet); *14* (1899); 1316 S. (Suppl.); *15* (1901); 455 S. (Synonyme); *16* (1902); 1291 S. (Suppl.); *17* (1905); 991 S. (Suppl.); *18* (1906); 838 S. (Suppl.); *19* (1910); 1158 S. (Index der Abbildungen); *20* (1911); 1310 S. (Index der Abbildungen); *21* (1912); 928 S. (Suppl.); 22 (1913); 1612 S. (Suppl.); *23* (1925); 1026 S. (Suppl.) *24* (1928); 1438 S. (Suppl.); *25* (1931); 1093 S. (Suppl.).

Seymour, A. B. 1929: Host Index of the Fungi of North America. Harvard Univ. Press; 732 S.

Sherwood, M. A. 1977: The Ostropalean fungi. Mycotaxon *5*, 1–277.

Singer, R. 1974: The Agaricales in modern taxonomy, J. Cramer, Vaduz; 912 S.

Sourcebook of laboratory exercises in plant pathology, 1967: Freeman and Co., San Francisco, London; 387 S.

Sparrow, F. K. 1960: Aquatic Phycomycetes. The Univ. of Mich. Press. Ann. Arbor; 1187 S.

Stafleu, F. A.; C. E. B. Bonner, R. McVaugh, R. D. Meikle, R. C. Collins, R. Ross, J. M. Schopf, G. M. Schulze, R. de Vilmorin, E. G. Voss 1972: International Code of Botanical Nomenclature, adopted by The Eleventh International Botanical Congress, Seattle, August 1969, Utrecht; 426 S.

Stevenson, G. B. 1970: The Biology of Fungi, Bacteria and Viruses. 2. Aufl. Edward Arnold, Maidenhead, GB.

Sutton, B. C. 1980: The Coelomycetes. Commonw. Mycol. Inst., Kew; 696 S.

Toussoun, T. A., P. E. Nelson 1968: A pictorial guide to the identification of *Fusarium* species. The Pennsylvania State Univ. Press, University Park and London; 50 S.

Tubaki, K. 1981. Hyphomycetes – their perfect-imperfect connexions – J. Cramer, Vaduz, 181 p.

Viégas, A. P. 1961: Indice de Fungos da America do Sul. Campinas (Brasilien); 921 S.

Webster, J. 1980: Introduction to Fungi. 2. ed. Cambridge Univ. Press; 669 S.

Wilson, M., D. M. Henderson 1966: British Rust Fungi. Cambridge Univ. Press, London; 384 S.

Wollenweber, H. W., O. A. Reinking 1935: Die Fusarien. Parey, Berlin; 355 S.

Zycha, H. 1935: Kryptogamenflora der Mark Brandenburg, Pilze II, Mucorineen. Borntraeger, Leipzig; 264 S. (Neudruck 1963: Cramer, Weinheim).

Zycha, H., R. Siepmann, G. Linnemann 1969: Mucorales. Cjamer, Lehre; 355 S.

Mykologische Zeitschriften

Neben den hier erwähnten, heute bestehenden Zeitschriften mit ausschließlich oder vorwiegend mykologischem Inhalt enthalten auch Fachzeitschriften aus der Botanik und aus der Mikrobiologie Arbeiten über Pilze. Sofern nichts anderes vermerkt ist, erscheinen in den erwähnten Zeitschriften Originalarbeiten über alle Aspekte der Pilzkunde, vor allem über Systematik, Ökologie, Biologie und Cytologie sowie über angewandte Mykologie.

Abstracts of Mycology
Biosciences Information Service of Biological Abstracts.
Kurze Zusammenfassungen von mykologischen Originalarbeiten mit einem stark ausgebauten Register (Stichworte). Englisch; 1981: Band 15 (monatlich).
Acta Mycologica
Polskie Towarzystwo Botaniczne, Warszawa (Polen).
Polnisch; 1981: Band 17
Beiträge zur Kryptogamenflora der Schweiz
Flück, CH 9053 Teufen (Schweiz).
Größere Monographien. Deutsch, französisch, italienisch; 1977: Band 15; (erscheint in unregelmäßigen Abständen).
Bibliography of Systematic Mycology
Commonwealth Mycological Institute, Kew (Großbritannien)
Zitierung von Originalpublikationen, geordnet nach Pilzgruppen und Autoren. Englisch (halbjährlich).
Boletin de la Socied. Mexicana de Micologia,
Mexico Cty.
hauptsächlich spanisch, 1981: Band 15.
Bulletin of the British Mycological Society
British Mycological Soc., Cambridge (Großbritannien).
Interne Mitteilungen der Gesellschaft, Exkursionsberichte, Bestimmungsschlüssel. Englisch; 1981: Band 14 (halbjährlich).
Bulletin trimestriel de la Société Mycologique de France pour le progrès et la diffusion des connaissances relatives aux champignons.
Paris v^e (Frankreich).
Französisch; 1981: Band 96 (vierteljährlich).
Ceska Mykologia
Tschechoslovakische Mykologische Gesellschaft, Prag, Tschechoslovakei).
Tschechisch (deutsch,lateinisch) mit Zu-

sammenfassungen in anderen Sprachen; 1981: Band 25 (monatlich).
Cryptogamie (früher Revue de Mycologie), Mycologie
Laboratoire de Cryptogamie, Museum d'Histoire naturelle, 12 rue de Buffon, F-75005 Paris (France).
Französisch, englisch und andere Sprachen; 1981: Band 2.
Descritpions of Pathogenic Fungi and Bacteria
Commonwealth Mycological Institute, Kew (Großbritannien).
Beschreibung pathogener Organismen aus verschiedenen Gruppen mit Abbildungen.
Englisch; 1981 Band 20 (4 sets jährlich).
Experimental Mycologiy
Academic Press, New York (U.S.A.) seit 1977, Englisch; 1981: Band 5, (vierteljährlich).
Friesia
Nordisk mykologisk Tidskrift, Kopenhagen (Dänemark).
Nordische Sprachen, englisch, deutsch; 1975–1978: Band 11 (erscheint nicht mehr).
Index of fungi
Commonwealth Mycological Institute, Kew (Großbritannien).
Namensverzeichnis aller neu beschriebener Pilztaxa mit Literaturangaben.
1981–1990: Band 5 (halbjährlich).
The Japanese Journal of Medical Mycology
Tokyo (Japan)
1981: Band 22 (vierteljährlich)
Indian Journal of Mycology and Plant Pathology
Udaipur (Indien).
Englisch; 1981: Band 11 (halbjährlich).
Karstenia
Zeitschrift für Mykologie und Pilzwirtschaft. Finnische Mykologische Gesellschaft, Unioninkatu 55, Helsinki (Finn-

land); englisch, deutsch finnisch; 1981: Heft 21.

Kavaka
Indian Mycological Society, Madras (Indien), 1981 Band 8.

Mycologia
Mycological Society of America, New York Botanical Garden, New York (U.S.A.).
Englisch; 1981: Band 73 (erscheint sechsmal jährlich).

Mycological Papers
Commonwealth Mycological Institute, Kew (Großbritannien).
Kleinere und größere Monographien über Pilzgruppen (meist Gattungsbearbeitungen).
Englisch; er erscheinen drei bis sechs Hefte pro Jahr.

Mycopathologia et Mycologia applicata
Junk, Den Haag (Niederlande).
Vorwiegend Arbeiten über medizinisch wichtige Organismen. Englisch, deutsch, französisch, spanisch, portugiesisch; 1981: Bände 73–75.
Supplementum: Iconographia Mycologica
Sammlung von Abbildungen, vor allem von niederen Pilzen, Ascomycetes und Deuteromycetes. Englisch (erscheint unregelmäßig, ein bis drei Hefte pro Jahr).

Mycotaxon
Ithaca, N. Y. (U.S.A.), P. O. Box 264.
Englisch, französisch; 1981: Bände 12 und 13 (vierteljährlich).

Mykosen
Zeitschrift für die Erforschung und Behandlung von tierischen und humanen Pilzkrankheiten. Organ der deutschsprachigen mykologischen Gesellschaft. Große, Berlin. vorwiegend deutsch; 1981: Band 25 (monatlich).

Nagao
Mycological Journal of Nagao Inst. (Japan Japanisch, englisch; erscheint unregelmäßig.

Nova Hedwigia
Zeitschrift für Kryptogamenkunde. Cramer, Braunschweig (Deutschland).
Deutsch, englisch und andere Sprachen; 1981: Band 33.

Beihefte zur Nova Hedwigia
Originalarbeiten größeren Umfanges als Einzelhefte herausgegeben (erscheint in unregelmäßiger Folge).

Persoonia
A mycological Journal; Leiden (Niederlande).

Englisch, deutsch und andere Sprachen; 1981: Band 11.

Reports of the Tottori Mycological Institute
Tottori (Japan)
Originalarbeiten in Japanisch und englisch; 1980 Band 18.

Review of Plant Pathology (ehemals Review of Applied Mycology).
Commonwealth Mycological Institute, Kew (Großbritannien)
Titelverzeichnis vor Arbeiten in angewandter Mykologie, vor allem in Pflanzenpathologie mit kurzen Inhaltsangaben.
Englisch; 1981 Band 60 (monatlich).

Review of Medical and Veterinary Mycology. Commonwealth Mycological Institute, Kew (Großbritannien).
Titelverzeichnis von Arbeiten über medizinische Mykologie mit kurzen Inhaltsangaben. Englisch; 1981: Band 19 (vierteljährlich).

Sabouraudia
International Soc. for Human and Animal Mycology. Livongstone, Edinburgh, London (Großbritannien).
Originalarbeiten über medizinische Mykologie. Englisch, deutsch, französisch und andere Sprachen; 1981: Band 19.

Schweizerische Zeitschrift für Pilzkunde
Verband Schweizerischer Vereine für Pilzkunde; Benteli, Bern (Schweiz)
Vorwiegend über Groß-Pilze, oft populärwissenschaftlich. Deutsch, französisch, italienisch; 1981: 59. Jahrgang (monatlich).

Studies in Mycology
Centraalbureau voor Schimmelcultures, Baarn (Niederlande).
Abgeschlossene Publikationen über Gattungen, Gattungsgruppen und höhere Taxa in Einzelheften; englisch; 1980: Heft 20.

Sydowia
Annales Mycologici II. Berger, Horn (Oesterreich).
Deutsch, französisch, englisch u. a. 1981: Band 34 (jährlich).

Beihefte zur Sydowia
Arbeiten größeren Umfanges (unregelmäßig)

Transactions of the British Mycological Society. Cambridge University Press (Großbritannien).
English; 1981 Band 76 u. 77 (sechs Hefte jährlich = 2 Bände)

Transactions of the Mycological Society of Japan National Science Museum, Ueno Park, Tokyo (Japan).

Japanisch und englisch; 1981: Band 22 (vierteljährlich).

Westfälische Pilzbriefe
Pilzkundliche Arbeitsgemeinschaft in Westfalen (Deutschland)
Vorwiegend über Großpilze, oft populärwissenschaftlich. Deutsch; 1981: Band 11.

Zeitschrift für Mykologie (früher: Zeitschrift für Pilzkunde). Deutsche Gesellschaft für Pilzkunde; Klinkhardt, Bad Heilbronn (Deutschland).
Deutsch; 1981: Band 47 (monatlich).

Sachverzeichnis

Die Seitenzahlen hinter den Namen von Organismen und den übrigen Stichwörtern verweisen auf Erklärungen oder Erwähnungen im Text; sind sie mit * versehen, so beziehen sie sich (außerdem) auf Abbildungen, im zweiten Teil des Buches auch auf Tabellen. Den Seitenzahlen nachgestelltes f bzw. ff bedeutet, daß das Stichwort auch auf der folgenden Seite bzw. auf mehreren folgenden Seiten vorkommt. Die Bezeichnungen U 2 und U 3 an Stelle der Seitenzahlen beziehen sich auf Stichwörter im Text der vorderen bzw. hinteren inneren Umschlagseite.

Gattungs- und Artnamen sind *kursiv* gedruckt. Sofern sie für Pilze gelten, wurden sie durch die Autornamen vervollständigt (vgl. S. 162).

Abkürzungen: Fr. = Elias M. Fries (1794–1878), L. = Karl von Linné (Linnaeus; 1707–1780).